郑玉巧育儿经

·胎儿卷·

二十一世纪出版社
21st Century Publishing House
全国百佳出版社

图书在版编目（CIP）数据

郑玉巧育儿经.胎儿卷 / 郑玉巧著 . —— 全新修订彩色版 . ——
南昌：二十一世纪出版社，2013.1（2013.11 重印）
ISBN 978-7-5391-7992-6

Ⅰ.①郑… Ⅱ.①郑… Ⅲ.①胎儿 – 保健 – 基本知识 Ⅳ.① TS976.31 ② R714.51

中国版本图书馆 CIP 数据核字 (2012) 第 162809 号

郑玉巧育儿经·胎儿卷（全新修订彩色版）　　　　　郑玉巧 著

策　　划	张秋林
编辑统筹	林　云
责任编辑	杨　华　孙蕾蕾
特约编辑	王　娜
装帧设计	胡小梅
出版发行	二十一世纪出版社（江西省南昌市子安路 75 号　330009） www.21cccc.com　cc21@163.net
出 版 人	张秋林
经　　销	新华书店
印　　刷	赣州市永联印刷有限责任公司
版　　次	2008 年 11 月第 1 版　2013 年 1 月第 2 版 2013 年 11 月第 25 次印刷
印　　数	313001-343000
开　　本	720mm×960mm　1/16
印　　张	22.25
字　　数	500 千
书　　号	978-7-5391-7992-6
定　　价	49.80 元

赣版权登字—04—2012—518
如发现印装质量问题，请寄本社图书发行公司调换，服务热线：0791-86524997

前 言

■郑玉巧

做临床医生30年，经历了许许多多，感悟无数，有治愈疾病后的喜悦，更有获得赞誉后的欢心。然而，喜悦和欢心只是彼时彼刻，长留于心的是孩子们灿烂的笑脸，是爸爸妈妈们怀抱可爱宝贝时，在脸上荡漾的溢于言表的甜蜜幸福的欢笑。面对生机勃勃的新生命，总是有发自内心深处的爱涌上心头，让我常有揽之入怀的冲动，我太喜欢这些孩子们了。

养育孩子是陪伴着孩子，和孩子一起成长的美妙过程，将会留下数不尽的美好回忆，父母一切的付出都是那样的值得……

可是，在养育孩子的征途上，有些父母难免会遇到这样和那样的问题，有困惑、有无奈、有焦急、有无助、有劳顿、有奔波……快乐的育儿生活被形形色色的小问题搅得一团糟。

几十年的潜心钻研和丰富的临床经验告诉我，崭新的生命本无病，除了先天和遗传性疾病，很多"病"源自不正确的养护；很多困惑和问题却是孩子在生长发育过程中的"正常现象"；很多令父母焦急，希望有最好的医疗、最高级的药物治疗的"病"，不过是新生命在完善自我的正常经历的过程，是父母通过正确的养护、精心的喂养，加之正确的育儿理念和科学的育儿知识，就可以"无药而治"的。

无药而治是儿科医生所追求的最高境界：能不使用药解决的问题，绝不用药；能用一种药物治愈的疾病，绝不使用两种；能局部用药的绝不使用到全身；能通过口服给药的，绝不通过肌注和静脉；能食疗不药疗；能通过物理方法解决，不通过化学方法解决；能靠医生望、触、叩、听诊断，绝不使用医疗器械，尤其是对孩子有伤害的检查。

新手父母在养育孩子过程中，遇到的很多"个性化问题"，都存在于"普遍性问题"中，很多"个性"问题都有其"共性"。坐诊的医生很希望也很愿意给前来就诊咨询的新手妈妈——解答，细细分析。然而，时间有限，现有的医疗资源不允许医生这么做，否则的话，会有很多父母抱着孩子焦急地等在候诊大厅，甚至要预约到一周后、一月后……

我能为新手爸爸妈妈写一本既通俗易懂又很实用的育儿科普书吗？中国有很多顶级医生，我的医术和能力与众多我敬佩的前辈老师差之千里。但我还是下定决心去做，这个决心是天真可爱的孩子们给的；是信任我的新手爸爸妈妈们给的；是那些不辞辛苦、远道而来带孩子找我看病的父母们给的；是众多读过我的科普文章的读者给的；是网上上万名向我咨询问题的网友们给的。我要把我的所学所用，把我几十年积累的宝贵经验，贡献给千千万万的新手爸爸妈妈；用我的普通、细致、丰富、实用的育儿知识回报信赖我的新手爸爸妈妈；用我的爱心和真心撰写一部能真真切切、实实在在帮助更好的养育孩子的书：新手爸爸妈妈们，这是我的夙愿，是我撰写这部育儿经的内心冲动和心路历程。

从准备怀孕到产后，短短的十几个月，写了30多万字，是否会增加准爸爸妈妈的阅读负担？我这样问过自己。我希望给准父母提供更加实用、周到和有效的帮助，让准父母留住孕育新生命的喜悦，丢掉担忧。怀孕是准爸爸妈妈最快乐的一件事，不是病理现象，所以准父母出现的问题，除了极少数需要医疗介入的情况，对于更多的不适现象、困惑、担忧以及早孕反应、孕吐、胎教、营养素补充、检查、分娩等，我尝试从疾病以外的角度，给准父母讲清道理，让他们有准备地迎接，理性地面对，快乐地经历孕育宝宝的过程。

新生儿、0-12个月的婴儿、1-3岁的幼儿的养育，写了100多万字，新手爸爸妈妈哪有这么多时间阅读？但我知道，这100多万字都是我非常想和新手爸爸妈妈说的话，我更知道新手爸爸妈妈需要我在他们耳边唠唠叨叨。我不是在写作，而是在和新手爸爸妈妈们交谈，谈他们的孩子，谈他们的喜悦和困惑，把我几十年积累的与医学有关的育儿经验告诉新手父母。不但告诉他们实实在在的育儿方法，还要让他们树立一种正确的育儿理念，让这种理念贯穿养育孩子的全过程。不能让新手爸爸妈妈看了这本育儿的书，而多了很多麻烦，有了很多担心。我要让新手爸爸妈妈更轻松、更自然、更健康地养育他们的孩子。

衷心感谢新手爸爸妈妈们能读这本拙著。作为一名儿科医生，我只能说自己尽力了，把爱心献给了宝宝和养育宝宝的新手爸爸妈妈。书中尚存很多瑕疵，难免会有这样和那样的不足，甚至是错误，恳请新手爸爸妈妈批评指正。

2011年8月于北京

Catalogue

目 录

第五章 孕4月（13–16周）

第六章 孕5月（17–20周）

第七章 孕6月（21–24周）

第八章 孕7月（25–28周）

第九章 孕8月（29–32周）

第十章 孕9月（33-36周）

第十一章 孕10月（37-40周）

第十二章 分娩

第十三章 产后

第十四章 营养

第十五章 胎教·生活·环境

第十六章 孕期检查

第十七章 妊娠期的异常情况

第一章 孕前准备

未来宝宝："我要给我亲爱的爸爸妈妈快乐美满的新生活，
延续爸爸妈妈的生命和梦想。"

·做好要孩子的心理和物质准备

·孕前健康检查是非常必要的

·切莫接受 X 射线，谨慎用药

·孕前 3 个月戒烟，慎饮酒，别忘了补充叶酸

1. 未来宝宝写给爸爸妈妈的第一封信

亲爱的爸爸妈妈：

你们结婚后，是否就开始计划要我了呢？其实，无论你们是否做出计划，我都不是"虚无"的了。我已经存在于爸爸妈妈健康的生殖细胞中；存在于爸爸妈妈绿色均衡的食物中；存在于爸爸妈妈快乐的情绪中。

我正行进在路上……

我真的希望成为一个健康、聪明、人见人爱的宝宝，这是我的愿望，也是爸爸妈妈的愿望。亲爱的爸爸妈妈，让我们一起努力吧！

爸爸妈妈可要记得去做孕前检查，特别是爸爸，一定不要因为工作忙推脱孕前检查。据医生考证，尽管夫妇双方都应该做孕前检查，但事实上，有更多的爸爸不情愿接受。他们认为生孩子是妈妈的事，孩子在妈妈肚子里长大，和爸爸没有多大的关系。您可不能这么想，我在妈妈的肚子中长大不假，但如果爸爸有健康问题，我也不会健康的，我的一半是您赋予的呀！

最好的孕前准备就是愉快的心情，这比什么都重要，不要因为一点点的疏忽破坏你们的心情，不要被一些资讯吓到，相信你们能生出一个健康的宝宝。

你们未来的宝宝写于路上

第1节 孕前检查、生殖健康与受孕时机

2. 孕前都需要做哪些检查

孕前检查包括一般检查、专科检查和特殊检查。其中一般检查项目包括7项，是适宜怀孕的身体健康指标；专科检查包括8项，是适宜怀孕的生殖健康指标；特殊检查包括4项，是为了排查不宜妊娠或需要推迟妊娠的疾病。

❖ 一般检查项目

•物理检查包括：血压、体重、心肺听诊、腹部触诊、甲状腺触诊等。其目的是发现被检查者有无异常体征。

•血常规检查目的是了解准孕妇是否有贫血、感染。

红血球的大小（MCV），有助于发现地中海贫血携带者。地中海贫血携带者红血球会比较小，MCV会小于80，而这种病为隐性遗传疾病，要父母亲都为带因者，下一代才会受影响。因此，如果准妈妈的MCV小于80，则准爸爸也须抽血。如果双方都是小于80，则须做更进一步的检查，如血液电泳及DNA检测等，如只有一方MCV小于80，则不用担心。

血型检查可预测是否会发生母婴不合溶血症，如ABO血型不合、Rh血型不合。

•尿常规检查目的是了解是否有泌尿系统感染；其他肾脏疾患的初步筛查；间接了解糖代谢、胆红素代谢。

•肝功检查（包括乙肝表面抗原）目的是及时发现乙肝病毒携带者和病毒性肝炎患者，给予治疗。

乙型肝炎本身不会影响胎儿，即使妈妈是高传染性或是乙型肝炎抗原携带者，新生儿也可在出生后立刻打免疫球蛋白保护。但是在孕前知道自己是否为乙型肝炎抗原携带者是很有必要的，如果既不是携带者也没有抗体，可以先接受乙型肝炎疫苗预防注射，预防胜于治疗。

•心电图检查目的是了解心脏情况。

•胸透检查目的是发现是否有肺结核等肺部疾病。

提·示

X射线会危害生殖细胞和胎儿,怀孕前3个月内和整个怀孕期都应避免接受X射线检查!不能保证这个时段间隔,就不要做这项检查,或者推后怀孕!

•口腔检查。孕期口腔和牙齿的健康是很重要的。资料显示,重度牙周炎孕妇早产的风险是牙周健康者的8倍之多。怀孕后,由于体内性激素的变化导致牙龈容易充血肿胀。如果孕前存在牙周疾病,怀孕后牙周炎症会更加严重,不得不使用药物。但此时用药有很多限制,稍有不慎便会影响胎儿的正常发育。

❖ 专科检查项目

•生殖器检查。包括生殖器B超检查,阴道分泌物检查和医生物理检查。目的是排除生殖道感染等疾病。通过白带常规筛查滴虫、霉菌、支原体衣原体感染、阴道炎症,以及淋病、梅毒等性传播疾病。如患有性传播疾病,最好先彻底治疗,然后再怀孕,否则会引起流产、早产等危险。

•子宫颈刮片检查。一个简单的子宫颈刮片检查可以诊断子宫颈疾病,发现问题及时处理,让准妈妈怀孕时更安心。

•优生四项检查。目的是为了检查准妈妈身体内是否有病原菌感染的可能。包括弓形虫、巨细胞病毒、单纯疱疹病毒、风疹病毒四项。如果风疹病毒抗体阴性,应在孕前3个月接种风疹疫苗。

•麻疹抗体检查。怀孕时得麻疹会造成胎儿异常,所以没有抗体的准妈妈们,最好先去接受麻疹疫苗注射,但须注意的是疫苗接种后3个月内不能怀孕,因此要做好避孕措施。

•病毒六项检查。病毒六项检查也可称为优生六项检查。除了上面所说的四项外,还包括人乳头瘤病毒、解脲支原体。

•性病筛查。有的医院已经把艾滋病、淋病、梅毒等性病作为孕前和孕期的常规检查项目。其目的是及时发现无症状性病患者,给予及时治疗,以防对胎儿的伤害。淋病、梅毒可以治疗,只要完全治愈便可安心怀孕。艾滋病目前还没有治愈方法,但至少可避免艾滋病宝宝的不幸出生。

•染色体检测。如果有反复流产史、胎儿畸形史、夫妇一方或双方有遗传病家庭史,医生可能会进行一次染色体检测。染色体检测能预测生育染色体病后代的风险,及早发现遗传疾病及本人是否有影响生育的染色体异常、常见性染色体异常,以采取积极有效的干预措施。

•性激素七项检查。如果有月经不调的历史,医生可能会进行性激素七项的测定,包括促卵泡成熟激素、促黄体生成素、雌激素和孕激素、泌乳素、黄体酮、雄激素等七项性激素。通过检测结果了解月经不调、不孕或流产的原因,进行相应的指导。必要时还可能检查甲状腺功能。

❖ 常规男性科检查

•精液常规检查。目的是了解男性的精子质量。

•其他检查。生殖器检查目的是排除生殖器官疾病和生殖道感染;性病检查目的是及时发现无症状性病患者,给予及时治疗,以防对胎儿的伤害。

❖ 特殊检查项目

•乙肝标志物检查。及时发现肝炎病毒携带者,降低母婴传播率。

•血生化检查。包括血糖、血脂、肝功、肾功、电解质等项目,及时发现不宜妊娠疾患。

•心脏超声检查。排除先天性心脏病和风湿性心脏病等不宜妊娠的心脏疾患。

•遗传病检查。如果家族中有遗传病史，或女方有不明原因的自然流产、胎停育、分娩异常儿等病史，做遗传病方面的咨询和检查就是非常必要的。

❖ 到什么样的医院做孕前检查？

妇产医院、妇幼医院、妇幼保健院、产科医院、妇婴医院、大中规模综合医院的妇产科都可做孕前检查。

❖ 挂哪个科的号？

有的医院有专门孕前检查门诊，有的医院把孕前检查设在内科，有的医院设在妇产科或计划生育科，也有的设在妇保科。可到分诊台、服务台问询，也可以直接到挂号处询问。

❖ 去医院检查前准备什么？

不要吃早饭，也不要喝水，因为有些检查项目需要空腹。留取晨起第一次尿，放在干净的小瓶子里，等待化验。如果到医院后再排尿，一是憋不住；二是做B超需要憋尿，把尿排出去了，还要等很长时间才能使膀胱充盈；三是晨起第一次尿化验结果更可靠。带上早餐，抽血后再吃。带一瓶纯净水，以便需要憋尿时喝水。由于担心医生检查时有不好的味道，就在去医院前清洗外阴，这是不对的。不但早晨不能洗，最好前一天晚上也不洗，这样对检查有利。

❖ B超检查前的准备

做B超检查要在膀胱充盈的情况下，所以要憋尿，憋尿时要注意以下几点：

•晨起尿浓，虽然尿很少，但尿意明显，尽管觉得憋了，膀胱充盈仍然不足，做B超时不易观察到子宫全貌。所以，晨起一定要把尿排出去。

•带上早餐，待需要空腹检查的项目完成后，开始吃早餐，除了主食外，最好喝些豆浆或牛奶，再喝500毫升温白开水。这样容易使膀胱充盈起来。

•B超检查前1-2小时喝水，如果喝水太早，时间长憋不住尿，时间太短，膀胱不能充盈。

•如果憋尿困难，也可以做阴道B超，价格相对贵些。

•做B超前最好排空大便。

❖ 婚前检查、孕前检查、产前检查有何不同？

•婚前检查目的：通过婚前检查，发现不宜结婚或需要推迟结婚的疾病，并给出治疗意见；发现不宜生育或需要推迟生育的疾病，并指导如何避孕，给出解决或治疗方法，预测可以生育的大概时间。

•孕前检查目的：通过孕前检查，发现将会影响孕妇身体健康和未来胎儿健康的疾病；发现不宜使妻子受孕的男性疾病。

•产前检查目的：通过对孕妇进行孕期检查，监护孕妇和胎儿的健康状况，及时发现妊娠合并症和并发症，及时发现胎儿发育异常，保证母婴健康。

❖ 孕前检查后的积极干预措施

•一旦在孕前检查时发现暂时不宜怀孕的疾病，夫妇双方都应积极做好避孕，接受医生的治疗。

•通过孕前检查确定是否为易感人群，如风疹抗病毒抗体、乙肝表面抗体为阴性的女性，可进行预防接种风疹疫苗、乙肝疫苗等。

•如果家族中有血友病史，要进行胎儿性别筛选，当然就大部分医院目前的医疗条件来说，做到这一点并不容易。

•如果夫妇一方患有性病，或感染了可引起母婴传播疾病的病毒，夫妇双方都要接受治疗，待彻底治愈后再怀孕。

•如果夫妇一方有生殖、泌尿道感染，都应治愈后再怀孕。

•如果周围有患风疹、水痘、腮腺炎等传染病的孩子，应进行隔离。在未孕前，如果曾经接触过这样的孩子，应暂时避孕，待隔离期过后再考虑怀孕。**（更多与检查有关的内容请见第十六章《孕期检查》）**

3. 孕前生殖健康保护

❖ 孕前女性生殖健康

•没有任何不适症状，如外阴瘙痒、干涩、疼痛、烧灼感，以及令人不愉快的味道。

•妇科医生在常规妇科物理检查中，没有发现任何异常体征。

•白带清洁度2度以下，无线索细胞。

•白带分泌物实验室检查没有发现病原菌，如滴虫、霉菌、解脲脲原体、沙眼衣原体、淋球菌等。

•血HIV（艾滋病病毒）、PRP（梅毒血清学检查）、HSV（单纯疱疹病毒）阴性。

•优生优育筛检项目无异常结果。

•乳腺无疾病。

•子宫附件盆腔B超未发现异常。

•宫颈防癌涂片无异常。

•不厌倦性生活。

❖ 孕前男性生殖健康

•有研究表明，45岁以后，随着年龄的增加，生育缺陷儿的概率也随之增加。年龄越大，精子细胞产生显性突变的机会越多。丹麦遗传学家认为，唐氏综合征的发生与父母年龄过大有很大关系，并指出，男子的最佳生育年龄是30-35岁，超过45岁时，要做遗传咨询。

•先天病残儿的父亲中有21%是在工作环境中接触射线、微波、高温、重金属、化学物质、农药等，而母亲占17%；有烟酒嗜好的父亲占56%，母亲占2%；患感冒、发热、风疹、弓形虫感染、巨细胞病毒感染、疱疹、过敏症、腮腺炎、肝炎等疾患的父亲占5%，母亲患上述疾病的占24%。

•烟草中含有尼古丁、氢氰酸、一氧化碳等有毒物质，对生殖细胞和胎儿的不良影响早已被证实。男性吸烟可影响精子质量，女性吸烟也会殃及卵子的健康。即使夫妇都不吸烟，也要尽量避免被动吸烟，因为，被动吸烟同样会危及精子、卵子和胎儿。

•酒精对精子、卵子和胎儿同样有害，酒后受孕可导致胎儿发育迟缓、智力低下。大量饮酒后，酒精被血液吸收，对全身各系统都有一定的危害，对精子和卵子具有强烈毒性。曾有报道认为，男性大量饮酒，可使精液中71%的精子发育不全，活动力度差，发育不全的精子一旦与卵子结合可造成胎儿畸形、智力障碍等。另外，大量饮酒还可以影响睾丸血流量和温度调节，使睾丸供血不足，供氧量下降，影响精子质量。长期大量饮酒，还可形成慢性酒精中毒，使睾丸失去生精能力，导致不孕。

❖ 影响生殖健康的因素

•药物

某些药物对胎儿的致畸作用已经被证

孕妈妈／乐乐妈

实，但没有被确定有生殖毒性的药物，并不都是安全的，即使动物试验证明安全，也不能就此认为对人类生殖健康没有危害。有些药物在说明书上没有标注对生殖健康是否有不良影响，也不能因此而认为是安全的。准备怀孕的夫妇不要轻易使用药物。

•工业化学物质

人们熟悉的有毒化学物质有铅、汞、砷、苯、乙醇等，在现实生活中，有些有毒物质是可以避开的，如房屋装修选择的材料是可以控制的，装修后，可以找环境质量监测部门对室内环境进行监测。但有些是个人不能控制的，如汽车尾气的污染、被动吸烟、有放射毒性的垃圾等等。不过，我们也无须恐惧，大自然有净化能力。自然界的自洁能力，为人类健康和生存立下了汗马功劳。人类应该感谢自然，敬畏自然，保护自然，把对环境的破坏视为对人类的犯罪。增强环境保护意识，是造福千秋万代的功德。为了保护自己，保护自己的后代，我们也该爱护环境。

•农药

工业化进步在带动农业进步的同时，也带来了负面影响，那就是农药对健康的影响。把农药对健康的影响都归为农药的使用，是有失公允的，如果广大的种植农民规范使用农药，就不会造成如此多的蔬菜、水果、粮食农药超标问题。最好的办法是把购买来的蔬菜、水果用清水充分浸泡，让农药析出。

•电离辐射和电磁污染

以X射线为代表的电离辐射对生殖健康的影响虽早已为人们所熟悉，但仍有为数不少计划怀孕的夫妇，稀里糊涂地接受了医学X光检查，等到获知怀孕的消息后，才如梦初醒，后悔不迭。

日常生活中，我们既不能因为害怕辐射危害而草木皆兵，又不能放任自流，而应做好积极的防护，规避某些环境污染对健康的危害，如经常检查你使用的微波炉是否有微波泄漏：把一张薄纸夹在微波炉门缝，轻轻牵拉，如果能够移动纸张，说明微波炉的门已松，可能有泄漏现象，要及时维修或更换。微波炉在使用中，要距离它2米以外，停止工作后等待3-5分钟，让微波自然衰减，再打开微波炉。（更多内容请查看第十五章164条）

4. 受孕时机与宝宝健康

❖ 受孕年龄与宝宝健康

统计资料表明，女性最适宜的生育年龄为24-34岁，最佳生育年龄为25-30岁。

优秀儿童出生时父母的平均年龄

研究结果	父亲平均年龄	母亲平均年龄
田中教育研究所的研究（优秀儿童373名）	37	27
达曼的研究（天才儿童583名）	34	29
大伴茂的研究（天才儿童149名）	35	28
艾利斯的研究（英国天才儿童299名）	31	—
戈尔顿的研究（英国著名科学家100名）	36	30
卡泰尔的研究（有名科学家885名）	35	30

摘自《妈妈丛书》主编 陈姵眉 副主编 郑瑶

男性最适宜的生育年龄为28-38岁，最佳生育年龄为30-35岁。

❖ 受孕季节与宝宝健康

胎儿前3个月是各器官发育关键期，很易受到致病微生物伤害，夏秋季节怀孕，可避开冬末春初病毒感染高峰期，也有利于孕妇在室外散步，充分吸收氧气，还有大量的应季水果蔬菜。春季分娩，孕妇和宝宝可更多的到户外呼吸新鲜空气，接受阳光照射，预防佝偻病。

其实，最佳的受孕年龄和季节都是相对的，没有绝对的好坏，还要根据实际情况而定。父母的身体健康、生殖健康、心理健康等诸多因素都与宝宝的健康关系密切。怀孕不同其他，很多时候都是水到渠成，顺其自然的。对于热切盼望孩子的夫妇来说，任何时候获得怀孕消息，都是天大的喜讯，也都是最适合的时机。只要这个孩子是受爸爸妈妈期盼和欢迎的，就是最佳时机。

5. 孕前心理和身体准备

❖ 孕前心理准备

• 做好充分的心理准备，不要让自己有心理上的问题，有不舒服的感觉时要找亲朋好友聊天，或做些能让自己心情好起来的事情，必要时看心理医生。

• 有自我关怀意识，对自己身体有更多的了解，接受、尊重、欣赏自己的身体。

• 找一位让你信任的医生，这样，你就不必为隐私羞于启齿，不会为了"面子"而忍受病痛。

• 在自己最渴望生育，渴望做母亲的时候怀孕生子，而不是为了从众和传宗接代，或其他的目的。学会对生育、生命、人权的尊重。

❖ 孕前身体准备

有人认为孕妇专用营养品只是在怀孕期间补充。其实，在怀孕前、产后、哺乳期都需要补充某些营养品，比如多种维生素和矿物质。但是，在补充之前应该经过医生或营养师指导。

• 保证充足的睡眠

城市，尤其是大都市生活节奏快，压力大，很多时间都花在路途中，下班晚，晚饭吃得很晚，可早晨还要按时上班，所以，上班一族普遍睡眠不足，身心倍感疲惫。如果你们准备生宝宝了，改变生活方式是非常必要的。在可能的情况下，尽量减少社会活动，减少和朋友聚会的次数，回归家庭，争取早睡早起，保证每天8小时睡眠时间。充足的睡眠对身体健康至关重要，睡眠不足，抵抗力自然会下降，感冒生病就在所难免。晚上10-11点上床睡觉，早晨6-7点起床是比较好的作息安排。如果中午能小睡一觉，哪怕躺下或者在沙发上打个盹，对恢复体力都是非常有帮助的。

• 健康的饮食习惯

减少在外用餐次数，尽量回到家里自己做饭。餐馆的饮食无论多么高级，都有共同的缺点，那就是高油、高盐、高脂、高糖、高热量。如果再喝些饮料，喝点小酒，饮食结构就更不合理了。如果必须在外用餐，点菜时要尽量点炖、蒸、煮（上面有一层油的水煮鱼等除外）的菜肴，能够生吃和凉拌的蔬菜尽量不要用煎炒炸的

叶酸是孕前3个月就要补充的维生素。世界卫生组织建议准备怀孕的妈妈在孕前3个月开始每日补充叶酸0.4~0.8毫克。都市白领相对缺乏户外活动，接受日光不足，适当补充维生素AD和钙是可以的。具有补血功效的食疗品也倍受欢迎，常常自行购买，也未尝不可。但要注意，如果有缺铁性贫血时这些补血的食疗品就不管用，必须补充医生开具的补血药物。

方式烹饪。在家里做饭要做到合理搭配，食物多样，少油、少盐、少糖、少脂。能生吃的不熟吃，能凉拌的不煎炒炸，能清蒸的不红烧，能水煮的不油炸，能快炒的不慢炖，尽量避免由于烹饪方式导致食物营养素的破坏和流失。餐桌上的菜肴要色泽丰富，品种多样，搭配合理。（更多营养问题请参阅第十四章《营养》）

●健康的生活方式

早睡早起，中午小睡，睡前清洁牙齿和沐浴，起床后漱口淋浴。

勤换内衣内裤，穿舒适的鞋袜，不穿紧身裤，乳罩罩杯不宜过小过紧，不要穿束身衣和塑形内衣，最好选择棉质不带弹力的内衣内裤。

夫妻双方都要戒烟忌酒，包括二手烟，晚上可少喝些红酒，不喝含酒精饮料。

每天运动，能步行不乘车，能步行上下楼梯尽量不乘坐电梯。增加户外活动时间，选择散步、游泳、打球等运动，少看电视多读书，少用电脑多写字，少坐在沙发上多散步。

●补充叶酸

怀孕前3个月和怀孕后3个月内补充叶酸，每天0.4~0.8毫克。如果孕前3个月没能补充，不要着急，从现在开始补充上就可以了。如果补充了3个月没有怀孕，也没关系，可继续补充，不会因补充时间过长而引起什么不适，更不会过量和中毒，只要每天按照规定的剂量补充就可以了。治疗贫血用的叶酸每片含量5毫克，孕期补充的叶酸每片0.4毫克，相差很大，不可相互替代。

●其他营养素补充

如果没有医学指征和医生的医嘱，备孕前不需要额外补充其他营养素，健康的饮食是营养的最佳保证，一定要合理饮食，均衡营养，任何营养素都不能代替天然食物，吃好喝好比补充任何营养都重要。如果孕前检查发现有贫血，要积极治疗。如果孕前检查发现有缺钙或缺锌要积极补充，药物补充要在医生指导下进行，不要自行购买。牛奶、鱼虾、大豆和肉类食物能提供丰富的蛋白质，不需要额外补充蛋白粉和牛初乳等营养品。牛奶是高钙食物，远远胜过补充钙剂。动物肝是高铁食物，远远胜过补充铁剂。

●停服避孕药

孕前6个月需要停止服用避孕药，最短也要在孕前3个月停用避孕药。

●其他需注意的问题

备孕期间，你不知道，也无法完全控制会在什么时候怀孕。所以，从一开始就要规避可能会影响胎儿健康的事情。比如接受X线照射、服用药物、抽烟饮酒、接触有毒有害物等，不要等到事已至此再吃后悔药。备孕期间，接受任何检查、吃任何药物、接触任何有毒有害物质前，都要想到你很可能会怀孕或已经怀孕了。（更多内容请看第十四章到第十七章有关内容）

第2节 排卵预测、促排卵、受孕

6. 排卵期预测

❖ 月经周期计算法

月经来潮前14天左右，排卵前5天到排卵后5天称为"排卵期"。

月经周期与精神状态有关。劳累、身体虚弱、精神紧张，情绪波动等都会引起功能性月经失调。放松紧张的神经，用一种平静的心情迎接新生命的诞生。

如果月经不规律，就无法按月经周期计算排卵期。可以用其他方法，如基础体温测定法、黏液法、医院检测方法等。

❖ 基础体温测定法

要到医院购买一张基础体温表，按照上面的要求认真填写，计算排卵期。

基础体温一般要连续测试3个月，1个月内的每一天都要测量，把体温标记在基础体温表上，在体温表上可以很直观地观察体温的变化和走向，观察是否有双峰改变。判断是否有排卵以及推测排卵的大概时间。

❖ 黏液法

排卵期黏液分泌增加，黏液性质稀薄、透明，好似鸡蛋清，拉成长丝不断。观察黏液的性质可在每天的任何时候，性生活并不影响黏液性质。

排卵期分泌物的变化并不是所有人都有典型的改变，黏液的不明显改变不会直接影响受孕。

即使是在你确定的排卵期同房也并不意味着百分之百的受孕率，受孕是个复杂的过程，需要许多的条件，精子的问题、卵子的问题、受精卵是否能顺利着床、子宫环境问题等等。因此，即使双方都没有问题，计划怀孕的夫妇在半年内能够如愿以偿的可能性也只不过占50%，因此计划怀孕的夫妇不要着急，要放松精神，精神紧张也不易怀孕。如果计划怀孕超过半年仍没有受孕，夫妇双方应看医生。

确定有排卵障碍或不排卵时，才需要服用促排卵药，服用此类药一定要在妇产科医生指导下，切不可擅自服用。

卵子在排出后可存活24小时，精子可存活72小时，因此受孕期在排卵日的前2天和后1天左右。

月经特别长，怎么计算排卵期？

月经周期不准确，可采取月经结束1周后开始性生活，每隔二三天同房一次，增加受孕机会。

典型案例

阴道分泌物与排卵有何关系？

我今年27岁，打算怀孕，但我发现10月和11月好像并没有排卵，因为这2个月从上次月经结束到下次月经来临，我并没有湿润黏滑的分泌物出现，内裤也一直很干燥，请问这种情况是否正常？需不需要去看医生？如何改善？

观察白带的质和量是判断是否有排卵的客观指标之一，但单凭这一项是不能断定是否有排卵的。分泌物缺乏典型的排卵期变化，不能说明就没有正常的排卵。

典型案例

停经时间与子宫大小

我已经停经60多天了。医生从阴道做子宫检查，认为子宫没增大变软，没有怀孕。我自己也没有怀孕的感觉。医生让我观察一段时间再说。我现在好烦，既想早点有孩子，又担心会有别的问题。

除了医生做内诊，你还应该做尿HCG检查、腹部或阴道B超检查，来确定是否怀孕。如果是继发闭经，原因比较多，要结合病史、体格检查、辅助检查等来综合分析。随着年龄的增大，过度疲劳、精神紧张、情绪波动等是非器质性疾病造成月经紊乱的常见原因，内分泌疾病也是造成月经周期紊乱的比较常见原因。你暂时还没有必要做这些特殊检查，观察一段时间，如确实没有怀孕，再做检查。

典型案例

月经中期出血影响怀孕吗？

我今年28岁，准备要孩子。我的月经正常，有规律，不过有时两次月经中间会有出血情况，有时只是白带中夹有红色血丝，有时却是量较多的褐色分泌物，持续2-3天，这是病吗？会影响怀孕吗？

月经中期是排卵期，排卵期少量阴道出血或血性白带，与体内激素变化有关，不是疾病，无须治疗。但如果有新鲜出血，像月经一样就要看医生了，因为，如果正值阴道出血处于排卵期，会因影响同房而减少受孕机会。像你目前这种情况不会有影响的。

❖ **排卵期的预测**

典型案例

排卵试纸测排卵效果如何？

我是一名教师，准备要一个孩子，但我的月经周期很没有规律性，有时为32-34天，有时却为40-45天，听说有试纸可以测出，请问有效？哪种品牌的效果更好？我前年因为不小心流产，且我的身体不是很好。我怀孕后是不是应该暂停工作在家休息呢？

排卵试纸可以预测排卵期，但不能有百分之百的把握。受孕是个复杂的过程，不只是有排卵就一定能怀孕。而且试纸本

身也不是百分之百的准确。计算排卵可：先按32-34天为月经周期计算出可能的排卵日期。再按40-45天为月经周期计算出可能的排卵日期。再结合白带量和性状。结合排卵试纸所确定的排卵期。

根据以上四个方法，计算出易受孕期。成功的几率一定会大大增加。

典型案例

基础体温测量与排卵期

我今年29岁，今年3月怀孕后，4月流产，B超结果为胚胎停止发育。当时测量体温为排卵前36.0℃，排卵后36.5℃（在此之前的3个月均为排卵前36.5℃，排卵后36.9℃）。请问我流产是否和我那个月体温低有关，体温低表示我有什么问题？这个月，因为准备再怀孕，我又开始测量体温，可也许精神太紧张，每天清晨五六点钟总要醒一次，有时测量为36.8℃，可接着两天又测出为36.5℃，我想测量为36.8℃可能是每天清晨五六点钟起床影响体温偏高，我的实际体温就是36.5℃。我想知道，如果我的体温在排卵后没有达到36.7-37.0℃之间，是否我暂时就不能怀孕，否则就会再次流产？因为每天测的体温不好，我的情绪也很不好，盼望能尽快得到您的答复。

胎停育导致的流产和再孕是否会流产没有必然联系。基础体温测定并没有你所想象的那样神秘，有那么大的临床意义。仅凭借基础体温测定的几个数值，不可能分析出是否正常怀孕，是否怀孕失败。你的担心是不必要的，你想要孩子，就轻轻松松地做好孕前准备，不要想得太多，这样只会给你带来烦恼。

你曾经有过胎停育史，造成胎停育多是受精卵、胚胎或胎儿本身发育有问题。最常见的是基因染色体结构异常所致，还有外界因素的影响等。如果你比较担心下一胎的问题，你们夫妇可做遗传学检查。另外，孕期产科特异性感染也是导致胎停

育的原因之一，可在孕前做优生学检查（如病毒六项等）、双方生殖器感染等检查项目。

典型案例

排卵期同房为什么没怀孕？

我已经快 30 岁了，近两个月因为准备怀孕，每天都较规范地量体温，8 月体温呈明显而整齐的双相型，9 月的前段低温期呈一天高一天低的波动，例：35.8℃、36.2℃这样的体温交替出现，甚至有一天最低的两次是 35.7℃和 35.1℃，高温期基本维持在 36.6℃–36.8℃之间，波动的体温是否有问题？我的月经基本 30 天一周期，这 2 个月我在排卵期前后同房过，为什么没有怀孕？是否需到医院检查原因？

你计划怀孕刚刚 2 个月，还不能说你计划怀孕失败了，更不能说你是不孕。你目前最需要的是心情和精神要放松，保持旺盛的精力和最佳心情以及最佳生理状态，加强营养。在排卵期前后 1 周，可隔日同房一次，在排卵期的前后 3 天，可每天同房一次，以增加受孕的机会，但是什么方法也不是百分之百的可靠。

典型案例

用什么样的温度计最好？

我今年准备要小孩，打算用测体温的方法确定是否排卵，但是我有个疑惑，是否药店里卖的体温计都是一样的？因为我听说有测试更为准确的体温计，是否属实？

温度计有水银温度计和酒精温度计之分。酒精温度计准确度不如水银温度计，药店卖的体温计一般都是水银温度计，目前还没有报道比水银温度计更准确的温度计。电子温度计质量参差不齐，最好选用普遍应用的标准医用水银温度计。

典型案例

B超监测排卵对卵子质量是否有影响？

尚未见 B 超对卵细胞有损害的报道。

7. 促排卵药物与胎儿健康

典型案例

服促排卵药期间怀孕可以吗？

我正在服用克罗米芬促排卵，可以一直服用克罗米芬，直到怀孕吗？会有什么副作用吗？

克罗米芬是促排卵药，治疗由于无排卵或排卵不规律、不正常而引起的不孕。按照月经周期服用，同时还要按期服用黄体酮。连续 3 个周期，注意是否怀孕，如果怀孕，就停止服用。克罗米芬的副作用有：腹胀、乳房不适、恶心呕吐、视力异常等，服用此类药物一定要在医生指导下用药，不能擅自使用。

典型案例

服促排卵药期间怀孕对胎儿有影响吗？

我已孕 31 周，虽然宝宝每天在我肚子里动来动去，我却高兴不起来：因为半年未孕，我去医院，医生从基础体温表认为我可能排卵不好，开了克罗米芬。头一个月用药后月经只来了 1 天，用试纸未测出怀孕，第二个月就又服用一次，30 天后用试纸测出怀孕了。后来才想起也许上一个月的月经就不是真月经，可能已经受孕，只是太早，还测不出来。听说如果已经受孕而再用克罗米芬会导致婴儿性别畸形，此后我一直忧心忡忡。孕后几次检查都因为我以前月经周期长短不准，让医生判断不出宝宝实际是在哪个阶段受孕的。前天在医院做 B 超时，又提出这个问题，也许医生是见我太担心了，先是说："我看发育情况还好。""怎么个还好？"见我急了，医生后来又说："是女孩，没有关系！"我想医生会不会是安慰我，真的是女孩就没关系吗？万一 B 超有误，是男孩怎么办？

我非常理解你此时此刻的心情，每位准妈妈都想生育健康的宝宝。但我认为你的担心是没必要的：其一，你并没有一直服用克罗米芬；其二，B 超鉴别 31 周的胎儿性别是比较可靠的；其三，在治疗不孕症中这种情况是比较常见的，并非像你想象的那样可怕，只要知道怀孕停药就可以，你是在知道怀孕后立即停止使用药物的，不会对胎儿造成影响。当然，怀孕的过程是复杂的，胎儿的健康受各种因素影响，没有哪位医生敢打保票给你肯定的答复。即使没有服用任何药物，也不能保证胎儿就百分之百的健康。在这个时候，你的烦恼对胎儿的健康是不利的，也是于事无补的。要放下包袱，愉快地等待孩子的降生。

典型案例

服促排卵药生双胞胎可行吗？

一位朋友想生双胞胎，瞒着家人私自服用克罗米芬。在月经第 5 天开始，一天一粒，连吃 5 天。停药后没有出现特殊症状。我曾看过有关报道，认为服用此药有副作用。告知后，我的朋友陷入极大的恐惧之中。请问该怎么办呢？万一有了，这孩子能要吗？会对胎儿有什么影响？

为了生双胞胎而自行服用克罗米芬，是一种错误选择。按妊娠期药物分类，克罗米芬属 X 类药，对胎儿是有较大危害的。尽管在应用克罗米芬治疗不孕症后怀孕的孕妇，其胎儿异常的发生率并没有报道增多，也不应该采取这样的手段增加双胎儿率。多胎妊娠本身就属于高危妊娠，对母婴双方都有一定的风险。建议你的朋友至少要等到 3 个月以后再考虑怀孕。现应暂时采取安全套避孕。

美国食品和药物管理局(FDA)根据药物对动物和人类所具有不同程度的致畸危险，将药物分为 5 类，并称之为药物的妊娠分类，简称 FDA 分类。（具体内容请参阅第十七章第五节《孕期用药的安全性》）

典型案例

药物控制排卵期好不好？

我推算下次排卵日应在 9 月 21 日左右，而此时的生理曲线不是很好。书上说通过药物，可以提前或拖后月经，我准备 9 月 11~16 日受孕，请问我

孕前准备期间也不能随便服用药物，有些药物对生殖细胞是有毒性的。绝大部分药物对人类生殖健康的影响缺乏确切的研究资料，通过饮食、运动、健康的生活方式和良好的生活习惯提高自身抵御疾病的能力是最佳的选择。

该服用何种药物（最好是食物或没有副作用的药物）及服用的准确剂量。

做月经人工周期对受孕没有什么益处，不但不利于优生，还会造成排卵异常。因此，我不赞成你做人工周期，从你的计划来看，也没有什么必要做人工周期。

8. 女性激素测定

女性内分泌激素测定包括：雌激素、雄激素、促黄体生成素、促卵泡成熟激素、绒毛膜促性腺激素、催乳素、黄体酮七项。

❖ **雌激素**

雌激素可唤起女性原始本能。怀孕后的女性开始更多地问自己：怎样才能更好地照顾和爱护孩子？有孩子的女性总是把孩子放在第一位，当孩子处于生命危机的时刻挺身而出，把自己的生命置之度外。雌二醇（E2）由卵巢产生，主要功能是刺激女性附件器官发育与生长及女性特征出现。雌三醇（E3）在妊娠后期血浆中含量变化能反映胎儿、胎盘功能。

❖ **雄激素**

雄激素睾酮（T）的生理功能主要是刺激男性性征出现。睾酮增多可引起女性男性化、女性多毛症、多囊卵巢综合征、先

天性肾上腺皮质增多症等疾病。

❖ 催乳素

催乳素可消除准妈妈一些负面情绪，让妈妈变得快乐起来。血清催乳素（PRL）主要作用是促进乳腺发育生长，促进并维持泌乳功能。胎盘催乳素（PL）降低见于妊娠高血压综合征、流产、妊娠8周后。

❖ 人绒毛膜促性腺激素（HCG）

怀孕激素，它在尿中的出现预示着"你怀孕了"，是由孕卵着床后分泌的一种糖蛋白激素。用于早孕及绒毛膜上皮癌、葡萄胎、宫外孕，以及流产的诊断和鉴别。

❖ 促黄体生成素（LH）

主要作用是促进性腺成熟。

❖ 血清促卵泡成熟激素（FSH）

主要作用是促进性腺成熟，可用于预测排卵时间、诊断不孕症。

❖ 黄体酮

黄体酮对孕妇起到镇静神经和稳定情绪的作用，等分娩即将到来时，这种作用更加明显。通过测定血浆黄体酮含量，可了解黄体功能，对于某些黄体功能不全而致习惯性流产，测定黄体酮具有诊断意义。可了解卵巢有无排卵。卵泡期黄体酮含量低，排卵后增加，如排卵后持续增加则可能妊娠。

第3节　孕前关心的遗传问题

9. 孕前遗传咨询

有以下情形之一者需做遗传咨询：

•已生育过一个有遗传病或先天畸形患儿的夫妇。

•夫妇双方或一方，或亲属是遗传病患者或有遗传病家族史。

•夫妇双方或一方可能是遗传病基因携带者。

•夫妇双方或一方可能有染色体结构或功能异常。

•夫妇或家族中有不明原因的不育史、不孕史、习惯流产史、原发性闭经、早产史、死胎史。

•夫妇或家族中有性腺或性器官发育异常、不明原因的智力低下患者、行为发育异常患者。

•三代以内近亲结婚的夫妇。

•高龄夫妇。35岁以上高龄女性及45岁以上高龄男性。

•一方或双方接触有害毒物作业的夫妇，包括生物、物理、化学、药物、农药等。

10. 对人类相貌遗传的解读

人类的各种生物学性状，包括皮肤色泽、身体高矮、胖瘦、相貌等，都是由体内的遗传物质——DNA控制的。例如某些子女的脸庞像妈妈，眼睛像爸爸，这是子女接受了来自爸爸妈妈遗传特征的表现。人类遗传并非像孟德尔研究的豌豆那么简单。一个人的相貌不是单由父亲或母亲的基因决定的，所以孩子和爸爸在一起的时候，周围的人，尤其是不很熟悉的人，往往会觉得孩子很像爸爸。而当孩子和妈妈在一起时，人们又觉得这个孩子像妈妈。但最终的结果是孩子就是孩子自己，在孩子的相貌中有孩子特有的东西。

胎儿的相貌不是由一个"相貌基因"

决定的，而是由很多"相貌基因"决定的。同时，还有非遗传因素的影响，非遗传因素的影响在某些特定的情形下，还可能占据很重要的地位。有一种现象，也说明了这一点：被领养孩子的相貌，会有些像他的养母养父。决定人相貌的因素不仅仅是结构上的，表情、眼神等会带有历史的印记。一个人的内心也会在相貌上有所反映，就如同人们说某人的"面相善"，某人的"面相恶"一样。一个人的经历、成长的环境等，都可能构成这个人相貌的非遗传因素。

具体到相貌按什么规律遗传给后代，对遗传学家来说仍是未解之谜。美国心理学家克里斯坦菲认为，在相貌上，爸爸比妈妈对胎儿的影响大。这可能是由于爸爸给予子女遗传上的特征性比较多，尤其是婴儿的脸，怎么看上去都更像爸爸。有人发现，女孩像爸爸的多，男孩像妈妈的多。

❖ 新生儿刚出生时像父亲的生物学解释

有人发现，更多的新生儿，在他们刚出生的时候，其相貌像爸爸，以后则可能像妈。有人尝试从生物学角度认识这一现象：胎儿是在母体里被孕育的，他（她）是妈妈的孩子，这一点无须证明，而对于爸爸来说，要证明他（她）是爸爸的孩子，相貌是最直截了当的。在远古的年代，得

当必须使用药物治疗某种疾病时，一定要在医生指导下，即使是OTC用药，说明书上没有明确表明对生殖健康的影响，也要谨慎使用，最好还是请教医生。只要你结婚了就有怀孕的可能，有备无患是最明智的。

到父亲抚育的孩子具有更多的成活机会，经过漫长进化的过程，就形成了新生宝宝相貌像爸爸的现象。

❖ 混血胎儿的肤色能预知吗？

皮肤色泽有着稳定的遗传物质基础。影响皮肤色泽的因素，医学认为有3种：血流密度和血流量；皮肤本身的厚度、质地和折光性能；皮肤内的色素物质。

第3个因素是影响和形成肤色的最重要因素。色素分布的数量和密度影响着人肤色的变化。统计结果显示，在每平方毫米内，白种人的色素细胞为1000个以下，黄种人为1300个左右，黑种人为1400个以上。种族的肤色是带有遗传性的，所以，纯黄种人夫妇所生的孩子肤色不会是黑种人或白种人的肤色。不同种族肤色的夫妇所生混血儿的肤色是像妈妈的，还是像爸爸的，难以在孩子出生前做出明确的预测。但绝大多数情况下，或完全像爸爸的肤色，或完全像妈妈的肤色，介于两者之间的极少。黑种人和黄种人结婚所生的孩子，可能会比黑种人肤色略显黄色，或比黄种人肤色黑。

11. 身高的遗传回归

一般情况下，爸爸妈妈高，其宝宝大多高；爸爸妈妈矮，其宝宝大多矮。根据父母身高预测未来宝宝身高的公式有几个，最常使用的是：

男孩未来可能的身高 =（父高 + 母高）× 1.08/2

女孩未来可能的身高 =（父高 × 0.923 + 母高）/2

❖ 妈妈的身高更重要

奥地利遗传学家孟德尔认为，妈妈在宝宝身高的遗传中起着重要作用。妈妈高，爸爸矮，宝宝多数是高个子，至少不是矮

身材；爸爸高，妈妈矮，宝宝多数是中等身材，甚至是矮个子；爸爸中等身材，妈妈矮个子，宝宝几乎全是矮个子。

❖ **身高的回归**

爸爸妈妈高，是不是宝宝就更高？爸爸妈妈矮，宝宝就更矮呢？英国生物学家葛尔顿发现：爸爸妈妈特别高的，他们的宝宝也高，但并不是特别；爸爸妈妈特别矮的，他们的宝宝也矮，但并不是特别矮；特别高的宝宝，爸爸妈妈身材往往是中等偏高的，特别矮的宝宝，爸爸妈妈身材往往是中等偏矮的。

上述现象就叫身高的遗传回归现象。也就是说，爸妈特别高时，宝宝就向矮的方向回归；爸妈特别矮时，宝宝就向高的方向回归。这使得人类的后代不至于朝两个极端的方向发展。当然，人类平均身高居中者占绝大多数，这些人婚配所生的后代构成庞大的人口，在一定程度上限制了人类身高向极端发展的可能。

选择婚配对象时，高个子的男子或女子，找一个矮个子对象，仍会生育出个子比较高的后代。

当然，遗传对身高的影响不是百分之百的，也不能忽视后天的因素，如营养状况、运动、环境条件、睡眠、生活水平等。还有基因的突变因素。所以，不能完全根据遗传来预测宝宝的身高。

12. 近视遗传

近视眼的患病率很高，尤其是父母在电磁辐射环境中工作，宝宝从胎儿期就面临着对眼发育不利的种种潜在伤害。出生后，还会面对着更大的隐性伤害，电视、电脑、游戏机、手机，各种多媒体光电设备，闪光灯，各类时尚照明设备等等都对孩子构成了不小的威胁。

典型案例

孩子很小就戴眼镜是否遗传所致？

我们都是近视眼，400度至600度之间，中学时视力开始下降，戴眼镜。听说近视眼遗传，我看到好多小孩年龄很小就戴眼镜，是不是跟遗传有关，我们都是近视，会遗传给孩子吗？是不是有办法避免？

近视是由遗传因素（约占65%）和环境因素（约占35%）引起的。

中度近视程度大多在300~600度。高度近视达600度以上。中度近视一般在600度以下停止发展。近视为常染色体隐性遗传，群体患病率近1%，近视基因携带者占20%。其遗传规律是：

爸爸妈妈都是高度近视，所生宝宝100%是近视；

爸爸妈妈一方是高度近视，另一方是近视基因携带者，所生宝宝有50%可能是近视；

爸爸妈妈都不是近视，但都是近视基因携带者，所生宝宝有25%可能是近视；

爸爸妈妈一方是高度近视，另一方既不是近视，也不是近视基因携带者，所生宝宝不会是高度近视，但可能是近视基因携带者。

低度近视（也称单纯近视）多在300度以下，属多基因遗传，遗传率为61%，爸爸妈妈都是单纯近视者，宝宝患病率高。

有一点是值得爸爸妈妈注意的，环境始终是影响视力的潜在因素。妈妈孕期营养素缺乏、早产、双胎等，也是造成近视的因素。

孕妇的饮食与孩子的视力发展有密切的关系。怀孕第7~9个月到出生前后的胎儿如果缺乏DHA，会出现视神经炎、视力模糊，甚至失明。怀孕时多吃油质鱼类，还应多吃含胡萝卜素的食品以及绿叶蔬菜，

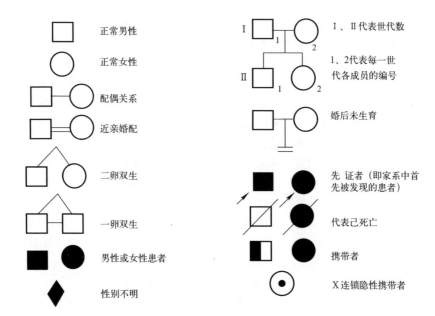

系谱中常用的符号

正常男性

正常女性

配偶关系

近亲婚配

二卵双生

一卵双生

男性或女性患者

性别不明

Ⅰ、Ⅱ代表世代数

1、2代表每一世代各成员的编号

婚后未生育

先证者（即家系中首先被发现的患者）

代表己死亡

携带者

X连锁隐性携带者

防止维生素A、B、E缺乏。缺钙的孕妇所生的孩子在少年时患近视眼的概率是不缺钙孕妇的3倍。有学者认为B超对组织的"热效应"和"高频震动"，对胎儿眼的发育也有不同程度的伤害。

13. 性格与智力遗传

❖ 遗传对性格影响是有限的

"种瓜得瓜，种豆得豆"，"江山易改，秉性难移"，道出了性格与遗传的关系。美国科学家研究发现，人的第11号染色体上有一种叫D4DR的遗传基因，对人的性格有不可忽视的影响。

那些富有冒险精神和容易兴奋的人，其大脑中的D4DR基因比那些较为冷漠和沉默的人来讲，结构更长。D4DR较长的人在追求新奇方面要比D4DR基因较短的人高出一个等级。研究者认为：人体中的D4DR含有遗传指令，能够在大脑中构成许多受体。这些受体分布在人的神经元表面，接受一

种叫多巴胺的化学物质。这种物质会持续地激起人们敢于冒险、寻求新奇的欲望。

但遗传对人的性格影响是有限的，自身经历和周围环境因素显然起着重要作用。"近朱者赤，近墨者黑"，良好的教育和环境熏陶同时在塑造着孩子的性格。遗憾的是我们仍然不知道遗传与环境因素各占多大份额，而且分别是怎么起作用的。

❖ 妈妈的智力在遗传中占有重要位置

妈妈智力在遗传中占有重要位置的说法或许只是一种理论上的推测。胎儿的智力是否与遗传有关，不但是父母关心的问题，科学家们也非常感兴趣，并进行了一系列研究。科学家指出，人类与智力有关的基因主要集中在X染色体上，女性有2个X染色体，男性只有1个，所以妈妈的智力在遗传中占有更为重要的位置。在择偶过程中，人们除了重视美貌，更重视未来妈妈的文化素质，是有一定依据的。

❖ 评价一个人的智力水平并不容易

说一个人智力高，有智慧，依据是什么呢？是通过智商测定？还是有一个确切的定义？迄今为止，可能没有一个被人们普遍接受的定义，也没有一个能够诠释智慧的客观依据。

能够反映智力水平的因素都包括哪些？思维能力？思考速度？推理能力？速算能力？记忆力？学习知识的能力？似乎哪一个也不能完全代表智力。相反，一个被普遍认为聪明的人，可能在某一方面显现出令人吃惊的"笨"。一位智力超群的数学家，在生活和社会交往中可能会显得比较"弱智"。那么，在某方面非常聪明的人，是否在另一方面一定会比较愚呢？这可能是一种误解。在某一方面显现出与众不同的天才的人，多是专注于某一件他极其感兴趣的事情，根本就不想做他不感兴趣的事情，在他不感兴趣的事情上似乎显得比较弱智，给人一种错觉。所以，评价一个人的智力水平并不容易。

❖ 一项让我们相信智力遗传的研究

智力与遗传是怎样的关系？从1979年开始，一位学者在世界各地寻找被分离的孪生子，测试他们的个性与智商；比较被收养人与他们的养父母、亲生父母，以及被分离的同胞之间的智力差异。把成千上万的智商测验结果集中起来，得到了这样的结论。

在一起长大的同卵双生子和同一个人接受两次智商测验的相关性非常接近。没有血缘关系的两种人，无论是生活在一个家庭的，还是不生活在一个家庭的，其智力完全不相关。这项研究让我们相信智力与遗传的关系是相当密切的。(见《智力与遗传相关性列表》)

❖ 子宫环境与智力

还有一项研究显示，孪生子在智力方面的相似性，有20%可以归结到子宫的环境上，而对于两个非孪生的兄弟姐妹来说，子宫的环境对智力的影响只占5%。由此说明，子宫内环境对孩子的智力影响也是不可忽视的。

❖ 基因对智力影响有多大

影响智力的先天因素——基因，对后

智力与遗传相关性列表

相比较的两种人	智力之间的相关性（%）
同一个人接受两次智商测验	87
在一起长大的同卵双生子	86
从小被分离开的同卵双生子	76
在一起长大的异卵双生子	55
同胞兄弟姐妹	47
父母与子女生活在一起	40
父母与子女没有在一起生活过	31
亲生父母不同却被同一个家庭收养的孩子	0
没有血缘关系又不住在一起的人	0

注：100%的相关性意味两个人的智力完全相关，0%的相关性意味两个人的智力完全不相关。

代的智力到底有多大影响？占有多大的比例？实在是一道难题。有学者认为：孩子的智商大约有一半是由父母遗传决定的；

有将近20%是由宝宝生活的家庭决定的；30%左右与子宫内环境、学校的生活和教育，以及其他外部影响有关。

14. 孕前需治愈的疾病及常见病的预防

❖ 泌尿系感染

在怀孕期，无论是早期，还是晚期，怀孕合并泌尿系感染，对于医生来说都是比较棘手的事情，因为治疗泌尿系感染的药物，都或多或少对胎儿有不良影响。但是，能否因规避药物的不良影响而选择不治疗呢？显然是不可以的，其原因：第一，引起泌尿系感染的病原菌不能被杀灭，有引起肾盂肾炎的危险，对孕妇的健康不利；第二，泌尿系感染对胎儿健康的不良影响可能要比药物影响更大。由此可见，孕期预防泌尿系感染是很重要的。养成多饮水的习惯，每天至少饮800毫升的白开水。

为什么孕妇容易合并肾盂肾炎呢？这是因为，随着子宫的增大，输尿管受挤压，导致肾盂积水，使细菌通过尿道口感染到尿道、膀胱、输尿管后，很容易导致肾盂肾炎的发生。

为了减少子宫对肾盂的压迫，到了孕中期，尽量不采取仰卧位，左侧卧、右侧卧位交替，以左侧卧为主。在清洁肛门时，不要从后向前擦洗，而是从前向后，或从肛门向两侧擦洗，大便后最好用清水冲洗肛门，以免肛门周围的大肠杆菌污染尿道和阴道口，引起泌尿系和生殖道感染。

❖ 阴道炎

饮水少、劳累、外阴不洁净、卫生巾质量不合格、内裤被霉菌污染（如放置时间过久的内裤，从来不在阳光下暴晒内裤，或在卫生间阴干内裤等）是患泌尿系感染和霉菌性阴道炎的常见原因，但这不是全部的原因。

外阴烧灼痛、白带增多、阴道排出豆渣样分泌物，症状像霉菌性阴道炎，可检查阴道分泌物明确诊断。使用苏打水冲洗外阴和阴道是治疗霉菌性阴道炎的方法之一，但还应该同时使用抗霉菌的药物。没有报道认为苏打水对怀孕有不良影响，应该把霉菌性阴道炎治愈后再怀孕。4%苏打水（小苏打）清洗外阴和阴道后，再用抗霉菌的栓剂塞入阴道。单独使用苏打水效果不佳。2周一疗程。完成一个疗程后，复查阴道分泌物是否还有霉菌，如果化验结果霉菌阳性，应继续治疗。每个月经周期后按上述方法使用1周。连续使用3个周期，治愈停药后即可怀孕。

除了治疗外，还要注意日常生活中避免霉菌的再感染，比如，内裤不要放在阴暗、潮湿、不通风的地方，要在日光下晒干。要按疗程使用抗霉菌药。夫妇双方同时治疗效果更好。

治疗期间不宜怀孕。有阴道炎可影响受孕。如果阴道炎治愈，停药后无复发，就可以怀孕。但如果是特殊病原菌感染的阴道炎就要根据具体情况来决定了，如淋菌性阴道炎，解脲支原体感染等。

阴道炎与卫生有关，但卫生问题并不是引起阴道炎的唯一原因，局部的抵抗力，还有其他因素，阴道与肛门、尿道紧密相邻，造成污染的机会很多，丈夫的卫生问题也是其中的原因之一。一般治疗普通阴道炎的疗程是1-2周，特殊阴道炎时间就长了，到底要多长时间，还要根据病情决定。有些阴道炎需要夫妇双方同时用药，要询问医生是否需要与丈夫同时治疗，避孕套不合格可成为引起疾病的诱因。

❖ 宫颈糜烂

宫颈糜烂分轻、中、重三度，也可用1、2、3度表示，患有宫颈糜烂时不宜怀孕，最好治愈后再怀孕。制订治疗方案，要根据糜烂程度、是否查到致病微生物、有无其他并发症酌情而定，但不可选择对宫颈弹性和顺应性有影响的治疗方法，如激光，LEEP刀等。可选择微波、波姆光、药物冲洗等综合措施。

❖ 盆腔炎

附件炎、子宫内膜炎、子宫颈炎等都可统称盆腔炎。治疗的方法大同小异。引起盆腔炎的病原菌应该进一步明确，有的病原菌感染可对胎儿有显著的危害，需要彻底治愈后方能考虑怀孕，而且患有盆腔

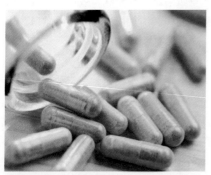

采取有效的避孕措施是孕前准备的重要部分。避孕药是新婚夫妇首选的避孕方法，绝大部分避孕失败常见的原因有漏服、服用时间错误、剂量不准确、使用方法不正确等等。像这样的情况应该尽量避免。图片引自 cnzcs.com

炎本身也会影响受孕。所以，在未治愈盆腔炎，尤其是附件炎前，最好暂时不要怀孕。盆腔炎并不是难以治疗的疾病，只要明确病原菌，进行正规治疗，是完全可以治愈的。

附件囊肿和附件炎都需要治疗，应先进行抗炎治疗，附件囊肿是否需要手术，要由妇科医生来决定。应该治疗后再怀孕为好，否则也会给怀孕带来麻烦。如果是子宫内膜异位症，会引起继发不孕，所以，明确诊断是很重要的。

❖ 前列腺炎

提起前列腺炎，大多数年轻男士会认为这是老年男性病，与自己没有多大关系。其实，年轻男士也同样会患此病。前列腺炎会影响受孕，所以，孕前男方如果患有前列腺炎需要治愈后再怀孕。

❖ 性传播疾病

男性患有性病初期可能没有什么明显症状，但可传染给妻子。所以，孕前夫妇双方做生殖泌尿系疾病检查是非常必要的。

❖ 精子质量异常

正常男性每次射精量为2-6毫升，小于1毫升或大于6毫升，对生育能力均有一定影响，含有精子$(50-100) \times 10^6$/毫升，如果每毫升精液中的精子数量少于20×10^6/毫升，可造成男性不育。如果小头、双头、双尾、胞浆不脱落等异常精子超过20%，或精子活动能力减弱等也可引起男性不育。精子生成后至排出的时间间隔越长，其活动力越低。在排卵期隔天同房可增加受孕机会，精子的质量最好。

精子质量不好或数量不足，受精卵异常的几率就大，流产的确切原因难以查清，但孕早期自然流产，大多数是受精卵胚胎本身不健康，应接受男性科治疗。除了服用药物外，还要从生活上注意以下几点：

第一，要保证充足的睡眠，尤其不要熬夜。

第二，保证营养，膳食结构合理，要有良好的进餐习惯，不要饥一顿饱一顿，多吃新鲜蔬菜，不要经常吃饭店或快餐店的食物。饮食结构不合理，肥胖男士越来越多，肥胖易导致脂肪肝的发生。要合理饮食，远离饭店，回到家里，多吃清淡的食物，偶尔在医生指导下禁食。减少在外吃饭次数，偶尔应酬，必须吃主食、素菜。

第三，戒烟戒酒。不要酗酒，即使是小量饮酒，也要先吃几口饭和几块肉，不能空腹饮酒，只喝酒不吃饭，对胃的伤害是很大的，容易患胃溃疡和胃炎，对肝脏也同样不利。

第四，采取健康的生活方式，加强体育锻炼。运动越来越少，以车代步，看电视，玩电脑，占去了活动时间。要多进行运动，弃电梯走楼梯，郊外旅游、户外运动等，可有效防止胃下垂、胃溃疡、将军肚、疲劳综合征等。每天坚持户外散步15分钟。

第五，保持旺盛的精力，不要有疲劳感才休息，要始终保持不疲劳状态，累了就休息，最好是睡觉，或喝杯热鲜奶。

第六，保持心情愉快，尽量丢掉烦恼的事情。

孕妈妈／孙菲菲
走进优美的大自然，可以缓解压力，使人放松。

❖ 呼吸道感染预防要点

•平时注意锻炼身体，提高机体抵抗力，注意冷热适中。

•早孕期身体抵抗力一般都比较弱，容易患感冒，如果平时身体抵抗力就弱，难免在孕前患感冒。最好在夏季和秋初季节怀孕，这时患感冒的机会比较小。

•生活规律，注意休息，保证充足的睡眠，多饮温开水。不要到人多的场所逗留。不要接触感冒病人。

•倘若感冒症状不是很严重，不必吃感冒药，注意休息，多饮水，增加睡眠。

•流感疫苗是预防流感的，对普通感冒没有预防作用。注射流感疫苗当月不要怀孕。

❖ 口腔疾病预防要点

•三餐后半小时用清水漱口。

•每天晨起、睡前刷牙，要有效刷牙，刷足3分钟、刷遍三面牙，把牙膏充分漱干净。

•吃容易粘在牙齿上的小食品，如奶糖、果脯、年糕等，食后要把粘在牙齿上的东西清理干净。

•不要常用牙签剔牙，如果有东西塞入，应该用专业牙镊子夹出来。

•如果口腔有异味，或患齿龈炎，可坚持早晨、睡觉前用专业漱口液漱口，也可用苏打水或盐水漱口。

❖ 消化道疾病预防要点

•生吃蔬菜水果时，一定要洗净上面残留的农药、寄生虫和病原菌。洗去果蔬上的泥土后，最好用清水浸泡半小时，然后用流动水逐个冲洗。

•食用用手抓握的食品前，一定要进行有效洗手：洗足2分钟，用两遍洗手液或香皂，把手指、掌心、手背、手腕、甲沟、

郑玉巧育儿经·胎儿卷

甲缝依次洗净，最后用流动水冲洗。不要留长指甲。

•如果有便秘，争取在孕前采取措施缓解便秘，至少要降低便秘程度。严重的便秘需要医学干预，一般便秘可通过饮食、运动、建立排便习惯等来改善。仰卧起坐、按摩腹部（每天按摩腹部10分钟，从左下往上，往右到右下）、散步、体操等运动可刺激胃肠蠕动。多吃粗粮和含纤维高的蔬菜，如芹菜、萝卜、白菜、黄瓜、西红柿等，可改善容积性便秘。

•有痔疮最好在孕前治疗，因为怀孕后，即使没有痔疮，也有可能患痔疮，如果在孕前就患有痔疮，怀孕后可能会加重，而在孕期，是难以进行痔疮手术治疗的。长期坐着可加重痔疮。

❖ 泌尿生殖系感染的预防要点

•每天睡前夫妇双方都要清洗生殖器，所用的盆和毛巾应在阳光下暴晒。如果有条件，最好用流动水冲洗，需注意的是男士常常不能认真清洗包皮处藏匿的污垢。

•多饮水，可起到冲刷尿道的作用。

•洗净的内裤不能放置在卫生间晾晒，而应拿到有阳光的地方，不要准备过多的内裤，2-3条换洗就可以了，这样可避免穿放置过久的内裤。

•平时最好不使用卫生护垫，每天换洗内裤是最好的。

•最好不到外面洗浴。一次性洗浴用具的卫生状况并不总是可靠的。

•夫妻之外的性伴侣是导致泌尿生殖系感染的元凶。

❖ 贫血的预防要点

•孕期发生缺铁性贫血的几率比较高，孕前体内储存充足的铁是很必要的。

•多摄入含铁丰富的食物。（见本书第十四章《营养》）

•不要喝浓茶，尤其是饭前、饭后喝茶水会影响食物中铁的吸收和利用。

•合理配餐，比如菠菜、芹菜、紫菜含铁比较丰富，但如果和豆腐一起烹制会影响人体对铁的吸收。

•不要偏食。

15. 避孕药与妊娠

避孕药是目前女性选择比较广泛的一种避孕方法。其优点是方便、保险系数大，对于未生育过的女性来说，是首选的避孕方法，但如果认为长期服用避孕药对女性的身体没有任何伤害是不科学的。

❖ 避孕药可能会给女性带来如下问题：

•维生素B缺乏。

•新陈代谢方面的异常变化。

•出现发胖、易激动、头痛、脸部粉刺等症状。所有种类的合成孕激素避孕药都有可能出现这种情况。

•最新医疗观察认为避孕药与女性癌症发生有密切关系。

❖ 服用避孕药需要注意的问题

尽管现在已经开发出不少种类的新型避孕药，而且剂量越来越低量化，副作用越来越小，但在服用避孕药前，仍应该去看医生，经过医生的检查，听取医生的建议，选择适合你的避孕药。

如果需要长期服用避孕药，应该每半年到医院检查一次，并向医生咨询有关问题。

服用避孕药最值得注意的是服药时间和服用的剂量。如果没有按照规定的时间服药，会影响避孕效果，可能还会引起子宫出血或月经问题。如果服用的剂量有误，也会带来不小的麻烦。

女性不愿意把避孕药放在餐桌或客厅的茶几等显著的位置，漏服的情形非常多。最好选择一个固定并有保证的时间服药，并做好记录，把药和记录单放在一个固定的地方，可放在卧室的床头柜上。

❖ 第一次服用避孕药前需要做的事情

咨询医生，可以到妇科门诊，也可以到计划生育门诊或妇女保健门诊。医生会为你做必要的检查。

确定自己没有怀孕。

为自己选择好一个固定的服药时间，最好把服药时间安排在你能空闲下来的时候。

服用避孕药期间要把自己每次月经来潮的时间同时记在日历上。

在月经周期之初开始服用避孕药，而不是随便哪一天。

服用避孕药期间出现问题，如月经血过多、时间过长、停经等要及时咨询医生。

出现漏服或多服避孕药时，要及时与医生取得联系，寻求帮助。

❖ 避孕药与妊娠

服用第一片避孕药后就开始有避孕效果了。

合成口服避孕药的避孕效果是相当可靠的，只要你认真按照要求去做，服药期间怀孕的可能性非常小。

❖ 与避孕药有关的妊娠问题

停用避孕药后短时间内怀孕了。

服用紧急避孕药后没能阻止受孕。

漏服或服用剂量出错。

关于避孕药是否会导致胎儿畸形和染色体畸变，目前尚存在争议。为了规避避孕药对胎儿的潜在危害，通常情况下，要求服用避孕药的女性，在停止服药3~6个月内不要怀孕。

16. 不孕症正规检查

如果确诊不孕，就应该进行正规检查，而不要东一下，西一下，到头来，花了很

多钱，受了很多罪，还是没有结果。要查就按部就班、全面地、有次序地逐项查。

❖ 应先排除最常见的不孕原因：

精液分析：男性在正常情况下可直接到医院进行精子检查。

基础体温测定：基础体温测定要注意体温测量的准确性和准确的记录，到医院要一张基础体温表，医生会详细告诉你如何测量及正确填表方法。

输卵管通畅试验：输卵管有炎症可增加宫外孕的发生率，但不会因此影响受孕，只有输卵管堵塞或狭窄时才会造成不孕。所以，输卵管炎不是导致不孕的直接因素。一般在月经干净3天后做输卵管造影或通水检查，检查前要到X线科，医生会告诉你需要做什么准备。疑有输卵管堵塞可做输卵管通水术。输卵管不通没有明显的自觉症状，所以，不通过检查难以发现。

内分泌激素测定：做女性激素检查要记住抽血时间，因为所测结果与所处月经周期的时期有关。最好在化验单上标明是在月经周期什么时刻抽的血。

子宫内膜活检：子宫内膜异位症也是造成不孕的原因。

❖ 治疗中的温馨提示

最好找一位经验丰富的妇科内分泌医生，或专门诊治不孕症的医生，固定找这位医生看，不要今天找这位医生，明天找那位医生，那样很容易搞乱。要看正规医院的不孕门诊。

不要听信别人的传言："某某吃了什么，怎么做的"等成功例子。因为自己的问题和别人的问题不一样，对别人有效的，对自己不一定有效，可能还会对自己有害。

在治疗不孕的时候，不要盲目吃一些药物，尤其是对生殖细胞和胎儿有损害的药物。一旦怀孕了，却由于吃了孕期禁忌

用药而不得不舍弃,这是很令人痛心的事。所以,在你接受任何治疗和检查时都要确定是否怀孕了。

在治疗过程中应该先避孕,停用避孕药3个月至半年以后才能够安全怀孕。

❖ 影响受孕三大因素

一对夫妇未采取任何避孕措施2年以上不能怀孕生子即被诊断为不孕症,如果从未怀孕称为原发不孕,否则为继发不孕。如果一位女性能够怀孕,但不能把妊娠进行到底,被称为不育症,如习惯性流产,胎停育等。

在自然受孕过程中,并不像有的夫妇想象的那样,想哪个月要孩子,孩子就会来到。对于育龄女性来说,即使夫妇双方都没有任何不孕的因素,女性每月排卵受孕的机会也仅有25%,有的女性会很幸运地在当月怀孕,有的女性会等到1年才能自然受孕。自然受孕机会随着年龄的增加而减少。20~24岁的女性在3~4个月时间内可自然受孕,35~40岁的女性要在1年左右才能自然受孕。

在自然受孕的情况下,有50%左右的夫妇在半年内成功怀孕,经过1年的努力,会有80%的夫妇如愿地怀孕,有10%的夫妇要用1年多的时间才能自然受孕,还有10%的夫妇可能要在医生帮助下受孕。真的患有不孕不育症的,只占4%。

影响受孕能力的原因有很多,疾病导致的需要医生诊断和治疗,在这里不做过多的讨论,这里只讨论一些非疾病因素与受孕的关系。

• 年龄

与男性相比较而言,女性受孕机会与年龄的关系极其密切。25岁左右是女性受孕能力最强的时期,以后随着年龄的增加缓慢降低,到了35岁能力快速下降。35岁时,卵子也已经是35年多的老卵子了,质量已大打折扣。加上生殖器疾病、流产等因素,使得孕和育都面临着挑战。我所见到的女性最高怀孕年龄是49岁,最高世界记录为57岁。

男性生育年龄相对较长,甚至可持续到终生,但男性的生育能力并不一直保持不变。45岁以后的男子生育能力开始呈下降趋势。

• 性交频率

频率低受孕机会小,反之则高,但如果过于频繁,会因为精子活力差而使受孕机会降低。每周3~4次比较合适。

• 精神因素

如果连续几个月没有如愿,就着急紧张起来,开始怀疑自己的怀孕能力,也是没有必要的,精神异常紧张,会导致受孕机会减少。一旦放松精神,抱着顺其自然的态度,反而会轻而易举地受孕。

❖ 不孕不育男方原因占一半

过去人们普遍把不孕不育的问题归咎于女性。现在医学研究表明,在不孕不育的夫妇当中,病因在男方和在女方的情形一样常见,大约各占40%。还有大约20%是夫妇双方都有导致不孕、不育的一个或几个原因。男性不孕症的常见因素是精子质量差。女性不孕症的常见原因是排卵因素、输卵管疾病、盆腔因素。所以说,不孕不育,需要夫妇共同接受检查和治疗。

胎儿大事记

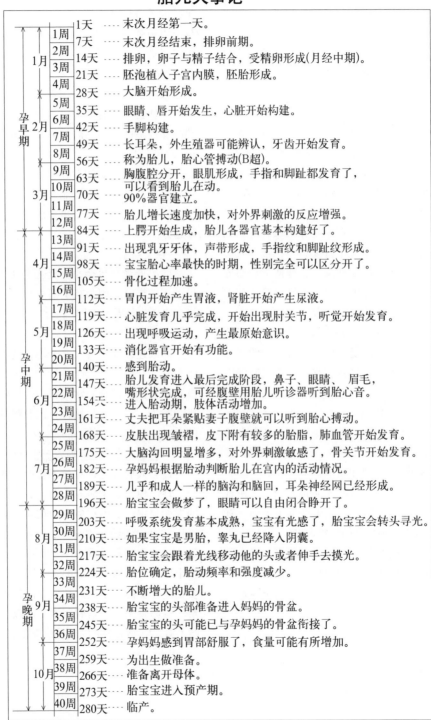

		天数	描述
孕早期 1月	1周	1天	末次月经第一天。
		7天	末次月经结束，排卵前期。
	2周	14天	排卵，卵子与精子结合，受精卵形成(月经中期)。
	3周	21天	胚泡植入子宫内膜，胚胎形成。
	4周	28天	大脑开始形成。
2月	5周	35天	眼睛、唇开始发生，心脏开始构建。
	6周	42天	手脚构建。
	7周	49天	长耳朵，外生殖器可能辨认，牙齿开始发育。
	8周	56天	称为胎儿，胎心管搏动(B超)。
3月	9周	63天	胸腹腔分开，眼肌形成，手指和脚趾都发育了，可以看到胎儿在动。
	10周	70天	90%器官建立。
	11周	77天	胎儿增长速度加快，对外界刺激的反应增强。
	12周	84天	上腭开始生成，胎儿各器官基本构建好了。
孕中期 4月	13周	91天	出现乳牙牙体，声带形成，手指纹和脚趾纹形成。
	14周	98天	宝宝胎心率最快的时期，性别完全可以区分开了。
	15周	105天	骨化过程加速。
	16周	112天	胃内开始产生胃液，肾脏开始产生尿液。
5月	17周	119天	心脏发育几乎完成，开始出现肘关节，听觉开始发育。
	18周	126天	出现呼吸运动，产生最原始意识。
	19周	133天	消化器官开始有功能。
	20周	140天	感到胎动。
6月	21周	147天	胎儿发育进入最后完成阶段，鼻子、眼睛、眉毛，嘴形状完成，可经腹壁用胎儿听诊器听到胎心音。
	22周	154天	进入胎动期，肢体活动增加。
	23周	161天	丈夫把耳朵紧贴妻子腹壁就可以听到胎心搏动。
	24周	168天	皮肤出现皱褶，皮下附有较多的胎脂，肺血管开始发育。
7月	25周	175天	大脑沟回明显增多，对外界刺激敏感了，骨关节开始发育。
	26周	182天	孕妈妈根据胎动判断胎儿在宫内的活动情况。
	27周	189天	几乎和成人一样的脑沟和脑回，耳朵神经网已经形成。
	28周	196天	胎宝宝会做梦了，眼睛可以自由闭合睁开了。
孕晚期 8月	29周	203天	呼吸系统发育基本成熟，宝宝有光感了，胎宝宝会转头寻光。
	30周	210天	如果宝宝是男胎，睾丸已经降入阴囊。
	31周	217天	胎宝宝会跟着光线移动他的头或者伸手去摸光。
	32周	224天	胎位确定，胎动频率和强度减少。
9月	33周	231天	不断增大的胎儿。
	34周	238天	胎宝宝的头部准备进入妈妈的骨盆。
	35周	245天	胎宝宝的头可能已与孕妈妈的骨盆衔接了。
	36周	252天	孕妈妈感到胃部舒服了，食量可能有所增加。
10月	37周	259天	为出生做准备。
	38周	266天	准备离开母体。
	39周	273天	胎宝宝进入预产期。
	40周	280天	临产。

第二章　孕1月（0-4周）

胎宝宝："我是你们爱情的神奇礼物，像圣诞礼物一样，在睡梦中悄悄出现在你们枕头底下。在你们还不知道怀孕的时候，我已走过了最激动人心的第一个月的神秘旅程。"

·关于排卵的问题和判断

·了解精子和卵子

·早孕不适

17. 宝宝写给爸爸妈妈的第二封信

亲爱的爸爸妈妈：

当你们得知怀孕的消息时，一定激动不已，因为我不仅是你们生命的延续，也是你们梦想的延续。我是你们爱情的神奇礼物，我的到来充满了悬念和惊喜，像圣诞礼物一样，在睡梦中悄悄出现在你们枕头底下。在你们还不知道怀孕的时候（到下个月你们才会接到我的信），我已走过了最激动人心的第一个月的神秘旅程。你们一定非常想听一听我是怎么来到这个世界上的吧。

爸爸妈妈对我的到来全然不知。我是真正雌雄合体的高等生命宝贝，我的前身分别是精子和卵子。前半个月，我还没有合体，精子和卵子都在成熟和释放的过程中，疾病、药物、X射线、毒品、环境污染都是精子卵子的主要杀手。更要命的是，爸爸妈妈全然不知，不能帮助我抵御强敌。这种情况将一直延续到下个月，妈妈才能得到确定的妊娠结论。所以，如果爸爸妈妈已经计划要我，就该提前做好准备啦。

没想到惊喜的代价是危机四伏，请爸爸妈妈尽量小心保护我，别让这个代价太大，让喜剧一上演就变为悲剧。请你们总是提醒自己：我随时都有降临的可能，无论是否在你们的计划之中，你们都应随时阻击一切可能的杀手。没有健康的精子卵子，怎么有健康的我？花开两朵，各表一枝。请看个中缘由。

先看精子。精子产生于睾丸，变成带着超长尾巴的蝌蚪模样时，已经历了64天。人们都说精子像蝌蚪，可能是蝌蚪比较漂亮可爱的缘故吧。在这64天中，疾病、药物、X射线、烟酒等是何等危险，这就是为什么在孕前准备一章中，医生总

是劝告准备要孩子的你们要提早规避这些危险。

多达两三亿的精子，将做为同批选手参加马拉松游泳大赛，多么壮观。冠军将与卵子结合。如果选手不足一千万名，或者有超过20%的选手有欠缺，这场比赛将意味着失败，或者有可能产生不健康的胚胎。

大赛是这样开始的。在睾丸中蛰伏已久的选手（精子），被同时送到一条陌生却温暖的跑道——狭长弯曲，没有一丝光线的阴道。对于精子来说，这是奔向生命的旅途。他们没有一个示弱，都争先恐后地游向最终的目标——卵子。

说起来真让人难以置信，这两三亿精子，从外观上看没有什么差别，但他们都各自带有不同的基因，每一只精子与卵子结合后的生命都将产生不同的特征——尽管只有两种性别。

大多数选手能游过这段漫长的跑道，游到第一关——狭小的通道——子宫颈口，之后，多数选手退出比赛。少数选手游过狭小的子宫颈口，可谓是柳暗花明又一村——到达了宽敞的倒鸭梨形的子宫腔内。进入这个赛程的选手已经消耗了很大体力，有一些慢慢落后了，甚至停止了游动。

坚持下来的选手继续勇往直前，游过子宫腔，到达鸭梨形最宽处两边的洞口——输卵管，可就在胜利在望之际，他们要面临着一场哈姆雷特式的抉择：两个输卵管口，左还是右？无论选择哪一个，成功的概率都是50%。他们带着成败各半的风险游向最后一段赛程，就要到达终点。准备冲向终点线的选手，在进入输卵管的一刹那，突然遇到一股与行进方向相反的巨大推力，怎么办？决不能退缩，迎着强大的阻力逆流而上是唯一的选择！逆流而

游，消耗的体力非常之大，他们游动的速度开始减慢。但最优秀的游泳健将最终冲破层层险阻，到达终点——输卵管全程2/3处的壶腹部，去找寻他们的目标——卵子。这时入围决赛的选手只剩下300-500名，几亿名选手都被淘汰出局，冠军将在这些优胜者中产生。

再来看卵子。卵子产生于卵巢。精子和卵子是那样的不同，如同男人和女人，差异鲜明。

精子每批数目巨大，卵子每月却只有一个。

精子体积小，卵子直径约有0.1毫米，肉眼几乎可见，是精子的无数倍。

精子快速灵敏，卵子缓慢稳重。

精子成熟期64天，卵子则在妈妈还是胎儿时就在体内了，和妈妈的年龄一般高寿。

精子构造简单，基因被紧紧包裹在头部，卵子构造极其复杂，相当于一座大型生化工厂，足以制造胚胎。

显然，精子是走低成本、高数量、薄利多销、占领市场的大众产品路线；卵子则是走高投资、高回报、生产极品的高端产品路线。所以一旦受精，妈妈会花更大的精力来保护她的昂贵投资。这正是人类的生殖策略：精子通过竞争保证下一代的质量。

卵子到青春期分批发育，随着月经周期，每隔28天（通常情况下）成熟一个并且释放。排卵发生在两次月经的中间，也就是上次月经来潮后的第14天，距下次月经来潮也是14天。卵巢在输卵管伞下方，向上排出卵，每月可能是两侧卵巢中交替释放出来的，也可能是一侧卵巢连续释放出来的。释放出来的卵子被输卵管伞（形如海葵）拾起来，送入输卵管中1/3处的壶腹部，那里就是精子大赛决赛现场。

接下来发生的事件是戏剧性的，也是最惊心动魄的。冠军的产生和新生命的诞生，同样在爸爸妈妈毫不知晓的情景下上演。

精子和卵子的结合机会只有一天的时间。如果历尽险阻，到达输卵管壶腹部参加决赛的精子，3天也没有等待到卵子；或者到达壶腹部的卵子，在这里等了整整1天，最终没有遇到一个进入决赛的精子，精子和卵子只好分别退场，退化凋亡。

到达终点的精子，还要接受一次更大的考验，只有穿透卵子外面的那件水晶般晶莹剔透、绸缎般柔软密实的衣服——透明带，进入卵子体内，才是最终的获胜者——冠军。几乎所有的卵子都只允许一个精子进入。精子不断拼命地摇摆着长长的尾巴，头部释放出化学物质，破坏透明带结构，被挤压得扁扁的精子终于进入卵子。

与此同时，卵子立即启动快速防御屏障，阻止其他精子进入。卵子的一半基因和来自精子的另一半基因融合成为受精卵，一个新的生命诞生，那就是我。

我是爸爸妈妈造就的最伟大的事业、最辉煌的工程，令人赞叹，让人惊奇！一个用肉眼难以看到的受精卵，没有任何现成的哪怕是极其微小的模型，却能在那样短的时间里，分化、生长、发育、创造出无与伦比的自然界中结构最复杂、头脑最聪明、相貌最漂亮的生物——人！

我更像爸爸，还是更像妈妈？对建造人类的解释，最终落在了基因上，一切都围绕着基因开始，不用说对基因的研究，就是简单地认识一下，对于普通人来说也不是件容易的事。

从受精卵发育成胚胎，首先是一团没有分化的细胞，然后，逐渐地发展出一个轴（神经管）……我实在不能用通俗易懂的语言讲清楚，爸爸妈妈最关心的可能不是我是怎么构建的，而是我长得像你们中的哪一个，我是否健康地成长着。

论起我的长相，俗话说"种瓜得瓜，种豆得豆"，我既像爸爸，又像妈妈，因为你们把各自一半的基因遗传给了我。但我又不是你们简单的翻版，在遗传的同时我也做了选择，所以人们又常说"一母生九子，九子各不同"，我就是我。

我开始了成长的变化。诞生后的我（受精卵）立即通过细胞分裂的方式夜以继日地高效率工作，以便完成自然界最精细、最复杂、最完美的伟大工程——婴儿。从一个受精卵到拥有数亿细胞的婴儿，仅仅用266天左右的时间（按照妈妈的孕期计算是280天），就重演了人类进化的整个过程，令爸爸妈妈惊奇的我来到了这个奇妙的世界。

诞生后（受精后）第3天（按妈妈的孕期计算是2周多），我长得像桑葚一样，所以，生物学家和医生常叫我桑葚胚。这时，我已经从一个受精卵分裂成12~16个细胞，我的生长速度快得惊人吧。

爸爸妈妈知道吗，我也像精子一样勇敢，在狭长黑暗的输卵管中，走向茫茫的

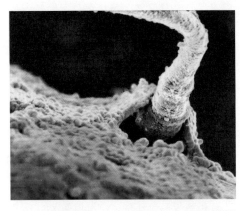

精子头部就像快速旋转的钻头，穿入卵子透明带，进入卵子，使卵子受精形成受精卵。引自国际在线网

人生旅途，一边分裂一边向子宫移动。也许是精子游泳时顺便帮我打探过，知道子宫是最适合居住的"世外桃源"。在我诞生后的第3天，我变成了桑葚宝宝，并驻扎在妈妈的子宫腔（这时妈妈月经刚刚过去2周多，还不知道我已来到这个世界呢）。

刚刚搬到妈妈子宫中的我非常脆弱，周围可能危机四伏，来自妈妈的保护可能并不像我所期望的那样周全。我一方面在拼命地生长，一方面要抵挡来自四面八方的干扰，这时的妈妈可不要过多干扰我，如果您要进行胎教的话，可别胡子眉毛一起抓，谁说的您都信，一股脑地用在我身上，我可招架不住，我还小着呢。

受精后第5天（妈妈末次月经后20天左右）我已经分裂出100个细胞，细胞中间出现一个充满液体的大腔，这时的我叫胚泡。另外，我要在子宫里找到一个合适的地方安家——这里土地肥沃，视野开阔，居室宽敞，有足够的未来发展空间，我终于选好了，把家安在子宫前壁或后壁的中上部。如果我选错了地方，在输卵管或别的地方安家，就会发生宫外孕，结果是致命的。如果我选的地方不好，比如选择了宫颈口附近，就会造成前置胎盘，让产科医生头疼。

作为胚泡宝宝，我在子宫壁上，挖一个小洞，把自己深深地埋进去。做完这件事情我大概得用6天时间，这就叫着床。

遗憾的是爸爸妈妈并不知道我已降临，特别是已经安家落户的消息。我赶快和妈妈的子宫内膜互相黏附容纳，分泌出大量的激素——绒毛膜促性腺激素（HCG），阻止妈妈的月经（别把我冲掉），让妈妈意识到我来了。同时让妈妈整个身体进入了怀孕状态——轻微的早孕反应，可惜妈妈比较粗心，有时候竟然当作感冒或身体不舒

服而吃药！没办法，我只好加班加点赶制更多的HCG，甚至让妈妈孕吐，让妈妈明白我降临了。

妈妈能理解我的信迟到的原因吗？这个月我刚刚住下，实在没有时间写信。我急忙跑到邮局发特快专递，邮局说最早也要1个星期后，能否送到还不好说。妈妈只能在我诞生后的3周左右（停经37天左右）才能收到，请耐心等待吧。我也很遗憾，如果哪一天邮局技术改造，精子和卵子刚刚相遇妈妈就能得到消息，那么就不会发生因为妈妈不知道我的降临而伤害我的事件了。

你们的胎宝宝写于孕1月

第1节　精子卵子的成熟与受精卵的诞生

18. 数目庞大、意志顽强的精子

❖ 精子的发生过程

精子发生于睾丸的曲细精管，经过在附睾中一系列的发育过程，形成精子。简略过程如下：精原细胞→初级精母细胞→次级精母细胞→精细胞→精子。

精原细胞是最幼稚的生精细胞，在垂体促性腺激素的激发下，进行活跃的细胞分裂、繁殖增生。经过多次分裂和复杂的形态结构的变化过程，最后形成蝌蚪状的精子。精子发生受促性腺激素、睾丸内分泌活动、丘脑促性腺激素的调节。任何一个环节受到干扰都会影响生精过程。所以，男性所致的不孕不育并不少见。

精子形成需要多长时间呢？从精原细胞繁殖增生到精子的形成大约需要2个月的时间。在这期间，精子受到药物、有害射线、疾病、烟酒、有害化学品等伤害时，受精卵都可能是不健康的。这就是建议准爸爸计划要孩子3个月前就要做孕前准备

十月怀胎日程表

孕龄（月）	孕龄（周）	孕龄（天）	重点说明
1	0－4	0－28	可能在本月中受孕；没有任何来自妊娠的自觉症状；胎儿器官开始形成；避免接受X线。
2	5－8	29－56	月经推迟提醒你可能怀孕了；部分准妈妈出现早孕反应；妊娠试验阳性确定怀孕。
3	9－12	57－84	多普勒听诊可听到胎心。B超可见胎心管搏动或胎芽。
4	13－16	85－112	敏感的，或腹壁皮肤比较薄的准妈妈能感觉到胎动但有的准妈妈到了20孕周才感觉到胎动。
5	17－20	113－140	从外观上看，可以看出来是个准妈妈了；但个子比较高，或比较瘦的孕妇，还看不出来是孕妇。
6	21－24	141－168	几乎所有的准妈妈到了这个月都能清楚地感觉到胎动；还不能通过记数胎动监护胎宝宝的情况。
7	25－28	169－196	应该排查妊娠高血压和妊娠糖尿病了；有的产院早在孕5个月就进行妊娠糖尿病筛查，准妈妈可不要拒绝这项检查，是很有必要的。
8	29－32	197－224	几乎所有的人都知道您是准妈妈了。这时您的心态很好，也很舒服，要注意饮食结构合理，以免宝宝成为巨大儿。
9	33－36	225－252	到了孕晚期，您又开始觉得不适了，腰背有些酸痛，肋骨或骨盆大腿等都可能出现酸痛，不要紧张，很快就会过去的，如果您实在不舒服请及时看医生。
10	37－40	253－280	您已经到了预产期的倒计时了，这时最重要的是要保持良好的心态，千万不要担心分娩痛，现在有很多方法都能让您顺利度过生产期。

的原因。

❖ 精子的成熟过程

从精原细胞繁殖增生开始，经过2个月的时间形成的精子只是结构上的成熟，不具备使卵子受精的潜能，还需要在附睾中进一步发育达到功能上的成熟。任何影响附睾内环境稳定和雄激素水平的因素，都会影响精子的发育成熟，导致男性功能性不孕不育。

❖ 成熟的精子能使卵子受孕吗?

功能成熟的精子，已经具备了使卵子受精的潜在能力。但在附睾液中存在着一些抑制因子，能够抑制精子的受精能力，使精子处于潜能状态。精子只有到了女性生殖管道中之后，才具备使卵子受精的能力。这种真正意义上的成熟精子才能游向卵子，并穿透卵子周围的放射冠和透明带，实现受精过程。

❖ 精子获能需要什么条件呢

女性生殖道的正常内环境、正常的激素水平是精子获能的必要条件。倘若女性生殖道内环境发生异常改变，或女性激素水平发生异常改变，都可能导致不孕的发生。精子在女性生殖道中可存活24~72小时。

19. 珍贵的卵子

❖ 卵子的发生过程

卵子发生于卵巢，成熟于输卵管。卵子发生的简略过程是：卵原细胞→初级卵母细胞→二次成熟分裂→卵子+细胞极体。初级卵母细胞的第一次成熟分裂过程是在排卵期进行的，第二次成熟分裂是排卵后进行的，且必须在精子穿入的刺激下完成。

❖ 卵子排出时间

每一个月经周期只有1个卵泡达到成熟程度，随着卵泡的发育成熟，卵泡逐渐向卵巢表面移行并向外突出，排出卵子。

排卵大多发生在两次月经中间，一般在下次月经来潮前的14天左右，卵子可由两侧卵巢轮流排出，也可由一侧卵巢连续排出。卵子排出后，输卵管伞抓拾，送入同侧输卵管中的壶腹部。

高龄孕妇，尤其高龄初产的女性，无论本人还是周围的亲朋好友，都对其妊娠结局心存担忧，最大的担忧是胎儿。因为他们了解很多这方面的知识，担心先天愚型的发生，其次是对孕妇的担心，害怕分娩时可能会发生的难产。高龄孕妇存在着一些潜在的高危因素，但并不意味着所有高龄孕妇的胎儿和分娩都会发生这些问题。相反，由于高龄孕妇受到更多的关注和更好的围产期保健，她们常常能够顺利地分娩一个健康的宝宝。

如果你是高龄孕妇，希望你能做到以下几点：

•拥有豁达乐观的心态，高龄孕妇之所以被列为高危妊娠范畴，并不全是因为你的年龄。如果你身体健康，精力充沛，营养合理，喜欢运动，全身器官和功能年轻，没有高血压、糖尿病等影响妊娠的疾病，你会生一个健康聪明的宝宝。

•认真做好孕期保健，每次产检都要认真对待，比如测量血压、体重，化验尿液、

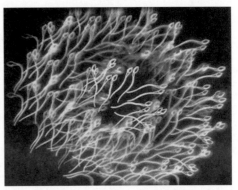

数以万计的精子如同盛开的礼花。我见过专家对精子最形象的描写有精子像一条蛇，还有精子像一列油罐车。引自国际在线网

郑玉巧育儿经·胎儿卷

血液，做B超或其他检查，不要因为工作或其他事情而耽误去看产科医生。

• 医生可能会建议你做有关遗传学的检查，如果有高风险预报，应该听从医生的意见，做其他有必要的项目检查。要积极配合，但不要有心理压力。

• 高龄孕妇可能更容易合并妊娠期高血压或妊娠期糖尿病，应该做好孕期监测。

• 大多高龄孕妇承担着比较重要的工作，不要过劳。如果你感觉很劳累，就暂时放下手头的工作，不要太勉强自己，你的上司或下属会理解你的。拼命地工作不是你现在的选择。

• 年龄不是问题，如果你的心理非常健康，保持着乐观的心情，那你与低龄孕妇相比没有什么两样，或许你的睿智和成熟给你和宝宝带来的全都是好的一面。

现代女性和过去相比，生理年龄要比实际年龄年轻得多，国际上已经把青年和中年的分界定为45岁，现代人越来越年轻。所以，如果你已经过了35岁，很想生孩子，不要因为年龄而放弃。医生会给你做必要的检查，为你制定孕前计划、妊娠期保健措施和分娩计划。

20. 受精卵形成——新生命诞生

精子和卵子结合后的第一周称为受精卵或受孕卵；实际意义上的胎龄为1周，临床意义上的胎龄为孕3周（距末次月经第一天来潮3周）。

精子和卵子如期而遇是受精的前提条件。进入女性生殖道的精子，要游过将近其体长2000倍的路程，相当于一个成年人游3公里的长度，才有可能遇到早已等待在那里的卵子。如果精子到达目的地后，卵子没有等待在那里，精子就原地不动，等待卵子的到来。但有一点是原则性的，

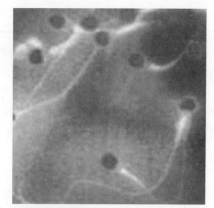

说精子像蝌蚪有些不确切，精子的尾巴比蝌蚪的尾巴很多，长长的尾部使得精子游动的速度更快。引自国际在线网

精子和卵子都没有足够的耐心无限期地等待对方，双方都有时间的限定。通常情况下，卵子可等待1~2天，精子可等待1~3天。但随着等待时间的延长，受精的几率逐渐下降。女性排卵后24小时内，精子进入女性生殖道20小时内相遇，受精卵形成的机会大。一旦相遇的精子和卵子结合形成受精卵，就宣告了新生命的开始。

精子与卵子结合形成受精卵的部位，发生在输卵管壶腹部。受精时精子和卵子相互激活，遗传物质相互融合，两个单倍体（各含23条染色体）结合为双倍体（含46条染色体）。受精卵具有强大的生命力，快速地进行细胞分裂、组织分化，成为一个新的个体。

受精的模式有两种，很像恋爱的模式：卵子等精子或精子等卵子。

第一种：卵巢释放出成熟的卵子，输卵管伞抓拾了卵子并送入输卵管壶腹部，它在那里有24~48小时的时间，等待着精子的到来。当300~500个精子游动到此时，其中的一个精子最快钻入卵子使其受精——怀孕了。

第二种：当精子游动到输卵管时，卵子还没有从卵巢中释放出来，这些精子有

24-72小时的时间，等待卵子的到来。其中的一个精子，第一个发现卵子出来了，并以最快的速度与卵子结合——受精卵形成，胎宝宝诞生。

由于输卵管平滑肌的节律性收缩，管壁上皮纤毛的摆动和管内液体的流动，受精卵逐渐向子宫方向移动。受精卵在移动过程中同时进行细胞分裂，72小时左右出现12-16个卵裂球，群集在透明带中，形状如同桑葚，故名桑葚胚。桑葚胚到达子宫腔的时间是受精后第3天（大约孕2周）。受精后第5天（大约孕3周），桑葚胚继续分裂增殖为胚泡，胚泡侵入子宫内膜，这个过程叫植入，也叫着床。植入始于受精后第5天末或第6天初（大约孕3周），完成于第11天左右（大约孕4周）。

❖ 一个细胞何以构成数亿细胞的胎儿

来自妈妈的卵子和来自爸爸的精子如期相遇，形成了一个"大细胞"——受精卵，这个用肉眼都难以看到的小小受精卵，是如何长成拥有数亿细胞的婴孩？这不能不令人惊叹！

在受精卵发育为胚胎的过程中，它首先是一团没有分化的细胞，不断发育成两个不对称——一个头、一个尾的轴和一个前、一个后的轴。这些不对称是受精卵内部化学反应的产物。这团细胞中的每个细胞，几乎都能"辨析"出自己内部物质的"信息"，然后把这一信息输入到一台"功能强大的微型电脑"中。显示屏上弹出这样一条信息：你位于某一特定的部位。这个细胞就按照"指令"找到它所应该去的某一特定的地方去发育。然而，仅仅知道在什么地方还不行，到了该去的地方，还要知道该干什么。

也就是说，一个细胞在确定了它的位

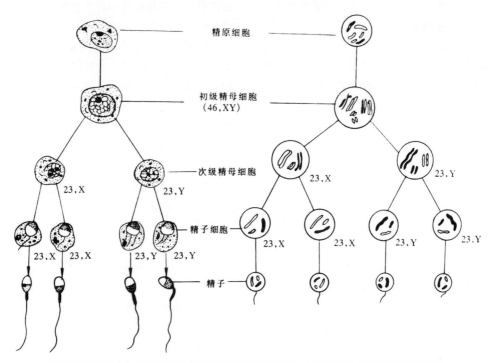

精原细胞

初级精母细胞
（46，XY）

次级精母细胞

23，X   23，Y

精子细胞

23，X   23，X   23，Y   23，Y

23，X   23，Y

23，X   23，X   23，Y   23，Y

精子

分裂出来的极小的极体到目前为止还不知道它的作用。卵细胞经过无数次分裂后仍然保持一个，而不是无数个。引自吴刚主编《中国优生科学》

郑玉巧育儿经·胎儿卷

精子穿入卵母细胞

精子穿入卵子的电镜显微图片。卵子是肉眼可以看到的，比一粒小米还小，精子是肉眼看不到的。

置后，或自己寻找，或在导游的引领下来到它的目的地。到了目的地以后，或主动发出，或被动接受一个指令——长成小手或者变成一个神经细胞。这些都是受精卵内的基因完成的，一个基因激活另一个基因，每一个细胞都带有一份完整的基因组拷贝。没有细胞需要来自最具权威性的中央指令，每个细胞都可以凭借自己拥有的信息和它的邻居送来的信息而行动。基因彼此激活或抑制，给了胚胎一个头和一个尾，然后，其他基因按顺序从头至尾开始表达，给了身体每一个区间一个特有的身份。其他基因又诠释这些信息，以制造更加复杂的器官。这是一个循序渐进的过程。从简单的不对称开始，发展出特定的结构，这就是人类的再造。

来自父亲的精子和来自母亲的卵子结合——受精，是形成新的生命个体的条件。通过受精卵的细胞分裂、分化，由单一的细胞形成多细胞团，逐步发育成人体不同系统、器官和组织。生殖细胞受生物遗传、个体发育环境、性行为、社会行为等诸多因素的影响；胚胎在不同阶段，其不同形态和功能的表达，受细胞内基因调控；一旦表达不精确或有误，胎儿将不能诞生或形成先天异常。

21. 没有人知道胎儿诞生的时间

在你和丈夫全然不知的时候，来自你丈夫的精子和你的卵子悄悄地、神秘地结合在一起。等确定你怀孕的时候，已经是1个月以后，小家伙已经深深地植入到子宫内膜，并开始了器官的分化和生成，无论是你们夫妇共同计划好的，还是突如其来的，新生命已经在你的身体内完成由胚前期到胚胎的第一次质变。

从医学上讲，从新生命到诞生分为：胚前期（孕0–4周）、胚胎期（孕5–10周）、胎儿期（孕11–40周）。加上孕前准备（孕前3个月），到围产期结束（产后4周），这个时间坐标构成了这本书的全部内容。

几乎所有的准妈妈都是在停经37天以后（胚胎期）确知怀孕的消息，这也是医生最早知道的时间。其中胚前期和胚胎期至关重要，是创造新生命的质变时期，胎儿期以后则主要是量变。通俗地说，宝宝在妈妈肚子里的40周不是平均地一天长一点，像有些妈妈想象的那样，临出生前才长出脚趾头。宝宝是在孕4周长成一个囊泡中的微型二层汉堡包形状，医学上叫二胚层胚盘（直径0.1–0.4厘米），在孕10周汉堡包长成一个5厘米长2.27克重的微雕婴儿，90%以上的器官已形成。以后用漫长的30周，继续完善各器官的功能，逐渐长大，最终离开母体，成为独立的新生命。

❖ 孕龄的计算和表示方法

连医生也不能确切地说出胚胎诞生的准确时间，以及在妈妈的子宫中生活的时间，这就给怀孕的时间计算带来麻烦。那么，孕龄是怎么计算出来的呢？

中国古话说"十月怀胎一朝分娩"，那时用的是太阴历（月亮历），就是中国农历。按现在的公元历（太阳历）计算，月指的是阳历月。按照阳历月计算的话，胎

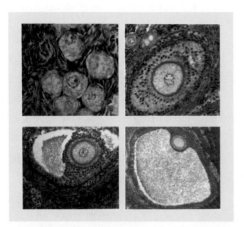

这四张小图片是卵细胞的成长发育过程示意图。引自 William J. Larsen 著《人类胚胎学》

儿在妈妈子宫内生活的时间可没有10个月那么长，而是9个多月。

如果怀孕的时间按照太阴历计算，一个太阴月为28天（4个星期），从你末次月经来潮的第一天开始算起，整个孕期要经历10个太阴月（40个星期即280天）。你看，到了生育、月经这些和自然生命相关的事情时，我们又回归古老的传统，月亮、女性、大地、阴阳、乾坤，人类的生殖本来就是生生不息的大自然的一部分。

现在都是按公元历计算孕龄，公元历每月天数不同，有30天、31天、28天，用公式计算预产期：末次月经时间加9（或减3）为月，加15为日。举例：末次月经是2006年1月20日，预产期为月：1+9=10，日：20+15=35，预产期为11月4日。（10月为31天，35天−31天=4天）

那么，孕龄和胎宝宝生长的时间是一样的吗？

孕龄和胎宝宝实际生长的时间并不一致。因为不能确定你是在哪一天怀孕的，唯一能够确知的时间是，孕前最后一次月经来潮。所以，临床上所说的孕龄，是从孕妇末次月经来潮的第一天算起，排卵期

和预产期都是以此为估算依据的。

这样计算带来了两个问题：第一，月经周期可能不准确，就会导致胎儿大小估算、排卵期和预产期的不准确，一般有前后2周的误差；第二，实际上胎儿真正诞生是在末次月经来潮后的2周左右，比孕龄小2周。一些医学专业著作，特别是胚胎学常常使用胎儿实际月龄来描述。

为了方便准父母阅读，避免换算中的错乱，也为了与孕妇在医院做产前检查时，与医生所说的孕龄一致，除非特别指出，本书所说的时间，无论是针对孕妇，还是针对胎儿的，均以孕妇末次月经第一天为起始时间，并且都正规描述为：孕×月、孕×周、孕×天。（见附录预产期速查表）

❖ 防患未然，世上没有后悔药

准妈妈终于知道，为什么孕1月非常重要了吧？所有人都没有意识到，但最重要的往往是最易被忽视的，当孕妇挺着大肚子的时候，自己知道小心，别人知道让座，可是孕1月，有无数粗枝大叶的准妈妈们，照X线片、吃药打针、装修旅游、染发减肥。

准妈妈们当然不是故意的，是得知怀孕的消息后，才想起那曾经发生过的事情，但可能已经殃及了腹中的胎宝宝。所以，开始向医生询问，万分焦虑，后悔不已。

我在因特网上做母婴健康咨询专家的6年时间里，接到过无数这样的咨询。有时真的把我难倒了。告诉她可怕的结局吧，我实在不忍心让刚刚获得喜讯的准妈妈陷入痛苦之中。面对太多的懊悔和不幸，恳切希望无论计划好的，还是没计划好的，只要结婚并确定要生孩子，就要规避可能会对胎儿造成伤害的重大事件：如接受X线照射，服用有致畸可能的药物等。因为，并非总是在你想要孩子的时候，孩子就如

期而至；也常有意外怀孕的可能，而且当获知怀孕消息的时候，孩子已经在你的体内生活了一段时间。所以，把"后悔药"提前卖给正在计划怀孕的年轻夫妇，是唯一管用的方法。因此，我真的希望你们在计划怀孕前，甚至在结婚后就开始读这本书，而不是怀孕后。

❖ 你同意这个说法吗

没有两个孕妇的妊娠经历是一样的，你同意这种说法吗？当你和你的丈夫阅读有关怀孕的科普书时，千万不要为你与书上所说的不同而烦恼，几乎没有两个孕妇的妊娠经历是完全一样的，没有两个孕妇对怀孕的感受是一模一样的。

22. 排卵期和受孕时间的推算

尽管怀孕时间是从末次月经第一天开始算起，但胎儿并非是在那一天诞生的。临床意义上的胎龄与实际意义上的胎龄相差2周。如果从受孕的那一刻开始计算，胎儿的生长时间是266天（38周）；如果从孕妇的末次月经来潮的第一天开始计算，胎儿的生长时间是280天（40周）。孕妇们到医院做产前检查时，通常所说的怀孕时间以及预产期的计算，都是以末次月经为起始时间计算的。

一位准妈妈问到：我的最后一次月经是11月5日。请问排卵期具体是几号？受孕期可能是几号？怎样计算？

这位准妈妈的问题比较简单，计算排卵期和计算预产期是不一样的。计算预产期只知道末次月经时间就可以了，但计算排卵期，除了要知道末次月经时间外，还要知道月经周期，就是多长时间来一次月经。这位女士只告诉了末次月经时间，没告诉月经周期是多长时间，无法推测排卵期。我们假设这位女士的月经周期是30天，那么，她下次月经来潮时间应该是12月5日，卵子排出时间通常是在月经来潮前的14天，把12月5日向前推14天，则这位女士的排卵期大约是在11月23日左右。通常情况下，排卵期前后3天为可能的受孕期。所以，这位女士可能的受孕期时间是11月21日到11月25日。

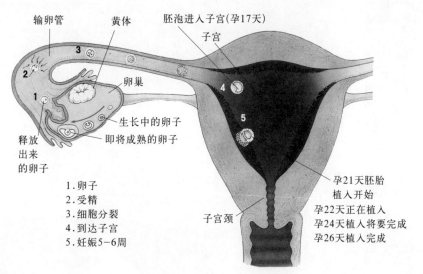

引自 Elizabeth Fenwick 著《新一代妈妈宝宝护理大全》

排卵期的计算方法是：上次月经来潮日+月经周期−14天。受孕期的计算方法是：排卵期加减3天。

您知道吗？从重量不到1毫克，直径仅为135—140微米的受精卵，变为重量3000克以上，长约50厘米的胎儿，整整增长了10亿倍！这期间要经历细胞增殖、细胞决定、细胞分化、形态发生及细胞迁移、黏着、类聚、相互识别等过程，严格遵循发育规律，表现出精确的时间顺序和空间关系。

❖ 女性排卵期的蛛丝马迹

人类不同于动物，不能本能地控制受孕，因为女性对于卵子释放过程几乎没有任何自我感觉。就是说，当卵子释放，到输卵管等待精子的到来时，女性并不知道。但排卵期前后，女性可以通过一些客观现象来推测自己是否处于排卵期。

- 根据月经周期推测

通常情况下在月经来潮前的2周是排卵的时间，也就是说，排卵后约14天月经来潮。如果你的月经周期比较准，就可以根据月经来潮时间推测排卵时间。

- 根据阴道分泌物

排卵期阴道分泌物通常比较多，且稀薄、透明，拉丝状，这样的白带有利于精子的游动。

- 基础体温测定

排卵前1—2天和排卵当天，基础体温是一个月经周期中最低的。上次排卵后，体温开始回升并维持相对稳定的高温相，直到月经来潮，体温开始下降，并维持相对稳定的低温相，直到排卵。如果受孕了，月经停止，继续维持高温相。

- 排卵期阴道出血

这种情况比较少见，但有的女性会在

基础体温测定

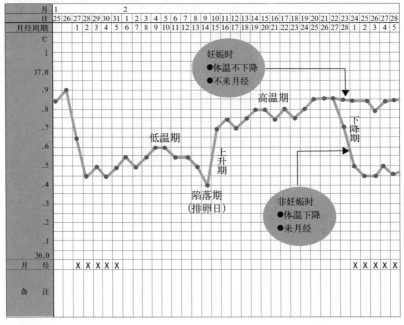

引自若麻绩佳树、横井茂夫著《妊娠出产育儿》

郑玉巧育儿经·胎儿卷

排卵期出现阴道少量出血，也称为月经中期出血，如果你常常在月经中期有极少量阴道出血，且被医生证实是排卵所致，就可以据此推测自己的排卵期。

•小腹隐痛

这种情况也不多见，但确实有极个别女性在排卵期前后，卵泡破裂，导致少量出血，而引起小腹隐痛。

•B超监测排卵

B超可监测排卵情况。但这种情况只适合在治疗不孕中使用促排卵药时，或受孕困难的女性，或卵泡成熟度不佳需要找优势卵泡情况下。

•性格改变

有的女性在排卵期可能出现类似"经前期紧张综合征"的症状，如心情低落，或脾气暴躁，情绪波动比较大。但这种情况多发生在月经来潮前几天，而不是排卵期。

23. 胚胎着床

❖ 胚胎在着床的过程中经历着巨变

胚胎植入到妈妈的子宫内膜后，生命的种子就开始在母亲腹内生根发芽，准妈妈开始了孕育生命的路程。

已经成为胚泡的宝宝正在你的体内着床，把自己全部埋进厚厚的子宫内膜中，与子宫内膜细胞相互黏附容纳。被称为滋胚层的胚泡部分和妈妈子宫膜的一部分将形成胎盘等胚外组织；被称为内细胞群的胚泡部分将发展成胎儿和部分胎膜。

胚泡着床的第2天，也就是受精第7天（孕3周），内细胞群分化成两层细胞，这就是那个微型双层汉堡，医学上叫二胚层胚盘。这时用来构造胚胎和胎盘的材料分化完毕，所有即将形成一个生命构造的材料都准备齐全。

现在，什么也看不出来的细胞和组织，正在有条不紊地按照遗传指令有序地"制造"，胚泡发生着非常重要的质变，充满着神奇。虽然许许多多生命形成的秘密尚未破译，但是对于微型的胚盘来说，已经万物皆备于我——简单地说，胚盘就是婴儿。

在准妈妈尚未意识到自己怀孕时，胚胎神经系统已经开始酝酿着巨变。没有人知道，略呈椭圆形的胚盘，最早应该建造什么，才能使一团细胞成为动物。而这些细胞自己早已获知它该到何处去，到那里去做什么。

胚盘将在椭圆形最长的直径部位凹进去，两边卷上来形成中空管——神经管。首先建造背部的脊柱和神经。这时如果孕妇体内明显缺乏叶酸，就可能导致胎儿神经管畸形。所以，医生建议在孕前3个月开始补充小剂量叶酸，一直服用到孕3个月。

如果你获知怀孕的消息后，想起怀孕前曾发生过很多不尽如人意的事情，如吃过药物，照射过X线等，请你切莫因此陷入不能自拔的痛苦境地，那样的话，不但于事无补，还会雪上加霜，使腹中胎儿遭受来自母体内环境紊乱（人在不好心境下体内会产生有害物质）的袭扰。你的那些不尽如人意的事情可能根本没伤害胎儿，而你的不佳心情则很可能真的影响了胎儿的发育。况且，胚胎期受到大伤害时多是"有"和"无"的结果，即宝宝或已不复存在，或健康地成长起来。所以，放下包袱，快乐面对，相信腹中的孩子是健康的才是最好的选择。

24. 孕满1月，胎儿外形是怎样的

末次月经结束后，新的卵子在妈妈体内发育成熟。成熟的卵子从卵泡中排出，与精子结合，新生命宣告诞生。从受精卵

发育成胚泡，完成植入子宫的整个过程大约需要11-12天的时间。这就是孕1月在准妈妈体内悄悄发生的一切。

尽管胚泡已经完成植入，绒毛膜形成，但这时的胚胎还没有人的模样，仅仅是在准妈妈子宫内膜中埋着的、一粒绿豆大小的囊泡，囊泡内壁上凸出一个大头针帽那么大的圆形双层汉堡形状，两层汉堡都是中空的，双层汉堡之间紧贴的两层壁，就叫圆形二胚层胚盘，胚盘最大长度为0.1-0.4厘米，胎儿就是由这两层扁平状细胞变来的。医学上把这个时期叫做胚前期。

•孕1周时：实际上这一周你还没有怀孕呢。这一周正是你末次月经进行的时候，说明你的卵巢上个月排出的卵子没有受精，自行衰退了，引起子宫内膜的脱落流血。随着子宫内膜脱落，在激素作用下，你的卵巢又开始准备释放另一个卵子。

•孕2周时：你可能在这一周末排出成熟的卵子，一旦和精子相遇，你就成为准妈妈了。你的月经结束了，第二个月经周期已经开始。子宫内膜开始增厚，犹如肥沃的土地，为养育你的胎宝宝做好充分的准备。新的卵子在成熟中，即将在本周结束时排出。当然，健康的精子也在准爸爸体内不断成熟，等待着与卵子相遇。

•孕3周时：决定性的时刻，排卵和受精发生。你奇迹般地怀孕了。精子和卵子在女性输卵管的外1/3壶腹部相遇融合而成受精卵，受精时互相激活，遗传物质相互融合，新生命诞生。受精卵一边分裂增殖，一边经输卵管移动至子宫，准备着床——你已经怀孕了！

•孕4周时：完成植入过程，受精卵已经着床，进入极重要的形成组织和器官的时期，开始了急速的细胞和组织的分化和发生过程。妈妈仍然不知道已经怀孕。如果这时做妊娠尿检（尿HCG检测，也叫早早孕检查）可出现阳性结果，但也有出现假阴性的可能，过几天再检查一次。

第2节 脐带、胎盘、羊水、子宫，一个都不能少

25. 胎儿与妈妈血脉相连的象征——脐带

从胎儿诞生到分娩，妈妈和胎儿是紧密联系、不可分割的整体。胎儿没有自主呼吸，没有独立的循环和消化，不能自己摄入营养，所有需要都由妈妈供给。为此，就有了使胎儿和妈妈联系在一起的组织——胎盘、脐带、胎膜、羊水。脐带是连接胎儿和胎盘的生命之桥，是胎儿与妈妈相连的象征。

❖脐带最早的演化过程

脐带组织来自胚体的尿囊。人类胚胎的尿囊出现仅数周后即退化，即将退化的尿囊壁上出现了两对血管，这两对血管并未随着尿囊的退化而消失，而是越来越发达，最终形成胎儿与母体进行物质交换的唯一通道——脐动脉和脐静脉。

脐动脉和脐静脉形成后，尿囊就完成了历史使命，开始退化，在退化过程中，先形成细管，后完全闭锁成为细胞索，构成韧带。与此同时，胚盘向腹侧卷折，背侧的羊膜囊也迅速生长，并向腹侧包卷成条状。卵黄囊、脐动脉、脐静脉、韧带等都被卷折其中，这就是脐带。随着胎儿的

发育，脐带逐渐增长。

❖ **脐带的形成及结构**

脐带是一条索状物，一端连于胎儿腹壁（就是以后的肚脐），另一端连于胎盘的胎儿面。如果把胎盘比作一把雨伞的话，脐带就是伞把，胎盘就是伞。足月胎儿的脐带长约45~55厘米，直径1.5~2厘米，一条脐静脉和两条脐动脉呈"品"字形排列。表面被覆羊膜，中间有胶状结缔组织充填，保护着血管。

❖ **脐带的作用**

将胎儿排泄的代谢废物和二氧化碳等送到胎盘，由妈妈帮助处理。这是由脐动脉完成的，也就是说，脐动脉中流的是胎儿的静脉血。

从妈妈那里获取氧气和营养物质供给胎儿。这是由脐静脉完成输送的。也就是说，脐静脉中流的是胎儿的动脉血。

脐带是胎儿与妈妈之间的通道，如果脐带受压，致使血流受阻，胎儿的生命就受到了威胁，脐带是胎儿的生命线。

❖ **脐带异常**

脐带长度超过80厘米，为脐带过长，可引起脐带打结、缠绕、脱垂。脐带长度短于30厘米，为脐带过短，可引起脐带过伸，影响胎儿与妈妈间的血流交换。脐带不在胎盘的中央，而在胎盘的边缘附着，则称为球拍状胎盘，还有帆状附着胎盘。这些异常结构，都会对胎儿造成不同程度的影响。值得庆幸的是，这些异常情况极少发生，妈妈不必担心。

❖ **脐带绕颈的危险**

因脐带本身有补偿性伸展，不拉紧至一定程度，不会发生临床症状，所以对胎儿的危害不大。但脐带绕颈后，相对来说脐带就变短了。如果胎儿在子宫内翻身或做大幅度运动时，可能会引起脐带过短的

征象，导致胎儿缺氧窒息。另外，脐带绕颈与脐带本身的长短、绕颈的圈数及程度等诸多因素有关，其危险性需要医生根据检查时的具体情况来判定。

❖ **假性脐带绕颈**

脐带绕颈是通过B超发现的，有时，脐带挡在胎儿的颈部，并没有缠绕到胎儿的颈部，但在B超下，可以显示出脐带绕颈的影像。所以，当发现脐带绕颈时，应进一步复查，排除假性脐带绕颈。

26. 滋养胎儿生命的源泉——胎盘

❖ **胎盘的形成**

受精卵在子宫内膜着床后，胚泡滋胚层细胞向子宫内膜伸出数百根树根一样的触手——绒毛组织（称为绒毛膜），并迅速分支，在肥沃的子宫内膜牢牢地扎根，和子宫内膜细胞组织相互黏附容纳，不断生长，最终生成圆盘状的胎盘。所以胎盘是由两部分组成的，一部分是胎儿的绒毛膜，一部分是妈妈的子宫内膜。胎盘像树的细根与沃土互相紧紧抓牢，形成盘状，像把

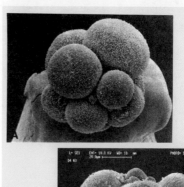
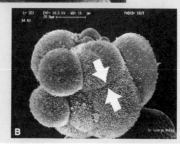

孕21天胚泡电镜显微图。引自 William J. Larsen 著《人类胚胎学》

土和根从浅花盆里取出来的样子。树根就是胎盘，树干就是脐带，树冠就是胎儿。

❖ 胎盘的发育

胎盘在受精卵形成后12天（孕26天）内出现并发挥功能，但直到孕3月，整个胎盘才完成全部构建。以后随着胎儿的增长而逐渐增大。到了胎儿足月时，胎盘重量一般可达500克，直径可达20厘米，平均厚度2.5厘米。

朝向胎儿面的胎盘光滑，表面覆有羊膜。朝向母体面的胎盘粗糙，可见15~30个胎盘小叶，吸盘一样固定在妈妈子宫内膜上。脐带自胎盘的中央出来，脐血管和绒毛血管靠渗透作用与母体的血液相交换。胎盘内有母体和胎儿体两套血液循环。呈封闭循环，一般不相混。

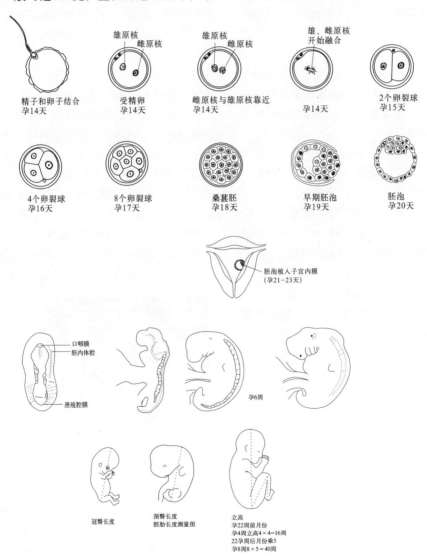

精子和卵子结合
孕14天

雄原核
雌原核
受精卵
孕14天

雄原核
雌原核
雌原核与雄原核靠近
孕14天

雄、雌原核开始融合
孕14天

2个卵裂球
孕15天

4个卵裂球
孕16天

8个卵裂球
孕17天

桑葚胚
孕18天

早期胚泡
孕19天

胚泡
孕20天

胚泡植入子宫内膜
（孕21~23天）

口咽膜
胚内体腔

泄殖腔膜

孕6周

冠臀长度

颈臀长度
胚胎长度测量图

立高
孕22周前月份
孕4周立高4×4=16周
22孕周后月份乘5
孕8周8×5=40周

受精卵形成及分裂组图

❖ 胎盘的重要作用

为胎儿的发育补给必要的营养和氧气。

帮助胎儿排泄二氧化碳及新陈代谢所产生的废弃物质。

代替胎儿行使尚未发育完成的肺、心、肾、胃肠等内脏的功能。

胎盘可分泌多种激素，如绒毛膜促性腺激素、绒毛膜促乳腺生长激素、孕激素、雌激素等，以维持整个孕期的顺利进行。这些激素对促进胎儿成长、母体健康、分娩、乳汁分泌等都起着非常重要的作用。

❖ 胎盘的位置

胎盘的正常位置在子宫腔上部的前壁或后壁。如果在子宫下部或宫颈管内口，则会因为胎盘位置异常，而不能维持胎儿的正常发育。

❖ 胎盘老化

随着孕龄的增加，胎盘逐渐成熟，从孕36周以后，胎盘开始出现生理性退行性变化，即胎盘老化现象。

可借助B超来观察胎盘成熟度，分为0级胎盘、1级胎盘、2级胎盘、3级胎盘。一般认为2级胎盘为成熟胎盘，3级胎盘为过度成熟胎盘。我们也可通过血生化指标检查胎盘的成熟度。

❖ 胎盘钙化

胎盘钙化也是胎盘老化的一种生理退变形式，在老化的胎盘上常有钙沉积，几乎在每个足月胎盘上都可见到钙化点。有学者认为胎盘钙化是胎盘发展的必然过程。

❖ 是谁制造了胎盘？

遗传自父亲的基因负责生成胎盘，遗传自母亲的基因负责胚胎大部分的发育，特别是头部和大脑。胎盘为什么由父亲来负责生成呢？

我的猜想是，父亲的基因不相信母亲的基因能够造一个胎盘，任由一个外来物侵

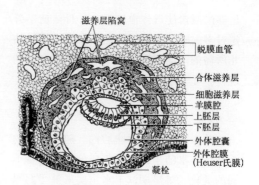

孕21-23天人胚泡植入完成

引自高英茂主编《组织学与胚胎学》

入自己的身体——完成"入侵"子宫的胎盘，所以父亲的基因要亲自完成这项工作。

胎盘不是用来维持胎儿生命的母体器官，应该看作是胎儿的一个器官，胎儿借助这一器官，寄生于母体的血液循环，达到吸取养分、排泄废物的目的。

任何阻挡都是无效的，胎盘就是要实实在在地钻进母体的血管里去，并迫使血管扩张，进而又产生一些激素，提高母体的血压和血糖浓度，以便胎儿从母体获取养分。母体并非像我们想象的那样，完全听从胎盘的摆布。母体的反应是，通过提高胰岛素的浓度来抵御胎盘的强行"入侵"。尽管母体和胎儿有共同的目标——完成人体构建，在细节上却时常出现争端。

写下这一段，我还真有些担心，担心胎儿长大后会生妈妈的气，认为妈妈无情，要抵御使胎儿赖以生存的胎盘的植入。事实不是这样的，如果妈妈一点反应也没有，而是任由胎盘的性子来，那胎儿可能会遭受真正的灾难——妈妈患了糖尿病。不但会生出巨大儿，还会引起一系列病症。如果妈妈不做出反应，妈妈的血压会升高到足以使妈妈发生血管破裂。没了妈妈的健康，哪里还有宝宝的健康啊。

如果因为某些原因，胎儿不能分泌出

足够的激素使母体血糖升高，母体就不分泌过多的胰岛素，以使血糖浓度维持在胎儿所需的浓度范围，怀孕过程仍然会顺利进行。可见，无论怎样妈妈都是疼宝宝的。

27. 胎儿柔软的被褥——羊水

羊水被包裹在羊膜腔内。随着孕期的不同，羊水的来源、量与成分也发生着不同的变化。孕早期，羊水主要来源于妈妈血液流经胎膜渗入到羊膜腔的液体。到了孕中期，胎儿的尿就成为羊水的重要来源了。胎儿不但通过排尿生产羊水，还通过

消化道吞咽羊水。羊水以每小时600毫升的速度不断交换，保持着动态平衡。羊水的成分随着胎儿的增长不断变化，胎儿早期和中期时，羊水是清澈透明的，晚期羊水逐渐变成碱性的、白色稍混浊液体，其中含有小片的混悬物质，这是因为胎儿把越来越多的分泌物、排泄物、脱落的上皮、胎脂、毳毛等物质排泄到羊水中所致。但羊水不像我们想象的那样浑浊，因为羊水是动态循环的，母体会帮助宝宝清除一部分废物。

随着胎儿的增长，羊水不断增多。孕

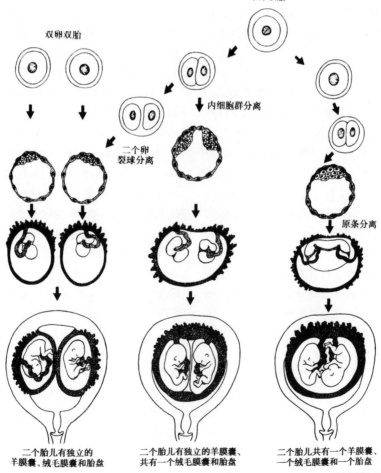

单卵双胎

双卵双胎

内细胞群分离

二个卵
裂球分离

原条分离

二个胎儿有独立的
羊膜囊、绒毛膜囊和胎盘

二个胎儿有独立的羊膜囊、
共有一个绒毛膜囊和胎盘

二个胎儿共有一个羊膜囊、
一个绒毛膜囊和一个胎盘

引自高英茂主编《组织学与胚胎学》

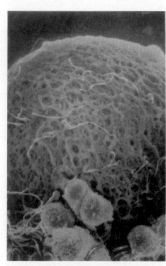
巨大的卵子表面附有许多流动的精子。引自国际在线网

10周仅为30毫升，孕20周便增加到了350毫升，胎儿临近足月时，羊水可达500~1000毫升。羊水多于2000毫升为羊水过多，少于500毫升为羊水过少。通过羊水检查，可进行胎儿性别鉴定；了解胎儿成熟度；判断有无胎儿畸形及遗传性疾病。羊水检查已成为产前诊断的重要手段。

❖ 羊水的作用

• 羊水是胎儿的防震装置，一定容量的羊水能为胎儿提供较大的活动空间，使胎儿在子宫内做适度的呼吸和肢体运动，有利于胎儿的发育，缓冲来自于妈妈体内和外界的噪音、震动。

• 羊水能保持胎囊内恒定的温度，使胎儿的代谢活动在正常稳定的环境下进行。

• 羊水有缓冲和平衡外界压力的作用；减少突如其来的外界力量对胎儿的直接影响；避免子宫壁和胎儿对脐带直接压迫而导致胎儿缺氧。

• 羊水可保持胎儿体液平衡。当胎儿体内水分过多时，胎儿可以排尿方式排入羊水中；当胎儿缺水时，可吞咽羊水加以补偿。

• 羊水使胎儿皮肤保持适宜的湿度。

• 羊水帮助胎儿顺利娩出。临产时子宫收缩，宫内压力增高，羊水可向子宫颈部传导压力，扩张宫颈口，并可保护妈妈，减少因胎体直接压迫引起的子宫、阴道损伤。也可避免子宫收缩时产生的压力直接作用于胎儿。

• 羊水可防止胎盘的早期剥离。羊水对胎盘有挤压的作用，以防止胎盘提早剥离。

• 羊水可保护胎儿免受感染，并顺利通过产道。分娩时，羊水先破膜流出，一是可润滑产道，使胎儿易于通过；二是可清洗产道，减少胎儿被妈妈产道内病原菌感染的可能。

典型案例

朋友的夫人怀孕32周时，被告知羊水过少，B超羊水平段5.3厘米。建议孕妇住院观察，如羊水进一步减少，就准备提前剖腹产。朋友打电话问我的意见，我问了一下情况，除了B超提示羊水少外，没有其他任何异常情况，胎儿发育正常。我的建议是暂时不住院（住院会增加孕妇心理负担，影响休息，不利于养胎）。每天增加饮水量，喝各种汤类、鲜榨果汁和白水，最少3000毫升，不低于2500毫升，汤中一定要少盐。1周后复查B超羊水平段为7.8厘米。继续前面的方法，又过了2周再次复查羊水平段为12.8厘米，恢复3周前的液体摄入量。孕37周羊水平段7.8厘米，认为羊水少，会给分娩带来困难，建议剖腹产。产妇坚持顺产，39周住院，4天后顺利分娩，宝宝健康，体重3公斤。

这个例子告诉我们，除非胎儿有异常情况，切莫一锤定音，羊水是在动态变化中的，一次B超显示羊水少，如果没有少到会影响胎儿生存，不能断然决定提前剖出一个早产儿。剖腹产和早产这两种情况，让产妇和胎儿都面临着更大风险。所以，每一个医疗决定都需要权衡利弊，在解决一个问题的同时，想到另一个可能会出现的问题，分析孰重孰轻，再做决定。

28. 胎儿温馨的家园——子宫

妈妈没有怀孕时，子宫像个倒长的鸭梨，长度只有7-8厘米，宫腔内仅仅有个窄小的缝隙，假如往子宫腔内放置物体，只能容纳核桃大小的东西。一旦怀孕，子宫的增长简直令人难以置信。不但可容纳6-7斤的胎儿，还同时要容纳胎儿的附属物——胎盘、脐带、羊水、羊膜腔。

子宫比任何一所房子都高级，能随着居住者的需求而变化。随着胎儿不断增长，子宫容积不断扩大，子宫壁不断增厚；胎儿在子宫里受到层层保护，最外层是妈妈的腹壁，还有妈妈的大网膜、肠管、腹腔液；外面有结实、富有弹性、能保暖的子宫肌壁；然后是包蜕膜、绒毛膜、羊膜的保护；羊膜腔内还有能防震、防皮肤干裂、能自由畅游的羊水。子宫是胎儿温馨的家园，也是人类的第一住所。

子宫的神奇确实令我们赞叹，当胎儿在子宫中生长发育的时候，子宫颈口如同一道结实的防盗门，紧紧关闭着。可当胎儿要娩出时，这扇紧闭的大门全部打开，让胎儿顺利通过，子宫颈口竟然可以在原来的基础上扩张100倍！

分娩时，宫颈口打开前和刚刚打开时，需要比较长的一段时间。宫颈口从打开1厘米到6厘米，是产妇最疼痛难熬的时刻，一旦开到6厘米，宫口打开速度加快，产妇对疼痛耐受性增强。所以，已经坚持到宫口打开6厘米，因无法忍受分娩痛而放弃顺产是很不明智的选择，既经历了顺产的痛，又经受了剖腹产的痛和风险。

第3节 胎儿性别、多胞胎——尊重自然的选择

29. 胎儿性别是在什么时候决定的

胎儿的性别是在精子和卵子结合的那一瞬间决定的。从外观上能够区分胎儿性别，是在孕12周以后通过B超看出来的。判断是否准确，与B超医生的经验有关。法律明文规定，不允许任何人，以任何方法和手段鉴别胎儿性别，除非有医学上的需要，由医学专家提供相应证据，否则，均属于非法行为。

在人类的23对染色体中，有一对非常特别，女性的这一对染色体，两条都是X，男性的这一对染色体，一条是X，另一条是Y，这就是性染色体。

人类使用一种简单的机制决定后代的性别，胎儿的性别由精子的基因来决定。父亲在制造精子时进行减数分裂，XY性染色体被拆分成X染色体和Y染色体，将X或Y染色体随机打包到每一个精子中。带有X染色体的精子与卵子结合，就是女孩；带有Y染色体的精子与卵子结合，就是男孩。

❖ **男胎与女胎，哪方比例更高**

从理论上来讲，出现男婴和女婴的几率没有什么差异，胎儿的性别应该是男女各半。但实际上，男胎与女胎出生率之比是105∶100，男胎的出生率较女胎略高一点。同样，早期流产的胎儿中，男胎与女胎的比例是107∶100，还有一些在未发现怀孕时就流掉的胎儿，也被认为男胎所占比例比女胎高。有人类学学者做过调查，发

现男童平均夭亡率比女婴和女童稍高，推测这是人类进化过程中残留的痕迹，认为男性比女性更多地面临意外和危险。到青春期男女两性死亡率非常接近，而到老年男性死亡率又大大高于同龄女性。真正的原因并不清楚。

❖ 医学上可以自由选择生男生女吗

1994年，美国科学家发明了高难度的精子分离技术，采用的是一种特殊DNA流式分离术，能将携带X染色体的精子和携带Y染色体的精子分离开来。如果要男胎，就让携带Y染色体的精子和卵子结合；如果要女胎，就让携带X染色体的精子和卵子结合。

利用这一尖端生殖技术，可以用来控制一些与性别有关的遗传病，如血友病A、脆性X综合征、进行性肌营养不良等。摒弃带有致病基因染色体的精子，选择胎儿性别，可避免有先天缺陷病儿的出生。

无论科学多么发达，用来鉴别胎儿性别、能够决定胎儿性别的技术，也不应被广泛使用。尽管运用医学方法进行胎儿性别的选择，避免了与性别有关的遗传性疾病，但医学本身却不能避免这种技术被滥用的可能。

如B超的应用解决了产科中很多医学难题，但却因B超能鉴别胎儿性别，导致引产女婴事件频繁发生，尤其是在经济不发达的偏僻乡村。男女比例的自然平衡，是人类发展的需要，人为破坏这一自然的平衡，后果是相当可怕的。

❖ 胎儿性别的其他鉴定方法

孕中期以后，通过B超可大致分辨出胎儿的性别。

抽取羊水，检查胎儿脱落细胞的性染色体。

测定羊水中睾丸激素的含量。

除非有医学指征，否则不能以任何医学方法和手段进行胎儿性别的鉴定。计划怀孕的夫妇，也不要道听途说，土法上马，以期达到选择胎儿性别的目的，我们应该

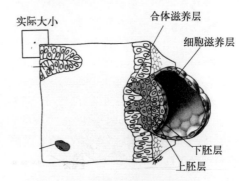

孕21天胚泡开始植入子宫内膜

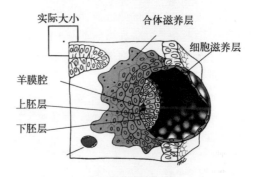

孕22天羊膜腔出现

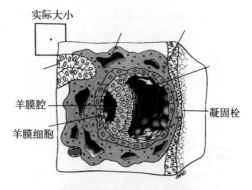

孕23天胚胎完全植入子宫内膜
羊膜腔不断扩大，植入过程结束是以子宫内膜壁上的凝固栓为标志的。

引自 William J. Larsen 著《人类胚胎学》

遵从大自然的选择。

想按照自己的意愿选择胎儿性别的夫妇不在少数。我在因特网上做健康咨询专家时，曾回复过很多这样的咨询。

咨询案例

有一位女士通过网上咨询发来一封邮件，大体内容是这样的：我们很想生个男孩，从书上看到了一些办法，比如用 2%-2.5% 的苏打水冲洗阴道，但却不知如何冲洗，试着用一次性注射器打进去，每次我都很紧张，而且不知道是否正确。请问用苏打水这种方法是否合适，应当怎样操作？

生男生女的几率，对每对夫妇来说都是 50% 的可能，这种人为干预并没有科学依据。因为生男生女并不仅仅与阴道内 PH 值有关，还与其他因素有关。我们应该把生男生女视为大自然的选择，就把这个权利交给自然母亲吧。如果你是由于医学原因需要生男孩，可咨询遗传医生或产科医生寻求帮助。

咨询案例

还有一位女士咨询到：从书上看到，如果在排卵日同房受孕，生下男孩的几率就比较高。书上还说排卵时间也与胎儿性别有关。请问我如何确定我的排卵日是哪一天？我的排卵时间是在一天的什么时候呢？同房是在排卵之前还是排卵之后，才能提高生男孩的几率呢？

排卵日同房是受孕的条件之一，并非

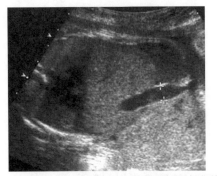

这是一张胎儿B超图，显示的是胎儿脐带，妈妈看不清楚，圈圈内的指示部分就是脐带，只有B超医生才能清晰地辨别出来。引自《胎儿电子监护学》

是决定生男生女的条件。如果含有 Y 染色体的精子和卵子结合，胎儿的性别为男，如果含有 X 染色体的精子和卵子结合，胎儿的性别为女。男女的自然出生率差不多，在排卵日受精会增加生男孩的几率，仅仅是一种猜测而已，这种猜测没有医学理论依据，也没有医学统计学依据。至于说排卵的时间就无从计算了。

女性无法靠自己的感受确定哪天有排卵，一些医学方法可帮助女性确定是否有排卵，但并没有很精确的方法，能够帮助女性选择，在恰到好处的那一刻受孕。你所说的那种情况，更多是一厢情愿的想法和说法，实施起来着实有很大困难。即使抓住了那一时机，也是碰巧而已。所以，抛开这一说法的真实性不说，单就实操性就足以让你为难了。对于胎儿性别来说，只有两种可能性，或者是男孩，或者是女孩，几率各半。任何方法都有一半成功的可能，正如任何人的猜想都有一半猜对的可能。但我们很清楚，生男生女与那些方法和猜测没有必然的因果关系。

30. 这些选择性别的方法可靠吗

•认为爸爸年龄越大，生男孩的机会越大。

•认为爸爸与妈妈年龄差异越大，越容易生男孩，这里指的是老夫少妻。

•认为春夏生出的女孩多，而在秋冬季节男孩的出生率高。

•认为强壮的男性容易生男孩，体质比较弱的男性易生女孩。

•认为臀大的女性易生男孩，认为骨盆窄的女性易生女孩。

•认为男强女弱的组合比女强男弱的组合更易生男孩。

•观察动物证实，受孕前 2 个月开始，

严格实施多盐和多钾的饮食计划有利于生男，少盐多钙多镁的饮食计划有利于生女。

• 认为性交频率高，生女孩的几率可能会大些。

• 认为在弱碱性的阴道环境中，带Y染色体的精子活力强，在弱酸性的阴道环境中，带X染色体的精子活力强。活力强的精子容易和卵子结合。所以弱酸性阴道环境易生女孩，弱碱性阴道环境易生男孩。

• 有人认为，饮食中以酸性食物为主，如摄入较多的动物类食品，会增加阴道酸性，生女孩的机会大些。如果摄入较多的蔬菜水果，以碱性食物为主，则可使阴道内环境有所改变，更偏于碱性，生男孩的机会大些。

• 有人认为用小苏打水冲洗阴道，使阴道环境呈弱碱性，可增加生男孩的机会。

• 有人认为同房时，当女性性高潮，或性兴奋度比较高时，阴道内碱性度也随之增高，怀男孩的几率增大。

• 有人认为同房时，如果尽量使男性生殖器接近子宫颈口，则可避免阴道酸性环境对含有Y染色体精子的影响，可增加生男孩的机会。

❖ 没有可靠的方法

事实上，上述的任何方法都是不可靠的。最好顺其自然，无论是男是女，生一个健康的孩子是最重要的。要从内心深处接受来到这个世界的生命，全身心地去爱孩子。从准备怀孕的那一刻开始，就应该对未来宝宝充满着爱护和期盼，期盼宝宝健康成长，这是最好的胎教。

❖ 民间预测胎儿性别方法可靠吗

在古埃及，当妇女怀孕后，就备一袋大麦、一袋小麦，每天都要用孕妇的尿浇两袋麦子。如果小麦先发芽，认为怀的是男胎；如果大麦先发芽，认为怀的就是女

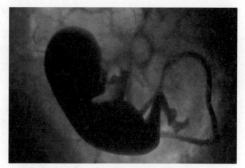

脐带是由三根血管组成，两根脐静脉是胎儿用来获取妈妈血液和养分的，一根脐动脉是用来清除胎儿体内废弃物的。从胎儿开始妈妈就是奉献，宝宝就是索取。

胎。据考证，孕妇尿液对麦子发芽确实有促进作用，但没有证据表明与男胎、女胎有何关系。

通过胎儿心率预测性别。国内外都有这样的说法。认为胎儿心率在124次/分钟以下者为男胎，在144次/分钟以上者为女胎。理由是男胎心率慢，胎心跳动低沉有力；女胎心率快，搏动音调高而轻。现代医学不能证实这一说法的正确性。在这里，我要提请孕妇注意，孕中晚期，如果胎心率低于120次/分钟或大于160次/分钟，可能预示着胎儿有异常，应及时看医生。这与胎儿性别无关。

以腹部妊娠线色素沉着轻重来判断。如果孕妇腹部妊娠线细、短、色泽淡，女胎的可能性大；如果妊娠线粗、长、色素沉着多，可能是男胎。这也没有科学依据。

还有通过妊娠反应的轻重、胎动的强弱、腹形的差别、乳房大小及乳晕着色深浅等来预测胎儿的性别，但没有一项是得到证实的。我接触孕妇和新生儿十几年，这些形形色色的"预测术"看得太多，听得太多了。事实证明，没有哪一条是真正管用的"经验之谈"，更谈不上有科学依据了。

❖ 为什么会有猜对的时候

让我来告诉你，即使有时预测对了，也是自然几率。胎儿性别只有两种情况，

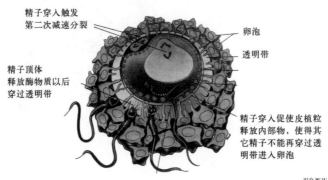

受精卵形成第一周

精子穿入触发
第二次减速分裂

卵泡

透明带

精子顶体
释放酶物质以后
穿过透明带

精子穿入促使皮植粒
释放内部物，使得其
它精子不能再穿过透
明带进入卵泡

引自 William J. Larsen 著《人类胚胎学》

不是男孩就是女孩。即使没有任何依据的猜测，猜对的几率也是50%。

典型案例

不该发生的事件

我接诊过这样一个病例，6个月的女婴，因外阴发育异常就诊。检查：宝宝状况良好，为肥胖儿，不能独坐，生殖器外观为女婴，但大小阴唇过度发育，阴蒂肥大，两腿并拢大阴唇状似男婴阴囊，有较多皱褶。据母亲介绍，她在孕2-3个月时服用了能使女婴变为男婴的"换胎药"（男性激素），企图达到生男孩的目的，因为她已经有一个女儿了，希望能生个男孩。

这是荒唐的做法。胎儿的性别早在精卵结合的那一瞬间就决定了。男女胎生殖器取决于不同的始基，于2个月左右开始分化，到3个月时外生殖器形成。因此，妈妈在孕早期，尤其是孕6-12周时受到外界不良因素影响，生殖器官可能会停止发育或融合不全，形成各种类型的畸形。性激素类药物对生殖器的发育影响最大。

31. 非自然因素导致的多胎妊娠

在多胎妊娠中，最常见的是双胎妊娠，三胎妊娠比较少见，四胎以上妊娠是比较罕见的。西林1985年根据大量资料统计得出多胎发生定律（西林定律），即多胎妊娠发生率的传统近似值为：双胎1:80；三胎1:6400；四胎1:512000。也就是说：每80次分娩中有1例双胎；每6400次分娩中有一例三胎；每512000次分娩中有一例四胎。

在不同地区，不同种族中，多胎妊娠的发生率也不同。黑种人中双胎妊娠比例最高；黄种人比较少；白种人居中。我国双胎的发生率为1:68。实际上，双胎妊娠的发生率远比双胎分娩的发生率高。因为一些双胎在妊娠早期就流产了。

近年由于绒毛膜促性腺激素的应用、试管婴儿和人工受精的增加，多胎妊娠发生率大大上升。非自然因素导致多胎妊娠比自然发生的多胎妊娠有更大的危险性。药物诱导排卵，因每个人对药物反应不同，可能会引起"超多胎"妊娠，超多胎妊娠不但胎儿存活的几率很小，还会增加孕妇并发症的发生率。

另外，用于治疗不孕症时采取的"诱发超排卵"一次可以有多个成熟的卵子释放并被采集，也存在一定风险，卵巢可能会因受到过度刺激，造成黄体功能不足、分泌期子宫内膜发育延迟，导致孕卵着床失败。

我收到过不少类似的咨询，问有什么办法可以使自己怀上双胞胎。其实，她们不知道，双胎妊娠被列为高危妊娠，如果是多胎妊娠危险性更大。当然大多数双胎都能顺利出生，三胎以上妊娠都健康存活下来的也很多。但这毕竟冒很大的危险，孕妇妊娠并发症发生率高于单胎妊娠；早产、低体重、宫内发育迟滞的发生率和围产儿死亡率均高于单胎妊娠；还可能会有连体婴的危险。所以，一定不要人为地促使自己怀双胞胎或多胞胎，这对你自己和胎儿都不安全。

❖ 多胎的危险性

流产：双胎流产发生率比单胎高2~3倍。

早产：胎儿数目越多早产机会越大，生长迟缓的程度越大。

羊水过多：双胎妊娠发生羊水过多者占5%~10%，比单胎高10倍。

妊娠高血压综合征（妊高征）：双胎妊娠孕妇发生妊高征的比例要比单胎的孕妇高得多，是单胎妊娠的3倍，且发生时间早、程度重，严重危害母婴健康。

前置胎盘：双胎合并前置胎盘的概率约占1.5%。

产程延长：双胎妊娠容易发生宫缩乏力而导致产程延长。

胎位异常：分娩过程中，当第一个胎儿分娩后，第二个胎儿可能会转成横位。

产后出血：双胎子宫过度扩张，导致产后子宫收缩乏力，引起产后出血。

❖ 双胞胎的注意事项

加强营养，应增加蛋白质的摄入，若出现水肿要适当限盐；妊高征的发生率高于单胎妊娠，应注意预防。

双胎妊娠贫血的发生率约40%，应常规补充铁剂和叶酸；双胞胎需要母体供给更多的营养和氧气，有呼吸不畅时要注意局部环境，可向医生咨询是否需要定期吸氧。

双胎妊娠早产的发生率高于单胎妊娠，不要过于劳累，妊娠中期以后应避免房事。提前4周做好分娩前的准备工作。如果时常感到疲劳或有肚子发紧、腹痛等不适症状时，要及时就医。

第4节 早孕征兆和早孕中的常见问题

32. 敏感，尿频，外阴不适

❖ 敏感的孕妇

孕1月的妈妈大多没有什么感觉，从外观上看不出什么变化，但有些准妈妈可能会出现某些征兆与不适。最先可能会出现如下不适：

•易感疲倦。

•对味道特别敏感，特别喜欢或特别厌恶某一味道。

•小腹发胀的感觉。

•尿频或排尿不尽感。

•乳房微微胀感。

•骨盆腔不适感。

•清晨恶心干呕。

•情绪的变化。

•皮肤和乳房变化。

•有类似感冒的症状。

有的孕妇在怀孕初期感觉没有那么大精神头了，感觉到有些困倦或疲惫。如果你有这样的感觉，一定要抓紧时间休息，不要硬挺着，因为怀孕会消耗能量，当你感觉疲惫时，说明体能能量不足，需要休息或补充能量。所以，在办公室和家里备一些方便食品，感觉到疲惫或有饥饿感时及时补充。

怀孕可能会使你变得异常敏感，总是闻到特殊的味道，而且对味道会有新的喜好。你或者特别喜欢吃某种食物，特别喜欢某种味道，也可能会突然特别讨厌某种食物或某种味道，这些都属于妊娠反应。

有的孕妇在怀孕初期会感到小腹部发胀，甚至有一抽一抽痉挛的感觉，有的会认为可能要来月经了。总有尿意，但排尿量很少，有尿不尽的感觉。平时不怎么爱小便的女士，上趟街都可能会找几次卫生间，这可能是怀孕了。尿频并不是怀孕的固有症状，轻微的泌尿系感染或尿道口发炎也会表现出尿频，但多同时伴有尿痛。

胚胎往子宫内膜植入，准备为自己筑巢时，小腹可能会有些不适或疼痛，阴道分泌物看起来好像有淡淡的血丝——植入流血。当然，植入流血发生率是很低的。

卸完妆或洗完脸，镜子里的你看起来有些脸色苍白，眼睑有些水肿，有了明显的眼袋。

可能会感觉乳房胀痛，这是乳房在向你发出的讯号，乳房要为哺乳宝宝做准备了。但和月经来潮前差不多，有时不能分辨出来是要来月经，还是怀孕的早期。如果你感觉乳罩有些发紧，就该换一个宽松的了；如果你还在穿紧身内衣，也该换成柔软宽松的内衣。

你的情绪可能很不稳定，刚才还兴高采烈，一会儿却垂头丧气起来；刚刚还心花怒放，现在却愁容满面；一分钟前还欢声笑语，现在却沉默寡言了。你周围的人会感觉你的情绪变化很大，尤其是面对你的丈夫，你的情绪波动更大。自己意识不到，但你确实变得爱急躁，有些不耐烦，看周围的人不顺眼，有时感到心情郁闷。

早孕很像感冒初期的症状，感到周身发热，有些倦怠乏力；或感到周身发冷，有点嗜睡；清晨起来有些睡不醒的感觉，头有点晕。即使没有计划怀孕，已婚女性也要时刻想到可能会怀孕，不要动辄就吃药。即使没有怀孕，感冒也不是必须吃药，如果是怀孕了，就更不该吃感冒药了。

当你感觉不舒服的时候，不要随便用药，需要用药时，一定要向医生咨询，医生会选择对胎儿没有危害的药物，如果不需要用药，医生会告诉你的。即使是非处方药，也不能自行决定，因为，早期胚胎对大多数药物都很敏感。

当单位通知你需要去医院体检时，你要想到自己有怀孕的可能，尽管月经刚刚结束，也不要去接受对胎儿有害的检查，尤其是X射线。

当你准备进行家庭装修时，要想到有一些装修材料对人体是有害的，胎儿对环境中的有害物质是非常敏感的。

当你参加朋友的生日晚会、业务应酬、重大庆典、节假日宴会举杯畅饮时，尽量要不含酒精、咖啡因的饮料，最好不要喝

子宫卵巢示意图

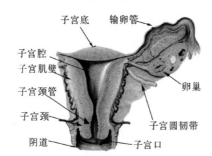

子宫底　输卵管
子宫腔
子宫肌壁
子宫颈管　　卵巢
子宫颈
子宫圆韧带
阴道　　子宫口

小小的子宫腔，能够随着胎宝宝的生长不断扩大，并且可容纳胎宝宝生长所需的附属物。示意图引自 William. J. Larsen 著《人类胚胎学》

白酒。果汁、蔬菜汁、酸奶、杂粮汁、乳酸菌饮品是很好的选择。

虽然你们自己不会吸烟，但仍然可能会遇到二手烟的危害，被动吸烟同样有害，要远离吸烟的人。

当你正在吃减肥药或减肥食品时，请马上停掉。

当你刚刚停服避孕药时，应该继续使用非药物避孕，3个月后再怀孕是比较安全的。

你可能是个体育爱好者，常常去俱乐部或体形训练室健身，要向教练询问一下哪些项目适合你。

如果你的脾气不好，常常发怒，最好找一种方法能使自己的内心变得平和起来。如果你常常感到压抑，总是闷闷不乐，最好找你信赖的朋友倾诉，或找你信任的医生谈一谈。

如果你的丈夫和家人希望未来的宝宝是男孩，给你的内心很大压力，或者已经听取周围人的指点，在做种种努力。你可要和你的丈夫及家人认真地讨论一下，生男生女应该遵循自然规律，孕育新生命是一件自然快乐的事，你不能承担也不应该承担过分的要求。

33. 创造愉快的孕期生活

用一颗平常心对待怀孕，怀孕中出现的某些不适都是暂时的，是怀孕中出现的正常现象，不必多虑，更不要疑患出了什么病。精神放松，心情愉快对你和腹中的胎儿非常重要。安排好自己的工作和学习生活，闲暇时间，如果感到疲劳或不适，就躺下来休息；如果感到有精力，就听听音乐、读读书、欣赏字画、上网浏览你喜欢的内容，也可做些你喜欢的运动。多做户外活动，休息日全家到郊外游玩也是不

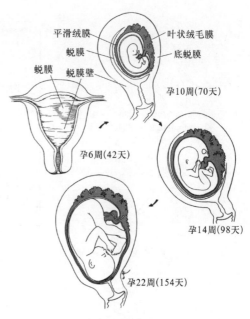

胎盘、羊水、脐带和胎儿

平滑绒膜
蜕膜　　　　叶状绒毛膜
　　　　　　底蜕膜
蜕膜　蜕膜壁
孕10周(70天)
孕6周(42天)
孕14周(98天)
孕22周(154天)

引自 William J. Larsen 著《人类胚胎学》

错的选择。准备一个漂亮精美的笔记本，记录下你想留下的感受和事情；也可在因特网上设一个空间，留下你孕期的美好时光。总之，尽可能让生活丰富多彩，不要给自己压力。

妊娠初期胃部会有不适的感觉，原本喜欢吃的食物不但不喜欢吃了，可能还会感到厌烦；或者以前不喜欢吃的东西现在又非常喜欢；有的人却没有任何不适，饮食和平日没什么差异。有妊娠反应正常，没有明显的妊娠反应也正常，不必在意。无论你是否有妊娠反应，对现在的你来说，合理的饮食都是非常重要的。但是，如果你不愿意吃某种食物，或吃了某种食物就会加重妊娠反应，不要因为那种食物营养充分就强迫自己吃。有一点需要提醒，不进食不但不能减轻妊娠反应和妊娠呕吐，相反，很有可能使妊娠反应更严重。

生命的轮回

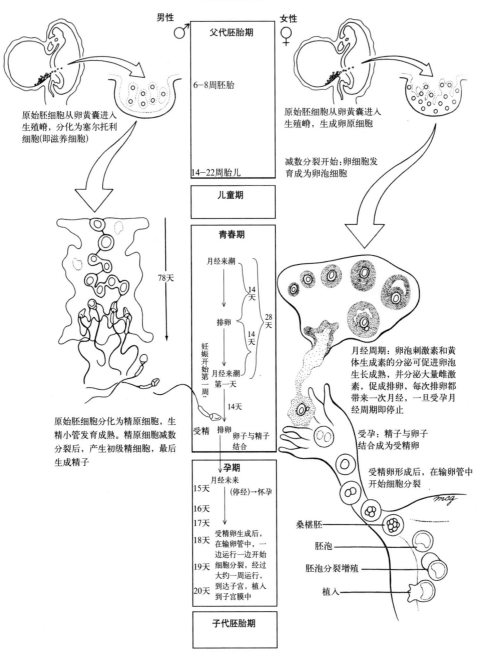

男性　父代胚胎期　女性

6—8周胚胎

原始胚细胞从卵黄囊进入生殖嵴，分化为塞尔托利细胞(即滋养细胞)

原始胚细胞从卵黄囊进入生殖嵴，生成卵原细胞

14—22周胎儿

减数分裂开始:卵细胞发育成为卵泡细胞

儿童期

青春期

月经来潮

14天

28天

排卵

14天

78天

妊娠开始第一周

月经来潮第一天

14天

原始胚细胞分化为精原细胞，生精小管发育成熟。精原细胞减数分裂后，产生初级精细胞，最后生成精子

受精　排卵　卵子与精子结合

月经周期:卵泡刺激素和黄体生成素的分泌可促进卵泡生长成熟，并分泌大量雌激素，促成排卵，每次排卵都带来一次月经，一旦受孕月经周期即停止

受孕:精子与卵子结合成为受精卵

孕期

月经未来

15天　(停经)→怀孕

16天

17天

18天　受精卵生成后，在输卵管中，一边运行一边开始细胞分裂，经过大约一周运行，到达子宫，植入到子宫膜中

19天

20天

受精卵形成后，在输卵管中开始细胞分裂

mcg

桑椹胚

胚泡

胚泡分裂增殖

植入

子代胚胎期

准爸爸妈妈知道吗？早在胎儿期，原始胚细胞就从卵囊进入生殖嵴被髓质生殖细胞核覆盖，生成卵原细胞(女胎)或分化为塞尔托利细胞(男胎)，青春期时这些原始生殖细胞开始分裂成熟，具备了生育能力。女性卵子每月释放1次，精子成熟过程是78天，因为精子每时每刻都在生成上亿的精子储存在精囊中，每次射精都有成千上万的成熟精子，而女性则每次仅释放1个成熟的卵子。只有在卵子排出进入输卵管后遇到成熟精子，才能受孕。

第三章　孕2月（5-8周）

胎宝宝："妈妈月经未如期而至，是不是有了小宝贝的想法在妈妈脑海闪过。很快，早早孕试验证实这一喜讯，赶快去告诉爸爸吧，他一定会被这突如其来的消息弄得不知所措，迅即又在内心高声大喊：我要当爸爸了！"

· 早孕诊断和预产期推算
· 早孕中的正常现象

34. 宝宝写给爸爸妈妈的第三封信

亲爱的爸爸妈妈：

在上个月的最后1周，我顺利地把自己埋植在妈妈的子宫内膜中，并紧锣密鼓地进行着细胞分化和器官的形成。我就要安居乐业，打算一直住到瓜熟蒂落的那一天才从妈妈温暖舒适的小屋里出来。

这短短的4周，对于生活在外面的人们不算什么，可对于生活在妈妈子宫内的我来说，可是翻天覆地的变化。遗憾的是，爸爸妈妈对我已经选定和入住这个"明星楼盘"的信息还一无所知。我已经给妈妈发出了特快专递。我迅速制造出了许多激素HCG，阻止妈妈月经来潮把我冲掉，也告诉她不要吃药、照X线、养猫、染发。大约1周以后，妈妈意识到不对劲了，忙到医院化验，果然接到我的信了，上面写着"HCG+"或"HCG阳性"。不过，我的信还在路上，根据邮局的投递时间，一般停经37天才可以收到我的信。只有极少数的邮局传送错误，出现假阳性和假阴性。也有个别邮局把信发成了"特慢专递"，可能要到妈妈停经五六十天才能接到信。

这可是特大喜讯，无论对于我的爸爸，还是我的祖父祖母、外公外婆，我诞生的消息一定会给他们带来欢乐。尤其是我的爸爸更是乐在心里。如果妈妈您没有从爸爸的表情上看到您所期待的东西，您可千万不要生气，爸爸的内心是激动的，只是爸爸还没有醒过神来。尽管你们已经计划好了要我来到你们中间，我的诞生或许已经是你们预料之中的事情，然而一旦真的变成事实，往往还会有突如其来的感觉。许多要做爸爸的男人不知道如何表达他们的心情，有时还像个大男孩一样不知所措，甚至变得沉默寡言。您不要认为他不高兴，这是男人们常有的反应。您会感受得到他心里的高兴和复杂心情。

为了快速打造自己，我成了拼命三郎。我一面享受着小屋内快乐幸福的生活，一面像个拼命三郎似的"打造"自己，使我真正成材。这个时髦的词用在我身上是最恰当的，外面世界那些号称打造自己的人，谁也没有我的工作神奇。因为我的外形还只是像一个圆形双层汉堡，孕31天我将变成像梨形的三层汉堡（像水母），在最令人兴奋的三层紧密连接之处将形成一个胎儿，上层形成皮肤，下层形成肠道的内壁，中层将形成其他全部。这个月我的外形只能变的像小水母最后变的像小海马。我开始像捏面人一样扭曲、折叠、缠绕。

首先是三层"面坯子"最上面正中凹进去（孕33天），变成一长条中空的脊椎（现在叫神经管，吃叶酸就是预防神经管畸形的），一端为口腔，一端为肛门。沿着神经管两侧长出一连串体节，直到尾巴，共有40对。鱼类就是这样的，一根脊索，前面是较大的口器，将食物送入消化道，后面是泄殖腔。靠这根坚固的脊索和肌肉的收缩左右摆动，所以它们拥有游动的能力。远古的脊椎动物就是因为进化出脊索，帮助它们游过原始的海洋而生存下来。在今天，人类胚胎和海鞘幼虫都保留了我们远古祖先的特征，被称为"幼形遗留"。

"面坯子"底面一直弯曲直到两端合拢成肚皮（孕42天），中空的部分就是体腔和肠道。下方可以看见不断增加的鳃条、凸出的心包和中肠突出形成的脐带。孕40天，我的身体表面首次出现四肢的苞状突起，开始是扁平的，像鱼鳍，后来变成圆的，到月末肢芽已经分为两节，末节顶端出现手板和足板，就像不分指的手套和袜子，还没有分叉。孕42天，头部隐约可见3对感觉斑：眼斑、耳斑、鼻斑。眼睑几乎盖住眼睛，视网膜已经有颜色，龙的传人的黑眼睛就是在这个时候有了黑色；耳斑已经鼓出来，叫耳廓突。舌头开始形成。头部体节、鳃条、感觉斑和骨甲是构成精细复杂的头面部的所有材料。这4种材料从外面唯一看不到的是骨甲。骨甲虽然像骨头一样坚硬，但不是来自体节（像我后来长的骨头），而是由远古的动物皮肤生成，保护血肉之躯。这种古生物像今天的四脚蛇，没有光滑柔软的表皮而是坦克一样的硬壳。我的颅骨和牙齿就是这种古生物的遗迹，我现在正着手制造。孕54天，我的颌部开始有牙齿发育的痕迹。虽然到我出生时嘴里什么牙都没有，但我已经准备好了2套咬合完美的牙齿。许多动物有不限套数的杂乱尖牙，只能供来撕咬，而我准备的牙齿还可以咀嚼，研磨出食物中精细的营养成分，把人类滋养成智慧生物脱颖而出。

孕44天神经管前端4个突起发育为脑，分别是后脑、中脑、两个前脑（将来的两个巨大的脑半球）。神经系统迅速发育，所以我需要妈妈储备好叶酸。我知道非常简洁地打造出最关键的结构，就像一个微雕艺术大师。所以我的头部特别发达并屈曲向胸膛，尾部细小并卷曲着，这时候，我的外形终于像许多书上画的小海马了（长7—12毫米）。

医生把现在的我叫做"胎芽"，连"胎儿"都称不上，更不能称为"人"了，所以这个月我还在"胚胎期"。不管怎么说，我已经从像汉堡包变得像动物了。科学家曾经认为，我从受精卵（单细胞生物）变成水母变成鱼变成海马变成爬行动物最后直立行走，是我在妈妈肚子里重新排演了一遍生物从低等到高等的进化历程。事实上，现代的科学家已经得出更完美的解释：

动物之间共同特征通常在胚胎早期形成，个别特征则在晚期形成。我曾经像鱼，眼睛都在两侧，但我不是鱼的胚胎，只是遗留了相似的痕迹，曾经和鱼的胚胎长得像而已。

令人惊奇的是，内脏如肝、肺、胰、肾形成最初始的模样，最初的肠管出现，形成胃和食管。孕34天心脏形成一个空心管，孕35天其中分隔为2根空心管，孕36天心管开始形成，孕37天心管开始扭曲折叠，孕42天折叠完成，初具心脏的形状。孕8周末，在B超下可以清楚地看到胎心管搏动。胎心管搏动是我存活的标志，也是计算我的月龄的客观依据之一。软骨形成，以后才会变成坚硬的骨骼。现在，我已经开始为未来的后代做准备，睾丸或卵巢开始形成。

我面临巨大的生存压力。

虽然我是SOHO族在家工作，毕竟我太弱小了，一只小海马就像一个初出茅庐的打工仔，拼搏于茫茫沧海，四周危机四伏。因为非常缺乏工作经验，千头万绪的遗传指令只要弄错一个，我可能就会被辞退——流产。同时，我还要时时担心妈妈也包括爸爸的经营失误：药物、剧烈运动、感染、患病、摔一跤、惊吓等等，有时候只是让我难受一阵，有时候直接导致我的

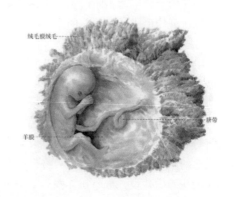

绒毛膜绒毛

脐带

羊膜

灭顶之灾。不用说，妈妈的经营破产了，我也同样被扫地出门。医学家有这样的统计，早期流产发生率为15%-20%，其中包括未被觉察的流产。胚胎发育不良的情形远远高于外界刺激，所以医生多半不积极保胎，希望优胜劣汰。

我只有一个愿望：让自己变得结实强壮，有足够的力量，抵御来自外界的不良刺激，不让爸爸妈妈传给我的基因在翻译转换时发生错误。

你们的胎宝宝写于孕2月

第1节 孕2月胎儿的生长发育

35. 孕2月胎儿生长逐周看

幼胚肉眼可以看到，长约1厘米，重量约1克，大约是一粒黄豆的大小和重量。身体成两等份，头部非常大，占身长的一半，头部直接连着身体，还没有脖子，有看似长长的尾巴，如同小海马的形状。从外观上看，和其他动物的胎芽无明显差异。眼睛、鼻子、手脚还没有发育成形，可以看到嘴和下巴的雏形。

❖ 孕5周时

胎儿脑部形成大脑半球并迅速增大，最初的脑囊形成；神经管开始形成，神经系统的其他部分在继续发育着；心脏跳动开始出现。

❖ 孕6周时

胎儿的大脑半球不断增长起来；眼囊和眼球也开始形成了；胎儿的血液循环系统建立起来，已经开始工作了；肝、脾、肺、甲状腺都有了大体的模型；上肢芽已经很容易被辨认出来。

❖ 孕7周时

胎儿大脑的形成速度是非常快的，平均每分钟有10000个神经细胞产生，大脑皮质已清晰可见，胎宝宝正在为将来拥有聪明的头脑做建设性准备工作呢；眼睑正

在形成，就是说你的胎宝宝就要长眼皮了；胎宝宝的心脏已经全部建成，妈妈再也不用担心宝宝的心脏会受到外界因素的干扰了；胎宝宝知道不能一直依靠妈妈的供养，所以，他正在紧锣密鼓地建造自己的胃和食管；胎宝宝的舌头也开始逐渐形成了，这个小东西对胎宝宝很重要，没有它不但不会说话，也不会吃饭喝水。随着胎宝宝的不断长大，前面已经形成建立起来的器官开始不断拉长增大。

❖ 孕8周时

胎宝宝的脑干已经能够被辨认出来，脑干可是个重要的部位，所有的大血管神经都通过它与躯体相连；嗅觉的基础部分开始建立；眼皮差不多可以把眼球盖起来；胎宝宝的生殖腺和生殖器官正在构建，此时妈妈可不要随便吃药，尤其不要吃性激素类的药物，以免宝宝的生殖器官发生畸变；胎宝宝的肢体开始长出来了，可以看到大腿、脚、手臂和手的模样，上肢和下肢的长度有多长了呢？大概刚好能够在胎宝宝胸腹部相遇；脖子长出来了，但从外观上看，好像只有后脖颈，因为胎宝宝的头是向前屈的，下颌紧紧贴着胸部，根本看不到前脖颈。妈妈可以想象你的胎宝宝

胎儿各器官发育时期表

孕周	脑	眼	心脏	手脚	唇	耳	性器官	上腭	牙齿	腹部
14						■		■		
13	■					■		■		
12	■					■		■	■	■
11	■					■	■		■	■
10	■			■		■	■		■	
9	■	■	■	■		■	■		■	
8	■	■	■	■		■	■		■	
7	■	■	■	■			■			
6	■	■	■	■	■					
5	■	■	■		■					
4	■									
3										
	脑	眼	心脏	手脚	唇	耳	性器官	上腭	牙齿	腹部
孕周	4–13	5–9	5–9	6–10	5–6	8–14	7–11	12–14	8–12	11–12

正在给妈妈鞠躬呢。

❖ 胎儿器官发育

从上表（见胎儿各器官发育时期表）可以看出，胎儿各器官的发育主要在受精卵形成后的3～13周（即孕5～15周）。对于妈妈来说，孕4月前是胎儿各器官发育的关键时期。在这一时期，胎儿对来自于外界的不良刺激非常敏感。令人惊奇的是，在孕10周内，胚胎就发育成小小胎儿，内部器官也大部分形成。

胚胎有1.3厘米长。长长的尾巴逐渐缩短，头和身体的界限变得清楚，像人的模样了。胎儿上肢芽和下肢芽已经长出，在肢芽末端可看到5个手指、脚趾，但还没有长出手指脚趾节和指甲，可以说还不像人手的样子。眼睛出现，但分别长在头的两边，像鱼类。从外观上还分不清胎儿性别。

第2节 早孕诊断和早孕表现

36. 停经和早孕试验阳性——胎儿来到的信号

❖ 停经——可能怀孕了

对于妈妈来说，停经可能是胎儿来到的第一个信号。如果月经未如期而至，妈妈会意识到可能怀孕了。但应该注意以下

关于停经的几点提示。

• 停经是胎儿来到的最重要表现，但不是绝对的，停经不一定就是怀孕。

• 月经不规律的女性，难以从月经周期和末次月经时间计算怀孕时间，以此计算预产期常不准确。

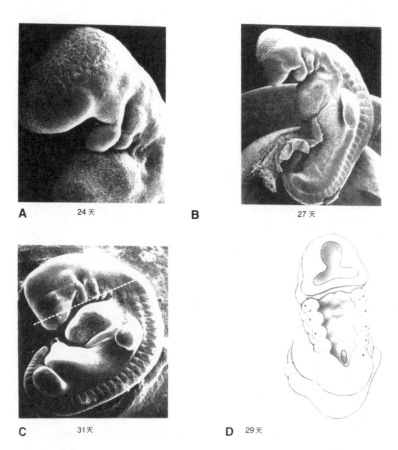

A 　24天　　　　B 　27天

C 　31天　　　　D 　29天

分裂出来的极小的极体到目前为止还不知道它的作用。卵细胞经过无数次分裂后仍然保持一个，而不是无数个。引自吴刚主编《中国优生科学》

• 即使是怀孕了，可能在第一个月经周期还会有少量的出血，妈妈可能会认为是月经，把孕期推迟了整整1个月，这种现象是有的。

• 如果怀孕了，还没有停经的时候，胎儿已经在子宫内生活了一段时间，受孕是在月经中期开始的。

❖ 妊娠尿检（早孕试验）阳性——真的怀孕了

妊娠尿检是确定怀孕的简便易行的方法（有市售的早孕试纸，自己在家就可完成，要按照说明使用），准确率高达99%以上，出现假阳性和假阴性结果的可能性很小。但是，患有一些疾病和服用药物时可能在尿检时出现假阳性结果；有时也会出现假阴性结果。但是，无论尿检结果如何，只要你认为或怀疑自己怀孕了，就要像怀孕一样，照顾好自己和胎儿。

受精卵形成后7-10天早孕检查呈阳性结果（受精卵形成是真正的怀孕时间，几乎没有孕妇知道自己怀孕的确切时间，通常情况下，怀孕发生在月经中期）。所以，如果你的月经周期为28-30天，你想在第一时间获知怀孕的消息，可在距末次月经来潮后的第21-26天做早孕检查，如果出现阴性结果，几天或1周后再做一次检查就会呈阳性结果。

妊娠血检准确率几乎达100%，如果你

非常想更早获知怀孕的确切消息，可到医院做妊娠血检（一两天出结果），检查时间是在受精卵形成后1周（距下次月经来潮1周左右）。

如果你的月经没有如期而至，但妊娠尿检或血检结果是阴性，并不意味着没有怀孕，请过一周后再检查。阴性结果的原因可能是怀孕的时间比推测的时间晚了一两周，也可能因为尿中或血液中HCG值还没有升高到一定的数值，暂时没能检测出来。

如果没做孕前检查，获知怀孕消息后，要去看妇产科医生，做必要的检查，及时发现问题。如果做过孕前检查，没有任何异常情况，或知怀孕消息后，也没有任何异常情况，可不急于看医生，等到了初检时间再去看医生也可以。如果有不适感觉或心存疑虑，请及时去看医生，不要在家胡乱猜想，自寻烦恼。

37. 受孕日和胎儿出生日的推算

准妈妈知道胎儿来了，就开始掐着手指算：宝宝是哪一天怀上的？毕竟那是一个值得回忆的重大时刻。宝宝什么时候会出生？妈妈太想知道这一切了。当然，妈妈也会尽力搜索当时有没有什么怀孕禁忌的问题，以便亡羊补牢。

排卵期和预产期的计算，都是以妈妈的末次月经为标志，用一个简单的数学公式进行的推算，虽然不是百分之百的准确，但不会有太大的误差。估算胎龄和预产期，不但妈妈心中有数，医生也心中有底，知道什么时候该采取干预措施。

❖ 预产期计算方法与快速查阅

妈妈的末次月经月份减去3（或加上9）就是胎儿生日的可能月份，妈妈的末次月经的第一天日期加上7就是胎儿可能生日的日期。

什么时候月份减3？什么时候月份加9？一年是12个月，如果加9以后大于12，就用减3的方法计算。

胎儿从诞生到离开母体成为足月新生儿，需要在妈妈子宫中生活266天。所以，如果你知道确切的受孕时间，直接加266天就是你的预产期了，这个比按末次月经计算更准确。但通常情况下，很少有孕妇知道自己确切的受孕时间。所以，绝大多数都是按照预产期速查表和预产期计算公式来预测预产期的。通常情况下，胎儿诞生的时间，多是在妈妈末次月经来潮后的14天。所以，如果你不知道确切的受孕时间，但知道末次月经时间，直接加280天（266天＋14天：266天是胎儿在子宫内生活的时间，14天是妈妈末次月经距胎儿诞生的时间）就是你的预产期了。

你会发现，按照预产期速查表查出来的预产期，与按照预产期计算公式计算出来的预产期会差几天。这是因为，预产期速查表是按日计算出来的，计算公式是按月计算出来的，而在一年12个月中，每月日期并不相同。

通常情况下，在预产期当天出生的新生儿还不到百分之十，多数情况下都会提

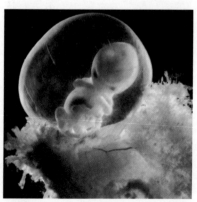

孕8周的胎儿。

前或错后几天，在预产期前后2周分娩都属于正常情况。这是因为多数准妈妈不知道自己确切的怀孕时间；有的准妈妈不能确定自己末次月经来潮第一天是哪天；有的准妈妈月经不规律，甚至每次月经来潮都差几天，甚至差一两周；即使月经比较规律，每个女性的月经周期的长短不一；月经周期越接近28天，推算出的预产期越准确；月经周期越长，越有可能比预产期错后分娩；月经周期越短，越有可能比预产期提前分娩。

为了避免超过预产期后焦急的等待，为了减轻亲戚朋友迫切地询问"生了没有？""还没生呢？""预产期不是2号吗？今天都6号了。"……给你带来的压力，导致你提前住院、不必要的剖腹产等，你最好这么告诉亲戚朋友你的预产期：如果你的预产期是10月2日，你就告诉是10月上旬或10月初；如果你的预产期是10月29日，你就告诉是11月初。

❖ 借助医学方法估算预产期

如果你无论如何都记不起你的末次月经，也无从知晓可能的排卵或受孕时间，医生会借助某些医学方法来估算预产期。医学方法估算预产期，还有一个最重要的作用，就是及时发现与预产期发育不相符的情况，如胎儿发育迟缓（小于胎龄儿）或胎儿发育过快（巨大儿）。常用的方法有：

•胎心：怀孕12周，可通过多普勒超声波仪听到胎儿的心跳。

•子宫高度：怀孕16周后，可以通过子宫高度估算胎龄。怀孕16周，可以在耻骨联合上触摸到子宫底；怀孕20周，子宫底高度在耻骨联合与肚脐中间。根据子宫底高度估算胎龄有较大的误差。

•胎动：通常情况下，怀孕16-20周，

准妈妈会感觉到胎动。

•超声波检查：通过B超估算胎龄，要比通过子宫高度和胎动估算相对准确。怀孕12-20周，会有1周左右的误差，怀孕末期会有3周左右的误差。通常情况下，怀孕8周B超下可见胎心管搏动，可间接估算胎龄。

举例说明：妈妈的最后一次月经来潮日是2011年11月6日。那么，胎儿可能的生日就是2012年8月13日。附录后的预产期速查表，能让你一目了然。月经周期越准，计算出的预产期越准。

典型案例

我是去年10月30日-11月3日的末次月经，经期一般为28天，比较有规律。我们在11月9日和11月18日分别同房两次，确认怀孕，预产期为8月6日。我是老师，校方希望我能在9月开学时继续上班。怀孕的具体日期如果是第一次，预产期会不会有可能提前？希望能在开学时去上班。

无论是哪一次受孕，预产期的计算都是按照末次月经计算，如果月经周期短，可能会比预产期提前几天分娩，如果月经周期长，可能会比预产期错后几天分娩。如果你想出满月后上班，最早也就是9月中旬，过早上班可能会影响母乳喂养。请你结合具体工作考虑安排，校长也会理解的。

❖ 排卵的间隔时间

通常情况下，青春期以后的女性，每一个月排卵一次，一次只排一个卵。但并不总是这样，个别女性，尤其是青春期女孩，可能会有无排卵月经，也可能出现隔月排卵现象，最长可以相隔4-5个月才排卵一次。也有个别女性排卵间隔时间比较短，20天左右排卵一次。每个女性在其育龄阶段，排卵的间隔时间不尽相同，有时会间隔长一些，有时会间隔短一些，也会跳过一个或几个月经周期才排卵。而且，有时候，并不是每次月经都有排卵，偶尔会发生无排卵月经。

38. 何时开始做全面孕期检查

做孕期的全面检查，大多数产科医生要求产妇在孕3个月后再进行。其理由是：

•孕早期，大多数孕妇有不同程度的妊娠反应，身体不适，不愿意接受全面的孕期检查。

•孕早期，胚胎比较脆弱，易受各种因素影响而导致胎儿发育异常。这时如果接受包括B超、生殖器内检在内的孕期全面体检，对胎儿会造成一定的威胁，有导致流产的危险。有报道认为，B超的"热效应"对胎儿的眼睛有损害。

•孕早期对外界因素的各种刺激都比较敏感，医院是人群聚集的地方，尤其是综合医院，什么病人都有，会受到病菌病毒的威胁，久在医院逗留对孕妇是不利的。

❖ 什么情况需要提前孕检

并不是说一定非要等到孕3个月后再做孕前健康检查，要灵活掌握，随时有问题或有疑问，可以随时到医院看医生，做必要的孕期检查。

在整个妊娠过程中，具体检查安排是：妊娠12周左右做全面的产前检查；妊娠12–28周每月检查一次；妊娠28–36周每半月检查一次；妊娠36周以后每周检查一次。但如果在妊娠过程中出现异常情况应及时看医生，不要等到规定的时间。

❖ 第一次产前检查要做的项目

•进一步确诊怀孕、确定怀孕周数、估算预产期。

•询问既往妇科就诊史、妇科疾病史、怀孕和生育史。

•一般检查，包括血压、体重、身高等。

•生殖系统检查，包括外阴分泌物、子宫颈等。

•产科检查，包括骨盆测量及胎儿情况。

•化验室检查，包括血常规、血型、血生化、乙肝标志物、优生筛查等。

•B超检查，主要是针对胎儿发育情况和子宫卵巢等妇产科情况。（更多内容请参阅第十六章《孕期检查》）

39. 选择产院

选择产前检查和分娩的医院，主要从以下几方面考虑：

•医院状况为首先考虑因素，如医院技术水平、医院级别、医院性质、医院口碑等。通常情况下，产妇愿意选择专科医院，如产科医院、妇产医院、妇幼医院、妇儿医院、妇婴医院等。其次选择大的综合医院的产科中心或妇产科。产妇对医院的技术也比较关心，尽管不满意公立医院的服务态度和就医环境，但却因为比较信任其技术水平和公信度而选择公立医院。选择公立医院还有一个原因，那就是医保问题，多数产妇不会选择没有医保的私立医院分

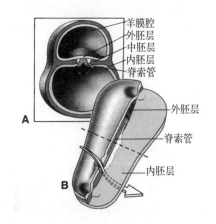

这是"双层汉堡"的内部构造。胚盘核心的部分就是汉堡中间的那部分，这部分看起来像一把优美的小提琴。胎儿就是由"小提琴"变成的。引自 William J. Larsen 著《人类胚胎学》

娩。经济条件好的会选择高档的私立医院，享受舒适的就医环境，贴心的服务态度和知名的助产士和产科医生的医疗服务。

• 能得到被认可的产科医生和助产士的医疗服务是选择分娩医院的第二因素。选择有亲戚朋友工作的医院，可能是选择某家医院分娩的唯一原因。有熟人在，会带来心理上的踏实，认为会得到更好的照顾和获得更好的医疗帮助。

• 居住地与医院的距离是选择医院的第三因素，这一因素在大中城市，几乎成为最主要因素。怀孕10月，要多次去医院接受产前检查，临产时去医院分娩的路途和产后对产妇和新生儿的照顾等，道路拥堵和路途遥远是不可不考虑的因素，到了孕晚期大腹便便的时候，这个问题就更突出了。所以，在可能的情况下，尽量选择离家近的医院做产前检查和分娩是比较明智的。

• 医院就诊人数也是不可不考虑的因素。受孕妇青睐的医院往往人满为患，做个产检需要一天的时间，漫长的等待时间会让孕妇心情焦虑，身心疲惫。做个检查要预约等候，甚至需多次往返医院，这会给你的孕期生活带来不愉快和紧张心理。甚至到了临产时找不到床位，不得不住在临时的加床，甚至是病房走廊。如果是这样的话，倒不如重新选择一家医院。

就我国目前医疗现状，选择自己的专职医生和助产士不太现实；选择一个你指定的医生定期为你做产前检查也不太容易实现；按你的意愿指定某位产科医生和助产士为你分娩时的医生可能容易实现，但分娩时间难以预料，可能会在你动产时，这位医生或助产士正在为另一产妇服务或出差在外。所以，最好有一位备选医生和助产士。如果你想指定一位你认识或你认可的技术权威为你做择期剖腹产（非常不

赞成），通常你会提前请好医生，但仍然不排除这位医生在你预定的时间不能为你服务。所以，也要选另一位备选医生。如果你不想这么麻烦，一切顺其自然，很可能会让你更感轻松。

40. 去医院前的准备

去医院做产前检查的前一天，最好能做一些功课。首先，把你这一段时间积攒下来的疑问，一一写下来，并在每一个问题下面留出空白，把医生的解答记录在每个问题的下面。不要认为你会记住医生的话，很多时候，清晰的记忆只是暂时的，到家里后很难再有完整的记忆。因为，多数情况下，医生会说出一些医学名词或比较专业的问题，这会给你的记忆带来挑战，记录下来是最好的方法。

去医院的前一天晚上，把要带去医院的物品准备好，并放在一起，以免早晨匆忙中忘记。如孕期手册、要问的问题清单、就医中可能需要的用品。有些化验需要空腹检查，所以，最好不要吃早餐。但要带上可口的早餐，因为，到了医院，很难买到适合你吃的食物。不要忘记带上一瓶白水，尽管医院有饮水处，但也不如带上一瓶方便。

产检时多需要化验尿液，可在家留取晨起第一泡尿，以备化验用。如果就诊时间过长，超过2小时的尿液会影响检验结果，医生可能会要求你重新留取。所以，如果不感到憋，就诊前最好不要排尿，以备需要时，能很快留取。

产检时需要常规测量体重和血压，如果正值冬季，衣服比较厚，会影响体重值。检查前一天，最好能在家里测量净重，再测量去医院要穿的衣服重量。看看你在医院测量的体重与你在家测量的体重有无差异，以便获取更准确的体重值。体重的增

长情况，是医生间接了解胎儿发育情况、你的体重增长情况是否正常的重要指标。

容易穿脱且比较宽松的衣服会给检查带来方便。

第3节 妊娠期的正常现象

41. 早期妊娠反应

许多孕妇从这个月开始，会感到从未有过的食而无味、嘴苦、不想吃饭的感觉。早晨起床刷牙，会有一股酸水出来，干呕几口。对食物开始挑剔，常感到胃部有一阵阵的烧灼感。过去，民间把妊娠反应叫"害喜"，是胎儿以这样的方式通知妈妈——怀孕了。

❖ **为什么会出现妊娠反应？有以下几种说法：**

• HCG大量增加可能是原因之一；

• 胎儿为了保护自己不断提醒妈妈已经怀孕；

• 胎儿告诉妈妈进食的时候要注意；

• 不适宜胎儿的毒素成分以这种方式排出；

• 母亲对胎儿作为"入侵者"的排异反应。

真正的原因尚不清楚，但大多数孕妇的妊娠反应都是比较轻的。有的孕妇从早到晚都恶心，但也能进食，并不把吃进去的饭菜吐出来，只是吐些黏液或酸水，即使每顿都发生呕吐，也不是把所有的饭菜都吐出来，营养丢失不严重。由于孕早期孕妇的基础代谢与正常人没有显著差别，膳食中营养素供给量与非孕妇时差不多，所以，轻度妊娠呕吐不会影响胚胎发育。孕妇不必过于担心，少食多餐，喜欢吃什么就吃什么，不必刻意追求食物的品种和数量。尽管有妊娠反应的孕妇不能吃更多

的东西，甚至还发生呕吐，但并没有证据表明会影响胚胎发育。

❖ **没有妊娠反应也正常**

并非所有孕妇都有妊娠反应，没有妊娠反应是很正常的，也是很幸福的事。如果没有妊娠反应，不要去想象妊娠反应是怎样的感觉，更不要认为没有妊娠反应就不正常，甚至认为没有妊娠反应说明胎儿发育不好。妊娠反应与心理作用有关，本来没有什么反应，却努力去想，就会加重胃肠道症状。

❖ **口味的改变**

并不是所有孕妇都爱吃酸的或爱吃辣的，"酸儿辣女"也只是想象而已。因为想生男孩或女孩，相信"酸儿辣女"的说法，就会从潜意识里支持吃酸或辣，但这并不能决定什么。

❖ **重度妊娠反应**

有的孕妇妊娠呕吐比较厉害，无论进

孕36~37天胚胎，前后神经空都已打开。引自 William J. Larsen 著《人类胚胎学》

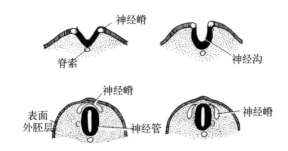

神经嵴发生示意图

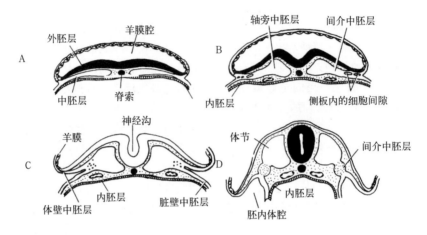

胚胎中胚层早期分化横切示意图

引自高英茂主编《组织学与胚胎学》

食与不进食都发生呕吐，而且呕吐次数比较多，不但把吃进去的饭菜吐出来，还呕吐胃液胆汁，甚至有血丝，好像要把整个胃肠都吐出来似的。

这种程度的呕吐，孕妇会丢失比较多的水分和电解质，化验尿酮体会出现阳性结果。由于不能正常进食，营养物质供应不足，孕妇会消耗体内自身营养，体重减轻。这不仅影响孕妇的健康，还会影响胚胎发育。怀孕早期，正是胚胎各器官形成发育阶段，需要包括蛋白质、脂肪、碳水化合物、矿物质、维生素和水在内的全面营养素。这时，孕妇就不能等闲视之了，要及时看医生，请医生帮助纠正水电解质紊乱和酸碱失衡。

❖ **妊娠呕吐营养补充贴士**

•孕妇对妊娠反应要顺其自然，保持乐观情绪。调节饮食，保证营养，满足母亲和胎儿的需要。

•进食的嗜好有改变不必忌讳，吃酸、吃辣都可以。

•要细嚼慢咽，每一口食物的份量要少，要完全咀嚼。

•少下厨，避免闻到让自己不舒服的气味。

•不要以咖啡、糖果、蛋糕来提神。短暂的兴奋一过，血糖会直线下降，反而比以前更加倦怠。

•要避免任何不舒服的食物，如辛辣、口味重、油腻、加工过的肉类、巧克力、咖啡、酒、碳酸饮料等。

• 由于妊娠反应，食量减少，不必按一日三餐进食，什么时候想吃就吃。

❖ 轻度妊娠呕吐饮食纠正

• 以少食多餐代替三餐，想吃就吃。多吃含蛋白质和维生素丰富的食物。

• 饭前少饮水，饭后足量饮水，能喝多少就喝多少，可吃流质、半流质食物。

• 有妊娠呕吐的孕妇往往喜欢吃凉食，有的书上认为孕妇吃凉食对胎儿发育有害，这样的说法没有依据。

• 尽量避开闻到就令你恶心的味道，少吃，甚至不吃你非常不想吃的食物，如果某一食物你一想起来就想吐，索性不吃，妊娠早期，胎儿对妈妈摄入营养要求不高，没有非吃不可的食物。

• 不要让自己感到饥饿，即使已经睡下或半夜醒来，只要感到胃里有空空的感觉，有反胃反酸的感觉，就吃点食物，能减轻晨吐的程度。

• 吃容易消化的食物，过于油腻、高纤维、辛辣的食物不易消化，要尽量少吃这些食物。但是，也有例外，有的孕妇在妊娠反应期非常喜欢肉类食物。如果你很喜欢吃这类食物，而且吃后并未加重胃部不适，你就放开吃好了。

• 如果孕期补充的营养素会加重你的恶心，甚至引起呕吐，暂时停止服用，等到反应过后再服用。

• 找到一两种含到嘴里或吃下去能减轻恶心的食物，常带身边，一旦感到胃部不适就放在嘴里或吃下去，如柠檬、香蕉片、山楂片、薄荷糖、奶片等。

• 通常情况下，谷物，也就是我们说的粮食不宜加重妊娠反应，也比较容易消化，营养价值也不低，可尝试煮各种粥喝。

• 太闲可能会让你有更多的时间想你如

何不舒服，如果你卸职在家，要尽量让自己的生活丰富起来。

• 应对妊娠反应，最重要的一点是放松心情，妊娠反应只是短暂的，很快就会过去。不要担心胎儿，不会因为你的妊娠反应而影响胎儿的健康。

• 按压内关穴，按压手腕内侧距手掌三指处，可缓解恶心呕吐症状，你不妨试一试。

❖ 重度妊娠呕吐饮食纠正

• 多吃清淡食品，少吃油腻、过甜和辛辣的食品。

• 自己喜欢吃的就不用在乎品种和口味，没有那么多的禁忌，不要在意一些书上所说的酸性食物对胎儿有害的说法。即使你喜欢吃的食品营养价值并不是很高，也总比不吃，或吃了呕吐要好得多。

• 如果早晨一起床就开始恶心，甚至呕

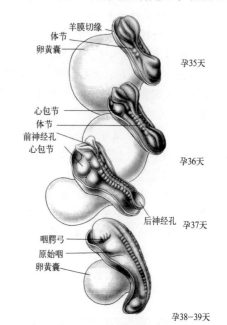

羊膜切缘
体节
卵黄囊
孕35天

心包节
体节
前神经孔
心包节
孕36天

后神经孔
孕37天

咽腭弓
原始咽
卵黄囊
孕38-39天

"小提琴"又变成"西服领结"了，"西服领结"伸出花瓣来，那就是神经孔形成。再到后来，花瓣收拢闭合，也就是神经孔闭合，形成密闭的神经管。沿着神经管两侧平行的是两条体节。神经管的前端膨大衍生出脑，后端将衍生成脊椎。引自William J. Larsen 著《人类胚胎学》

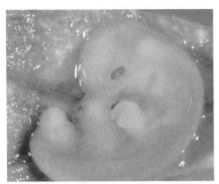

孕42天（6周）胎儿外貌。引自 William J. Larsen 著《人类胚胎学》

吐，就不要急于穿衣服洗漱，而是坐起来先吃些东西，可挑选你想吃的东西，感觉不那么恶心了再起床。无论是否呕吐，只要能吃进去就大胆地吃，不要怕吐，吐了再吃，不断地吃。

•重度妊娠呕吐重要的一点是防止脱水和电解质紊乱，如果你呕吐的很严重且吃喝的很少，要看医生，不要在家硬挺。

❖ 可缓解孕吐又有营养的食物

饮料：柠檬汁、苏打水、热奶、冰镇酸奶、纯果汁等。

谷类食物：面包、麦片、绿豆大米粥、八宝粥、玉米粥、煮玉米、玉米饼子、玉米菜团等。

奶类：喝奶是很好的，营养丰富，不占很大胃内空间。如果不爱喝鲜奶，可喝酸奶，也可吃奶酪、奶片等。

蛋白质：肉类以清炖、清蒸、水煮、水煎、爆炒为主要烹饪方法，尽量不采用红烧、油炸、油煎、酱制等味道厚重的方法。如水煎蛋、水煮饺、水煮肉片、清蒸鱼、水煮鱼、糖醋里脊等。

蔬菜水果类：各种新鲜的蔬菜，可凉拌、素炒、炝凉菜、醋熘，如清炖萝卜、白菜肉卷等；还可选择新鲜水果或水果沙拉。

❖ 妊娠反应的心因性因素

胃肠有病了，因不能吸收消化食物而呕吐。妊娠呕吐时胃肠并没有器质性损害，心理因素很重要。要抱着这样的信念：我很健康，只要我吃，腹内的胎儿就能得到母体供应的营养。过去欧美孕妇曾经因为服用止孕吐的药物"反应停"，导致大批短肢畸形的"海豹胎"出生，留给人类沉痛的教训。妊娠呕吐不是病，不可人为干预，尤其不可以相信某些迷信和偏方，更不可以服用任何药物。要学会接受，这是自然给母亲的一份特殊经历。

当孕妇认为胎儿会因为妊娠呕吐有可能发生营养问题时，会非常难过和担心，这种担心可加重妊娠呕吐。孕吐很正常，非常常见，而且很快就会自然过去。乐观的情绪会使妊娠呕吐程度减轻、时间缩短。

在这个月里，胎儿飞速发育，尽管你可能因妊娠反应不爱吃饭，你腹中的胎儿也在按照自己设定的目标不断成长着。这时的胎儿在进行组织和器官分化，一旦受到外界不良因素干扰，或自身遗传密码出错，都会使胎儿出现建构上的差错。爸爸妈妈要共同努力，避免胎儿受到外来不良因素的攻击。总是神经质地担心或情绪焦虑没有必要，这不但于事无补，还会影响你的心情，你只要规避对胎儿有害的因素就可以了。

正常妊娠期间的血清HCG水平

妊娠周数	0.5−1周	1−2周	2−3周	3−4周	4−5周	5−6周	6−8周	2−3月
HCG水平（单位/升）	5−50	50−500	100−5000	500−10000	1000−50000	10000−100000	15000−200000	10000−100000

HCG：绒毛膜促性腺激素

孕妇在妊娠6周左右常有挑食、食欲不振、轻度恶心呕吐、头晕、倦怠、厌油腻、喜酸食，晨起空腹时较重，一般于妊娠12周左右自然消失。但有的孕妇没有妊娠反应，也有的持续整个妊娠期。有的某一天清晨起来有些恶心，次日就没有了。有的比较轻，只是恶心。有的比较重，以至发生剧吐。有的停经30天左右出现，有的停经50天后方出现妊娠反应。怀孕早期，有的孕妇总感觉冷，这也是妊娠反应的一种表现。如果你感觉冷，就多穿点，不必在意你比周围的人穿的厚。

42. 胎儿对营养的需求

多数孕妇在妊娠早期，由于体内激素改变，会或多或少出现食欲不振，甚至恶心呕吐。尤其是晨起，感觉胃部不适，有烧灼感，不愿意进食。由于晨起胃部不适，带来全天的茶不思饭不想。但是，担心腹中胎儿缺乏营养，只好勉强进食。其实，你大可不必勉强自己。因为，你在妊娠前，身体已经储备了足够的营养，且在妊娠早期，胎儿主要是在进行自我构建，并不需要太多的营养，即使你进食很少，胎儿也能从你那里获取足够的营养。所以，你只要不是妊娠剧吐，只要不是一点儿也不能

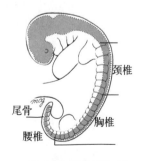

孕43天胚胎（6周+1）

胚胎的颈椎有7节，胸椎有12节，腰椎有5节，骶尾相互融合成1节。人们都以为"小海马"的尾巴是短短的腿，其实四肢是单独长出来的。引自 William J. Larsen 著《人类胚胎学》

42天胎儿　　　　49天胎儿

引自 William J. Larsen 著《人类胚胎学》

进食，就不必担心胎儿。他会勇敢面对妈妈的妊娠反应，健康地成长起来。你千万不要因为担心腹中的胎儿，吃自己很不想吃的食物。

❖ 脂肪

提到脂肪，第一想到的是油脂和肉类食物，其次是乳类食物。动物源性脂肪不利于人体健康。所以，人们常常"谈脂色变"，尤其是希望有苗条的身材的女性，更是忌讳食入脂肪。其实，脂肪是机体必不可少的营养成分，并非一无是处，只是机体所需脂肪量很少，不能摄入过多而已。怀孕后，你可不要像孕前那样忌讳脂肪了。因为，必需脂肪酸有助于胎儿脑和神经系统的形成与再生，如深海鱼、坚果、乳和植物油等食物。成人最忌讳的胆固醇也是胎儿必不可少的营养，所以，蛋黄、动物肝等高胆固醇食物也要适当摄入。每周最好吃3次鱼，1次动物肝，每天吃1个蛋和一点坚果，炒菜用植物油，凉拌菜用橄榄油或胡麻油，也可用山茶油。妊娠早期，胎儿还不需要妈妈为他提供如此丰富的食物。如果你不想吃这些，不会影响胎儿的健康成长。等到你妊娠反应消失了，再进行合理的饮食搭配也为时不晚。

❖ 蛋白质

蛋白质是由众多氨基酸组成的。在众多氨基酸中，大部分可以在体内自行合成，这些能在体内自行合成的氨基酸被称为非

必需氨基酸。有些氨基酸不能在体内自行合成，需要每天从食物中获取，这些必须从食物中获取的氨基酸被称为必需氨基酸。如果不能从食物中获取这些必需氨基酸，机体就不能正常生长。胎儿所有组织与器官的生长都离不开含有必需氨基酸的蛋白质。含有所有必需氨基酸的蛋白质食物包括肉类、蛋类和乳类，所以，这几类食物也被称为全蛋白质食物，换言之，全蛋白质食物主要来源于动物。谷物、豆类和蔬菜含有部分必需氨基酸，这几类食物也被称为不全蛋白质食物，换言之，不全蛋白质食物主要来源于植物。因此，要想摄入全部的必需氨基酸，应将植物和动物食物结合起来，合理搭配。如果你没有特别的饮食偏好，没有特殊饮食禁忌，没有明显的偏食和挑食的话，孕期并不需要很特殊

的饮食安排，你和胎儿都会很健康的。如果你是素食者，适当计算每日蛋白质摄入量，是否能达到100克。乳类、蛋类、豆类可提供你每日所需蛋白质，素食者不要再放弃这类食物。

❖ **碳水化合物**

怀孕期间，每天所需热量大约50%以上都是由碳水化合物提供的，就是我们最熟悉的"糖"，它是人体能量的主要来源。不同食物中所含的糖分不尽相同，烹饪时用的白糖和红糖为蔗糖，营养价值最低，它极易被肠道吸收，引起血糖快速升高，刺激胰岛素分泌，促使血糖迅速下降，导致血糖忽升忽降。由于孕期激素变化，改变糖的新陈代谢，致使原本对血糖升降不敏感的孕妇敏感起来，由此产生情绪上的波动。天然水果中的果糖和乳类中的乳糖

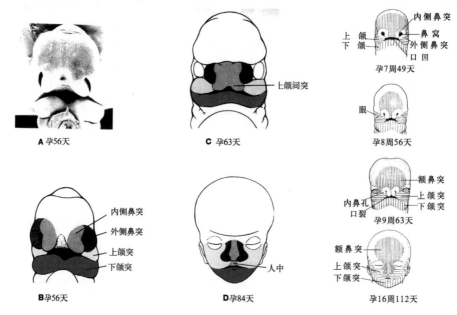

7-16周胎儿颜面形成过程示意图

最早看起来像两只眼睛的部位，实际上是两个鼻孔，看起来像是鼻子的部位实际上是嘴巴，胎儿的眼睛在头的两侧呢！正面还看不到，孕9周时(63天)眼睛移向颜面部。妈妈别着急，很快宝宝的五官就各就各位，按部就班排列整齐。到第14周时宝宝已经是漂亮的小娃娃了。

引自高英茂主编《组织学与胚胎学》

郑玉巧育儿经·胎儿卷

脑的早期发育

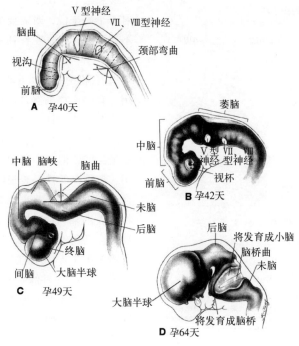

引自 William J. Larsen 著《人类胚胎学》

营养价值较高，能快速提供人体所需热量，不像蔗糖那样刺激胰岛素分泌而引起血糖水平骤降。复合糖分子量大，吸收慢，血糖水平稳定，可持续提供热量。如谷物、马铃薯、淀粉、豆类和坚果等。所以，孕期最好少吃或不吃蔗糖和含蔗糖的甜食。

❖ 钙质食物

怀孕期钙质的需求是未孕期的2倍还多（1600毫克/日）。孕期缺钙影响的不仅仅是胎儿牙齿和骨骼的发育，还会影响孕妇自身的骨骼健康，导致骨质疏松，引起腰腿痛和全身肌肉酸痛。怀孕后期，胎儿对钙的需求量大增，孕妇自身也需要大量钙，从现在开始就应该储存钙质。充足钙质的摄入不能单靠营养剂补充，而要把食补放在第一位。

毋庸置疑，奶制品是很好的高钙食物，除非你对奶过敏，每天最好能喝500毫升以上的鲜奶，以及其他奶品，如酸奶、奶酪、配方奶粉等。某些特殊情况下，怎么办？

• 如果你对奶中的乳糖不耐受，可选择含乳糖酶的奶品，也可选择不含乳糖酶的奶品，或者在奶里放乳糖酶。

• 如果你对乳蛋白过敏，可选择水解蛋白奶，也可选择酸乳酪或含乳酸菌的奶。

• 如果你体重增长比较快，希望控制体重，不想摄入过多的脂肪，可以选择低脂奶或脱脂奶。

• 如果你不喜欢奶的味道，可以选择改变了奶的口味的奶品，也可根据自己喜好添加某些食物，也可以用鲜奶或奶粉制作某些食物，如奶糕、蛋糕、奶昔、奶馒头、奶粥等。

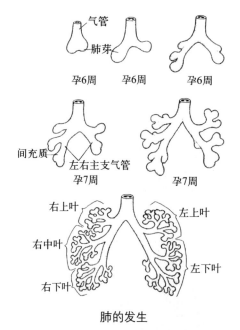

肺的发生

气管
肺芽
孕6周　孕6周　孕6周

间充质
左右主支气管
孕7周　　　　孕7周

右上叶　　　　　左上叶
右中叶
左下叶
右下叶

胎儿孕6周气管已经形成,肺芽出现。胎儿孕7周左右主支气管已经完成发育。胎儿孕8周形成肺叶,肺就像一棵小树,其发生过程,也像小树生长的过程 树根——树干——树枝——树叶;咽喉——气管——支气管——肺泡。引自高英茂主编《组织学与胚胎学》

•虾皮和骨头是高钙食物,但吸收困难,虾皮食量有限,骨头不能直接食用,骨头汤中含钙量有限。豆浆和米浆也富含钙质,但远不如奶含钙丰富,如果你的确不能喝奶,可适当多喝豆浆和米浆弥补钙质不足。

•补充钙剂需同时补充维生素D,促进钙的吸收。另外,充足的阳光照射和适宜的运动也是促进钙吸收和利用不可或缺的环节,孕期也要适当运动,多做户外活动。

❖ 铁质食物

胎儿在妈妈腹中成长过程中,至少需要几十亿个红血球,铁是红血球生成的主要原材料,铁缺乏无疑会影响红血球生产。孕期每日所需铁量约为非孕期的2倍(60毫克/日),如果检查发现你有贫血或双胞胎,铁的需求量就更大了。除了铁质外,叶酸和维生素B12等营养素也是造血原料。

可见,孕期需要比非孕期摄入更多的铁质、叶酸和维生素B12等营养素。与钙剂一样,对于孕妇来说,既需要额外补充铁剂,也不能忽视食补。在食补中有哪些需要注意的呢?

•食物中的铁质并非都能被人体吸收利用。有些食物虽然含铁量比较高,但由于人体对其所含铁的吸收差,起不到高铁食物的作用。相反,有些食物含铁量可能不是最高的,但其中所含的铁容易被吸收利用。食物中的铁是否吸收和利用除与食物自身有关外,还与食物搭配有关,有些食物会促进某一食物中铁的吸收,而有些食物则会妨碍铁的吸收。所以,要合理搭配食物以获取最大的铁质吸收利用。

•菠菜等一些绿叶蔬菜含铁量高,但其中大部分铁质都不能被人体吸收;蛋黄含铁量也不低,但吸收率很低。所以,你不能完全根据食物营养素含量的高低选择高铁食物。

•富含维生素C的食物,如橘子、草莓、甜椒、奇异果、葱头等,与含铁食物同食时,可促进铁的吸收。绿叶蔬菜、奶、咖啡和茶等食物因含有草酸、植酸及抗酸剂,会阻碍铁的吸收。动物肝(血)、芝麻酱、红枣、瘦肉、鱼肉和增强体质的面包燕麦等食物,含铁量比较高且容易吸收,孕期可适当增加这些食物的摄入。

•铁质补充剂补充铁时,要读取说明书中铁质的真正含量。比如,药盒上标明:硫酸亚铁片,每片300毫克,如果你一天吃1片,并非一天补充了300毫克的铁,而仅仅补充了60毫克的铁,因为每片硫酸亚铁含铁质是60毫克,不是300毫克。补充钙质也是同样道理,药盒上标明:碳酸钙片,每片5克(5000毫克),如果你一天吃2片,并非一天补充了10克(10000毫克)钙质,而仅仅补充了1.2克（1200毫克）钙质。

•铁剂的补充最好从怀孕前就开始小剂量补充，每天50-100毫克。如果你在妊娠早期胃部不舒服，补充铁剂后使妊娠反应更严重了，可暂时不补充铁质，等妊娠反应过后再补充，量可适当增加，每天100-150毫克。具体补充多少，根据你的具体情况，如是否有贫血？是否为双胎？饮食状况如何？但孕期铁质的补充是非常重要的，不要忽视。怀孕后期（36周以后）胎儿肝脏要储存大量铁剂留待出生后，添加辅食前使用。所以，孕后期一定要保证充足的铁质供应。不但孕期需要注意铁质补充，分娩后哺乳期仍要重视铁质的补充，以免导致产妇和婴儿缺铁。

❖ 含碘盐

哺乳期限盐是因为新生儿肾脏排钠能力差；怀孕期限盐是因为孕妇有水肿。事实上，孕期水肿与盐摄入多少并无密切关系，怀孕不需要特别限制盐的摄入量，按常规量摄入就可以了，不要过多摄入食盐。

一定要吃含碘盐，因为孕期缺碘会影响胎儿生长发育，除了吃含碘盐外，还要适当增加含碘食物的摄入，如海带等海产品。烹饪时要最后放盐，以免碘挥发。

❖ 维生素

维生素几乎存在于所有的食物中，正常饮食情况下，基本不需要额外补充。怀孕早期，由于妊娠反应，孕妇进食量少，食物种类也比较少，可额外补充多种维生素。无论是否有妊娠反应，怀孕后3个月都需要常规补充叶酸片，每天0.8毫克，为的是胎儿神经管健康的发育。实际上，在怀孕前3个月就应该开始补充叶酸了。如果你在孕前没有补充叶酸，怀孕后可适当增加补充量，每天1.2毫克。有报道称，孕期缺乏叶酸会导致早产，所以，建议整个怀孕期都要额外补充叶酸。但是，过多补充维生素并非只是有益无害，如果你打算在整个怀孕期都补充叶酸，建议从怀孕中期开始，把叶酸补充量降到0.4毫克/天。钙片中含有维生素D，不需要再额外补充

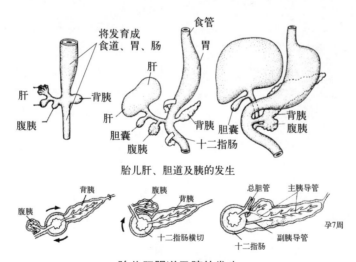

胎儿肝、胆道及胰的发生

胎儿肝胆道及胰的发生

胎宝宝胰脏像个大树叶，胰腺是维系人体血糖代谢的指挥中枢，
胰腺包绕阙十二指肠，开口于十二指肠

引自高英茂主编《组织学与胚胎学》

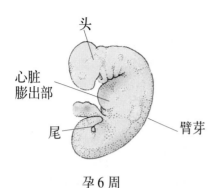

头

心脏膨出部

尾

臂芽

孕6周

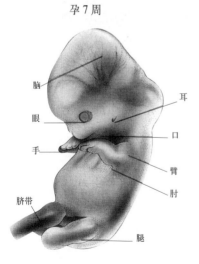

眼

臂芽

脐带

腿芽

孕7周

脑

眼

耳

口

手

臂

肘

脐带

腿

孕8周

本书的编辑体例是逐月展示胎宝宝的外形。其实在孕3月以后，胎宝宝的模样只是量变而已，在外观上已经没有质的变化。而在受精卵到胎宝宝成形的这段时间的变化，可以说是以天来计算的，每天一个样。可惜获取胎宝宝在妈妈子宫内真实的模样是非常难的，这里为了更多地展示胎宝宝的变化，我们逐周显示了胎宝宝的形象。引自 Elizabeth Fenwick 著《新一代妈妈宝宝护理大全》

了。妊娠最后一个月补充维生素E有利于乳汁分泌，每天补充50毫克。

❖ 纤维素和水

纤维素缺乏会导致便秘，怀孕期间不需要额外补充纤维素，但要注意食物中纤维素的摄入。如果有便秘倾向，要适当增加高纤维素食物的摄入量。水也是营养素中重要一员，不可忽视。怀孕期血液比非孕期增加40%还要多，要保证如此大的血液量，水的供应是不可缺少的。除此以外，胎儿的羊水也需要额外补充水量，孕妇本身也需要补充水量。所以，怀孕期每天需要水量2500毫升。如果你确实喝不了这么大量的水，可通过多喝汤，适当喝些果汁饮料补充，但白开水是最好的。

提示：怀孕期，缺乏营养素不行，但营养素补充过量同样对孕妇和胎儿不利，甚至有害。所以，切莫过量补充营养素。补充任何营养素都应该向医生咨询，征得医生意见，个性化补充是很重要的。

43. 爱发脾气

这种现象很常见。随着怀孕好消息的到来，夫妻往往都很激动，并充满着幸福和憧憬。可好景不长，一向活泼开朗的妻子变得郁郁寡欢，愁眉不展，常常因为生活中的小事大动肝火，脾气暴躁。这是为什么呢？

孕期焦虑是一种心理变化，即将成为"母亲"会成为一种压力，心情错综复杂，文化层次较高的女性更为突出。身心经历着重大变化，一些平时没有的担心全都袭上心头，诸如：胎儿是什么样的？胎儿会有什么问题吗？会因为怀孕发胖变丑吗？妈妈的角色什么样？丈夫和家人都希望生男孩，要是女孩怎么办？还没有属于自己的住房，怎么养孩子？可能无法胜任目前紧张的工作，如何面对上司？还有婆媳关系、经济压力、工作安排等问题困扰着她们。

有些孕妇脾气变坏也有疾病的原因。轻微的疾病如妊娠反应，约60%-80%的孕妇有不同程度的肠胃不适，有些持续整个妊娠过程。

❖ 请准爸爸注意

胎儿正处于快速发育阶段，各器官在不断分化形成，愉快的心情是最好的胎教。你的妻子可能会因为妊娠反应而难受；可能会因为从未有过的便秘而烦恼；可能会因为体内激素的变化而情绪波动；可能会因担心体形的变化而不安；晨起坐在梳妆台前看着有些肿胀和苍白的脸会难过。这些都是你们未来的宝宝带给妻子的改变，做丈夫的你，可要多体谅妻子，孕育胎儿是你们夫妇共同的责任。如果你的妻子总是占着洗手间，你应该关切地问一问：是否便秘或尿频，是否有些恶心而干呕。妻子会感觉到你在关心着她，她不是在孤军奋战，这对她是很重要的。

如果你不知道妻子为什么流泪，不要烦恼，更不要生气，这是孕期体内激素变化导致的生物效应，而非成心和你找别扭，给予安慰是你应该做的。如果妻子无端脾气暴躁，做丈夫的，要理解妻子，气头上不和妻子争执，吵架后一定要主动认错，交流看法。平时，要多注意和妻子的沟通交流，许多问题要谈出来，乐观地共同面对。情形严重的，可请心理医生和精神科医生帮助。

44. 唾液、分泌物、腰围

❖ 过多的唾液

这也是妊娠反应的一种表现，过多的唾液多发生于晨起有恶心感的孕妇，唾液增多也是孕期出现的正常反应，不必担心。如果你厌烦过多的唾液，或感觉在同事面前流唾液让你难堪，你可试着含口香糖，或用含有薄荷的牙膏刷牙。用薄荷牙膏刷牙不会影响胎儿的健康，刷牙后用清水漱口。

❖ 阴道分泌物增多

在整个孕期，你可能都会感觉阴道分泌物比孕前明显增多了，这不是异常，阴道分泌物可以阻止病原菌感染阴道和子宫，对你具有保护作用。你只需注意分泌物的性质是否正常：通常情况下，阴道分泌物有点轻微的、让你闻起来不太愉快的气味，但不是臭味或让你难以忍受的气味；分泌物是白色的，或略有些发黄。如果气味和颜色都不正常，就要看医生。保持局部清洁，但不要随便使用一些市售的清洗液，应该购买孕妇专用洗液。使用有药物成分的洗液要有医生的推荐。

❖ 腰围增粗

这个月，你的腰围可能还没有什么变化。你要有充分的心理准备，怀孕会使你暂时失去苗条的腰身。不要再留恋你以前穿的衣服，重新选择适合你的新衣服。最好买休闲款式，可以以松紧带、可自由调节腰身的款式。穿丈夫的T恤或买一件宽松的T恤，都是不错的选择。少买只能穿2-3个月的孕妇装，因为过后你只能送给

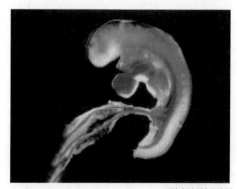

引自《组织学与胚胎学》

胎儿主要器官致畸敏感期

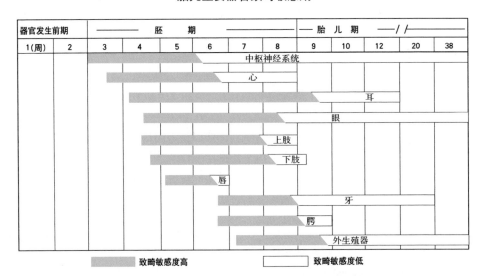

器官发生前期		胚 期						胎 儿 期			—//	
1(周)	2	3	4	5	6	7	8	9	10	12	20	38

中枢神经系统
心
耳
眼
上肢
下肢
唇
牙
腭
外生殖器

致畸敏感度高　　致畸敏感度低

朋友。

45. 生活中的注意事项

怀孕早期不宜用过热的水泡澡，孕3个月前的胎儿对高温比较敏感，如果在40℃以上的热水中泡澡对胎儿不利，建议用39℃的温水泡澡，时间不超过15分钟。怀孕期间洗淋浴比较好。喜欢洗桑拿浴的女性，怀孕期间，尤其是怀孕早期，最好暂时停止，如果很想洗桑拿浴，建议要控制温度和时间，温度不要超过38℃，时间不要超过10分钟。

运动，尤其是有氧运动会使体温升高，在炎热的季节，运动时间不要超过30分钟。当然了，有的女性即使在非孕期也不做什么运动，怀孕后就更少运动了，多是散散步，逛逛街，不会做比较剧烈的运动。喜欢游泳的人，怀孕后可以继续此项运动，但时间和游泳距离要适当控制，不宜长时间（超过30分钟）或长距离（1000米以上）游泳。

现在几乎所有孕妇都知道要戒烟戒酒，不但孕妇本身会这样做，还会要求丈夫也这么做，这是非常好的现象，借此机会戒烟是另一收获。所以，关于烟酒问题无需医生再三叮嘱，为了下一代的健康，越来越多的准父母都自觉自愿地戒除烟酒。但是，有一点不容忽视，那就是二手烟对孕妇的影响。

我和朋友去一家餐馆用餐，服务员问我要坐在无烟区吗，当然。服务员把我们领到无烟区，坐下不久，一股烟味浸入鼻孔。原来，类似陈列架的隔档分隔了吸烟区和无烟区，透过隔档的空格望去，几位男士正边吃边谈并悠然自得地夹着香烟……如此分区我还是头一次见到。

公共场所有这种情况，工作单位更是有这种情况，大家都是同事，即便你吸了二手烟也不好意思说，因此，单位常成为公共吸烟区。如果你正处于孕期，少去这样分隔无烟区的公共场所，遇到这样的同事，你也不要碍于面子，腹中的胎儿远比面子重要。况且，没有生育经验的同事，听了你的解释，也会欣然接受你的建议，烟瘾来了，去阳台或屋顶上吸烟并不是让他难以接受的建议。

饮酒问题比较好解决，只要你自己不喝，胎儿就不会受到影响。如果恰好赶上婚礼、生日宴会，不会因为你拒绝喝酒而破坏宴会气氛，以鲜果汁、菜汁或谷物汁代酒，甚至以白水代酒，同样有举杯同庆的欢快。不在于你喝的是什么，关键的是你来了，是你那真诚的祝福。

几乎没有孕妇不晓得孕期要慎服药物，服用任何药物前，都会想到腹中的胎儿，不敢擅自行事。第一选择是向医生咨询；第二选择是看药品说明书，如果标有孕妇禁忌，那无论如何也不会服用；如果标有孕妇慎用，也常不敢冒险；如果标有对孕妇的安全性尚不清楚，也多不敢服用。问题是并非所有的药物都标明是否适宜孕妇，且不标明并非意味着对孕妇是安全的。所以，如果药品说明书上没有标明对孕妇是否安全，请向医生咨询，切不可认为不标就是安全的。（更多孕妇用药问题请看第十七章《妊娠期的异常情况》）

喜欢喝咖啡和浓茶的女士，怀孕期间最好放弃这种习惯，可在很想念时，喝喝咖啡，喝点儿淡茶，不能像怀孕前那样每天必喝咖啡或浓茶。因为，长期喝咖啡会导致骨钙流失，精神兴奋，睡眠减少。有研究显示，在怀孕的前3个月，每天喝3杯以上的咖啡或浓茶，会使流产的危险性加倍。孕期体内代谢咖啡因的速度降低，使得咖啡因刺激体内过多释放的肾上腺素时间延长，对胎儿和孕妇都没好处。无论咖啡因和浓茶对胎儿是否有不良影响，还是少喝为好。如果你对咖啡或茶过于依赖，可通过降低咖啡浓度，减少次数等方法，把每天咖啡摄入量降到最低。喜欢喝茶的，可以用花茶代替茶叶，也可让自己慢慢养成喝淡茶的习惯。可乐、巧克力和其他含咖啡因的饮料也最好少喝。

建议停止使用各种喷剂和清洁剂，尤其是有强烈气味的喷剂。可以用绿色清洁剂，如醋、淀粉、碱面和苏打粉等，用淘米水洗碗刷锅也是不错的选择。最好也不用香薰改变卫生间的气味。首先要保持卫生间清洁，清洁的卫生间少有不良气味；常打开排气扇；可在卫生间放置鲜花或竹炭包。怀孕期间不要使用杀虫剂，如果必须使用，请暂时避开一两天，等到味道散去再回来。如果小区正在为植物喷洒杀虫剂，请立即离开。

如果家里养宠物，要保证宠物是健康的，定期接受健康检查，接种疫苗。不要惹恼宠物以免宠物情急之下抓破你的皮肤。家中养猫的话，要确定猫不携带弓形虫，你也应该检查血液，确定体内是否有抗弓形虫抗体。怀孕期间最好不清理宠物窝，不为宠物洗澡和清理排泄物。如果必须做的话，要带上口罩和手套，以免被分泌物中可能存在的病菌感染。

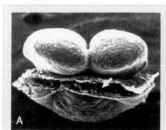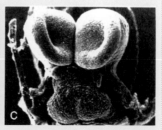

心脏发育图。引自 William J. Larsen 著《人类胚胎学》

胚胎发育枝状图

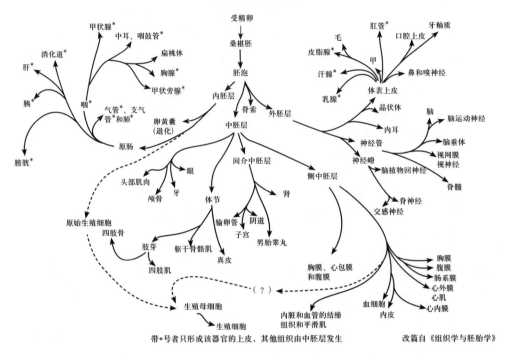

带*号者只形成该器官的上皮，其他组织由中胚层发生

改篇自《组织学与胚胎学》

孕妈妈/罗月暖

第四章　孕3月（9-12周）

胎宝宝：许多精彩……淹没的历史，许多完美的结果令科学家惊叹不已，但至……释，生命形成的终极秘密到目前为止仍由上帝保守……

· 从胚胎……胎儿期一
· 完成器官……，性别尚未显露
· 全面孕检的时间和项目

亲爱的爸爸妈妈：

在上个月的最后时日，我已经把自己打造得初具规模了。在这个月里，妈妈已经知道自己怀孕了，我不再是孤独地悄悄生长，有了爸爸妈妈的呵护。接下来的孕9-12周，是我发育极其关键的时期。孕9-10周，我要从小海马发育成一个外形初具的小婴孩，这可是一个巨大的工程。这也是我第二次质的飞跃，我将从胚胎期进入胎儿期，在今后的日子里，我将稳扎稳打，踏踏实实地工作，被辞退的可能性已经很小了。

我要把自己组装成一个活灵活现的小胎儿，一个环节出错都会前功尽弃，我的工作更加高难和细致。对妈妈来说，到这个月的第一天，我也仅仅57天大（实际上我真正的年龄是43天，妈妈知道吗？妈妈所讲的孕期是根据您的末次月经算起，而我的诞生是在妈妈末次月经后大约2周）。我要完成代表"人"的90%以上的器官构造，外观上也要像个"人"，尾巴、体节、鳃条消失，心脏、中肠回缩到体内，颜面、四肢形成，你看，我完全不像海马，晋升为高等智慧生物，我已经是微雕婴儿了，唯一从外观上看不出来的是我的性别。告诉妈妈一个秘密，走过这段艰难岁月，迎接我的将是胜利的曙光。在以后30周的时间我只是长大而已，天增岁月人增寿，这叫付出辛苦，得到欢乐。

我会努力的，这个月我可要大干一场。我的体节消失，因为我身上的所有细胞和组织都具有不同的任务和使命，它们会繁殖、迁移。我长出体节不等于我会长成蚯蚓，相反我会长出令人耳目一新的胸肋。有些体节会隐藏甚至消失，有些体节被改头换面。就像大变革开始前，所有人都被

征集为战士。首先划分战区和后备区——形成胎儿的内细胞群和形成胞衣的滋养层，然后划分海、陆、空三军——形成皮肤、口鼻、眼脑、神经的叫外胚层；形成肌肉、骨骼、四肢、生殖器官、肾、血管、心脏的叫中胚层；形成许多腺体、内脏、咽、气管表皮、肠管的叫内胚层，就是那个三明治的三层，你知道三明治中间那层价格较贵的原因了吧，因为它是主力兵种，强大的陆军。各兵种又划分为几个方面军，有些迅速壮大，比如形成四肢的部分；有些装备精良，比如形成头脑的部分；有些溃败消失，比如形成尾巴的部分；大多数一直留在原处；有些长途迁移，比如形成生殖细胞的部分，是从胎儿体外卵黄囊中形成的，它们变成变形虫样的细胞万里长征通过肚脐到达正在发育的睾丸或卵巢中；有些被收编改造，比如把鳃条改造为耳道、舌骨、主动脉；有些甚至被闲置，有些损耗惊人。有些是特务连，肩负特殊任务；有些是工兵连，完成开路搭桥的任务就解散；有些大材小用，将来只构成微不足道的看不见的一片软骨；有些命运不济，出现的时间短暂而且很快就因为多余而萎缩，出师未捷身先死；有些暂时成为废物，却仍有机会被再度起用；有些是惊世传奇，比如颈部，曾经是肾脏和生殖器官的发源地。许多精彩过程犹如被淹没的历史，科学家并未发现，许多完美的结果令科学家惊叹不已，但是不能解释，生命形成的终极秘密到目前为止仍由上帝保守。

爸爸妈妈想知道我的模样吗？我的面貌形成，开始有点像外星人，眼睛在两侧，鼻子分得很开，鼻孔很大而且长在该长眼睛的地方，鼻子下方是深深的沟裂，嘴的两边还没有封口呢。孕9周肺已经分出枝芽状小泡，心脏则完成心室分隔，爸爸妈妈

已经能够借助一个叫多普勒的听诊仪清晰地听到我的心跳声。循环系统建立，当然不是我自己独立的，是我和妈妈连接在一起的。胃已经形成，各种肠管在孕64天形成。肠管的发生和扭曲是由于细胞生长速度不同引起的，肠管比胚胎整体生长速度快，所以肠管必须堆叠缠绕。肾发育，输尿管形成。尿道口和肛门原来有一层膜"封口"，在孕10周先后破裂。孕49~64天，我长出一层薄薄的肌肉，把胸腔和腹腔隔开。紧接着，我要进一步打造我的五官，眼睛、鼻子、耳朵、嘴巴样样都要精雕细凿，稍有不慎，影响市容，爸爸妈妈就要一直愁到我结婚。孕12周末我已经从比较酷的太空人脸变成漂亮的地球人脸。这个月是我的上腭形成的时期，我的下颌和两颊发育，两套牙齿原基（乳牙原基和恒牙原基）和声带生成。颈部变化明显，颈部肌肉正在形成。我的外阴形成，但是还不分男女，虽然我知道下一步我应该变成男生还是女生。眼皮形成，而且是紧闭的。皮肤仍然是超薄透明的，皮肤毛囊正在形成。手足板上隐约出现指趾雏形，最早手指脚趾之间是不分瓣的，像鹅鸭一样的扁平蹼，孕50天以后指（趾）间的肌肉渐渐变薄，最终在孕70天完全消失，变成5个独立的指（趾）头。

我的大脑在急速发展着。不用说，我的大脑和神经系统更是急速发育。脑和脊柱贯通，4个脑室在孕49天形成，但一直要到出生后才全部长成，不像其他器官在孕10周内基本完成。尽管妈妈还感觉不到我的存在，但如果借用超声波，可以清晰地看到我已经会在子宫内活动了。到了这个月的最后几天，如果我头部受到触碰，尤其是我的前额部受到外力撞击的时候，我就会赶紧把头转过去。我可不是生气了，而是对外界刺激的反应，说明我长本事了，有了最初的感觉和触觉，是对自己的一种保护。

你们的胎宝宝写于孕3月

第1节 孕3月胎儿的生长发育

47. 孕3月胎儿发育逐周看

❖ 孕9周时

妈妈可能不知道，在这以前，你的胎宝宝的胸腔和腹腔是相通的，当膈肌形成后，宝宝的腹腔和胸腔之间才相互分开，成为独立的胸腔和腹腔。妈妈知道，早在前几周，宝宝的眼皮就长出来了，可是妈妈不知道，宝宝并不能主动把眼皮闭合或睁开，眼皮的运动需要有眼肌和神经的参与，别着急，这周宝宝的眼肌就开始慢慢形成了。等到神经发育了，宝宝就能自如地睁眼和闭眼了。现在宝宝的手指和脚趾都长出来了。B超下可以看到胎儿活动。

❖ 孕10周时

各系统，各器官初步形成，90%的器官已经建立。中枢神经系统各部的基本结构建立，但与最后大脑外形之间存在着很大的差异。肾脏和输尿管开始发育，并有了一点点的排泄功能。B超可见心脏形成，并可出现搏动。心率为125次/分钟左右。脐带延长，神经、肌肉已发育。齿根和声带开始形成。原来分布在头两侧的眼睛开始逐渐向脸部并拢，部分软骨开始向比较坚硬的骨骼发展。胎宝宝颈部的肌肉正在不断变得发达起来，以支撑住自己硕大的脑袋。上牙床和上腭开始形成。与此同时，味觉芽也开始形成，胃已经被放置到正常位置，胎宝宝在为自己离开母体后吃奶做准备了。两个肺叶长出许多的细支气管。

❖ 孕 11 周时

此周开始，胎儿的增长速度加快。对营养的需求增大。可喜的是随着胎儿的长大，对外界的干扰抵抗能力增强了。胎宝宝的骨骼逐渐变硬。妈妈很难想象，你的胎宝宝的头部占整个身体的一半，可以说是大脑袋，小身子。胎儿是头大脸小，看起来胎宝宝的耳位仍是比较低垂的，皮肤正在长毛囊，等毛囊长好了，就开始长毳毛了。妈妈不要忘了，胎宝宝的外生殖器还在发育着。

❖ 孕 12 周时

妈妈知道吗？胎宝宝的肝脏主要是用来制造血细胞的，而解毒主要靠妈妈的肝脏，等到胎宝宝离开母体，其肝脏就开始承担起解毒功能了，脾脏和骨髓开始逐渐接替制造血细胞的工作。对成人来说并不重要的脾脏，对于宝宝来说可是很重要的

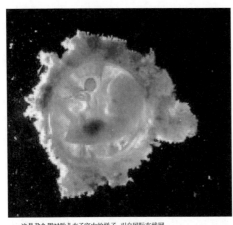

这是孕九周时胎儿在子宫中的样子。引自国际在线网

造血器官。胎儿的肺脏结构已经构造好了。胎儿已经有了完整的甲状腺和胰腺，只是还不具备完整的功能，甲状腺可是主要的内分泌腺，它所分泌的甲状腺素是维持人体基础代谢的重要物质。胎宝宝已经开始有胆汁分泌了，出生后好消化奶中的脂肪。胎宝宝已经有了触感，当宝宝的头部被碰到时，宝宝会将头转开。如果妈妈轻轻地抚摩胎儿，胎儿一定会感受到妈妈的爱抚。

❖ 孕 3 月时，胎儿外形是怎样的

胎儿头部抬起，几乎占胎儿全长的一半，头发开始出现。眼、耳、鼻、脸已逐渐形成，眼皮和鼻孔、眉毛也开始生成。两只眼睛离得还是比较远，耳廓清晰可见，下颌和两颊开始发育，更像人的脸了。

外生殖器已初步形成，有了胎儿性别特征，外生殖器与肛门已经分开。躯干伸直，尾巴完全消失。上、下肢芽已从胎体伸出，并逐渐形成四肢，下肢很短，上肢达到最后的相对长度，指趾分化清楚，并有指趾甲出现。四肢开始有活动。皮肤是透明的，从外面可以看到里面的血管和内脏。

胎儿对刺激开始有反应，如眨眼、吸吮、手指脚趾张开等。胎儿在羊水中可以自由活动，有时下肢伸开，做出走的样子，有时又做出蛙泳的样子。但胎儿这时动作轻微，妈妈尚感觉不到胎动。

你腹中的宝宝已经从一个胚胎成长为一个健康活泼的胎儿，从外观上看，你的宝宝已经是个"微雕婴儿"了。

48. 令父母兴奋的胎动和胎心

到了这个月，医生会用多普勒胎心听诊仪，听你腹中胎儿的心跳，这会让你激动万分，因为，多普勒超声波仪可以把胎心跳动的声音放大，你可以清晰地听到"咚咚"的声音。你会把这个好消息兴奋地

描述给丈夫，他也会激动不已。听到宝宝心跳的声音，你第一次感到一个生命在你的体内生长，你体会到做妈妈的快乐。让胎儿感受到你的爱，让丈夫分享孕育胎儿的乐趣，这是最好的胎教。使用普通的胎心听诊器，经妈妈腹壁还听不到胎心搏动。在B超下可以清晰地看到胎心搏动。

进入第3孕月，胎儿已经会活动了，但是，只是B超下可以监测到胎动，妈妈并不能感觉到胎动，因为这时的胎儿还很小，空间相对比较大，胎儿纵使伸伸胳膊、踢踢腿妈妈也很难感觉到。所以，妈妈感觉不到胎动并不证明胎儿还不会活动。一般情况下，准妈妈在孕16周左右能感觉到胎动，有的妈妈要迟至孕20周。

49. 孕3月，胎儿对营养需要增加

❖ 食物种类多样化

进入孕3月的胎儿，开始了快速发育，需要的营养开始增加。这个月母亲营养对胎儿大脑的发育可是非常重要的。这里所说的营养，不单单指的是食物的量，更重要的是食物的质。

适当增加蛋白质的摄入量，如奶、瘦肉、鱼肉等，适当增加含铁、钙、锌丰富的食物。只要对胎儿无害，最好什么都吃，食品种类多样化，才能保证营养均衡全面。

❖ 孕期体重增长都来源哪儿

孕妇在整个孕期体重可增加15公斤左右。其中胎儿及胎盘等增加3.75公斤；乳房增加1公斤；体内储存的蛋白质、脂肪和其他营养物质增加3.5公斤；胎盘0.75公斤；子宫增大1公斤；羊水1公斤；血液增加2公斤；体液增加2公斤。但是，并不是所有的孕妇都按此增重，孕期增加的体重值也存在着个体差异。

❖ 孕期特别渴望吃某种食品是什么原因

研究人员曾试图证实孕妇特别渴望吃某种食品，是因为孕妇体内缺乏该食品中所含的那种营养素，但事实并非如此，关于这一问题至今尚未弄清。有的孕妇特别渴望吃巧克力、辛辣食品、酸梅、臭豆腐等特别口味，事实上并不是孕妇饮食结构中缺乏其中某种营养成分。有的孕妇特别渴望吃非食品类东西，如泥块、墙皮等，这种现象医学上称异食症。吃下这些非食品类东西，对孕妇和胎儿都是有害的。一般来讲，上述现象在怀孕3个月之后就会消失。孕期饮食应以孕妇健康和胎儿发育为宗旨。注意平衡膳食，补充营养，不应顾及自己的饮食癖好和体形的胖瘦。(更多与孕期营养有关的问题请参阅第十四章《营养》)

第2节　孕3月时的准妈妈

50. 全面孕期检查时间和项目

❖ 不要超过孕3月半

这个月份内一定要去做产前登记，产前初检，领取母子健康手册，选择一家信赖的医院作为产前检查和分娩的医院。

绝大多数孕妇做第一次检查（孕期初检）后，每4周检查1次，28周后每2周检查1次，36周后每周检查1次，直至分娩（遵医嘱，完成定期孕期检查的项目）。

如有遗传病或家族遗传性疾病史，应再次进行遗传咨询，确定是否需要做产前诊断和什么时候做。

•到内科医生那里检查一下，是否正在患有影响妊娠的疾病。如有慢性疾病，随着孕期的增加，可能会影响妈妈和胎儿，最好在高危门诊进行孕期检查。

❖ 血常规和血型检查

通过血常规检查，了解孕妇是否有贫血，血象（白细胞）是否正常。血型检查除了为入院分娩可能的输血做准备外，还是为了提前了解有无发生母婴ABO血型不合的可能，如果妈妈是O型血，就要查爸爸，如果爸爸是A型、B型、AB型，就要考虑到有可能发生母婴血型不合的可能，尤其爸爸是A型更应注意。这是因为母婴O-A血型不合引起新生儿溶血的几率相对大、程度相对重。还要做Rh血型鉴定，预知是否会发生Rh血型不合溶血病，我国人群中Rh阴性的非常少，发生Rh血型不合的可能性很低，有的医院并不常规做这项检查。（详细内容见第十六章《孕期检查》）

采末梢血（指血）时，如果在寒冷的冬季，手被冻得冰冷，皮肤通红，应该等到肢体温暖，肤色正常后再去采血。

❖ 尿液检查

在整个孕期，尿检是早期发现妊娠高血压的方法之一，也是了解是否有尿路感染或肾盂肾炎的方法，还可以了解尿糖是否阳性，是妊娠并发糖尿病的参考指标。

怀孕3个月的孕妇应该到医院接受全面的产前检查。

所以，定期检查尿液是很重要的，也是非常必要的。

在留取尿液时需要注意：留取晨起第一泡尿的中段尿，这是24小时最浓缩的尿液，且不受进餐运动等因素影响，能够得到更准确可靠的结果；如果自备小瓶留取尿液，一定要把小瓶清洗干净并晾干，以免影响化验结果；最好不用药瓶留取尿液，以免残留的药物影响结果；留取的尿液不要放置太长时间（2小时以内），以免影响检验结果。

❖ 生殖道感染检查

这是很重要的检查项目，在母婴传播疾病中都有详细的论述。（请参阅第十六章《孕期检查》）

❖ 其他检查

•体重：由于乳房的增大和血容量的增多，体重会增加。但是，如果有明显的妊娠反应，则体重非但不增加，反而会减轻。如果体重比怀孕前减少了2公斤以上，需要在医生帮助下加强营养。如果体重比怀孕前重了2公斤以上，可能摄入了太多的热量，超过了胎儿生长所需的热量，应该改变一下饮食结构。

•身高：在整个孕期中只测一次。医生将通过身高和体重的比例来估算你的体重是否过重或过轻，以及盆骨大小。

•血压：测量血压前，至少应坐在候诊椅上休息10分钟；要尽量暴露上臂，因为血压袖带要包裹上臂的四分之三；当上臂平伸时，应与心脏在同一水平，这样测量的血压值才能准确。当紧张时，做深呼吸可使精神放松下来。

•血糖或尿糖：如果要化验空腹血糖或尿糖，至少在12小时之内不吃任何东西；如果要化验餐后2小时血糖或尿糖，一定要严格按照医嘱去做。

•听胎心：孕12-13周时，已经能听到胎心音。

•测量子宫底高度和腹围：每次产检都要测量宫高及腹围，根据宫高画妊娠图曲线了解胎儿宫内发育情况，是否有发育迟缓或巨大儿。到了孕3月，子宫底高度刚达耻骨联合上，从腹部还触摸不到子宫底。随着孕龄的增加，子宫底逐渐增高，到了孕4月，子宫底可达耻骨联合和肚脐之间。到了孕5月，子宫底可达肚脐部……

•肝、肾功能检查：检查孕妈妈有无肝炎、肾炎等，怀孕时肝脏、肾脏的负担加重，如肝、肾功能不正常，怀孕会使原来的疾病加重。

•测甲胎蛋白：筛查神经疾病，如：无脑儿及脊柱裂。正常值应该是小于20。

•乙肝六项检查：检查孕妈妈是否感染乙肝病毒。如果已经感染就要转到传染病专科医院去生产。

•丙肝病毒检查：检查孕妈妈是否感染丙型肝炎病毒，如果已经感染要转到传染病专科医院去生产。

•心电图：排除心脏疾病，以确认孕妈妈能否承受分娩，如心电图异常，可进一步进行超声心动的检查。

❖ 不要促使医生做过多的检查

医生会根据需要进行必要的检查。是否接受某些高端技术检查，你要掌握一个原则，就是对胎儿有伤害性的检查尽量不做，价格昂贵的检查不一定都是好的或有用的。爸爸妈妈对胎儿发育情况过度担心可能是促使医生做过多检查的原因之一。过多的检查对胎儿可能有害，你可千万不要做医生开具检查和药物的催化剂，你的过分担忧，会让为你检查的医生很为难。当你因为某些原因而担心胎儿是否有问题时，医生往往不能给你百分之百的肯定或否定，没有哪位医生能够保证你的胎儿一定会平安无事，也没有哪位医生会在没有任何可靠证据的时候，告诉你胎儿的具体情况。医生只能客观地分析你目前的情况，可能出现的问题，和可能的妊娠结局。过分担忧和焦虑不但不能解决什么问题，还会使胎儿受到妈妈情绪的不良影响，妈妈孕期的负面情绪对胎儿的发育是不利的。

❖ 做过孕前检查的孕妇还要做什么检查

如果在孕前已经做过比较全面的健康检查（具体项目请见第一章中的《孕前检查》），孕期初检时，有一些项目就不用检查了，如血

胎儿外耳的形成

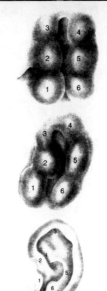

引自 William J. Larsen 著《人类胚胎学》

型。有些项目可暂时不检，如肝功、梅毒血清学、病毒六项等。但孕12~16周医生仍会让你接受必要的孕期血生化检查。如果你是高龄孕妇，医生还会让你做唐氏筛查、甲胎蛋白测定，估算先天愚型、神经管畸形的风险度。即使你在孕前做过比较详细的检查了，孕期初检时，医生也会让你接受下列检查：血常规、尿常规、阴道分泌物涂片、子宫B超、体重、血压等。

❖ 重复检查项目的意义是什么

从孕期常规检查项目时间表中可以看到，每次检查都是重复检查一些项目，为什么呢？因为这些检查项目是对孕妇进行孕期保健的重要监测指标。每次检查尿蛋白和血压，主要是为了及时发现严重危害母婴健康的孕期并发症——妊娠高血压综合征。尿糖测定是为了间接监测糖代谢，妊娠期糖尿病也是孕期特有的疾病，对母婴的健康危害甚大。除了每次孕检时常规查尿糖外，还要在孕中期做妊娠期糖尿病筛查，及时发现此并发症。体重也是孕期检查中需每次监测并记录的项目。通过体重的监测，了解孕妇体重增长情况，间接了解胎儿生长情况和孕妇水钠潴留（水肿）程度。除了表中所列项目外，医生还会在每次的检查中，根据具体情况做其他相应的检查。

❖ 孕妇如何对待异常的检查结果

母婴传播疾病是危害胎儿的大敌，越来越受到重视。但是还有许多爸爸妈妈不知道的问题，有些问题，连医生也不能给予准确的解答。尤其是实验室检查结果的分析有时是模棱两可的，这给孕妇带来了许多烦恼。

从大量的咨询可以反映出，这是普遍问题。爸爸妈妈们非常相信检查的结果，认为结果百分之百科学客观。其实有些检

查项目，其结果并不绝对反映出某一定论：有个体差异，有仪器误差，有化验室的医生对临床和病人具体情况不熟悉，有临床医生对检查提示的依据不十分了解等等。仪器是人来操纵和解读的，所以貌似客观的检查结果离不开医生的主观分析和判断。医生不是一个简单机械的职业，一看化验单就下结论，而是要全面具体地进行个体分析，是高智力工作。有不少妈妈不相信医生的分析和解释，比较信奉检查结论，并且为此苦恼不已，不断追问为什么检查结果是那样的，我周围有许多这样的案例。

51. 妊娠反应持续

妊娠反应与孕妇的心理有很大的关系，与孕妇的情绪和饮食也有关系。当你出现了难以忍受的妊娠反应时，你应该做的就是让自己快乐起来，要相信不适很快就会过去。

有的孕妇会说，我真的是好难受，即使我什么也不想，反应也不过去，我实在是快乐不起来。我相信这可能是真的，但这只是极个别现象，有这种感受的孕妇也不必着急，再过几周或许一下子就好了，吃什么都香。那个时候，你腹中的宝宝才真正需要你为他吃进更多东西，在这以前他不会因为你进食不好就不吸取营养的。他会从你的身体中获取他所需要的养分。现在的准爸爸可不像过去了，妻子和妻子腹中的胎儿都牵着准爸爸的每一根神经。这是好事，可孕妇不要因为丈夫的疼爱，而忘记自己是孕育胎儿的主体，你的坚强对胎儿的成长至关重要。

❖ 妊娠反应严重要看医生

妊娠反应比较严重的孕妇，要寻找一下原因。是否心因性妊娠反应？是否有胃肠道疾病？是否饮食不合理？这些都需要

胎儿牙的发生

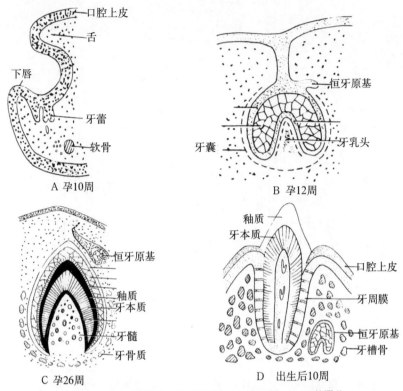

口腔上皮
舌
下唇
牙蕾
软骨

A 孕10周

恒牙原基
牙囊
牙乳头

B 孕12周

恒牙原基
釉质
牙本质
牙髓
牙骨质

C 孕26周

釉质
牙本质
口腔上皮
牙周膜
恒牙原基
牙槽骨

D 出生后10周

A.孕10周　B.孕12周　C.孕26周　D.10月婴儿
准妈妈知道吗？您的胎宝宝早在您怀孕8周时乳牙就开始发育了。

引自高英茂主编《组织学与胚胎学》

看医生，纠正呕吐所导致的水电解质丢失，缓解呕吐症状。

医生可能会建议你补充一些营养品，如善存、施尔康、玛特纳等含有多种维生素和微量元素的药物。这是有必要的。但任何补养品都不能代替自然食物。所以，要保持愉快的心情。要相信，妊娠反应是正常的生理表现，下个月会明显减轻，甚至消失。这只是在你妊娠中的一个小小的插曲。

妊娠反应严重，呈持续性呕吐，不能进食、进水，称为妊娠剧吐。症状轻者，可有反复呕吐、厌食、挑食、无力，不能坚持正常的工作和学习。但体重减轻不明显，尿酮体阴性。症状重者，呕吐发作频繁，不能进食、进水，呕吐物除食物、黏液外，可有胆汁或咖啡色血样物，全身乏力，精神萎靡不振。需要别人搀扶行走，明显消瘦，尿酮体阳性，甚至有脱水、电解质紊乱，需要到医院补液。

❖ 吃你喜欢吃的食物

有妊娠反应的孕妇，有的可能明显减轻；有的没有减轻，但加重的很少了；从这个月开始出现妊娠反应的孕妇也有。如果是这样，吃你喜欢吃的食品，现在的胎儿还不需要很多的营养。所以，妈妈也不

四肢的形成

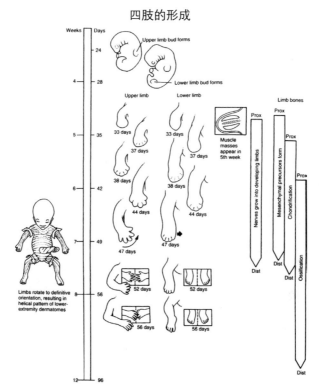

引自 William J. Larsen 著《人类胚胎学》

要强迫自己吃不喜欢吃的东西，这样可能会使妊娠反应加重，或时间延长，反而对胎儿不利。只要能吃，胎儿就不会受到影响。平时吃饭快的，这时进食可要尽量减慢速度，最好能细嚼慢咽，如果狼吞虎咽，可能会导致胃部不适，引发恶心呕吐。

❖ **如何预防由饮食不当引发的突然孕吐**

• 孕妇即使没有妊娠反应，在饮食上也不能无所顾忌，一定要注意饮食卫生。一旦发生呕吐就可能会引发妊娠反应。

• 最好不在饭店吃饭。偶尔上饭店应酬，不能把东西吃杂，切不可暴饮暴食。

• 不吃油腻的东西，一顿不吃2种以上的肉食，不多吃煎、炸、烤的食物。

• 不过多饮用冰镇饮料，尤其是碳酸、咖啡类饮料。

• 应注意饮食搭配与禁忌，有些食物不能搭配在一起吃，如羊肉和酸菜，花生和红薯，红薯和鸡蛋，菠菜和豆腐等等。

• 夏季饭店空调温度普遍比较低，孕妇胃部和腹部会遭受冷气刺激，倘若再吃肉类等油腻食物，很可能会导致呕吐，出现急性胃肠炎症状。

• 平时在家里除了注意上述问题外，还要注意有的孕妇把腹中的胎儿看得很重，为了胎儿吃自己非常不想吃的东西，导致恶心呕吐，事与愿违，殃及胎儿。

❖ **第一次怀孕出现剧烈妊娠反应，再孕还会这样吗**

妊娠反应严重程度因人而异，每次妊娠反应程度也不尽相同。第二次妊娠反应也许轻，也许重。但妊娠反应是正常的，不是疾病，不要有精神负担。

❖ 孕期呕吐并非都是妊娠反应所致

没有妊娠反应的孕妇，如果不注意饮食卫生也会引起呕吐。倘若处理不当还会引发妊娠反应，从此呕吐下去，直至妊娠反应期过去为止。呕吐不但会影响胎儿健康，也给孕妇带来痛苦，尤其是在妊娠初期，治疗呕吐的药物大多对胎儿有不良影响，所以，妊娠期间注意饮食卫生，避免胃肠道疾病是很重要的。

典型案例

杨女士是一位工作繁忙的主编，正处在妊娠初期，非常注意孕期保健。尽管很少有休闲时间，却感觉精力充沛，已经怀孕70天了，没有任何不适反应。只是不太喜欢吃鸡蛋、酸奶和大蒜。同事们都很羡慕她。

可是，就在孕71天时，中午她和姐妹们吃了一顿丰盛的大餐，有羊肉、酸菜、菌类、猪肉、山野菜等20多种菜，主食是烤鸭、玉米饼。可口的饭菜让杨女士忘乎所以了，放开量大吃起来。餐后没有什么异样感觉，高高兴兴回到公司。可是到了下午就开始恶心，胃痛，紧接着就开始了频繁呕吐，几个小时内吐了23次，先吐的是所进食物，以后就是胃液,最后都吐了黄绿色的胆汁了，真是苦不堪言。她的同事、丈夫和老母亲急得团团转。

• **第一次医嘱**

暂禁食水6-8小时。停止呕吐后，交替频繁饮糖水和盐水，一次只喝一小口，以免引起呕吐，只要恶心立即停止饮用，能喝多少就喝多少。

采取舒服的体位，以左侧卧位为佳。用暖水袋热敷胃部（灌70℃左右的热水），暖水袋外用干毛巾包裹放在上腹部。

爱人轻轻按摩孕妇的内关穴，部位为手腕内侧正中。

不呕吐，有饥饿感时，可进食流质饮食，如米汤、稀粥、烂面条等。一次不能吃得过多，要少食多餐。

精神要充分放松，不要害怕，更不要有精神负担，不要怕从此就揭开了妊娠呕吐的序幕，不要怕影响胎儿的健康。只要处理得当，由于饮食问题导致的呕吐会很快过去的。

杨女士到了午夜3点钟停止呕吐，开始吃少量米粥，晨起还可以吃馒头了，只是感觉周身发软，这是由于呕吐，又未进食，导致电解质失衡。

• **第二次医嘱**

补充10%的氯化钾10毫升，加温开水约100毫升，慢慢饮用30-50毫升即可。

24小时后杨女士恢复了健康，没服用任何药物，胎儿也未发生异常，休息2天就投入到紧张的工作了。

❖ 胃部烧灼感

有的孕妇既不恶心也不呕吐，只是感觉胃部烧灼感，尤其是饿的时候和刚刚吃完饭后，这种表现更明显。说是胃部烧灼感，不如说胸部烧灼感，因为有胃部烧灼感的孕妇多数感觉是在胸骨后方，也就是靠近腹部的胸部正前方的位置。所以，有此感的孕妇常常用手捂着胸口处，而不是腹部。这种感觉主要是因为，怀孕后体内黄体酮分泌增多，使消化道运动减缓，导致胃部肌肉松弛。由此导致食物和胃酸的

孕10周时胎宝宝手的样子。引自 William J. Larsen 著《人类胚胎学》

排出时间延长，滞留在胃内的食物和胃酸通过松弛的胃入口——贲门，返流到食道，食道不能耐受胃酸，引起烧灼感。如果你有此症，不妨尝试下面的方法，可能会有所缓解：

• 不吃辛辣和油腻的食物。

• 如有烧灼感，可喝一小杯热牛奶，如果喜食凉食，可喝杯酸奶或低脂奶酪。

• 少食多餐，饭后不要马上躺下，坐着歇一会儿或溜达着散步，不要喝太多的汤。

52. 孕3月准妈妈常遇到的问题

❖ 正常的乳房胀痛

不少女士曾向我咨询，说她的乳房很胀，而且痛，看了医生说有乳腺增生，服了治疗乳腺增生的药物，吃了几天药，又开始担心起腹内的胎儿。怀孕早期，会有乳房胀痛或轻微的乳腺增生，不需要治疗，更不能服用治疗乳腺增生的药物。

乳房仍在不断地增大，除此以外，你会发现，乳晕的色泽变黑了，长了很多小疙瘩，乳房皮肤上有很清晰的静脉血管，尤其是在乳房下方，这都是孕期的正常表

孕妈妈 / 孙菲菲
怀孕期间应该多去空气好的地方散步，妈妈拥有一份好心情是胎儿健康成长必不可少的。

现。戴孕妇乳罩是非常必要的，这样可避免增大的乳房组织受到下垂的牵拉。有些女士洗澡时，喜欢用力搓澡，把皮肤搓得通红，甚至出现皮下出血点。这种习惯可不好，尤其是乳房部位，不能再这样搓了，怀孕后，乳腺组织快速增生，要轻柔地对待乳房，也不要用力清洗乳头，更不能用力擦洗乳头开口，以免哺乳期发生漏乳现象。

❖ 选择胸罩

整个怀孕期和哺乳期，你都应该重视胸罩的选择和佩戴，这对你不断增大的乳房舒适度，以及防止乳房下垂都很重要。

• 舒适度：其实，你早在青春少女时期就开始佩戴胸罩，已经拥有很多选择胸罩的经验，你曾经积累的经验在怀孕期和哺乳期仍然适用。所谓合适的胸罩，是指胸罩的罩杯与你的乳房密切接触，胸罩的中央紧贴胸部，肩带和吊环都不能让你有不适的感觉。试穿时，要扣在最内侧的钩环上，以便随着乳房的增大逐渐扣在最外侧的钩环上。孕期和哺乳期不宜戴塑形胸衣和胸罩。

• 材质：选择透气性好的棉质胸罩，带有蕾丝边的胸罩有引起皮肤过敏的可能，最好不选用太过花哨的胸罩。

❖ 选择合适的衣服和鞋子

尽管你现在看起来还不像孕妇，身材可能还没有明显的变化，怀孕前的衣服还都能穿，也建议你有所改变。至少不要再穿牛仔裤和紧身内衣了。内衣最好穿棉质贴身但不紧绷的，外衣最好穿稍微宽松或贴身但有弹力的衣裤。总之，让自己感到舒适为目的。如果感觉到原来的衣服穿起来不舒服，就该为自己准备孕妇服了。如果你还不想这么早就穿上孕妇服，也没关系，可以买能随着胖瘦变换的衣服。在家

里就好说了，可以穿宽松的睡衣。

怀孕后不宜再穿高跟鞋了，可以选择矮跟鞋或平跟鞋。最好买一脚蹬的鞋子，因为随着孕龄的增加，随意蹲下来或弯下腰来穿鞋子都会让你感觉费力。

❖ 臀部变宽是为了胎儿的娩出

为了胎儿的生长和分娩，你的臀部会变得宽大，腰部、腿部、臀部肌肉增加且结实有力，这些部位的脂肪也增厚，这些变化使你看起来不再那样娇小、苗条，你需要买号码大的内衣和外套了。这是怀孕给你带来的变化，它不会使你变丑，在人们眼里，孕妇是美丽的。分娩后，你的身材会很快恢复到孕前水平。年轻的妈妈比较担心体形的变化，尤其是职业女性，这种担心不利于胎儿的情感发育。

❖ 偏高的基础体温

妈妈的基础体温可能会比平时高些，可能会波动在37.0~37.5℃。妈妈可不要认为自己发热感冒了，更不要随便吃药，这个时期胎儿还处在敏感期，如果吃了对胎儿有害的药物，可能会导致胎儿发育异常。

❖ 可能会时常感到头晕

怀孕初期，可能会时常感到头晕，尤其是在体位发生改变时，如从坐位变成站位，躺着时突然起来。这是由于怀孕后，需要更多的血液供应，突然改变体位时，大脑没有得到充足的血液。注意不要突然改变体位。如果没有改变体位而常感头晕时，要及时看医生，是否有低血糖或贫血。

❖ 让自己变得轻松起来

由于这样或那样的原因导致的精神紧张，对腹中的胎儿可能会造成伤害，所以，可能的情况下，要尽量避免。如果是工作让你紧张，最好早一些告诉你的老板和同事你怀孕的消息，这样会得到同事的帮助和老板的谅解，减轻你工作中的压力。如

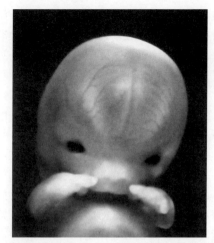

胎宝宝的皮肤还非常薄，而且透明，从外面可以清晰地看到血管，甚至能够看到血液流动。随着胎宝宝的长大，出现皮下脂肪层，皮肤增厚，皮肤就不再透明了。引自国际在线网

果是因为担心胎儿的健康让你紧张，最好找你信任的医生谈一谈，解决你的疑虑。准妈妈有多快乐，胎儿就有多快乐。希望做了准妈妈的你快乐起来，为了你自己，更为了你腹中的胎儿。

如何放松紧张的神经？把手放在脐部，深吸一口气，吸到不能再吸时，慢慢把手抬起。憋住气，不要呼出，默数1、2、3、4、5，再慢慢地呼出气体。连续做深吸气和深呼气两次。恢复到正常呼吸，有节律地呼吸。2分钟后再重复1次。

❖ 阴道分泌物可能会增多

阴道分泌物增多并不一定是病，如果分泌物有难闻的气味或色泽异常再看医生也不迟。不要轻易使用药物，不要随意使用市场上购买的洗液，即使有人向你推荐。用清水冲洗是最好的。

❖ 体重

现在，人们还看不出你怀孕的样子。如果前一段时间妊娠反应明显，体重可能有所下降，随着妊娠反应的消失，食欲的好转和食量的增加，体重开始恢复。这可是大好事，切莫担心体重增长对身材的影

响。你的腰部、臀部和腿部皮下脂肪开始增加，变得丰满起来，那是在为分娩做准备，分娩后你仍会恢复到妊娠前的苗条身材，不要过分限制食量。

❖ 睡眠

"怀孕后会出现睡眠障碍"的说法，给原本没有睡眠障碍的孕妇一个错误的暗示。你千万不要认为怀孕会导致你睡眠有问题。如果你用一颗平常心面对妊娠，一切都往好的方面去想，相信自己会拥有顺利的妊娠和分娩过程，放松的心情会让身体正常运转。不要忽视心理作用，它真的能左右于你，切莫提前预想没有发生的不适。怀孕后，有更多的时间处于浅睡眠状态，也就是易醒阶段。所以，如果你常常感到睡不踏实，对周围环境的变化变得敏感起来，越来越清晰地听到丈夫的鼾声，请不要为此担心，这是怀孕期的正常反应。你需要做的是：

•当你处于似醒非醒状态时，不要想事，不要让自己的头脑活跃起来，要放松身心，均匀呼吸。

•如果你感觉头脑渐渐清晰起来，不要去思考，什么也别想，只想着你的呼吸，把所有精力都用在调整呼吸上，让一呼一吸有节奏进行，尽量放缓呼吸节律，吸到不能吸，呼到不能呼，慢慢你的头脑开始模糊，转入睡眠状态。

孕 12 周的胎宝宝在子宫中的位置和大小。引自 Elizabeth Fenwick 著《新一代妈妈宝宝护理大全》

•睡前吃些全麦面包或喝杯热奶，泡泡脚有助于睡眠。

•如果夜间常常醒来，不喝茶和咖啡。

•睡前不要喝太多的水，晚上不要吃有利尿作用的食物，以免被尿意惊醒。一旦被尿意惊醒，马上起床排尿，不要憋着，憋着尿不但不能让你睡的踏实，还会让你真的醒来，难以再次入睡。睡觉前，无论有无尿意，都要去卫生间方便一下。

•不要为睡软床好还是睡硬床好而纠结，也不要为左侧卧位睡姿比右侧卧位睡姿好而忧虑。你感觉睡着舒服的床就是最好的，如果你感觉右侧卧位比左侧卧位睡姿更适合你，让你睡得更踏实，就采取右侧卧位睡姿好了。千万不要让"应该怎么样"的说法烦扰你，让你寝食难安。南方气候炎热潮湿，南方人多喜欢睡在铺有凉席的木板床上，感觉凉爽舒适；北方人则更喜欢睡在铺着厚厚棉垫子软软的床上，感觉暖和舒适。某些生活习惯和习俗都有其形成的理由，适合就好。所以，选择你感觉舒适的床和你感觉舒服的睡姿是最好的。

•放松心情是最重要的，即使昨晚没睡好，也不要紧张。切莫还没上床睡觉，就开始担心今晚是否能睡个好觉，是否会再次失眠或半夜醒来难以入睡。这是导致睡眠越来越不好的主要原因，一定要放松心情，把睡觉当成一件平常事。睡不着或半夜醒来千万不要着急，更不能生气，也不要有什么企盼。醒着就让自己醒着好了，用一颗平静之心面对暂时清醒的头脑，如果你能做到心静如水，睡意就会不自觉地袭来。

•睡觉前不要谈论工作或令你紧张的事，谈些轻松的话题，听听音乐，看看轻松的电视节目，读读轻松有趣的文章书籍。

让身心轻松下来，对睡眠很有帮助。

❖ **仍有倦怠感**

你可能在上个月就已经出现倦怠感，平时喜欢做的事情，现在不喜欢做了。有时心血来潮，很想做某件事，但做到一半你可能就因为倦怠或心情烦乱而停下来，甚至不知道什么原因，突然感到莫名其妙的烦恼。这都是妊娠期间的正常现象，你不必放在心上，更不要强求自己。不愿意或不耐烦时，索性不去做，或躺下来休息，或听听音乐、看看电视。也可以到户外散步。总之，要尽快让自己心情好起来。在你感到身心疲惫或心情烦闷的时候，即使是在工作岗位上，你也不要因为担心老板不满或同事的态度，强迫自己坚持下去。要勇敢地把你的情况告诉你的老板和同事，他们会尽最大可能照顾你和腹中的宝宝的。

❖ **皮肤干燥瘙痒**

多数情况下，怀孕后期，腹部皮肤会感到瘙痒干燥，甚至有麻疼的感觉，但有的孕妇在怀孕早期就有这种感觉。如果你现在就有这种感觉，尽量缩短洗澡时间，不用肥皂或香皂。可用碱性很弱的浴液，然后用牛奶涂抹皮肤，等待两三分钟后用清水冲洗，擦干皮肤后涂抹保湿乳液。

❖ **尿频**

增大的子宫压迫邻近的膀胱，使你常有尿意，好像有排尿不尽的感觉，这种感觉在怀孕的前3个月尤为明显。要想减少去卫生间的次数，每次排尿后再稍用力排尿一两下，争取膀胱内有最少的残余尿。如果你感觉排尿不像原来那么痛快了，是怀孕期的正常现象，不必担心膀胱发炎。膀胱发炎除了尿频，还会有尿痛、尿急、小腹痛等症状，尿常规检查有助于诊断。

❖ **口渴**

怀孕期需要更多的水分，所以，一定

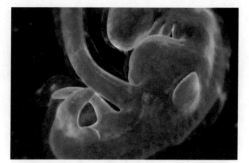

刚刚成形的胎儿和足月的胎儿的形象相比还能看得出"小海马"的痕迹。头巨大，几乎占了全身的一半，四肢非常纤细，而且短小，长长的脐带和母体相连。引自飞华健康网

要注意喝水。即使频繁去卫生间，也不要因此拒绝喝水。不但怀孕的你需要更多的水分，胎儿也需要更多的水分，每天饮水量不要少于2000毫升。如果你非常不喜欢喝白水，可以喝稀释后的菜汁或果汁（最好是菜汁），也可以通过多喝汤补充水分。

❖ **便秘**

怀孕早期，体内激素的改变，导致胃肠蠕动减缓，食物在消化道中停留的时间延长，有更多的水分被吸收，大便变得干硬，干硬的大便和缓慢的肠蠕动使得便秘越发严重。与此同时，增大的子宫压迫结肠，进一步阻碍了大便的顺利通过。所以，要缓解便秘，一是要多饮水，每天饮水量2000毫升左右；二是要多吃水果和纤维素高的食物，增加肠内容积，刺激肠蠕动。如西梅汁及梅子、火龙果、无花果、白梨、杏、西瓜等水果，水果最好带皮吃。还有胡萝卜、芹菜、黄瓜、菠菜等蔬菜，以及全麦粉、燕麦、高粱、玉米等谷物。运动也是缓解便秘不可缺少的项目。不要错过转瞬即逝的便意，有便意不要耽搁，立即坐在便盆上，对于便秘的人来说，没有比把大便排出去更重要的事了。

❖ **腹胀**

孕期腹胀是让孕妇感到不爽的另一现象。增大的子宫和胀气的肠管把有限的腹

101

孕期常规检查项目时间表

频率	孕周	尿液		血液							其他	
		蛋白	糖	血型	贫血	梅毒	风疹	乙肝	弓形体	身高	体重	血压
28周以前：4周1次	确诊	停经后做尿HCG检查，以确定是否怀孕										
	12	★	★	★	★	★	★	★	★	★	★	★
	16	★	★								★	★
	20	★	★								★	★
	24	★	★								★	★
	28	★	★								★	★
29~36周2周1次	30	★	★								★	★
	32	★	★								★	★
	34	★	★								★	★
	36	★	★								★	★
37~40周1周1次	37	★	★								★	★
	38	★	★								★	★
	39	★	★								★	★
	40	★	★								★	★

注：★是必查项目，空白处根据身体情况或医生建议是否检查。

内空间占的满满的，不但会让孕妇感到不舒服，还会影响食欲。所以，如果你时常感到腹胀，要想办法缓解。首先解决便秘的问题，其次吃饭要细嚼慢咽，狼吞虎咽会加重腹胀。不要饮用碳酸饮料等易产气的饮料，少吃易产气的食物，如豆芽、青椒、紫甘蓝、大头菜等。不吃油炸等过于油腻的食物。如果你感觉胃肠胀气，不想吃饭，要说服自己少吃点，可少吃多餐，这样既不让你感到不舒服又能保证营养摄入。

❖ 阴道出血和腹痛

阴道出血和腹痛并非都意味着异常妊娠，多数有阴道出血的孕妇都生下了健康的宝宝。不要紧张害怕，出现不适及时看医生。即使真的出现流产，绝大多数情况下是遵循了优胜劣汰的生育原则，也是不幸中的万幸。如果你没有这方面的问题，请不要心事重重，忐忑不安，总是紧张胎儿是否有什么问题。这会扰乱你的心情，给你幸福的怀孕生活蒙上阴影。即使你曾经有过不愉快的妊娠经历，从现在开始也可以放松心情，因为你已经顺利度过了前3个月，应该是自信地享受孕期美好生活的时候了。(如果你确有这方面的问题请参阅第十七章《妊娠期的异常情况》)

孕妈妈/罗月暖

第五章 孕4月（13-16周）

胎宝宝："我的小手碰到了我的嘴唇，我就吸吮几下，我已经在锻炼自己的吸吮能力了，我的心脏像钟摆一样跳动着,从此不再停歇,我的肾脏已经开始产尿了， 我还会把尿排出来，成为羊水的一部分。"

· 有了清晰有力的胎心搏动
· 从外观上能区分胎儿的性别了
· 妈妈要去做全面产前检查了

53. 宝宝写给爸爸妈妈的第五封信

亲爱的爸爸妈妈：

我已经从一个肉眼看不到的细胞发育成具有人的特征且五脏俱全的小小胎儿，不但拥有了器官，还出现了最初始的功能，对外界不良刺激和有害物质的抵御能力增强起来。我已经会在子宫内翻滚，并时时伸伸小手和小脚，妈妈，您感觉到我的微微胎动了吗？

我已经会吸吮我灵巧的小手了。如果我的小手碰到我的小嘴唇，我就会吸吮几下，我开始锻炼自己的吸吮能力。我的心脏像钟摆一样滴答滴答地一刻不停跳动着。我的肾脏已经开始产尿了，我还会把尿排出来，成为羊水的一部分，这证明我的泌尿系统即将投入试运行。为了测试我精心组装完毕的消化系统是否能正常运转，我会喝一些羊水，使羊水快速循环起来，免得羊水变得浑浊。也就是说，从这个月开始，我除了添加零件外，开始做铺设管道线路，通水通电，加油加气等工作，因为我要对已经造好的器官和系统进行验收、检测和投入试运行，我要让已经造好的机器产生功能，开始运行。

爸爸妈妈该庆祝一下我们的成功。从现在开始，我已经度过了最危险的时期，不再对外界不良刺激如此敏感，变得越来越"皮实"了。妈妈也度过了最易发生流产的时期，妊娠反应基本消失，而这时，正是我真正需要妈妈供给充足营养的时候。我们即将进入黄金时期。

尽管在受精卵形成时，我的性别就早已决定，可直到现在谜底才正式揭晓，从外观上可以知道我是男孩女孩了。如果我没有患与性别有关的遗传病，医生也不会特意检查我的性别。爸爸妈妈如果让B超长时间照射我的生殖器，可能会产生热效

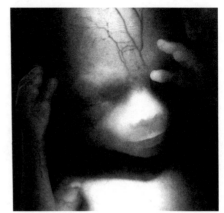

引自国际在线网

应，毕竟我稚嫩的机体和刚刚发育完成的器官，还不能承受过多刺激。

我正在紧锣密鼓地进行内装修呢，我的内部更加完善了。以前我主要的工作是构造器官，现在开始进入功能完善阶段，就像我盖好了毛坯房，开始通水、通电、埋线路、铺管道。这时各种腺体发育，胆汁分泌、肝脏造血、唾液腺形成、胃液产生、肾脏产尿。同时，我还要长得更大，我使劲长出基本框架，所以头大，身体细小瘦长，还没有肌肉脂肪的保护，像小号的干巴巴的小老头。尽管如此，我这个月仍然在快速生长。

在接下来的日子里，妈妈将进入孕期的黄金阶段，妊娠反应没有了，体重开始增加，小腹可能会微微隆起，是个美丽的孕妇。在这4周里，我的个头长得飞快。对妈妈的营养需求也大了起来。不过妈妈可不要认为你一个人需要吃两个人的份，我只不过需要相当于一杯牛奶那么多的热量。所以，我所需要的不是量的问题，而是质的问题，是富含优质蛋白、矿物质、维生素的食物。

爸爸妈妈一定很想知道4个月时的我什么样吧。起初，我的两只眼睛长在头的两

边，耳朵位置非常低，都快到下巴颏了，我的小鼻子是个鼻孔向上的朝天鼻，没有鼻梁，只有鼻孔，脑袋也抬不起来，总是低垂着，好像犯了错误。我的胳膊短短的，腿也短短的。我的耳朵已经从脖子上转移到头部，24颗乳牙牙体全部形成，声带完整。

现在我不但长出脖子来了，还可以把头竖直。腿比胳膊长，我的臂和腿关节形成，硬骨进一步发育，所以我的运动更有力，虽然妈妈不一定感觉到。到了这个月末，我已经能攥起小拳头了。我确实还有一些细枝末节的工作要完工，手指甲在进一步生长，这个月末我开始长脚趾甲。指甲和趾甲都是从表皮开始生长出一层新组织，逐渐扩大。不仅如此，指纹和趾纹也开始形成。还记得我长胳膊腿、手足的顺

序吧，那时是搞基建，"由里向外"。现在是搞装修，有些是"由外向里"，比如先长指纹和趾纹，然后是从手足的指（趾）向手臂和足跟逐渐长出掌心纹和足底纹。新生儿出生后，医生给宝宝留手足印，不只是给妈妈一个纪念品，而是通过掌纹和足纹多少，评价婴儿成熟程度。透过皮肤可以看到血管，因为这时的皮肤仍然是半透明的。我最终形成的皮肤一共分为6层，和新生儿、成人一样。但孕10周只形成2层的皮肤，薄而透明；孕12周以后形成3层，就变得半透明了，但仍然较薄；直到孕22周才形成6层，因为最底层长了脂肪层，所以就不透明了。

你们的胎宝宝写于孕4月

第1节　孕4月胎儿的生长发育

54. 孕4月胎儿生长逐周看

❖ **胎儿13周时**

在宝宝牙槽内开始出现乳牙牙体。声带也开始形成。胎儿的手指和脚趾纹印开始形成了，宝宝出生时，要在宝宝出生记录单上印上宝宝的小脚印和妈妈的拇指印。印在出生记录单上的小脚印是宝宝唯一的，不会有第二个宝宝的脚印和你的宝宝相同。妈妈也要在宝宝的纪念册上印上宝宝的小脚印和小手印，也可以把爸爸妈妈的拇指印印上，留作永久的纪念。

❖ **胎儿14周时**

这周是胎心率最快的时期，可高达180次/分钟。B超下可清晰地看到胎动，但初次怀孕的妈妈，可能还感觉不到胎儿在子宫中的活动。性器官已经完全能区分男性

和女性。胃内消化腺和口腔内唾液腺形成。

❖ **胎儿15周时**

骨化过程较快，大脑已经开始发育，腹壁开始增厚，有了一定的防御能力，以保护内脏。

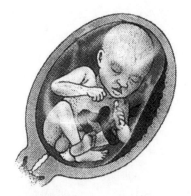

胎宝宝已经会吸吮自己的手指了。宝宝还能够吞咽羊水，补充水分。引自Elizabeth Fenwick 著《新一代妈妈宝宝护理大全》

❖ 胎儿 16 周时

头部占全身长度的三分之一。心跳为117-157次/分钟。胃内开始产生胃液。肾脏开始产生尿液。胎儿会把尿液排到羊水中，妈妈不用担心，宝宝的尿液可没有毒，也不会为此使羊水变得浑浊不清，妈妈会为宝宝清理羊水中的废弃物。宝宝也会时不时喝几口羊水。

❖ 4月胎儿外形

胎儿已经像个"小人"了。身长约16厘米。体重约120克。全身有一层嫩嫩的、微红的、薄薄的皮肤。但和上个月相比，颜色加深了，厚度也略有增加。前额大大的，还是很突出。头上可见到很短的小绒毛，宝宝开始长头发了。两只眼睛逐渐靠拢，不再像鱼一样在头的两侧。眼皮可以完全盖住眼球，绝大多数时间，眼睛都是轻轻地闭着。给予明显的刺激，可能会微微眨动眼睑。已经有了比较完整的嘴巴形状，两个大大的鼻孔。耳朵已从颈部移到头上，脸上可以看到毫毛。腿比胳膊长了，不再是个"小棒槌"，可以分辨出前臂、肘，手指也长了，不再像几个"小球球"。小胳膊、小腿开始在羊水中自由地活动起来。敏感的妈妈可以感到轻微的胎动，像小鱼在腹中游动。

55. 宝宝生命的重要标志——胎心

用听诊器可经孕妇腹部听到胎儿心音。使用多谱仪听诊，孕妇可以听到被放大的胎儿心跳声，有力而有规律，就像钟摆声。如果医生允许，最好让宝宝爸爸亲耳听一听胎儿心跳声。他一定会非常激动，从内心迸发出父爱。B超下可以清晰地看到胎心有节律搏动。

也可以让宝宝爸爸学习使用听诊器听胎心，不但可监护胎儿在子宫内生活情况，还可增加父子情感交流，当你感受到他对宝宝的疼爱和关心时，幸福之感会油然而生，对胎儿的发育有极大的好处。

胎心搏动在120-160次/分钟，如果大于160次/分钟，小于120次/分钟，应及时看医生。胎心搏动比较规律，但胎心的强弱和节律与胎儿的状态有关，胎儿清醒和活动时，胎心快而强，安静或睡觉时，胎心减慢变弱。

妈妈对胎宝宝的活动也就是胎动牵肠挂肚，胎心的跳动情况也同样让妈妈放心不下。孕检时，医生的每一句话，都会牵动着孕妇的神经，即使医生很不经意说出的话，对孕妇来说都是非常重要的信息。医生的自言自语常常引起孕妇的不安。请准妈妈放心，如果有问题，医生不会仅限

男性和女性外生殖器的形成

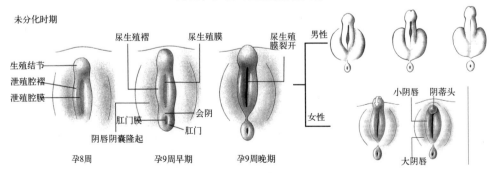

男婴外生殖器畸形主要就是尿道下裂，妈妈孕3个月以后，如果是男胎的话，裂开的生殖膜没有再闭合。引自 William J. Larsen 著《人类胚胎学》

于自言自语，一定会明确告诉你的。

典型案例

胎心位置低是不是预示胎儿发育不好？

我怀孕已整4个月，医生说听胎心时好不容易才找到，且位置很低，仅仅在耻骨上面一点，和3个月检查时位置差不多。我有点担心小孩子是不是发育不好，是营养跟不上，还是有其他问题？

通过B超检查，对胎龄进行评估，来确定胎儿发育情况，确定是否有宫内发育迟缓，但不能仅仅根据一次B超结果就断定，需要动态观察。通过腹部听诊胎心音也是如此，胎心音听诊部位与胎儿大小、胎儿位置、孕妇身高、体形、胖瘦等诸多因素有关。不能根据胎心音听诊位置确定胎儿大小，建议2周后复查。

典型案例

什么时候可以用听诊器听到胎心？

我最近买了一个双用听诊器，说是可以听胎心，但我自己并没有听到，什么时候可以用普通听诊器听到胎心？

自己使用普通听诊器听胎心，要找准胎儿的位置，如果是头位（胎儿头朝下），在下腹部的两侧寻找胎心音；如果是臀位（胎儿头朝上），在中腹部的两侧寻找胎心。一般在妊娠4个月以后可以听到。但如果没有经验，不容易听到胎心。到了孕6个月后就比较容易听到了。

56. 和妈妈交流的方式——最初的胎动

有过生育经历的孕妇会比较早感觉到胎动，孕妇对最初胎动的描述存在较大差异：

• 感觉像鱼在水中游；
• 像小猪一样在拱；
• 像小青蛙在跳；
• 好像小鸟在飞；

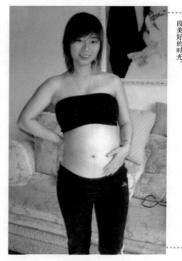

孕妈妈／魏菊

孕4个月时小腹开始隆起，孕妈妈可以拍最早的漂亮的孕妇照，纪念这段美好的时光。

• 像血管搏动的感觉；
• 像在蹦、蠕动、跳动。

这些都是妈妈的主观感觉，有时妈妈还会把自己的肠鸣音、腹主动脉的搏动感误认为是胎儿在动，这都是很正常的。

一般情况下，初次怀孕的妈妈多在孕4个月后感觉到胎动，这时的胎动还不规律，妈妈也不能很明确感觉，这时通过记数胎动了解胎儿的发育情况不是很可靠。所以，还不需要记录每天胎动的次数。

典型案例

下腹部跳动的感觉是胎动吗？

近几天我感到下腹部有跳动的现象，有时左边，有时右边，手触摸有跳动的感觉。这是否是胎动？我看书上介绍一般要到16-20周才会感觉胎动。每天早上触摸下腹部，总触摸到有很大面积的硬物（从下腹至肚脐附近），晚上就要小得多，而且位置靠下，这是不是胎儿？这种情况正常吗？

感觉胎动的时间有早有晚，你感觉下腹部跳动，有可能是感觉到的胎动，是正常的。如果腹部皮下脂肪比较薄，可以在下腹部触摸到增大的子宫，尤其是膀胱充盈时会比较明显。

第2节 孕4月时的准妈妈

57. 体重是否在稳步增长

孕后体重增加的幅度和时间各异，有的从怀孕初期体重就开始稳步逐渐增加，到胎儿足月可增加到15公斤以上。有的孕妇体重增长成跳跃性，一段时间增长慢，一段时间增长快。有的孕妇到了孕4个月，体重已经有了明显的增加。早期体重增加显著的，并不一定代表整个孕期体重的增长都呈现这种趋势，而早期体重增加并不很显著的孕妇，到了后期可能会后来居上。孕妇的体重并不总是按照书本上所说的那样每月均衡地增长着。如果体重出现异常情况，在孕检时，医生会告诉你，并给予相应的检查和处理，孕妇本人不要为你"不理想的体重变化"而犯愁。在测量体重时，要考虑到以下不起眼的影响因素：

•季节：冬季不爱出汗，水分丢失少；多数人喜欢吃荤菜，进食食盐的量相对多，储存在体内的水分比较多；穿戴比较多，占有一定的分量。所以，冬季体重要高些。相反，夏季体重要低些。

•吃饭与否和体重高低有关系，饭后和空腹测量的体重会有不同。

•排泄前后也同样影响体重的高低。

•体重秤不总是准确无误的，即使你每次都到同一所医院，用同一台磅秤秤量，也要考虑秤的准确性。

❖ 孕妇体重增加不是自己长胖

孕妇体重增加最主要的原因不是自己长胖，而是胎儿、胎盘、羊水、血容量、水钠潴留。孕妇皮下脂肪和肌肉的增长，主要是分布在臀、腰、腿、腹，这些部位

的增长是为分娩做准备。所以，尽管孕妇分娩时体重比孕前增加了15公斤，孩子降生后，体重可比分娩前减去10公斤。如果在哺乳期合理饮食，做好产后体形恢复锻炼，体重会很快恢复到孕前水平的。一般来说，孩子断母乳后约半年，妈妈的体形就会恢复到生育前水平。

❖ 孕早期，体重不增也正常

孕妇体重并非是均匀地逐日逐月增加。在妊娠早期，如果早孕反应比较严重，食量很小的孕妇，体重不但不会增加，可能还会有所下降。这种情况并不少见。

❖ 注意异常的体重增加

孕期控制体重过度、过快增长是必要的。如果孕期体重增加过多，产后恢复就比较困难。胎儿过大，会给分娩带来困难，增加难产和剖腹产率。体重增长过快时，要想到是否水肿所致。有的孕妇比较胖，皮肤弹性好，水肿是全身性的，并不能从外观看出是水肿所致，要注意鉴别。

❖ 不要忽视异常的体重变化

体重增长缓慢也要注意，是否有胎儿发育迟缓，孕妇是否有营养不足、慢性消耗性疾病等异常情况。

孕妇体重下降明显也不正常。妊娠早期体重下降一般不超过2公斤。如果体重下降比较明显，则要排除疾病所致，或孕吐导致的脱水和营养不良。不要等到这个时候才看医生。

典型案例

一位怀孕4个月的孕妇被丈夫背着进入病房，因为她已经不能独自行走，太虚弱了！严重脱水、

测量体重

测量体重是产前检查中必不可少的项目。孕妇非常重视自己的体重变化，因为体重增加理想与否与胎儿生长发育密切相关，孕妇不希望自己太胖，吃的营养物质都给腹中的宝宝，别都长在自己身上。其实，孕妇体重变化并不总是与胎儿生长发育成正比，孕妇体重增加多少并不能全部反映胎儿体重。

酸中毒、低血钾、低血钠。体重比怀孕前下降了15公斤。入院后开始纠正脱水酸中毒和电解质紊乱，经过1周的治疗，孕妇呕吐减轻了，但仍不能正常进食，不能下地行走。孕妇的精神很差，躺在床上，盖上被子，几乎看不出躺着的是一个成人，而且还是位孕妇。腹部像弯弯的小船，皮肤弹性很差，四肢无力。

这么严重的妊娠反应是非常少见的。所以，任何问题都要一分为二地看待，不能一味强调妊娠反应仅仅是生理现象，忽视了严重呕吐带给孕妇和胎儿的危害。正常情况下，妊娠反应会在短时间内过去，不会影响孕妇和胎儿的健康，不要有心理负担。如果孕妇能够保持愉快的心情，注意饮食卫生，拥有一颗平常心，可能就没有妊娠反应，更不用说严重的妊娠反应了。但是，如果出现了严重的妊娠反应，一定不要硬挺，要及时看医生。

典型案例

孕13周体重未增是否正常

我怀孕13周+3天的时候去医院检查，体重为56公斤，现在已经是16周+3天了，去同一家医院称体重还是56公斤，不知是否正常？

首先要确定体重测量的正确性，如果正确，再检查胎儿生长发育是否正常，如果一切正常，就没有关系了。如果胎儿发育落后，就要给予相应的治疗。

典型案例

我平常就很瘦，怀孕已有3个多月了，体重也只增加了0.5公斤。不知道应该怎样才能使宝宝有足够的营养？

有研究表明，孕前体重与新生儿出生体重关系密切，低出生体重儿往往是由孕前体重低或孕后体重增加少的母亲所生。因此，孕前和孕期营养与胎儿健康发育水平有直接关系。你孕前就很瘦，孕后体重增加不很理想，应从现在开始注意营养的摄入。首先应看医生，是否有胃肠道疾病或其他情况，再根据孕妇每日所需的营养尽量补充，主要是蛋白质、维生素、微量元素的摄入要充足。若实在进食少或由于妊娠反应难以进食，可适当补充药用维生素、微量元素及宏量元素等。

58. 学着测量腹围

从孕16周开始测量腹围，取立位，以肚脐为准，水平绕腹一周，测得数值即为腹围。腹围平均每周增长0.8厘米。怀孕

测量腹围

测量腹围时，孕妇需要把衣服解开，完全暴露腹部，站立位测量腹围，仰卧位再测量腹围，取中间值，随着胎宝宝的增大，孕妈妈的腹围也增加。妈妈切莫因为某次做产前检查时，围增加不太理想而紧张。

模特/任意(右)、王惠子(左)

20~24周增长最快；怀孕34周后腹围增长速度减慢。如果以妊娠16周测量的腹围为基数，到足月，平均增长值为21厘米。不按数值增长时，通常会给孕妇带来担忧和困惑。实际上，每个孕妇腹围的增长情况并不完全相同。这是因为：

•未孕前，每个人的胖瘦不同，腹围也不同。

•孕后腹围的增长不仅仅是由胎儿和子宫的增大所致，孕妇本人也占有很大因素。

•有的孕妇有妊娠反应，进食不是很好，早期腹围增加并不明显。待反应消失，食欲增加后，孕妇的体重才开始增加，腹围也就随之增大。

•有的孕妇自孕后体重迅速增加，腹部皮下脂肪较快增厚，不但腰围增粗，腹围也较其他人增长快。

•有的孕妇水钠潴留明显，也会使腹围增加明显。

所以，单以腹围的增长来衡量子宫和胎儿的增长情况是有局限性的，也是片面的，应该结合其他检查综合分析。

❖ <u>腹形与胎儿性别</u>

传统的观念认为，腹形与胎儿的性别有关，这种说法没有科学根据。胎儿的性别不会表现在孕妇的腹形上。

典型案例

我妻子怀孕快4个月了，为什么到现在还不见她的肚子凸起？应该注意些什么问题？结婚后她瘦了许多，我真担心。

身材高，或体形较瘦的，怀孕4个月从腹部上可完全看不出怀孕的样子。身材矮，或体形较胖的，可能会显露腹部。结婚后出现消瘦是什么原因，需要综合分析才能做出判断，但一定要排除疾病所致，如甲亢。如果消瘦很明显，建议你的妻子做一下健康检查。但要规避对胎儿有影响的检查项目，如X射线等。

59. 可能遇到的问题

❖ **宫底高度与预测的孕龄不符**

胎儿进入了快速增长阶段，子宫开始增大，已出盆腔。在耻骨联合上缘可触及子宫底。宫底位置是否符合你的孕龄，在你做产前检查时，医生会给你一个准确的答案。如果医生说你的宫底高度与预测的孕龄不很符合，但并没有建议你做进一步检查，如B超检查，你就不必担心。医生会判断是异常情况还是个体差异。到了16周末，你的腹部可能会微微隆起，但比较瘦，或个子比较高的还看不出来。如果你周围的孕妇和你的孕期一样，但却与你的变化不同，你不必着急，每个孕妇的反应、表现和变化都是不一样的，没有两个孕妇的怀孕过程完全一样。

❖ **乳头有淡黄色液体溢出**

乳房会有明显的增大，乳头和乳晕颜色加深，如果这时乳头孔有少许的淡黄色液体，是正常现象，千万不要去挤、捏乳头，擦洗时也要注意保护，不要用力。如果你的乳头有些凹陷，或乳头过小、过大，要在医生指导下进行纠正。但要注意，刺激乳房可能会引起子宫收缩，如果你曾经有过自然流产史，要防止因纠正乳头凹陷而引发流产，这时重要的是要保住胎儿，而不是纠正乳头凹陷，等到胎儿大一些再纠正也来得及。

❖ 鼻塞

怀孕后体内血流量不断增加，鼻黏膜容易充血肿胀，很容易流鼻涕，不要使劲擤鼻涕，以免加重鼻肿胀甚至出血。最好用手帕或纸巾捂住鼻子一会儿，轻轻擦拭鼻涕，如果还感到有鼻涕，要先堵住一个鼻孔，再轻轻擤鼻涕。也可用淡盐水清洗鼻孔，市面上能够购买到专门清洗鼻孔的洗鼻液和洗鼻器。既往有过敏性鼻炎的孕妇，怀孕后鼻塞症状会更明显，不要擅自服用治疗鼻炎的药物，一定要在医生指导下选择对胎儿安全的药物。不要把怀孕期的鼻塞误认为患了鼻炎而治疗，不必着急，分娩后鼻塞会不治而愈。

❖ 鼻出血

在气候干燥的春冬季节，尤其是室内有取暖设备的北方，孕妇可能会出现鼻出血。这可能会使孕妇很紧张，过去从来没有这种现象呀。不要着急，这是由于孕激素导致机体血流量增加，脆弱且肿胀的鼻黏膜血管，在你不经意地擤鼻涕或揉鼻子时破裂出血。一旦发生鼻出血，立即用湿毛巾冷敷鼻根部，用手捏住鼻孔，流血会很快停止。如果不能止住，或流血比较多，或经常发生，就需要看医生了。

预防方法：维生素C300毫克，加强毛细血管强度；改变室内湿度，可使用加湿器维护室内适宜的湿度；可用淡盐水或鼻腔清洗液清洗鼻腔；可涂少许鱼肝油或甘油减少鼻黏膜干燥。

❖ 牙龈炎和牙龈出血

如果你感觉牙龈有些肿胀，刷牙时很容易出血，多是因为怀孕期激素作用的结果。尽管牙龈改变是怀孕所致，也不能顺其自然，因为这可能会导致牙龈发炎，甚至导致牙周病。所以，一旦有此情况就需要看牙科医生，帮助你解决这个问题。值得提醒的是，你一定要告诉牙科医生你已经怀孕，确保实施的检查和治疗对胎儿都是安全的。为了预防牙龈出血，可尝试以下方法：

•多吃富含维生素C的食物，如橘子、草莓、猕猴桃等水果，还有甜椒、西红柿等蔬菜。

•早晚用淡盐水漱口，餐后用清水漱口。

•选择软毛刷，刷牙时不要太过用力。

•少吃粘牙的食物，如奶糖、年糕或甜点等。

❖ 感觉呼吸不畅

心率轻度增快，尤其是活动时表现明显，平时缺乏锻炼的女士，这时可能会感到有些心悸，气不够用，要注意休息。

有的孕妇可能会感到阵阵头晕，尤其是改变体位时，这可能是发生了低血压，请医生测量一下。平时从坐位变立位、起床，或从坐便器上起来时，都要注意动作

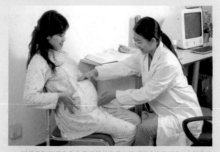

测量宫高

测量孕妇的子宫高度是测量的耻骨上缘到子宫底的距离。大部分孕妇认为子宫底是在下面，实际上正好相反。腹部隆起的最上方是子宫底，最下方是耻骨上缘。

模特／任意（右）、王惠子（左）

要缓慢，不要猛然起来，以免发生直立性低血压，晕厥摔倒。

❖ 频繁起夜

你可能发现晚上开始频繁起来小便了，甚至比白天还要勤，这是由于胎儿的代谢产物增多，肾脏负担增加，不要为此不敢喝水，补充足够的水分对你是非常必要的。

❖ 下肢静脉曲张

很多人见过下肢静脉曲张，老年人或长期从事站立工作的人比较常见。在小腿肚上，看到蜿蜒曲折的蓝青色的静脉团。这种情况也会出现在孕妇身上，因为怀孕后，血容量逐渐增加；孕妇体重也逐渐增加；子宫体积增大。这些都会对盆腔的静脉和下肢静脉造成压迫，致使静脉血液回流受阻，出现下肢静脉曲张。从这个月开始，孕妇就要注意预防了，尽量抬高下肢，下肢和心脏水平一致不但能预防静脉曲张，还可减轻下肢水肿。预防下肢静脉曲张有以下建议：

•减少站立时间。

•尽量不仰卧。

•可用枕头把腿适当垫高些。

•坐着时，最好抬高下肢与心脏成水平位。

•有静脉曲张趋势，或水肿明显，白天走路。站立时可穿上弹力袜。

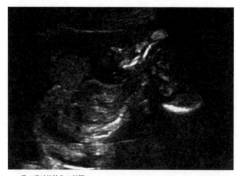

孕4月时的胎儿B超图。

•一旦发生静脉曲张就要看医生。

❖ 困扰孕妇的便秘和腹泻

妊娠期因运动量减少肠蠕动减少、及肠张力减弱，加之子宫及胎头压迫，会感觉排便困难。故怀孕后很容易引起便秘，甚至导致痔疮。孕前就有便秘史的，怀孕后便秘会更加严重，要尽量纠正。最好的办法就是注意饮食结构，多运动，定时排便，不能使用泻药，也不适宜使用开塞露。

建议多吃含纤维素高的蔬菜和食物，如芹菜、菠菜、白菜、萝卜、胡萝卜、黄瓜等。适当吃些粗粮，如红薯、玉米面、小米、燕麦和全麦粉，不要吃太精细的面粉，最好吃全麦粉或普通粉，对缓解便秘有帮助。每天晨起喝一杯凉白开水会刺激肠蠕动，也可在水中放一勺蜂蜜，每天喝胡萝卜水也有润肠作用，也可在汤中多加些香油。每天要坚持散步。把各种措施综合起来，定能缓解便秘。使用任何治疗便秘的药物，都必须取得医生同意，在医生指导下使用，切不可自行采用医疗措施治疗便秘，包括使用开塞露。

❖ 预防腹泻

孕期腹泻对孕妇健康有很大的影响。除此以外，腹泻使肠蠕动加快，甚至出现肠痉挛，这些改变会影响子宫，可刺激子宫收缩导致流产、早产等不良后果。所以孕期预防腹泻也是很重要的。

•每顿饭要定时、保质、保量。

•饮食搭配要合理，不能只吃高蛋白食物，而忽视谷物的摄入，最好什么都吃。

•冷热食品要隔开食用，吃完热食品，不能马上就吃凉食品，至少要间隔1个小时。

•不要进食过于油腻、辛辣的食物和不易消化的食物。

•补铁剂时，一定要在饭后服用，且最好以食补为主，以免影响食欲或出现腹泻。

•仔细观察一下，在什么情况下、吃什么饮食出现腹泻。如是否与吃海产品或辛辣食品有关，是否与受凉有关等。

•要排除疾病所致的腹泻，及时看医生。

•发生腹泻切莫自行服用药物，要先化验大便，由医生确诊腹泻原因后，再根据情况决定是否需服用药物。

•如果不是细菌性痢疾和严重的腹泻，多可通过非药物治疗缓解腹泻。

❖ 腹泻的治疗建议

•调整饮食结构，停食生冷食物、禽畜类肉食、绿叶蔬菜、豆制品。

•大米汤、米粥、发酵的面粉不但可缓解腹泻，还能提供必要的热量。

•口服补液盐。口服补液盐虽然是药准字，但却不同于药物，口服补液盐的主要成分是葡萄糖、氯化钠、氯化钾、碳酸氢钠，这4种成分都是血液中的营养物，腹泻时会有部分丢失，口服补液盐不但能补充丢失的养分，还能平衡肠道电解质，起到止泻作用。

•益生菌，如乳酸菌、双歧菌和枯草菌等都是肠道内的益生菌，维护着肠道内环境。腹泻时，肠道益生菌消耗增大，同时还有丢失，补充一定的益生菌不但对孕妇和胎儿没有危害，还能缓解腹泻。

•如果腹泻次数多，成稀水便，可一次性服用蒙脱石散，蒙脱石散有吸附肠道菌和水分、保护肠黏膜的作用，基本不吸收入血，绝大多数经粪便原型排出，是对孕妇和胎儿影响最小的止泻药。不足之处是不但可吸附致病菌，也能吸附益生菌，所以，不宜长时间服用，最好把一天的量一顿服下，这样效果比分次服要好，服用蒙脱石散后要补充益生菌。

•一定要谨慎服用抗生素和其他止泻药。

60. 意想不到的变化

孕期可能会出现你意想不到的变化，请不要着急，绝大多数变化都不是异常的。

一是胎儿带给妈妈的变化。人类的繁衍是很自然的事情，胎儿不会因为他的出生而葬送妈妈的生命，医学的进步和生活水平的提高，使得绝大多数妈妈都能顺利度过妊娠和分娩。

二是妈妈为了孕育和分娩，身体发生一些变化。妈妈也不会为了生育而伤害自己的身体，因为妈妈知道孕育和分娩只是刚刚开始，妈妈还要担负起养育孩子的重担。

所以，妈妈会力争以最佳的状态担当起做母亲的责任。作为孕妇的你切不要为身体发生的变化而烦恼和担忧。当然有极个别的孕妇会出现病理改变，即使这样也不必过分担心，现代的医疗技术会给予你最大的保证。

❖ 黄褐斑

到了孕中期，有的孕妇面部会出现黄褐斑，不要着急，一般分娩后会逐渐消退，至少会变淡。尽管如此，还是要好好保护皮肤，不要在强烈的日光下暴露皮肤。孕期在夏天应该使用防晒霜，因为怀孕后对各种化妆品成分更加敏感，所以要使用优质、化学添加成分少而且含量符合国家标准的产品。应注意不是只有阳光普照的时候才有紫外线，即使在秋冬季节或夏日的阴雨天，也有一定量的紫外线。长期把皮肤暴露在烈日下，又不使用防晒霜，会增加皮肤的损害，使黄褐斑加重。孕妇皮肤容易干燥，要注意补充水分，使用具有保湿功效的护肤品，也要注意保持室内环境的湿度。晚上睡眠时，可以使用加湿器保持室内适宜的湿度。

❖ 痤疮

痤疮有个好听的名字——青春痘，有

的孕妇会再次长青春痘，不要紧，无论如何孕期长的青春痘都不会像青春期那时的青春痘那么厉害。而且，也不需要使用治疗青春痘的药物，用温和的洗面奶多洗几次脸就可以了，分娩后青春痘会自然消退的。

❖ 皮肤瘙痒

怀孕期皮肤瘙痒的主要原因是皮肤干燥和敏感，容易瘙痒的部位主要分布在腹部、臀部和大腿内侧。缓解瘙痒的有效方法就是皮肤保湿，用手抓挠或用"痒痒挠"虽然可以快速缓解瘙痒，但这是最不可取的方法。洗澡次数越多，皮肤越干燥；越多的使用浴液，皮肤越干燥。所以，如果处于冬季，不必每天洗澡，隔一两天洗一次就可以了，不需要每次都用浴液，一周用一次比较好，选择温和的浴液。洗澡后不要用干毛巾擦干，最好用毛巾轻轻拍打，把水分保留起来，然后再涂抹保湿乳膏。如果平时哪里瘙痒，不要用手去抓挠，可用氧化锌软膏或维生素B6软膏涂抹缓解瘙痒。有的孕妇会出痒疹，分娩后会自行消失，不需要特殊处理，如有痒感可按处理皮肤瘙痒的方法处理就可以了。

❖ 避免强烈的阳光照射

孕期皮肤比较敏感，对日光也相对敏感，容易发生日光性皮炎。所以，一定要注意防护，妊娠期不宜过多使用防晒霜，可以选择宽帽檐的遮阳帽保护面部皮肤，尽量不让皮肤裸露在阳光下。在户外乘凉尽量选择有树的地方。可以选择防晒系数15的防晒霜涂抹在暴露的皮肤上。

❖ 头发变得黑又亮

原本稀疏发黄的头发，怀孕后可能变得浓密黑亮，这要归功于你的宝宝。但随之而发生的汗毛增多或隐隐的胡须也会让你烦恼，不要紧，这都是怀孕带给你的变化，是暂时的。如果你的头发变得发黄或稀疏了，并不能说明你的营养不好，就像由稀疏变浓密一样，都是孕期的暂时现象。是否会发生永久的变化？没有这方面的研究资料，但我知道有的女性，从此就改变了发质。

典型案例

我的姐姐小的时候，头发又稀疏又黄，为此爸爸不希望她留长发，因为她的小辫不但细得可怜，头发还常常掉在饭菜里。可在孕期，她的头发戏剧般地变得又浓密又黑亮。当她的女儿3个多月时，她开始掉头发，女儿给她的头发又开始往回索要了。但不管怎样掉，她的头发仍然比孕前多，现在女儿已经20多岁了，妈妈的头发仍然是又黑又亮，比做姑娘时的头发还多。她的发质彻底改变了。

胎儿在妈妈子宫内迅速生长发育，使妈妈的头发处在"生长"阶段，让妈妈的头发变得浓密，和丰满的体形相映衬；离开妈妈子宫3个月的婴儿，开始认识了自己的母亲，头发进入"休息"阶段，长出的头发开始脱落，这是妈妈体内激素变化的结果。

❖ 适当运动

怀孕4个月后，绝大多数孕妇妊娠反应消失，体力恢复，感到精神抖擞，也少了很多担心。从现在开始可以适当运动了。选择什么样的运动是很个性化的，不可一概而论。比如，游泳是孕期很好的运动项目，可你在孕前就不会游泳，孕后现学不很现实。打羽毛球也是一项不错的运动项目，但如果你在孕前很少做这项运动，怀孕后也不适宜做。选择运动项目还与你的体质、目前健康状况以及你怀孕情况有关。所以，最好向医生咨询，让医生帮助你分析，你目前适合做哪些运动，不适合做哪些运动。

孕妈妈/罗月暖

第六章　孕5月（17-20周）

胎宝宝："现在专家比较赞成的是，妈妈给我唱摇篮曲，妈妈把幸福和美好的心情传递给我，那将是对我最好的胎教。"

· 多数妈妈开始感觉到胎动啦

· 妊娠反应结束了，妈妈的体重开始缓慢增加

· 补足充足的钙，接受充足的阳光照射

· 妈妈开始定期做产期检查

61. 宝宝写给爸爸妈妈的第六封信

亲爱的爸爸妈妈：

我又长了好多本事。声带开始发育，但我在出生前始终都不发音。肺内充满的是液体，而不是气体。我要告诉爸爸妈妈，我像一条能在水中听到声音的鱼，能够听到来自妈妈身体内部的声音：妈妈的心跳声，还有血液在血管中流动的声音。不仅如此，我还能够听到来自外界的声音呢。妈妈和爸爸的说话声最能引起我的注意，妈妈的唱歌声最能刺激我的听觉神经，我最喜欢爸爸妈妈抽点时间和我说说话，时常给我唱支歌。唱片、广播里的音乐和语音我都觉得一般，不过是机器记录的高低频率而已，我最喜欢的还是来自爸爸妈妈的声音。作为高等动物，我的鉴赏能力是发烧级的：我喜欢人的声音，是爸爸妈妈的超级追星族，这么说吧，"我悲伤着爸爸妈妈的悲伤，快乐着爸爸妈妈的快乐"。

通过这一个月的生长发育，我的运动能力可长进不少，一伸胳膊一踢腿，妈妈都会感到我的力气大了许多。如果我在小屋内翻筋斗，妈妈一定睡不着觉，我的运动可能会影响到妈妈的休息。我的生物钟和妈妈的生物钟不一样，妈妈要睡觉的时候不一定是我想休息的时候。不是我淘气，我还太小，不能和成人一样。现在妈妈还不能以我的运动作为监护我生长发育的指标，因为我的运动还很不规律，妈妈的感觉也还不准确，妈妈很难准确地记录我的胎动次数。如果哪一天，或哪一刻，妈妈感觉我不爱动的时候，不要过于担忧。

有的书上写，从这个月开始，我的生长速度减慢，这没有错。但我的生长速度并非真的减缓了，妈妈不要有错觉，认为我有些疲劳要歇一歇啦，其实不是这样的。所谓速度减慢，只是相对于前一段我的外观发生着急剧的变化而言。就像盖房子，在打地基、砌砖头到房子出现的阶段，特别显眼；到内部装饰、铺地抹墙、铺管道线路等阶段，就特别不显眼，但这些细碎的工作很重要，事实上我的生长始终不曾停歇。

爸爸妈妈猜一猜我长成什么样子啦，我身体与头、手足的比例更加相称，头已经和一个鸡蛋差不多大小。当我满5个月时，身长约为足月胎儿的一半大小，大约在20~25厘米，体重大约达到250~300克。皮肤渐渐变成红色，因为皮下脂肪沉积有些不透明，但脂肪很薄，皮肤也还不厚。骨骼更加坚硬起来，照X射线可以清楚地看到我的骨骼图像，可是妈妈千万要远离X射线，胎儿是不能接受有害射线的。我的骨骼发育在这个时期开始加快，四肢、脊柱已开始进入骨化阶段，这时的妈妈要多补充钙。我会花更多时间吸吮手指、踢腿和动胳膊。妈妈会感觉到我的运动，根据大部分妈妈描述，说我像是鱼儿在漂浮。

我一直在羊水中漂浮，羊水也随着我的消化排泄系统试运转而有些浑浊，我开

孕妈妈＼罗月暖
这位妈妈身材比较娇小、腹围比同月龄的其他妈妈会显得更大一些。

郑玉巧育儿经·胎儿卷

始注意我的皮肤保护问题了。我的皮肤很薄，皮下脂肪也薄，为了保证我的皮肤不被泡坏，变成水发鱿鱼，我分泌出一层白色的胎脂，油乎乎地涂满我的全身，做全身的皮肤护理呢，妈妈不必担心我被羊水泡肿了。

因为我的皮下脂肪越来越厚，我越长大胎脂就越少。到我出生的时候，我只有背部、四肢外侧等裸露部位还有少量胎脂，能给我保温。妈妈给我穿上衣服，就用不着胎脂了。如果我过期产，胎脂就会干硬，皮肤就会又硬又干像牛皮纸一样，所以我还是喜欢按时出来。

爸爸妈妈可能准备给我进行胎教，也接受了一些胎教指导。我只想告诉爸爸妈妈一声，妈妈拥有一份好心情是对我最好的胎教，别把我折腾坏了，我的首要任务是发育和生长，可不要本末倒置，拿一些

东西来干扰我正常的工作流程。我的大脑虽已产生最原始的意识，但还不具备支配动作的能力，对外来的刺激反应还不够灵敏。这时我的耳朵突出头部，外耳形状已经完成两个阶段的变化，渐渐接近最终的轮廓，这个过程要到孕28周才最后完成。现在专家比较赞成的是，妈妈给我唱摇篮曲，里面既有文学，又有音乐，通过妈妈的幸福和愉悦，把美好的心情传给我。

这个月仍然是我们的黄金阶段。妈妈没有了妊娠反应，也没有因为我的增大带给妈妈活动上的不便。最感到欣慰的是，我度过了胎儿发育关键期——发育畸形的危险，妈妈也度过最担心的关键时期——早期流产的威胁。爸爸妈妈该为我庆贺，到了这个月末，我就走过了一半的孕育过程。

你们的胎宝宝写于孕5月

第1节 孕5月胎儿的生长发育

62. 孕5月胎儿生长发育逐周看

❖ 胎儿 17 周时

胎儿心脏发育几乎完成，心搏有力，145次/分钟左右。出现雏形的牙龈。胳膊比腿长得快，开始出现肘关节。手指清晰可见，但还不能分辨出指关节来。B超显示排列整齐的胎儿脊柱。棕色脂肪开始形成，当离开温暖的子宫后，受到突如其来的冷刺激，棕色脂肪就可以大显身手释放热量，维持胎儿的体温。17-20周听觉发育，胎儿可以听到妈妈内部器官和外面世界的声音了。

❖ 胎儿 18 周时

胎儿开始出现呼吸运动，但肺脏仍没

有换气携氧功能，肺内充满的是液体，而不是气体。脑发育趋于完善，两大脑半球扩张盖过间脑和中脑，与正在发育中的小脑逐渐贴近。大脑神经元树突形成，产生最原始的意识。小脑两半球也开始形成，但此期胎儿的延髓上方的中脑部分还没有很好地发育，还不具备支配动作的能力。对外来的刺激反应还不够灵敏，妈妈要注意保护。

❖ 胎儿 19 周时

十二指肠和大肠开始固定，消化器官开始有功能。肝脏和脾脏先后开始有了造血功能。因为胎儿开始喝羊水，使胃慢慢增大。皮脂腺开始分泌，并与脱落的上皮

胎儿发育坐标

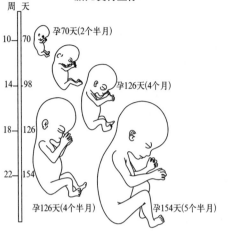

周 天

10—70　孕70天(2个半月)

14—98　孕126天(4个月)

18—126

22—154

孕126天(4个半月)　　孕154天(5个半月)

细胞形成一层胎脂，以保护胎儿体表的皮肤，使胎儿在羊水的浸泡中不至于皲裂、硬化和擦伤。

❖ 胎儿 20 周时

消化道中的腺体开始发挥作用，胃内出现制造黏液的细胞，肠道内的胎便开始积聚。肺泡上皮开始分化；胎儿的骨骼发育在这个时期开始加快；四肢、脊柱已开始进入骨化阶段。这时的妈妈需要补充足够的钙，以保证胎儿的骨骼生长。纤细的眉毛正在形成。

❖ 5 月胎儿外形是怎样的

胎儿身长 20-25 厘米，体重 250-300克，全身的比例显得匀称了，全身都长出了毳毛。皮肤比以前发红了，因为有了些皮下脂肪，皮肤不再是透明的，但脂肪沉积很少，皮肤还是比较薄的。胎儿的整个身体还是弯曲的，前额向前突，大而宽，眼皮已经能完整地盖住眼球。嘴逐渐缩小变得越来越好看。两个鼻孔张得大大的，还是个朝天鼻，随着不断地生长发育，鼻孔逐渐向下。脖子又长了些，两眼距离靠拢，面目五官变得好看起来。

这时胎儿还不是很大，空间相对宽敞，活动范围比较大。所以，胎儿可以像鱼一样慢慢游动，随时都在改变着位置。头颈部可以转动。胎儿会张开嘴喝羊水，如同吸吮奶的动作，并有了微弱的吞咽能力。胎儿手脚细小但相当活跃，会握起自己的小拳头，小手会无意识的触摸脸和身体的其他部位。胎儿就喜欢踢腿运动，这时妈妈一定感觉得到，宝宝又踢妈妈了。胎儿骨骼肌肉开始变得结实，四肢活动有力，使妈妈感到胎动幅度增大，频率增加。

63. 准妈妈初感胎动——与胎宝宝开始"交流"

孕妇感觉到的最早胎儿活动——胎动初感，是孕妇对孕育在自己体内新生命客观上的觉察。第一次生育的女性大多在孕18周以后才能感觉到胎动，第二次以上生育的女性可在孕16周左右感到胎动。但情形并不总是这样，有的孕妇会比较早地感到胎动，而有的孕妇则在孕20周以后才感到。大多数孕妇会在本月初次感觉胎动。胎儿每天出现的胎动是有一定规律的，通常情况下，晚上胎动比较频繁，到了下半夜胎动明显减少，早晨又有所增加，上午胎动比较少，而且常常出现波动，可能会忽少忽多。另外，随着胎儿睡眠周期的改变，胎动也发生相应的变化，胎儿觉醒时，胎动多而有力；胎儿睡眠时，胎动则少而弱，有时可持续20分钟，甚至近1个小时孕妇都会感觉不到胎动。

医学上，把胎动分为几种运动形式，分别描述为：

• 翻滚运动：是胎儿的全身运动，包括在子宫内游动、翻身、踢腿、挥舞等运动。孕妇可明显感觉到胎儿的翻滚运动。

• 单纯运动：为某一肢体的运动，大多

数孕妇能够感觉到这种运动。

·高频运动：是胎儿胸部或腹部的突然运动，与新生儿打嗝相似。孕妇多不能感觉到。

·呼吸样运动：是胎儿胸壁、膈肌类似呼吸的运动。孕妇察觉不到这种形式的胎动。

胎儿还有一些未被归类的运动形式，如握拳、伸手、吸吮手指、吞咽羊水、咂嘴、睁眼、闭眼、摇头、抬头、低头、用手触摸自己等，妈妈可能都感觉不到，尤其是当妈妈忙于事务时，即使是翻滚运动，妈妈也感觉不到。

可见，胎儿在妈妈的子宫内除了休息睡觉，几乎闲不着，即使妈妈感觉不到胎动，也不能证明胎儿安安静静地待在那儿。

❖ **反映胎儿生存状况的胎儿监护**

胎儿监护主要是监测胎儿在子宫内的生存状况。有学者曾把胎儿生存的环境——子宫内环境比作珠穆朗玛峰，意思是说胎儿是生活在低氧环境中的。一个正常胎儿的动脉氧分压为20毫米汞柱左右，而成人的动脉氧分压为75-100毫米汞柱。无论是胎儿，还是婴儿，抑或是成人，中枢神经系统对缺氧的耐受性都比较差，也就是说中枢神经系统的氧储备能力低，一旦缺氧，首当其冲受损的是中枢神经系统，因此产科医生非常重视胎儿是否发生缺氧。胎动和胎心是最主要的监护指标，所以，每次做孕期检查时，产科医生都会询问并观察胎动情况，听诊胎心率。单纯的胎心率监测或单纯的胎动监测都具有重要的临床意义。胎心率与胎动两者结合到一起进行综合分析，其临床意义更大——伴随胎动发生的胎心率加速是胎儿健康的表现。胎儿安静状态下胎心率减慢，胎儿活动时胎心率加快，如果胎儿活动时胎心率没有

相应加快，提示没有伴随胎动发生的胎心率加速现象，预示胎儿很可能发生了缺氧。

❖ **5月胎儿胎动是什么样的呢**

随着胎儿各部分肌肉、骨骼的发育，胎儿已经会伸伸他的小手、小胳膊，还会踢踢腿，还会在子宫里游动。其实，胎儿早在第11周时就会做很多动作了，只是那时妈妈还不能感觉到。现在妈妈终于能够感觉到胎儿的运动了。

绝大多数孕妇到了这个月会感觉到明显的胎动。关于胎动，孕妇在这个月有比较多的疑问：胎儿应该怎样动？一天动多少次正常？动的幅度足够吗？这些问题一股脑地冒了出来。

❖ **孕妇对胎动有着不同的感觉**

每位孕妇对第一次胎动感觉的描述可能都不尽相同：有的孕妇感觉像小鱼在水中游动；有的孕妇把感觉到的第一次胎动描述为像蝴蝶在拍动翅膀；有的孕妇感觉像一个可爱的小精灵在踢她的肚子；有的孕妇把胎儿的运动误认为是"饥肠辘辘"。孕妇感觉不到胎儿诸如打嗝、吸吮等一些小的动作，只能感觉到幅度和力量比较大的动作。所以，妈妈所感觉的胎动并不能完全反映胎儿在子宫内的运动情况。胎儿在子宫内每天有几十次，甚至几百次的活

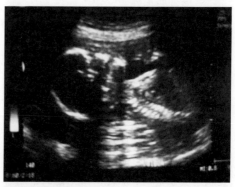

胎宝宝 / 徐楠的宝宝
胎宝宝面朝上，脊椎和上肢的骨骼B超影像有部分重叠。

动，可妈妈只能感觉到几次，十几次的胎动。所以，这个月记数胎动不能作为监测的可靠指标。

❖ **孕妇不同状态与胎动**

一般情况下，每小时胎动不少于3次，12小时胎动不少于20次。但每个胎儿之间存在着个体差异，就像出生的婴儿和长大的孩子一样，有的孩子好动，有的孩子就比较安静。另外，孕妇在安静状态时，会更多感到胎动，而在活动、工作、谈话等注意力不集中的状态下，会忽视胎动，较少感觉到胎动。所以，在你怀孕7个月前，记数胎动的意义都不是很大，只要你感觉到有胎动就足够了。如果你的宝宝还没有到该让你感到胎动的周龄，或比你预期的晚一些，都很正常。

64. 练习听胎心

❖ **类似钟表"滴答"声的胎心律**

从孕18-20周开始，用听诊器可以经孕妇腹壁听到胎儿心脏的搏动音。孕妇本人和丈夫也可以练习着听，进行自我监护。胎儿心音呈双音，第一音和第二音很接近类似钟表的"滴答"声，速度快而规律。孕24周前，胎儿心音多在脐下正中或偏左、偏右处听到。

❖ **隔着肚皮听胎心如同枕头下的机械小闹表**

到了这个月末，医生不再需要借助多普勒听胎心了，用产科专用胎心听诊器或普通听诊器就可听到胎心搏动。你能想象出来隔着肚皮用听诊器听胎心是什么感觉吗？大概和听放在枕头下的机械手表走动的滴答声差不多。胎心搏动强而有力，节律快，成钟摆样。胎心搏动快慢与胎儿所处状态关系密切。胎儿清醒活动时，胎心增快，胎儿处于安静睡眠状态时，胎心减

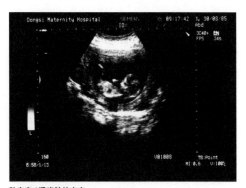

胎宝宝 / 潘晓敏的宝宝

胎宝宝躺在妈妈的子宫里就像躺在摇篮中，图上可以清楚看到胎宝宝小胳膊小腿在动。

慢。胎心的这种变异性是非常重要的，胎心监护是用来判断胎儿发育状况的重要指标之一。

❖ **发现胎心音还有一段医学史呢**

现在所有的孕妇都知道通过听胎心了解胎儿的情况。但在几百年前，人们还不知道胎心的存在。胎儿在子宫内有胎心音存在的事实，是一位名叫Marsar的法国人于1650年提出来的。但直到150年后，瑞士外科医生Mayor用耳朵直接从腹部听到胎心音，医生们才承认胎心音的存在。1819年法国内科医生Laennec发明了用木材制作的钟式听诊器，2年后开始应用这种木制的钟式听诊器直接通过孕妇的腹部听到了胎心搏动的声音，并流传到全世界。从此以后，专家学者及医生们经过不懈的努力，完善了胎心听诊器。20世纪初，Delee-Hillis胎心音专用听诊器问世，到了1964年，超声多普勒效应的应用，让医生能够更早地通过孕妇体表监测到胎心。现在胎儿监护系统已经相当发达。借助各种先进设备直观观察胎儿的生长发育已为期不远了。

❖ **胎心监护的意义**

在过去的年代里，胎心监护仅仅用于推测胎儿是否存活。现在已经利用胎心监护诊断胎儿的储备能力和健康状况。胎心

率监护不仅可用于诊断胎儿心脏功能，还可作为诊断胎儿中枢神经系统功能的重要手段之一。当胎儿赖以生存的子宫内环境恶化时，胎儿的中枢神经系统是最早受到伤害的器官，因为胎儿的中枢神经系统最缺乏储备能力，对缺氧的耐受能力非常低，一旦受损就可能终生遗留。所以，产科医生非常重视胎心率的监护。

尽管对胎心监护的研究已经非常深入，但产科医生们和孕妇仍然习惯沿用传统的胎心监护和胎动监护来初步判断胎儿在子宫内的生活情况。通常情况，当胎心率大于160次/分钟或小于100次/分钟，认为胎儿有宫内窒迫；胎心率不规律，或胎儿躁动是胎儿宫内缺氧的表现。

随着医学的进步和临床经验的积累，发现仅仅依靠单纯一次或间断听诊胎心率来判断胎儿在子宫内的状况并非十分可靠，而连续不断的胎心率资料可以动态观察胎心的变化，尤其是一些细微的变化，对判断胎儿在子宫内的生存状态是非常有意义的。

第 2 节　孕 5 月时的准妈妈

65. 怀孕 5 个月时可能出现的变化

从第5个月开始，你的体重可能会明显增加，甚至一周能增加500克。腹部变得滚圆，腰围和臀围增加，孕前的裤子穿起来紧绷绷的，甚至穿不进去了。

乳房增大，乳晕色泽加深，乳晕上出现很多小疙瘩，乳头似乎也有增大。如果乳头有点瘙痒，看到有白色的小点点，不要用手抓挠或用力抠。可以用温水轻轻擦洗，不能用毛巾，更不能用浴巾擦洗乳头，用手轻轻擦洗是最好的。

腹部中线着色，从耻骨联合处开始，逐渐向上延伸，有人根据这条线猜测是男孩还是女孩，这没有科学依据。有的孕妇出现腹部皮肤瘙痒，这是因为腹部增大皮肤受到牵拉所致，不要用手抓挠，有痒感时用保湿乳膏涂抹，痒感就消失了。任何部位出现瘙痒都尽量不用手抓挠，如果手头没有保湿乳膏或在户外不方便涂抹，可用手拍打止痒。怀孕期皮肤变得敏感脆弱，皮肤容易受伤，要尽可能避免抓挠皮肤。

给予皮肤充分保湿可有效改善皮肤瘙痒状况。

你可能会时常感到盆腔、腹部、背部等处有牵扯痛，尤其是当你变换体位或运动时会突然出现这种情况，甚至迫使你停止活动，保持在一个特定的位置。遇到这种情况不要紧张，慢慢活动身体，找到一个感到舒适的体位，静一会儿就会好的。导致牵扯痛的原因是，在子宫两侧有两条韧带，分别与骨盆两侧相连，随着子宫的

胎宝宝 / 徐楠的宝宝

胎宝宝仰面躺着，可以清晰地看到鼻子、牙槽骨和小下颌。

增大，这两条韧带受到牵拉，当你处于某一体位或活动时，韧带受到过度牵拉，导致疼痛，当你停止活动或再次改变体位时，使过度牵拉的韧带得到松解，疼痛自然就消失了。

如果你感觉眼睛干涩，可以购买一瓶润眼液，也可以在晚上睡觉前，敷一张眼膜。如果你感觉视力比孕前差了，不要到眼镜店配一副新的眼镜，要先去看眼科医生，听一听眼科医生的建议。通常情况下，怀孕期视力的改变是暂时的，分娩后视力还会恢复到孕前水平。孕期和产后保护视力是非常必要的，少看电视电脑屏幕，不要长时间看书，更不要躺在床上看书看电视，每天做一做眼保健操是不错的选择。

到了晚上，你会感觉脚有些肿胀，用手指按压脚踝部，会有水肿的感觉，这些都是孕期可能出现的情况。缓解的方法是：不要穿过紧的袜子，尤其是弹力长筒袜或裤袜，会加重脚踝肿胀；尽量少站立；坐着时，把脚抬高；躺着时可以在脚下放一个枕头或软垫；要穿舒适宽松的鞋子。如果你感觉手和手腕发紧，有肿胀的感觉，也是怀孕期可能出现的暂时症状。可随时

孕妈妈：潘晓敏

这位孕妈妈身材比较娇小，她在整个孕期腹型都显得比实际孕龄大一些。所以，从腹部外形上不能完全判断胎儿的大小和孕妈妈的实际孕龄。不同的孕妇在相同孕龄腹部大小会有一定的个体差异，不必担心。

活动手部和腕关节，尽量把手臂抬高，最好高于心脏的高度。

随着腹部的增大，你的活动开始感到不便，不要勉强自己做不想做的事情，更不能勉强自己做自己胜任不了的事情。这时的你要坚强勇敢，仍要处处小心谨慎。但是，也不能凡事都无所顾忌，莽撞行事，要学会保护自己，保护自己就是在保护胎儿。要防止摔倒和滑倒，首先要穿一双合脚的鞋子，走起路来感到稳妥，如果感到鞋子不合适，走路不稳当，要马上更换一双合适的鞋子，这很重要。上下车时最好用手扶住把手，上下楼梯时要抓住扶手，这些看起来不起眼的小事，对于现在的你来说都是很重要的。

如果乘出租车或搭乘丈夫的车上班，最好坐在后排座位上，并系好安全带。如果你自己开车上班，不要因为担心安全带挤压腹部而拒绝系安全带。开车时要注意车速，减少超车和并线次数。拉开车距，以免急刹车。等待红灯或堵车时，不要开车窗，以免吸入过多尾气。不要在车库久留，打开发动机后尽快把车开离车库，这样可减少尾气的吸入。如果方便的话最好让丈夫去加油站加油。

66. 孕妇的体重并不完全代表胎儿的生长发育

孕妇体重的增长不是评价胎儿发育的可靠指标，这是因为：

• 子宫内容物只占孕妇体重增加的25%，而75%的重量都是孕妇本身的增长。

• 每个孕妇怀孕期的变化不同，有的孕妇怀孕后体重增长非常明显，而有的孕妇却不会因为怀孕而长胖，只是略比孕前胖些。

• 每个孕妇怀孕前体重不同，怀孕后体

不同孕周子宫底高度示意图

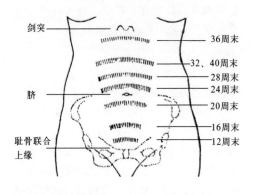

剑突

36周末

32、40周末

28周末

脐

24周末

20周末

16周末

耻骨联合
上缘

12周末

重变化也各有差异。

曾有孕妇询问：我现在怀孕18周，体重应该达到多少？这个问题实在没办法回答，孕前的初始体重决定着你现在的体重值，一个孕前就达到70公斤的女性，怀孕10周以上，至少不会低于70公斤；而一个孕前体重只有40公斤的女性，到了孕足月，体重可能也达不到60公斤。

不能单纯凭借孕妇体重的增长而断言胎儿发育状况，这个问题很容易理解，但有的孕妇仍然会因为孕期体重变化与书上所讲的不同而担心腹中的胎儿，尤其是体重增长少，或不怎么增长的孕妇，普遍担心胎儿会有发育不良或营养不良。

理论上孕妇在整个孕期体重是按照一定的规律增长的，但实际上，每个孕妇之间体重的增长情况存在着一定的差异。如果你的体重没有按照下面的规律增长，并不能因此认为是不正常的，更不能因此认为胎儿发育有问题。每次孕期体检时，医生都会为你测量体重，有问题医生会做出解释和判断，也会给予相应的处理，如果医生认为是正常的，你大可不必担心。

❖ **体重的增长规律大致如下：**

孕16周以后，体重出现明显增长。

孕16-24周时，每周增加0.6公斤。

孕25-40周时，每周增加0.4公斤。

整个孕期，体重增长11-15公斤。

67. 孕妇的腹围大小并不完全代表胎儿的大小

常常有孕妇问孕期与腹围的对应关系，这个问题和前面所说的体重问题差不多，显而易见存在着个体差异。和体重一样，尽管在整个孕期腹围的增长遵循着一定的规律，但也并不完全一致，这个月你可能会比书上写的增加多了些，也可能少了些。只要不是很离谱，医生未告知你有什么问题，你就不必忧心忡忡的，总是怀疑胎儿不正常，这样的心态对你和孩子都不好，也没有任何意义。从孕16周开始测量腹围。

❖ **腹围的增长规律**

孕20-24周时，腹围增长最快，每周可增长1.6厘米。

孕24-36周时，腹围每周增长0.8厘米。

孕36周以后，腹围增长速度减慢，每周增长0.3厘米。

孕16-40周，腹围平均增长21厘米，每周平均增长0.8厘米。

单纯测量腹围多少不能作为胎儿发育的指标，主要是腹围增长的速度。就是说某一次测量腹围数不能作为评价的指标，应该动态观察腹围增长情况。

典型案例

我现在已经怀孕4个多月了（17周半），别人都说我的肚子挺小的，看不出来。我们单位也有几个同事和我差不多的月份，和他们比起来，我也觉得自己的肚子确实很小，这是不是和前一段时间我妊娠剧吐有关系？前几天我看书上写有的胎儿有可能会在母体内发育停滞，我属不属于这种情况呢？

如果你已经做过B超，没有发现胎儿异常，就不必因为腹部比其他孕妇看起来小而担心。每个人孕期体形的变化都不一样，并不是说腹部大，胎儿就一定大，腹部小，胎儿就会有发育迟滞。胎儿大小不仅与腹围有关，还与很多因素有关，如子宫增大幅度（子宫增大不但与胎儿增大有关，还与羊水多寡、子宫位置等有关）、腹壁脂肪厚度、身高、胖瘦、体形特点等有关。所以，仅凭腹围不能说明胎儿发育是否正常。

❖ 可以测量宫底高了

子宫底由耻骨联合下逐渐向上升，到了这个月末，可能会达到耻骨与肚脐之间。孕妇自己可以摸出子宫底的位置，子宫底的高度在18厘米左右。一般情况下是在孕16周开始测量子宫高度（宫高）。

❖ 宫高的增长规律：

孕16-36周时，宫高每周增长0.8-1.0厘米，平均增长0.9厘米。

孕36-40周时，每周增长0.4厘米。

孕40周后，宫高不但不再增长，反而会下降，是因为胎头入盆的缘故。

如果连续两次或间断三次测量的宫高在警戒区，则提示异常。

宫高在低值多提示胎儿宫内发育迟缓或畸形。

宫高在高值多提示多胎、羊水过多、胎儿畸形、巨大儿、臀位、胎头高浮、骨盆狭窄、头盆不称和前置胎盘。

68. 孕5月重点提示

❖ 监测血压的关键期

通常情况下，这个月孕妇的血压是比较平稳的，孕20周是监测血压的关键期，如果在孕20周前，孕妇出现高血压，多考虑是原发性高血压，如果孕20周以前血压正常，孕20周以后出现高血压，就要警惕是否并发了妊娠高血压（妊高征）。所以，每次孕期检查都要重视血压的测量。

❖ 尿液检查

这个月做尿检是非常必要的，尤其是血压偏高的孕妇更应定期检测尿蛋白，及时发现合并妊高征的可能。

❖ 不建议使用卫生护垫

没有了每月一次的月经，让你省事多了，但孕期阴道分泌物增多让你觉得有些不舒服。孕期阴道分泌物增多是正常现象，你可能会因为有太多的分泌物而使用卫生护垫。但医生不赞成这样做，再好的卫生护垫也会影响局部透气。穿纯棉的内裤，每天换1-2次，并把洗净的内裤在阳光下暴晒是比较好的选择。

不同孕周子宫底高度和子宫长度

妊娠周末数	手测子宫底高度	子宫长度(cm)
12	耻骨联合上2～3横指	
16	脐耻之间	
20	脐下1横指	18(15.3～21.4)
24	脐上1横指	24(22.4～25.1)
28	脐上3横指	26(22.4～29.0)
32	脐与剑突之间	29(25.3～32.0)
36	剑突下2横指	32(29.8～34.5)
40	脐与剑突之间或略高	33(30.0～35.3)

❖ **该为宝宝哺乳做准备了**

现在开始为宝宝准备好粮仓——乳房。为了宝宝出生后有充足的奶水，从胎儿诞生那一刻开始，乳房就默默地做着准备。妈妈也要保护好乳房，以保证母乳喂养的顺利进行。关于乳房的保护、母乳喂养的好处、不能母乳喂养的医学指征等，在《郑玉巧育儿经》（婴儿卷）中有详细阐述。妈妈最好提前阅读一下，做好充分的准备。

❖ **乳头保养**

从这个月开始进行乳头保养，可极大地减少乳头皲裂、乳腺炎、乳头凹陷、乳头过大、过小的发生，为进行顺利母乳喂养打下良好基础。

• 每次洗澡后，在乳头上涂上橄榄油或维生素软膏，用拇指和食指轻轻按摩乳头及周围5分钟左右，坚持每天都这样做，可使乳头皮肤变得不那么娇嫩，宝宝出生后吸吮乳头时，妈妈不至于疼痛。

• 如果有乳头扁平或乳头凹陷，从现在开始可以进行纠正。用拇指、食指、中指三个手指对捏起乳头，向外牵拉，停留片刻，每次牵拉15次，每天坚持3次，也可使用吸乳器进行矫正。

• 如果出现腹部不适，好像子宫收缩时，要立即停止，并看医生。有习惯性流产的孕妇，一定不要做乳头牵拉和按摩乳头等，以免诱发子宫收缩，导致流产的发生。

• 值得注意的是，孕期有极少乳汁溢出，在乳头上形成白色乳痂，有的孕妇会用手去抠，以便清除乳痂，这样做很可能会导致哺乳时漏奶。

❖ **腹部皮肤干痒**

随着胎儿的长大，子宫占据腹部更多的空间，使腹部皮肤不断拉伸，开始出现腹部皮肤发痒的感觉，除了腹部皮肤，其他部位的皮肤也发干，可从以下几方面加以注意：

• 不要用手搔抓，感到皮肤瘙痒时，涂抹鱼肝油软膏或维生素B6软膏，也可以涂含天然植物成分的护肤油。

• 不要过多使用浴液和香皂，每天清水淋浴，每3天使用1次浴液，少用香皂，更不能使用洗衣皂，也可用洗面奶洗浴。

• 不要用过热的水洗澡，建议夏季水温38℃左右；冬季水温42℃左右；春秋季水温40℃左右。根据自己习惯调整水温，但不要过热或过凉。喜欢洗热水澡的，水温最好不要超过45℃；喜欢洗冷水澡的，水温最好不要低于体温。不用浴巾搓澡，洗澡时间不要过长，15分钟左右比较合适。

• 多喝水，保持环境湿度，可通过加湿器、小鱼缸、水生植物盆景等保持室内适宜的湿度，建议室内湿度保持在50%左右。

• 使用高效保湿护肤品和全身护肤产品，建议选用天然植物草本护肤品，皮肤干痒情形严重的应请教美容师和医生。

❖ **夜间下肢痉挛**

孕妇发生夜间下肢痉挛的原因尚不清楚，有的认为与维生素D和钙缺乏有关，也有的认为与迷走神经兴奋有关。曾有人对4例重度夜间下肢痉挛的孕妇测定血清钙，均在正常范围。夜间下肢痉挛的孕妇多是初孕妇，大多发生于妊娠16–18周，最早发生于妊娠第4周，多发生于夜间。所以称为夜间下肢痉挛，痉挛部位多见小腿肌，需要与之鉴别的是不安腿综合征。不安腿综合征也常发生在妊娠期，多在临睡觉时，孕妇感觉小腿深处有难以形容和难以忍受的不适感，越静止越明显，活动后可减轻。这种情形在妊娠后3个月以内多见。睡觉前用温水洗脚，按摩小腿10分钟有助于缓解腿部不适。从现在开始应该补充钙剂，如果没有时间晒太阳，还要补充维生素D。

❖ 脸部皮肤的改变——蝴蝶斑

可能是怀孕后体内激素水平过高所致，但并非所有的孕妇都会出现面部皮肤的改变，其原因不得而知。这听起来漂亮的名字，并不受女性欢迎。民间有这样的说法：怀女孩会使妈妈长蝴蝶斑；怀男孩的孕妇则不长，这种说法显然站不住脚。不必为孕期的变化而烦恼，孩子出生后不久，你就会恢复原样的。避免强烈的日光晒；不让面部长时间暴露在日光下，保护孕期皮肤，可减轻蝴蝶斑的程度。

❖ 如何面对来自四面八方的忠告

即使你不想把怀孕的消息告诉别人，这时的你也很容易让人一眼看出你是一名孕妇。这并不是什么坏事，你会因此而得到更多的关怀和照顾。但有一点可能会让你无所适从，那就是每个关心你的人都会给你一些忠告。你的父母、公婆、亲戚，还有你的同事、朋友，甚至会有你不很熟悉的人，都会参与到你孕期的保护中来。很有意思的是，男士倒是很少这样做，包括你的丈夫和父亲。女士们会给你这样或那样的忠告，会传授给你很多经验，会给你很多建议。最让你受不了的可能就是警告了，有时在你看来简直就是恐吓。她们会把自己的经历告诉给你，也会把她们周围的所见所闻告诉你。或许有值得你借鉴和参考的，或许对你没有任何帮助，或许使你有了更多的担心和烦恼。最好的办法就是不往心里去，做好例行的产前检查，有疑问或担忧及时向医生咨询。记住，不要听从非医务人员的建议。书报杂志电视网络中形形色色的说法，也要有所选择，看是否是专业人员的建议或者权威机构发布的结论。

❖ 向准爸爸进言

你的妻子已经是个标准的孕妇了，无论从外观和思想，她都接受了准妈妈的角色。她的焦虑少了，不再莫名其妙地发脾气。但随之而来的是担忧和恐惧，她怕孩子有什么异常，如果看到书中关于"兔唇"、"无脑儿"、"21-三体综合征"等的描述，她会对自己孩子的命运忧心忡忡，她把所有的精力都放在胎儿身上，你成了她倾诉不安和恐惧的对象。你不但是她最亲、最值得信赖的人，你还是孩子的爸爸，这足以使她对你产生完全的依赖——心理的、身体的、精神的。爸爸也会有对孩子的担忧，但通常是理性的。所以爸爸应该更多参与到孕育胎儿的过程中来，用你的快乐和理性感染妻子。正在怀孕的妻子总是希望从丈夫那里得到更多的关心和照顾，做丈夫的你不要吝惜你的关怀和时间，现在没有比让妻子安心快乐更重要的事了。

❖ 是否需要做产前诊断

产前诊断是通过一些特殊的医疗检查手段，对宫内胎儿进行检查，发现异常胎儿。需要做产前诊断的孕妇是很少的。哪些孕妇需要做产前诊断，有哪些诊断措施和方法。（更多内容请参阅第十六章《孕期检查》）

69. 孕妇能否一夜保持左侧卧位
❖ 孕妇左侧卧位睡眠好的理由
典型案例

一位准妈妈打电话向我咨询：医生说孕妇应该采取左侧卧位，她很在意医生的这个建议，因为，书上也这么说，采取左侧卧位可以避免胎儿缺氧缺血。为此，她每天睡觉时，几乎一动不动地左侧卧位，但这使她很难入睡，因为她已经习惯右侧卧位睡眠。好不容易睡着了，又会在梦中惊醒，如果发现自己没有采取左侧卧位睡姿，她都会非常后悔。从那以后，她几乎不能安心睡眠，一夜不能安睡，白天也没有精神。后来，干脆让丈夫帮助看着，一旦睡姿不对了，就让老公帮助她翻过身来。他们夫妇俩都为此筋疲力尽，几乎坚持不下去了，该怎么办？

不能否认，孕妇采取左侧卧位睡眠对胎儿的生长发育和孕妇的身体健康都有益处。这是因为：

腹腔左下方有乙状结肠，迫使增大的子宫右旋，子宫的血管和韧带受到牵拉。如果采取右侧卧位，进一步使子宫右旋，血管和韧带受到更大牵拉；相反，左侧卧位可适当缓解子宫右旋。还有，脊柱前方是腹主动脉和下腔静脉，仰卧位时，会受到来自子宫重量的压迫，侧卧位可减少受压的程度。

• 当孕妇采取左侧卧位时

直接反应：右旋的子宫得到缓解；减少增大的子宫压迫腹主动脉及下腔静脉和输尿管。

间接反应：增加子宫胎盘血流的灌注量和肾血流量；使回心血量增加，增加各器官的血供；减轻或预防妊高征的发生；减轻水钠潴留，即减轻孕妇水肿。

• 当孕妇采取仰卧位时

直接反应：增大的子宫压迫脊柱侧前方的腹主动脉和下腔静脉。

间接反应：子宫胎盘血流灌注减少；回心血量、心输出量减少；各器官血供减少；肾血流量减少；加重或诱发妊高征；加重水钠潴留。

• 当孕妇采取右侧卧位时

直接反应：子宫进一步右旋。

间接反应：子宫血管受到的牵拉或扭曲加重；子宫胎盘供血减少。

❖ 什么时候左侧卧位睡眠好

很显然，睡眠姿势对胎儿和孕妇的影响并不是从怀孕的那一刻开始的。睡眠姿势对胎儿和孕妇的影响来源于子宫对腹主动脉、下腔静脉、输尿管的压迫，而只有增大的子宫才有这样的影响。所以，妊娠早期，在子宫未增大前没有这些影响，也就不存在睡眠姿势的问题了。那么，增大到什么程度才能产生这些影响呢？一般来说，妊娠5个月以后，子宫迅速增大，增大的子宫会因为不同的睡眠姿势出现不同的影响。

睡姿只是影响胎儿生长发育和孕妇健康很小的因素。

任何人都不可能、也并非绝对需要一夜保持一个睡眠姿势，这会给孕妇带来睡眠不适、担忧、焦虑，最终发展到睡眠障碍。而不能安心睡眠，没有好的睡眠质量，对胎儿和孕妇的健康是最大的威胁。不要为了"孕妇应该采取左侧卧位睡眠"而降低你的睡眠质量。

❖ 为什么如此要求孕妇

没人能一夜采取一个姿势睡眠！用一架摄像机连续不断给睡眠中的人拍摄一夜的睡眠姿势，可发现这样一个现象：一个人在一夜的睡眠中要有几百次的睡姿变换，最根本的是睡眠的人自己要感到舒适。要求孕妇一夜都采取左侧卧位睡姿是不现实的，为一夜不变地保持左侧卧位，而不能安心入睡，甚至焦虑是不明智的。每个人都有自我保护能力，包括孕妇和胎儿，当你睡眠时所采取的体位对胎儿有影响时，胎儿会发出信号，让你醒来，或让你在睡梦中采取适宜的体位。我认为做到以下几点就足够了。

• 当躺下休息时，要尽可能采取左侧卧位。

• 如果你醒来，就采取左侧卧位；如果你感到不舒服时，就采取你舒服的体位。

• 你感到舒服的睡眠姿势是最好的，不要因为你不能保持左侧卧位而烦恼。

•定时排便，积极改善便秘，因为乙状结肠是粪便存留的地方，为了给增大的子宫腾出更多的空间。

•不要长时间站立、行走和静坐，静坐时，不要躺在向后倾斜的沙发背或椅背上，最好是坐直身体。因为长时间站立和行走会影响下腔静脉回流和腹主动脉供血，坐直身体可减少腹主动脉受压。

❖产前筛查

产前筛查分为两种，一种是超声波筛查，另一种是血液指标筛查，神经管畸形、体表畸形、多指畸形、腹壁缺损等可以靠超声波检查出来。三维立体的B超还可以看到腭裂、兔唇。B超筛查在孕18-20周最好。血液指标可筛查出神经管畸形、21-三体等遗传性的疾病和染色体疾病。（更多内容请参阅第六章《孕4月》和第十六章《孕期检查》）

70. 生活中的常见问题实例解答

典型案例

我怀孕已快5个月了，有个问题一直使我焦虑不安，因为宝宝是无意中有的，而且我月经不太规律，直到快7周时才发现有了宝宝，那段时间身体一直觉得不好，又忙于应付考试，发过烧以及牙龈肿痛，因而在不知情的情况下服用过3次克感敏，4-5次散利痛，后做过2次B超检查，没有发现问题，请问这些药是否属于A、B类药物，对胎儿会有影响吗？孕妇能戴隐形眼镜吗？笔记本电脑的显示屏是液晶的，我能否长时间使用？

克感敏和散利痛属C类药，对胎儿没有致畸作用，但长期应用或大量使用，对胎儿有害，你只是吃了短时、小剂量的，对胎儿不会造成什么影响。当然了，不吃药是最好的，所以，以后尽量不吃药。没有证据证明孕妇不能戴隐形眼镜。液晶显示屏的辐射极小，不会造成非电离损伤，但孕妇不宜长时间坐在电脑前工作，长时

间工作可造成疲劳感，对胎儿发育也同样不利，要劳逸结合，尤其是在孕晚期，更应注意休息。

典型案例

我已经怀孕20周了，前几天患了感冒，医生开了感冒清热颗粒。由于怕吃药对胎儿有影响，所以体温持续在37.3℃左右又挺了两天，第三天下午体温上升到38.8℃，去医院，医生批评了我，由于没有及时吃药，病情没有得到控制。打了一针柴胡并开了阿莫西林（每次0.5克，每天3次），发热4天后体温正常，但依然咳嗽、流鼻涕、打喷嚏。发热持续4天，吃了这些药对胎儿有什么影响？

妊娠3个月以后，胎儿各器官基本形成，发生畸形的几率明显减少，所以有些孕早期不能服用的药物，到了孕中期就可以服用了。尽管如此，孕妇服用药物也要在医生指导下。999感冒胶囊、抗病毒颗粒都不适宜孕妇使用。大多数感冒是病毒引起的，不必使用抗生素。轻微感冒可不用药物，多饮水，多睡眠，多休息，一般3-5天就会好的。较重的感冒要在医生指导下服用药物。你虽然发热4天，但一直没有高热，只是低热或短时间的中度热，对胎儿应该没有大的影响。

典型案例

怀孕19周+3天。孕18周做B超显示胎盘厚度为20毫米，正常吗？近10天来，吃了凉性食物，如苹果、梨，甚至是一碗凉稀饭后，都会引起胃部不适，随后就拉肚子，过后就好了。请问需要去医院看吗？12周以来，右腿稍微使劲比如抬右腿、穿衣服时会觉得右腹部靠下点的地方疼，以至不敢用劲，这是怎么了？半夜时候如果翻身也会觉得膀胱处有牵扯痛，无尿时就好了，怎么回事呢？补钙的钙尔奇D片在什么时间服用能发挥其最大效果？饭前还是饭后？喝牛奶时一次喝500克和分两次喝500克从吸收上讲有区别吗？

胎盘厚度正常。为避免引起腹泻，

不吃凉饭，不要空腹吃凉水果，吃完饭后不要马上就吃凉水果，饭后 2 小时再吃，刚从冰箱中拿出的水果，要放置在室温环境中一段时间后再吃。应该排除是否有慢性阑尾炎。增大的子宫压迫神经和肠管也可引起类似症状。孕期不要单腿站立，以免摔倒。膀胱痛和妊娠有关。如果没有尿频、尿急和排尿痛等症状，不需处理。钙尔奇 D 片在饭后服用可减少对胃的刺激，但喝奶前后不要服钙。早晚喝奶比较好。

模特／王惠子

最好直身坐立，疲劳时可轻柔地舒展身体。

典型案例

今天去医院做 B 超检查，报告：胎儿发育好，孕 14 周，可我按末次月经算已是 18 周了，大夫说是后期受孕，是这样吗？

B 超胎龄评估与你实际孕龄（按末次月经计算）相差 4 周，但 B 超提示胎儿发育好。可以从两方面考虑：末次月经记忆有误，或隔月排卵，就是说尽管你第二个月没有来月经，是因为没有排卵。不排卵也就不能受孕。从另一方面考虑，是否存在胎儿宫内发育迟缓（IUGR），要确定是否为 IUGR，需要进一步动态观察，一两周后再做 B 超，观察胎儿发育情况。目前医生告诉你胎儿没有问题，你就放心好了。

典型案例

我爱人怀孕四五个月了，住在一间 15 平方米的宿舍里，我天天都在打电脑，会不会对我爱人和孩子不好呢？她现在乳头上分泌出一些淡淡的液体，正常吗？

电脑显示屏距离人体至少 70 厘米以上，你的房间比较小，长时间开电脑，更要注意通风。电脑放在离床远的地方，电脑主机和屏幕后背不要对着常常有人坐卧的地方，接触电脑时间每天尽量少于 6 小时。孕中期乳头分泌一些淡淡的液体，属于正常现象。

典型案例

头昏血压低，吸氧吃参可防胎儿缺氧吗？

我目前孕 5 月，近感头昏，查血压 88/55 毫米汞柱，据说会引起胎儿缺氧，有人建议吸氧，有人建议吃参，不知是否有用，具体怎么解决？

孕中期出现低血压的情况并不少见，如果你有低血压家族史，就更会出现此种情况了。建议去看医生，接受相应处理，同时加强营养，注意休息，不要骑车，睡觉多采取左侧卧位。

典型案例

我的腰至尾骨这一部分经常疼，晚上躺着翻身很不方便，是因为缺钙吗？我通常每天喝 2-3 杯牛奶。怀孕 5 个多月，可为什么现在我有时还会有想呕吐的感觉？

妊娠中期以后，由于胎儿逐渐增大，腹部向前凸起，身体重心改变，为了维持身体的平衡状态，上身后仰，腰椎向前突，后背伸肌处于紧张状态，时间长了，就会感到腰背疼痛。另外，由于雌激素的作用，脊柱及骨盆各关节、韧带变软，松弛，也可引起腰背痛。缓解的办法：不要提重物，

孕妈妈 / 孙菲菲

这位孕妈妈身材很漂亮，胖瘦适中，她的腹型是非常典型的孕5月妈妈的腹型大小。

不要睡软床，要穿低跟鞋，休息、锻炼相结合。不是缺钙引起的，孕期喝奶很好。

有的人在整个妊娠期，甚至分娩后仍然有妊娠反应表现。更有甚者，虽然已经分娩几个月了，但在妊娠反应期听过的音乐、吃过的食物，都可诱发恶心，甚至呕吐，你最好不要去想它，慢慢会好的。

典型案例

是否可以拔牙？

怀孕满19周，严重牙痛。这颗病牙是右上方智齿，不知拔牙中实施的麻药对胎儿有无影响？根据以往经验，拔牙后易因发炎引起低热，这会对胎儿有影响吗？

孕前准备中就包括牙齿和牙龈的治疗，就是避免孕期出现牙病。怀孕期间，一般是不主张治疗牙病的，尤其是拔牙。但如果病情严重，也不是完全禁忌，建议到正规医院牙科进行治疗。

典型案例

我妹妹怀孕已5个月。但近期经常便秘，她以前就经常便秘。请问平时除了喝蜂蜜，还有什么好办法？如何用药或外用药？

应多吃含纤维素高的蔬菜、水果，调理饮食，吃得不要过精过细，适当吃些粗粮，如玉米面、红薯。喝胡萝卜水，晨起喝一杯温开水对缓解便秘可能有效。适当进行户外活动，促进肠蠕动。养成按时排便的习惯，有便意时不要拖延。孕期不宜使用治疗便秘的药物。

典型案例

我怀孕5个月，没干过什么重活，不知是什么原因最近耻骨总感到阵阵发痛，会是什么原因引起的呢？应该如何治疗？

正常情况下，怀孕5个月的孕妇不应出现耻骨阵痛现象，你是否久坐不动，导致血运不周？局部是否有压痛？建议你不要久坐，多走动，感觉一下是否可以缓解疼痛。如果不能缓解或阴道有血性分泌物，要去医院检查。

典型案例

如何补碘？

我刚怀孕5个月，有人说若孕妇缺碘就会影响孩子的大脑发育，还有人说若孕妇吃含碘食盐过多也会影响胎儿的脑发育。不知这些说法对不对？我该怎么办？

是的，如果孕妇碘缺乏，会导致孕妇和胎儿的甲状腺素合成不足，胎儿大脑发育会受到阻碍。严重缺碘的孕妇，会生下克汀病的患儿，智力和体格发育落后。碘在海洋生物中大量聚集，只要饮食中含有足够人体代谢所需的碘，就不会出现碘缺乏的症状。我们现在吃的含碘盐就是为了防止缺碘病。海带、海藻、海贝、海虾等海产品中含有丰富的碘。因此，碘缺乏病已显著下降。高碘也同样能够引起甲状腺肿。研究表明，胎盘对含碘药物十分敏感，碘化物可通过胎盘而使新生婴儿发生甲状腺肿。为此，英国已将含碘药物列为孕妇禁忌药品，所以孕妇不能擅自补碘或吃含碘的药物。

孕妈妈/罗月暖

第七章 孕6月（21-24周）

胎宝宝："我的听力发育起来了，就像在深海中的潜水员，听到的是高分贝的声音；令人吃惊的是，我能够听到妈妈的声音。

· 要检查是否有孕期贫血，多吃高铁食物
· 多晒太阳，多吃高钙食品
· 做妊娠期糖尿病筛查是非常必要的
· 孕妇体重增长加速

71. 宝宝写给爸爸妈妈的第七封信

亲爱的爸爸妈妈：

我在妈妈的子宫中生活了20周，几乎所有的器官系统都完成了构造，接下来是一些微细的调整了，正在一步步走向成熟。我通过自己的运动告诉妈妈在子宫内生活得很好，如果感觉不好了，我会发出信号——剧烈的胎动、少动或不动。我的听力发育起来了，就像在深海中的潜水员，听到的是高分贝的声音。令人吃惊的是，我能够听到妈妈的声音。

从这个月开始，我的大脑向更高级的层次发展，大脑皮质负责思维和智慧的部分已经发育起来了，大脑面积增大，脑的沟回明显增多，我明显表现出高等智慧生物的智商。对于来自外界的刺激，我已经能够做出快速反应，当妈妈有大的动作时，我会把身体紧紧地抱在一起，来保护自己不受到伤害，如果妈妈路过噪音很大的施工现场，我也会这样做，因为噪音对我实在没有什么好处。

我不断地长大，妈妈为我建的小屋对于现在的我来说还是比较宽敞的，所以，我还会来回地翻滚，如果我现在是臀位或横位，都不要紧，我距离胎位固定还有一段时日。妈妈越是安静我越是活蹦乱跳，尤其是在妈妈晚上要睡觉的时候，妈妈躺在那里，腹壁放松了，我有更大的活动空间，我也不用时常抱紧自己躲避妈妈的大动作，我开始尽情地活动。其实我白天也不少动，只是没有像晚上这样容易被妈妈察觉，妈妈可千万不要认为我不正常，说我多动或少动，带我上医院，医生又可能给我做B超了，我可不愿意长时间接受B超探头，它太热了。我已经进入胎动期，爸爸把耳朵贴在妈妈肚皮上，可以听到我运动的声音。如果妈妈肚皮薄，还可以看到

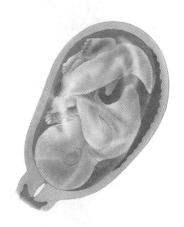

这个月的胎儿皮肤变得更厚了，皮肤上的皱褶很多，有胎脂覆盖。身体和四肢瘦长，肢体活动很多。引自 Elizabeth Fenwick 著《新一代妈妈宝宝护理大全》

妈妈的肚皮会被震动。我能够听到很多声音了，但我生活在羊水中，并不是什么都能听得到，我只对妈妈的声音比较敏感。

到现在为止，我的眼睑发育完成，但仍然是闭合的。我的皮肤缺乏皮下脂肪，呈半透明，可看见毛细血管中的血，不仅红，还皱皱巴巴的。不过外层有胎脂附着，以后还要逐渐增厚，为分娩时起到润滑作用。我已经在为自己离开母体做准备了，长得也好看多了。

我的全身开始长出细细的绒毛，叫做毳毛，覆盖了我的头和身躯。因为我的皮肤和毛囊已经发育好了。大家都知道我们祖先曾经浑身长毛，从来不用为衣服花钱，个个自备天然纯毛大衣。浑身胎毛就是"幼形遗留"的证据，我的胎毛在孕38周左右消失。

子宫对于我来说仍是比较宽敞的，我会很频繁地在羊水内改变姿势。嘴、眼、手都开始有明显的动作。尽管我的肺脏已经构建完成，并有了初步呼吸能力，但如果我这时从妈妈的子宫中出来，还不能存活。

你们的胎宝宝写于孕6月

第1节 孕6月胎儿的生长发育

72. 6月胎儿生长发育逐周看

❖ 胎儿21周时

胎儿体内基本构造已进入最后完成阶段。头、躯干、四肢比以前显得匀称些了。头部占全身约1/4，仍是头大身小。鼻子、眼睛、眉毛、嘴形状已经完整，有了外耳形状。大脑皱褶逐步出现，新小脑发育，出现海马沟，延髓的呼吸中枢开始活动。胎心搏动很快，使用胎心听诊器或普通听诊器，经孕妇腹壁，可以听到胎心有力的跳动音。胎儿的牙釉质和牙质开始沉积。呼吸系统功能正在不断发育完善。骨骼钙化逐渐扩展。

❖ 胎儿22周时

胎儿进入"胎动期"。肢体活动增加，腹壁薄的妈妈可以看到胎动时引起的腹壁震动，还可以摸到胎儿的肢体。这时，子宫对于胎儿来说仍是比较宽敞的，会很频繁地在羊水内改变姿势。嘴、眼、手都开始有明显的动作。已经有了初步的呼吸运动、吞咽活动，但这些运动和活动尚不能产生功效，此时早产还不能存活。

❖ 胎儿23周时

胎体还比较瘦，缺乏皮下脂肪，皮肤呈半透明，可看见毛细血管中的血，颜色偏红。胎儿心跳有力而规律，120~160次/分钟。如果妈妈的腹壁比较薄，爸爸的耳朵也比较灵敏，把耳朵紧紧贴在腹壁上仔细听，也可能听到胎心搏动，用一个纸筒会听得更清楚。可在药房购买一个听诊器，学习听胎心，不但能了解宝宝的情况，还可增进感情。

❖ 胎儿24周时

胎儿已进入中期发育的后阶段。皮肤出现皱纹，有较多的胎脂附着，起到营养和保护皮肤的作用。肺血管也已经开始发育。

❖ 孕6月胎儿外形是怎样的

胎儿已经明显长大了，身高可达35厘米，体重可达680克，全身比例越来越接近新生儿。这个月的胎儿还很瘦，还是头大身子小。头发又长多了，身长也比上个月长了，睫毛也清晰可见，骨骼开始变得强壮起来，关节开始了全面发育。胎儿肢体动作增加，手指清晰可见，长出了指节，手指偶尔碰到嘴唇，胎儿会轻轻吸吮。踢腿的力量增加了，妈妈可以明显地感觉到，胎儿运动的次数、幅度、力量都有不同程度的增加。

73. 胎动、胎心率、胎心音

❖ 还不能把胎动作为监测手段

胎动变得越来越规律，你基本能比较准确地感觉胎动，但这个月胎动监护还不

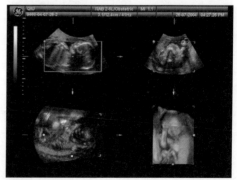

胎宝宝／冷明康

这组B超图非常清晰，因为这是高清晰度彩色B超，是妈妈在美国一家医院拍的。

太可靠，仍不能以此作为监护胎儿的可靠指标，不必为胎动减少和增加而烦恼，除非有非常显著的变化。第24周末胎动就可作为监测胎儿生长发育的方法了。

❖ 妈妈不必为一时的胎动减少和增加而烦恼

你可能会感觉胎动不同于上个月了，胎宝宝不再是温柔地和你打招呼，而是大幅度地在子宫中运动，翻滚、伸胳膊、踢腿，样样都不逊色，可以称为"小体操家"了。现在你和宝宝还没有达成协议——不会因为你要睡觉休息，他就老老实实一动不动，他也不会因为你已熟睡而悄悄地活动，他可以让你从睡梦中惊醒。不要急，在随后的日子里，他会逐渐与你同步，你也会对宝宝的"拳打脚踢"习以为常——睡得更加香甜，因为你知道宝宝非常健康，就像你听惯了丈夫的鼾声，没了这声音你还睡不踏实呢。

❖ 像钟表"滴答"一样的胎心跳动

胎心听诊是最传统，也是最简单、实用的胎儿监护方法。孕20周以后，即使非专业人员使用听诊器也能听到胎心。一般在脐下正中或稍偏左偏右。胎心音有其特点，虽然也是双音，但第一音和第二音很相近，就像钟表的"滴答"声。速度比较快，达120-160次/分钟，大多数情况下在140次/分钟左右。丈夫可每天帮助孕妇听胎心一次，并记录在母子健康手册上。如果胎心率少于120次/分钟或大于160次/分钟时，要密切观察胎动和胎心的变化，如

果仍不正常就要看医生了。

典型案例

异常胎动

我怀孕24周，昨天夜里因为有些忙，12点才睡觉，睡觉时感觉胎动很厉害，连续跳动有10到20多下。早晨8点多又开始连续跳动，不知胎儿怎么了？

劳累可能是胎动增加的原因，以后不要过度疲劳。今天好好休息一下，感受胎动是否恢复原来的平静。如果仍觉得异常，请看产科医生，查找引起胎动异常的原因。

典型案例

我怀孕24周，从第21周感觉胎动，最初两天很明显，感到他在踢我的肚皮，可后来经常感觉不到他在动，有时一天隐隐约约动几下，甚至一下。最近，我要是在感觉不到胎动时，就用手轻轻推他，拍他，他就开始动10分钟左右。我的胎动是否正常？

一般在妊娠28周以后开始记数胎动，28周前胎动还不规律，记数时有一定困难。你最初感觉明显，是因为你刚刚感觉胎动，等到习惯了胎动，就会不那么明显了。胎儿不动时，是在休息，不要有意刺激他。

74. 胎龄评估

孕12周以后，胎儿头部可以清晰显示，因此，从孕12周以后就可以通过B超对胎儿头部各项指标的测量来评估胎龄大小了。但是，在孕16周前和26周以后，因每个胎儿发育的生物学差异相对较大，以此评估胎龄时，会出现较大的误差。

胎龄评估误差表

孕龄周	BPD厘米	孕龄误差天	HC厘米	孕龄误差天	OFD厘米	孕龄误差天
21	5.22	3	18.6	12	6.3	10
22	5.45	4	19.6	13	6.7	10
23	5.80	3	20.9	14	7.2	11
24	6.05	4	22.2	14	7.6	12

胎头测量的指标有双顶径（BPD）、头围（HC）、枕额径（OFD）。其中最常用的是BPD。也可通过B超测量胎儿腹围（AC）和股骨长径（FL）来评估胎龄。

❖ **胎龄评估存在着一定的误差**

到了孕中晚期，孕妇会接受B超检查，在B超检查中，B超医生会根据胎儿几个部位测量的数值初步预测胎龄。如果孕妇记不清末次月经时间，就可通过B超预测胎龄，推测预产期。进行胎龄评估还有更重要的意义：推断胎儿在宫内的发育情况，如是否有宫内发育迟缓。但通过B超预测胎龄也存在很大的误差，在分析预测结果时，要考虑正常的变化范围，以及孕妇月经周期的变化，还有医生操作的准确性等。如果预测结果比实际孕龄大或小，并不都意味胎儿发育异常，还应做具体分析，或间隔一定时间后复查。

每个胎儿之间都存在着一定的个体差异，遗传、人种、营养、疾病等因素，对胎儿的发育都有一定的影响。一个身材高大的孕妇和一个身材矮小的孕妇相比，胎儿的各项测量指标可能会有一定的差异。

临床上常会出现这样的情况：早期妊娠预测的胎龄，与中晚期预测的胎龄不一致。这主要是因为孕早期胎儿间的个体差异不像孕中晚期那样明显。

典型案例

胎龄比实际孕龄大，是否与孕前服禁忌药有关？

我的末次月经是4月6日，今天是10月9日，应为6个月胎龄，26周零4天，但B超显示 双顶径（BPD）7.1厘米，股骨长径（FL）5.2厘米，医生说已7个月了，我很担心，因为3月份我感冒，吃了大量孕妇禁用的药，现在我不知道该怎么办？另外，孕11周半时，B超显示BPD为2.2厘米，FL为0.7厘米，是否符合孕周？

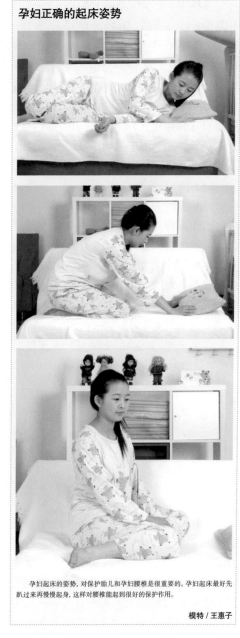

孕妇正确的起床姿势

孕妇起床的姿势，对保护胎儿和孕妇腰椎是很重要的。孕妇起床最好先趴过来再慢慢起身，这样对腰椎能起到很好的保护作用。

模特／王惠子

孕周与BPD、FL的正常对应关系是：

孕12周时，BPD平均值为2.0厘米，FL平均值是0.8厘米。

孕27周时，BPD平均值是6.7厘米，FL平均值是5.2厘米。

26周零4天孕龄是差1周多满7个月，不是6个月，所以，B超医生说你孕7个月差不多呀。你是在孕11周半、26周零4天分别做的B超。可分别按12周、27周对应的BPD、FL计算。两次B超结果，胎儿FL值是符合孕周的。BPD略大于孕周，考虑有几种可能：第一：测定的准确性；第二：父母一方是否头颅比较大；第三：胎儿生长发育快。即使没有这3种可能，0.2-0.3厘米的差别是很小的，书上所表明的是平均值，会有小的差异，不能就此认为胎儿发育与孕周不符。你的末次月经记得很清楚，如果月经周期准确，从道理上来讲应该是在4月下旬受孕的，你3月份感冒用药对胎儿不会造成影响，不要为此担心。

❖ 胎儿体重预测

在临床中，遇到以下情况，需要借助B超测量胎儿的双顶径（BPD）、头围（HC）来预测胎儿体重：

• 患有糖尿病的孕妇，可能会出生巨大儿。

• 胎盘功能不好，或脐带发育有问题时，胎儿的生长发育可能会受影响，出现胎儿宫内发育迟缓。

• 孕妇合并有不宜继续妊娠的疾病，需要提前终止妊娠等情况时。

影响胎儿体重的因素不仅仅与身长、股骨长、双顶径等因素有关，还与胎儿内脏、软组织等诸多因素有关。另外，B超机的质量和B超医生测量熟练程度和技术水平，对测量数值的准确性也有一定的影响。所以，通过B超来预测胎儿体重会存在一定的误差。所以，产科医生会根据孕妇的各种情况做综合分析，孕妇切不可因为一个预测值有偏差而焦虑。如果医生告诉你没有问题，你就要把心放下来。

第2节　孕6月时的准妈妈

75. 孕6月准妈妈的变化

❖ 体重增长加速

体重增长加快，变得丰满起来，看起来是个真正的孕妇了。体重每周可增加350克左右。这时，妈妈开始要注意饮食结构了，既保证胎儿营养所需，也要避免孕妇过胖和胎儿过大，不吃只提供热量但营养价值很低的食品，如含糖高和含脂高的食品。如果你的体重增长过快，每周增加超过500克，或体重增长缓慢，一周几乎没有增长，需要在产检时向医生说明，医生会对你和胎儿进行评估，给出合理的建议。

随着体重的增长和腹部的增大，你可能会感到有些笨拙。但多数孕妇并没有这种感觉，甚至感到身体比前段时间更轻松，活动起来更轻盈了。的确会有这样的感觉，因为在怀孕最初几个月，妊娠反应和对胎儿是否正常的担心，令你心事重重，怀孕初期的不适也给你带来一些烦恼，体内激素的改变让你心绪不安，情绪波动。随着月龄的增加，出现了胎动，B超下看到了腹中的胎儿，听到了胎儿的心跳声，胎儿的健康成长给你带来了新的喜悦，母爱在你心中萌发，这些都让你感到怀孕的美妙和幸福。

如果你感到身体笨拙，不要勉强自己。请放慢行进的脚步；降低运动强度；少做些家务；做不完的工作交由同事代劳。这时的你需要亲人朋友和同事的关心照顾；不要难于启齿，能够帮助你的人会心甘情愿帮助你的。无论是否有过生育经历，大家都会对孕妇加以照顾。你出现在任何场合，只要发现你是位孕妇，即使是陌生人，

孕妇错误的起床姿势

其实正确的起床姿势不单单对孕适用，通常情况下，人们起床都是从仰卧位或侧卧位直接用头颈和腰背部，并借助上肢肘部支持的力量，这样姿势起床会增加腹部肌肉的张力，加重腰背部肌肉的劳损，腰椎的稳定性主要靠腰背部肌肉协调平衡和支撑。中老年人中腰痛的人的很多，所以保护腰椎要从年轻人做起。

模特／王惠子

也会热心帮助。比如，在拥挤的车厢里，把座位让给你；在涌动的人流中，本能地伸手挡住拥挤的人群，你就欣然接受这些帮助吧。

❖ **子宫底达脐上两指**

子宫也进一步增大，可达脐上两指，使得下腹部看起来明显隆起。在别人看起来，孕妇活动不像以前灵活了，但孕妇本人却大多感觉不到自己有多大的变化，可能走得还会很快。如果孕妇自己并不觉得笨拙，尽可按照自己的意愿行事，过度休养不利于胎儿发育和顺利分娩。

❖ **爱出汗**

怀孕后，基础代谢率增加了约20%，这使得孕妇，尤其是中期以后，很少会感觉到冷，甚至比男士更耐寒，不过，孕期适当保暖还是必要的。大多数孕妇在孕早期都有怕冷的感觉，到了孕中、晚期就开始怕热了。

❖ **乳房分泌**

孕期乳房会发生一系列变化，妊娠最早几周感觉乳房发胀，有触痛感，妊娠8周后乳房明显增大。妊娠期间有多种激素参与乳腺发育，为分泌乳汁做准备。妊娠后期挤压乳房时可得到数滴稀薄的黄色液体，个别孕妇在孕中期挤压乳房时可见少量清液，但妊娠期并无真正的乳汁分泌。

❖ **头晕**

有的孕妇会感觉阵阵头晕，尤其是变换体位时，试着这样做，或许能改善你的不适：

•不要长时间站立。

•不要长时间走路，尤其是逛街，你会在不知不觉中走很长的路。

•当你坐着时，如果有人叫你，你千万不要突然起身，动作一定要放慢。

•躺着时，如果你要起来，最好先趴过

来（以膝盖和前臂支撑身体），然后再慢慢起来。

• 血糖低会使你头晕，如果你感觉头晕，吃点东西是否能够缓解头晕？能的话，就在三餐以外，加一两次点心。

• 天气热，气压低会使你感觉到头晕，你要尽量避开闷热的房间。

• 如果你感觉有些头晕，躺下来休息一下，如果不能缓解，或头晕很重，要与医生联系。

❖ 手腕疼痛

怀孕中后期，你可能会出现手腕部疼痛，有时连带手指、胳膊和肩部疼痛。这多是由"手腕综合征"所致。认为是由于怀孕后体内积蓄过多的液体，会积聚在腕部，导致腕部肿胀，压迫韧带下方的神经引起胀痛感。其实，"手腕综合征"并非是怀孕期特有现象，而是一种疾病，多是由于过多使用手腕，如长时间在电脑键盘上操作，电子收银员等容易患上此病。其主要表现是手腕部沉重和酸胀感，有时会感到闷痛或刺痛，严重时会波及整个手部，甚至上肢和肩部。如果你在孕期出现了"手腕综合征"症状，可尝试以下方法缓解症状：

• 减少使用手腕的工作。使用电脑时，

孕妈妈 / 潘晓敏
潘女士怀孕24周。

手臂、手腕和手部在一个水平面，手腕可稍向下弯曲，而不要向上弯曲，可借助"鼠标垫"让手腕保持舒适的位置。

• 走路或站立时，尽量把两手放在上衣口袋里；坐着时，尽量把手抬高；睡觉时，不要把手压在头下，也不要蜷起手腕，而是让手腕自然伸展放在枕头上。如果手腕疼得厉害，以至于影响睡眠，请看骨科医生，医生会有办法缓解你的疼痛。

❖ 小腿抽筋

睡到半夜时，你可能会被突如其来的小腿抽筋惊醒；走路中或游泳时，你的小腿可能会突然抽筋了。小腿抽筋的原因有两个猜测，一是缺钙，二是增大的子宫压迫血管神经。你可以尝试以下几种方法来缓解小腿抽筋：

• 摄入充足的钙剂，每天喝奶500毫升，另外喝酸奶、酸乳酪等奶制品，可提供每日所需大部分的钙质。每天额外补充钙质600毫克（是说明书中每片所含钙元素的量，不是每片钙片的量）。增加户外活动，如果不能保证户外活动，要补充含有维生素D的钙片。

• 不要长时间站立或坐着不动，漫步比站立好，躺着比坐着好。

• 睡觉前用温水泡脚，按摩腿部肌肉。

• 坐着时把腿抬高，躺下时或睡觉时，用枕头或垫子把腿和脚垫起来。

• 感到腿麻时，最好下地活动活动。

❖ 憋不住尿

你可能不再像原来那样能憋尿了，有尿必须马上排，否则就会尿裤子，甚至打个喷嚏，咳嗽一声都有尿液流出来。这是因为增大的子宫压迫膀胱所致，也可能是因为盆底肌肉松弛所致。不管是什么原因，你都不要过分担心，尽量不让自己憋尿，有尿意及时去卫生间。排尿后再坐一会儿，尽可能地把膀胱中的残余尿排出来。打喷嚏或咳嗽时，不要紧闭嘴唇，这样会使腹压增高，压迫膀胱，使尿液流出。另外，打喷嚏或咳嗽时，把腰弯下来，膝盖略弯曲，使腹部放松，也可防止尿液流出。你也可以通过做盆底肌运动，加强盆底肌强度，减少尿液流出。

❖ 痔疮

怀孕期出现痔疮并不少见，这是因为怀孕后胃肠道蠕动减慢，导致便秘，便秘是导致痔疮最常见的原因。还有增大的子宫压迫结肠和直肠，一方面导致排便困难，另一方面导致直肠充血静脉扩张。怀孕期患痔疮会给孕期和生活带来烦恼，建议采取以下措施预防痔疮的发生：

•预防便秘，这是防止痔疮的重要环节，要多喝水，吃高纤维素和有润肠作用的食物，如燕麦和全麦粉、红薯和萝卜、白菜和芹菜、西梅和火龙果等。养成每天定时排便习惯。散步是预防便秘很好的方法，每天坚持散步一个小时。

•少坐，长期坐着是引起便秘和痔疮的原因之一，如果你的工作就是坐着，要定时站起来走几步。晚上不要坐在电视或电脑前，连续几个小时不动窝。

•进行盆底肌运动也有助于排便和防止痔疮。

•如果感觉肛门不舒服或有疼痛，晚上可用热毛巾热敷，可缓解疼痛，预防痔疮。

•一旦患了痔疮就需要看肛肠科医生，由肛肠科医生根据痔疮程度采取相应的处理方法。

❖ 腰腿、骶骨、耻骨痛

随着子宫增大，你可能会出现腰腿痛，也可能会出现骶骨痛（骨盆后部，尾巴骨上的部位），还有可能出现耻骨联合处疼痛（骨盆前部，小便以上的部位）。有的会在孕中期出现，有的会在孕后期出现，有的一直都不会出现。如果你出现了这些情况，请尝试以下方法缓解：

•尽量减轻子宫对骨盆的压力，站立、坐位会增加子宫对骨盆的压力，休息时尽量采取你感到舒适的卧位。

•尽可能不长时间站立，站立时要缓慢移动身体，或慢走。

•坐着时，不要仰靠在沙发背或椅背上，采取上身挺直或略向前倾的坐姿。

•如果疼痛明显，产检时向医生咨询解决办法。

76. 准妈妈营养素重点补充

❖ 铁的补充极为重要

铁是生产血红蛋白的必备原料，血红蛋白把氧运送给细胞。随着孕龄的增大，对铁的需求量不断增加。胎儿也要从妈妈的身体组织中吸取铁，以满足自己生长发育的需要，胎儿还要在体内储存一定量的铁，以满足出生后的需要。孕妇需比平时多补充铁，除了要多吃含铁丰富的食物外，还需要额外补充含铁的营养品。

生产血红蛋白不仅需要铁，还需要有充足的叶酸和维生素B12，维生素C可促进铁的吸收。所以，为了保证铁的吸收和利用，不但需要补充足够的铁，还需要同时补充足够的叶酸和维生素B12、维生素C。孕前和孕初期补充小剂量的叶酸是为了预防胎儿神经管畸形，这个时期补充叶酸是为了预防和纠正孕妇贫血。预防胎儿神经管畸形需要补充的叶酸量为每日0.4–0.8毫克，预防和纠正贫血需要补充的叶酸剂量为每日5毫克。含叶酸丰富的食物有大叶青菜和含蛋白质高的食物。医生可能会让你吃维生素、铁剂和叶酸复合胶囊或药片。

❖ 缺铁性贫血

缺铁性贫血是缺铁的晚期表现，是体内铁储备告急的信号，是贫血中最常见的类型，育龄女性、孕妇、婴儿发病率最高。

•贫血对孕妇的影响

慢性或轻度贫血，机体能够逐渐适应，孕妇多没有不适症状，对孕妇影响不大。如果贫血明显，孕妇则会出现心跳加快、疲乏无力、食欲减退、情绪低落等。如果贫血严重，则可导致贫血性心脏病。贫血可使妊高征的发病率增高；机体抵抗病原菌的能力下降；分娩时宫缩不良；产后出血；失血性休克。

•贫血对胎儿的影响

孕妇贫血，胎盘供血不足，可导致胎儿宫内发育迟缓及早产。孕期贫血妈妈所生的新生儿患病率和死亡率都极高。胎死宫内的发生率是普通人的6倍，胎儿宫内窘迫发生率可高达36%。铁的运输是单方向由胎盘输送给胎儿，即使孕妇缺铁，仍然会不断地通过胎盘供给胎儿铁，但如果孕妇严重缺铁，无论如何也不能保证胎儿铁的需要，则胎儿出现缺铁，胎儿铁储备不足，出生后发生缺铁性贫血的几率增高。胎儿缺铁会影响胎儿脑发育。

•缺铁性贫血的预防

预防缺铁性贫血并不难，但为什么仍然有如此高的发病率呢？其主要原因是重视不够。平常多摄取含铁丰富的食物：动物肝脏、动物血、黑芝麻等。孕20周以后开始服用铁剂：100毫克-500毫克，医生会根据孕妇缺铁程度给出医嘱，铁剂一定要在饭后服用，以免伤胃。影响铁吸收的食物要注意：茶叶、咖啡等可影响铁的吸收；植物和蛋类中含铁量虽然不低，但不易吸收，动物铁易吸收；维生素C有利于铁的吸收，多吃含维生素C的食物可促进铁的吸收。

❖ 钙的需求量增加

到了孕中期，每日钙的需要量为1500-1800毫克。我国膳食结构特点，一般情况下，从食物中摄取的钙量约800毫克左右，不能满足孕妇的需要，应该额外补充钙剂。

常常有孕妇问：到底吃什么钙好？首先要明确，从食物中摄取钙是最佳途径，不要因为市场上琳琅满目的补钙品而忽视食补。无论什么样的钙剂，都比食物钙的吸收利用率低。钙的吸收利用还需要有维生素D的参与。所以，在补充钙的同时不要忘记补充维生素D。过多补钙，不但不能吸收，造成药源的浪费，还会引起大便干硬，孕妇本来就容易出现便秘，服用过多的钙剂可加重便秘。所以，补钙不是越多越好，应适量补充。

小腿抽筋不一定都是缺钙所致，妊娠期，由于增大的子宫压迫下腔静脉、大隐静脉及坐骨神经等神经血管肌肉组织，也可出现小腿抽筋现象。食物补钙吸收好，奶为高钙食物。骨头和虾皮含钙高，但骨头汤中的钙含量并不高。虾皮虽然是高钙食品，但每日摄入量有限。所以，这两种高钙食物难以与奶媲美，孕妇应养成每日喝奶的习惯。（更多与营养有关问题请参阅第十四章《营养》）

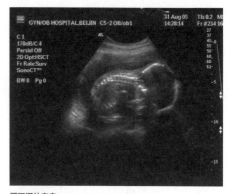

邳丽娜的宝宝
从这张 B 超图片里可以清楚地看到胎宝宝的脊柱。

77. 孕6月准妈妈需注意的问题

❖ **解除疑虑**

当周围的人都知道你怀孕的时候，你可能会听到来自四面八方的建议和忠告；你也可能通过杂志、书籍看到孕妇可能遇到的麻烦；你自己也会遇到许多问题。把你积攒的问题都在产检时向医生寻求解答，如果怕有遗漏，可事先把要问的问题记在一个小本上，逐一地咨询医生，切莫对号入座，自寻烦恼。

❖ **有习惯流产史的孕妇不宜做乳房护理**

乳房进一步增大，在乳房的周围可能会出现一些小斑点，乳晕范围扩大，不要把它看成是不正常的表现。这时要开始注意乳房的护理和保护了，如果有乳头凹陷，可以每天向外牵拉几次，但是，如果有腹部不适，甚至腹痛的感觉时，就不能再做了。每天用干净的湿毛巾轻轻擦洗乳头一次，以免溢出的少量乳液堵塞乳头上的乳腺管开口。擦的时候动作一定要轻柔，以免把乳头擦破，有习惯流产和早产史的孕妇，做乳头护理时要注意，过分刺激乳头可能会引起子宫收缩。

❖ **预防早产**

如果出现这些现象，你要想到早产的可能，一定要与你的医生取得联系。

•阴道分泌物异常，粉红色、褐色、血色或水样。

•小腹阵阵疼痛，或像痛经，或像拉肚子，或总有便意。

•腰骶部阵痛。

❖ **腹泻刺激子宫收缩**

孕期腹泻对孕妇健康有很大的影响，腹泻使肠蠕动加快，甚至出现肠痉挛，这些改变会影响子宫，刺激子宫收缩导致流产、早产等不良后果。所以孕期预防腹泻是很重要的。

孕妈妈／罗月暖

这个月从外形上看你已经是一个标准的孕妈妈了，爱漂亮的妈妈可以选择此时去拍孕期写真，给你和宝宝留下一份珍贵的纪念。

典型案例

我是一名怀孕6个月的孕妇，自5个多月起时常腹泻，严重时大便呈水样。近来影响吃饭，不敢吃生冷食物和水果，饭后也常感腹部不适，常嗝气，大便淡黄稀软。期间我服过黄连素、多酶片、吡哌酸片，见效不大。用什么方法能尽快调理过来，我怕因为我进食不好，造成胎儿发育不良。

应该到医院做必要的检查。检查的项目有：大便常规、大便潜血、便中虫卵、大便培养、大便病毒检测，如巨细胞病毒包涵体等，根据临床症状、体征，结合化验室检查明确诊断。不要自行服用抗生素，以免菌群失调，反而使腹泻进一步加重。

腹泻会增加早产的几率，应积极控制。如果化验室检查正常，建议停止服用抗生素，可服用益生菌、蒙脱石散和口服补液盐。

每顿饭要定时、定质、定量；饮食搭配要合理，不能只吃高蛋白食物，而忽视谷物的摄入，什么都吃是最好的；冷热食品要隔开食用，吃完热食，不能马上就吃凉食，冷热食品至少要间隔1小时；不要进食过于油腻、辛辣的食物和不易消化的食物；若你正在服补血药铁剂，建议饭后服用，以免影响食欲或出现腹泻。

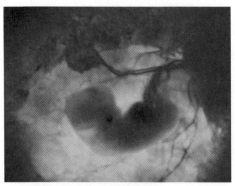
这根漂亮的脐带就是胎宝宝与妈妈沟通的桥梁。

你可仔细观察一下，在什么情况下、吃什么饮食出现腹泻？能否找到一些规律或引起腹泻的原因。如是否与吃海产品或辛辣食品有关？是否与受凉有关？

78. 孕6月常见问题实例咨询

典型案例

胎位不正需要纠正吗？

孕22周+3天到医院检查，宫高18厘米，腹围83厘米，胎心140次/分钟，说胎儿过小。17周+4天我的体重为42.5公斤，22周+3天体重为47.5公斤是否正常？胎儿臀位，双顶径5.7厘米，胎盘前壁，功能0级，羊水深度6厘米，股骨长径3.9厘米，是否提示胎儿过小？胎位不正需要纠正吗？腹部及腰背部瘙痒，有红疹，是否需要治疗？

单从宫高和腹围来判断胎儿发育是否落后有很大误差，从双顶径和股骨长径来判断胎儿发育是否落后还比较可靠，从测量的数值来看，不能算发育迟缓。孕妇体重比较轻，不知孕妇身高是多少，孕前体重是多少，如果比孕前增加过少，应看医生。目前不需要纠正胎位。皮肤问题需看医生，确定是妊娠红斑还是荨麻疹。

典型案例

胎龄相差2个月以上正常吗？

我爱人是9月17日停经，12月20号左右开始反应的，呕吐不止。今年3月中旬去医院检查，医生说胎儿只有4个月半，就是说受孕是在去年11月。我爱人月经一直正常，就在怀孕前——9月份不正常，应该在8月23号来，但是推迟到9月17日。请问可能是什么时候怀孕的？

按照正常情况，你爱人的末次月经本应该是8月23日，却推迟到了9月17日，推迟了25天，那就不能排除下一个月经周期也会再次向后推迟，如果仍然推迟25天，下个月经来潮时间应该是11月11日，排卵期就可能是在10月底，甚至在11月初。以此估算胎龄，你爱人怀孕4个多月应该是很有可能的。建议下个月做B超，监测胎儿生长情况，如果下个月B超提示5个多月了，说明胎儿在宫内发育是正常的，就不需要再担心了。月经不准的情况下，就以B超评估胎龄了。

典型案例

胎儿腹水，怀疑肾输尿管畸形

我生活在昆明。在孕5个多月时，按期接受了正常的孕检。可就是这次孕检让我陷入了万分苦恼，B超单上写着可疑胎儿腹水，怀疑可能有肾输尿管畸形。这突如其来的打击使得我们夫妇不知所措。

我帮她分析了B超结果，胎儿20周以后腹腔内的脏器大部分都可以看到，但在正常胎儿前腹壁与肝脏之间常见一条很薄的暗区带，很容易被误认为是胎儿腹水。另外，产科医生所计算的孕龄是根据孕妇末次月经来潮的第一天开始算起，对于月经不是很准的孕妇来说，往往有一两周的误差，而B超所显示的是实际的胎龄。如果相差1周，在1周里，胎儿各脏器的变化是很大的。所以，B超结果需要动态观察。而且，B超是影像学，要靠B超医生的主观分析。基于以上几点，我劝告她不要着急。过1周再复查，结果一切正常。现在孩子已经3岁多，很健康。

孕妇不怕冷正常吗?

我的孩子是10月份出生的,北方的10月已经是秋风瑟瑟了,那时,我每天要骑2个小时的单车往返4次上班,直到住院分娩那天,我还是穿着一件夏季的汗衫,因为我实在感觉不到冷。不单我是这样,我看到周围的孕妇也大多不怕冷。这正常吗?

孕妇到了孕中晚期,体重增加,代谢功能旺盛,血容量增加,血液循环速度加快,产热量增多。因此,孕妇常常感觉不到冷。

我现在怀孕6个多月。如果坐得时间长了,左侧乳房下方就会觉得酸痛(不戴胸罩也是这样),现在更严重了。站立时这种感觉就不是很明显,经过一夜睡眠后,基本上可以消失。请问是什么原因引起的?

若无其他情况,你所说的可能就是左侧胸痛,是由于增大的子宫使腹内压力增高,膈肌上升,脾脏受到牵拉,出现类似"脾曲综合征"的表现,坐位加重,站立和卧位减轻是其特点。你尽量减少坐位时间。另外,做产前检查时顺便让医生检查一下乳腺。

是否改用其他药品?

我在怀孕6个月时发现外阴瘙痒,经检查为霉菌。医生建议用苏打粉和克霉唑栓剂治疗。但栓剂不能在一夜间完全溶化(500毫克1枚),第二天一早我不得不将剩余药洗去因怕伤害胎儿,故不敢将药品塞得过深,共用过2枚,发现药品磨破了阴道口的皮肤。我是不是不适合使用栓剂?是否可以等分娩后再治疗?不治疗对胎儿会有什么影响?不知我是怎么感染上霉菌的?

妊娠期,特别是孕中晚期雌激素水平很高,阴道分泌物增多,阴道内糖原的合成增加,这种高雌激素、高糖环境,加上妊娠本身的免疫抑制作用,有利于霉菌生长。霉菌性阴道炎应积极治疗,分娩前有霉菌性阴道炎,产后会使病情加重,治疗是必要的。但是,因为处于怀孕期,不宜使用阴道栓剂,每天用碳酸氢钠水冲洗外阴,内裤开水烫,并在阳光下晾晒,可减少霉菌再感染。

阴部湿疹

孕前3年因出差用了招待所的盆,阴部受感染很痒。3年来多次做白带检查没有滴虫和霉菌,妇科医生开了些药膏都无效。到皮肤科检查,医生说是湿疹,开了恩肤霜,使用二三次就没有症状了。现在我怀孕6个月了,从第2个月开始阴部又痒了,医生让前3个月不要用药,第4个月时又查白带还是没有滴虫和霉菌,开了妇肤康药水、克霉唑软膏、雪莲药垫、丽泽洗剂(聚维酮碘溶液),我很犹豫。妇科的医生不懂皮肤科的病理,而皮肤科的医生又不知道孕期的禁忌,我还能用恩肤霜吗,如果不治疗的话会不会对胎儿有影响?

阴部湿疹确实是很容易复发的。治疗湿疹的药膏多含激素成分,不宜长期使用。建议你使用成分单一的药膏,短期症状缓解后马上停药,不是很痒就不要重复使用。阴部湿疹不易除根,孕期不是彻底治疗的时候,等到分娩后再彻底治疗。要穿透气好、宽松的棉质内裤,不要用任何护垫。

盆骨痛

我妻子怀孕已经6个多月,自怀孕以来一直感觉到盆骨时有疼痛,不知是何原因?

妊娠中晚期,子宫逐渐增大,压迫骨盆,尤其耻骨联合部;压迫神经,影响血流,都可引起骨盆甚至下肢疼痛。不要站立时间过长,不要长时间逛街,也不能长时间保持同一坐姿,要多变换体位,适当躺下休息。您妻子是自怀孕以来一直感觉到盆骨疼痛，似与子宫增大没有关系，孕早期子宫还没有增大，为了慎重起见，还是看一看医生，及时发现异常情况。

典型案例

豆荚中毒

上周我不慎豆荚类食物中毒，连续呕吐6~7小时，无腹泻。不知是该蔬菜没煮透还是菜上的农药所致，注射阿托品才止吐。请问上述病情和药品对胎儿有无影响？

吃豆类食物出现呕吐现象多是由于没有煮熟的缘故。扁豆中含有凝集素和溶血素，是有毒物质，遇高热后可被破坏。如果扁豆类未煮熟，往往引起食物中毒。一般在食后1~5小时发病，先是恶心，继而多次呕吐。症状轻的不需治疗，大多数在24小时内可恢复健康。阿托品有缓解胃肠痉挛的作用，对人类没有致畸作用。

典型案例

拍足部X射线片对胎儿安全性不放心

我太太怀孕24周，不慎扭伤脚踝。为了确诊是否骨折，不得不做了局部X射线透视。虽然透视时，用铅背心盖住了腹部，但我们心里依然惴惴不安。请问这样对胎儿有多大影响？

你们的心情是可以理解的。你太太透照的是脚踝，距离胎儿还有一定距离，不是直接照射胎儿。还有，因为已经是孕中期，胎儿各器官已经基本发育成熟，已不像孕早期那样脆弱。更重要的是，腹部穿了防X射线的铅马甲，已经采取了可靠的防护措施，尽可放心，不要再惴惴不安了。

典型案例

过敏性鼻炎

孕24周。怀孕后一直很容易鼻塞、打喷嚏、流鼻涕，2周之前，由于天气变化，鼻塞很厉害，呼

孕妈妈 / 孙菲菲

有心的孕妈妈可以开始给宝宝准备小衣服啦！满心期待着小宝宝的到来。

吸及吞咽都有困难，医生诊断为过敏性鼻炎，开了辛芩冲剂，我只吃了一包，听说中药也有副作用。我现在是否该继续吃药？

过敏性鼻炎本身不会影响胎儿，由其引起的流涕、喷嚏也不会影响胎儿。若不是感觉呼吸困难，也没有并发病毒和细菌感染，可暂时不用药物治疗，待分娩后再彻底治疗。因为抗过敏的药物大多是孕妇C类用药，对胎儿的安全性有影响。

典型案例

能否使用复印机？

我现在怀孕7个月，听说孕妇不能使用复印机，会致畸，我非常担心。因工作关系，孕早期曾经常使用复印机，现在听说后很焦虑。

使用复印机是否可增加胎儿畸形的发生率，就目前来说尚无权威性的定论，也缺乏大人群的对照研究。复印机可释放臭氧，但多在安全范围内，只要使用时室内通风，一般不会对人体造成危害。有报道称，孕早期长期接触有辐射、铅污染、臭氧的环境会增加流产的几率。现在你已经怀孕7个月了，胎儿一切正常，没有发生流产、胎儿发育迟缓等问题，就说明对胎儿没有造成伤害。

第八章　孕7月（25-28周）

胎宝宝："我唤醒了妈妈强烈的母爱，我开始有表情了，还时常做个"怪相"，张嘴、皱眉、眨眼、咂嘴、吸吮、打哈欠样样都会，我的活动能力特别强了，踢腿、挥胳膊、翻筋斗、游泳、伸懒腰样样都行。"

· 妈妈可以记录胎动次数了

· 护理腹部可减少妊娠纹

· 妈妈进入围产期了

亲爱的爸爸妈妈：

我在你们的内心已经占据了重要的位置，无论做什么事，首先想到的是我，尽管我还没有出生，还没有真正来到爸爸妈妈中间，但你们已经把我当成家庭的一员了。

妈妈，在您的内心深处，一种强烈的母性意识已被我悄悄唤醒，没怀孕的时候，您时常感觉自己是个孩子，在丈夫面前，您常常有幼稚的表现。怀孕初期，当您还没有感受到我的存在时，只把注意力放在您自己的变化上。随着我的成长，我们母子之间有了交流，您的感受完全变了。每当我踢一下您的腹壁，您就会情不自禁地和我对话。当我在您肚子里翻筋斗的时候，您会疼爱地用您的大手抱住肚子，生怕我磕着。

我可真的长大了，已经和刚刚出生的新生儿很接近，这是我一丝不苟地自我完善的结果。我的指甲全部出现（不好意思，趾甲还没有完工），眉毛和睫毛形成。以前我一直是闭着眼睛埋头苦干，从现在开始我已经能把眼睑部分打开，外面的世界对我来说还不那么重要，但是我也需要提前有所关注，所以我是半睁半闭看世界。我现在的皮下脂肪很薄，所以，皮肤皱褶很多。爸爸妈妈不用着急，还有10多周的时间，到那时，我就是个超级漂亮的宝宝了。

爸爸妈妈，从现在起，我将把主要的精力都用在长体力上，我的肌肉、脂肪、骨骼都将迅速增长。我的大脑仍然和以前一样不断增长，功能不断完善。我的肺脏也开始发育了，已经能够呼吸，尽管还很不规律，吸入的也不是气体，而是羊水，但这对我来说是非常重要的，因为如果我现在不开始练习呼吸，当我离开妈妈的子宫后，就不能建立自己的呼吸系统。呼吸系统是我最后完成的系统，现在我还不能离开妈妈自己呼吸。所以，如果我没有长满孕28周就不幸早产，我会遇到非常严峻的生存挑战。随着现代医学技术的进步，在一些发达国家，以及我国的高端医疗机构，已能成功地抢救妊娠20周早产的婴儿，但这样的例子并不多，机会也是非常有限的。

我真想让妈妈看看我的表情，我的脸部也长了肌肉和脂肪，所以，我开始有表情了，我会张开嘴、皱眉头、眨眼睛、打哈欠、努嘴、吸吮，还会做个"怪相"。我的活动能力特别强了，踢腿、挥胳膊、翻筋斗、游泳、伸懒腰样样行。我睡觉的时候，总是抱着小腿小手，把自己蜷缩起来，安静地睡着。当我醒来的时候，我可就开始尽情地运动了。妈妈的体会最深，因为常常赶上妈妈休息，可我却刚好要做运动，慢慢我会逐渐和妈妈的作息时间一致的。我现在开始长骨头肌肉，需要妈妈多吃含钙、铁的食物。如果爸爸妈妈要对我进行胎教，可不要不分时候，打扰我的好梦。对了，我还没告诉爸爸妈妈，我已经会做梦了，我可不像成人常常做噩梦，我做的可都是香甜的梦。睡觉对我来说是非常重要的，我几乎24小时都在睡觉，为的是长自己的身体，我生长的任务太重了。所以，爸爸妈妈不要拿一些时髦的东西来打扰我，我要休息生长，这对我来说比什么都重要。如果我的身体没有发育好，出生后，我怎么能生活和学习啊。爸爸妈妈不要急，拔苗助长对我的发育非常有害，以后的时间长着呢。

在这短短的4周里，我的脑沟脑回逐渐增多，脑皮质面积逐渐增大，几乎接近成人脑。但爸爸妈妈要知道，在接下来的时日里，我神经系统的发育仍在继续，直到出生也没有停滞。从外观看，我几乎有了新生婴儿的模样，五官已经很对称了，眼耳鼻嘴样样齐全，不仅耳朵复杂的外形惟妙惟肖，我的听觉已经发育得很好。醒着和睡着有一定的规律性了，细心的妈妈可以感觉到我是在安静地睡眠，还是醒着玩耍。如果早晨起来，爸爸拍着巴掌，叫我起床了，我会活跃地舞动起来。我对爸爸妈妈的触摸也有感觉了，如果妈妈用手触摸腹部，我会伸伸小手、踢踢腿和妈妈交流。

您的胎宝宝写于孕7月

第1节 孕7月胎儿的生长发育

80. 孕7月胎儿生长发育逐周看

❖ **胎儿25周时**

胎儿大脑在继续发育着，脑沟脑回明显增多，大脑皮质面积逐渐增加。胎儿的运动能力不断增强，开始会挥舞肢体，对外界刺激更加敏感了。胎儿可以通过吸吮羊水吸收水分，羊水可随着呼吸进出呼吸道。胎儿骨骼不断发育变硬，骨关节开始发育。

❖ **胎儿26周时**

胎儿身体各部分比例相称。妈妈可以根据胎动来判断胎儿在宫内的活动情况。妈妈的子宫对于胎儿来说还是很大的，可以在里面翻来滚去的，所以，现在如果是臀位不要紧，明天，甚至一会儿胎儿自己就又变成头位了。

❖ **胎儿27周时**

胎儿继续快速发育。除了消瘦外，从外观上看与足月儿已经没有太大区别了。胎儿皮肤比较红，毳毛明显，皮下脂肪仍然比较薄，皮肤有很多皱褶。胎儿脑在继续发育，已经具有了和成人一样的脑沟和脑回，但神经系统的发育还远远不够。胎儿已经正式开始练习呼吸动作。到耳朵的神经网已经完成。胎儿的视网膜还没有完全形成，所以在此时出生可患早产儿视网膜症。

❖ **胎儿28周时**

皮下脂肪进一步增多。尽管此时肺发育还不够成熟，一旦早产通常需要呼吸器辅助呼吸，维持早产儿的生命。胎儿开始会做梦了，眼睛可以自由睁开、闭合，睡着和醒着的间隔变得有规律了。

❖ **孕7月胎儿的外形**

胎儿身长达35~38厘米，体重达1000克左右，脸和身体呈现出新生儿出生时的外貌。因为皮下脂肪薄，皮肤皱褶比较多，面貌如同老人。头发已经长出5毫米，全身被毳毛覆盖。眼睛已经会睁开了。已经有吸吮能力，但吸吮的力量还很弱。

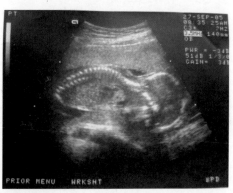

胎宝宝 / 刘梓涵

胎宝宝面朝下，可以非常清晰地看到胎宝宝的脊椎，看上去多么像胚胎时期的体节啊。

81. 记录胎动和胎心

从第28周开始要正规地记录每天的胎动了。这给今后监护胎儿的正常发育带来很多便利。经过一段时间，你会逐渐熟悉你腹中胎儿大体上的胎动规律和特征，这是很重要的，因为每个胎儿胎动的频率、强弱、胎动的时间、持续时间、间隔时间等都不尽相同，有时还存在比较大的个体差异。所以，你不但要认真记录你腹中宝宝的胎动，还要仔细体会，找出其中规律和特征。

❖ 胎动记数方法

每天早、中、晚饭前或饭后，最好选择固定的时间，在大致相同的情形下记数胎动。每次记录1小时，在这1小时里，不一定要躺着或稳稳地坐着，只要能感觉到胎动，可以在室内走动、聊天。但要避免因注意力不集中漏数胎动。把3次记数的数值相加，再乘4，就代表12小时的胎动次数。

❖ 胎动分析

•如果1小时内胎动数少于3次，就要注意了，可轻轻刺激一下，再接着记数1小时。如果仍然少于3次，继续感觉下一个小时的胎动，不要紧张，如果你觉得胎动异常，可向医生咨询。

孕妈妈／潘晓敏
潘女士非常重视胎儿发育，从怀孕那天起就全方位关注胎儿的健康，每天都要进行日光浴，用最自然的方法防止缺钙。

•如果计算出相当于12小时的胎动数少于30次，应引起注意，要继续观察，也可接着计算下一个12小时的胎动。如果少于20次，要向医生询问。

•如果今天的胎动数和以前相比，减少了30%以上，也应视为异常。要及时与医生取得联系。

❖ 一次胎动的概念

一次胎动是指胎儿一次连续的动作，而不是踢一脚或打一拳就算一次胎动。

有的胎儿可以很长时间处于安静状态，或运动幅度很小，孕妇不能清晰地感觉到胎动。所以，一次胎动记数不能反映胎儿的总体运动情况。但胎动仍是孕妇对胎儿进行监测的可靠指标，可在早期发现胎儿的异常情况。如果医生认为胎动或胎心不好，会建议你做胎儿电子监护。

❖ 什么是胎儿电子监护

胎动是母体感觉到的最早的胎儿活动，也是产科医生用来观察胎儿是否良好的重要指标。伴随胎动所发生的胎心率加速是胎儿健康的表现，胎儿电子监护仪就是监护胎心率的变化，来评估胎儿在子宫内的情况。

当孕妇感到胎动时，按动一下按钮，监护仪记录子宫收缩的频率、强度和胎心率。通过对胎儿电子监护仪描记出来的图纸，分析和判断胎儿的情况。

❖ 记录胎心

不但丈夫和家人可以用听诊器听胎心，孕妇自己也可以使用听诊器听胎心。进入孕7月以后，记录每天所听胎心的节律、次数、强弱，可以了解胎儿的发育情况，也是孕妇对胎儿做自我监测的一项指标。胎儿在运动状态下，胎心率会增快，胎儿安静睡眠状态下，胎心率会减少。一般情况下波动在120-160次／分钟。有的孕妇和家人并不是每次都能把听诊器放在准确的位置。可能远离胎儿心脏，胎心音听起来比较弱，有时干脆就找不到胎心跳动的地方，胎心很弱时，就难以准确地听到胎心，加上孕妇腹部本身血管搏动音或肠鸣音，就更不易听到了，会引起孕妇和家人的不安。遇到这种情况，先不要着急，让孕妇起来活动活动，变换一下体位，过一会儿再仔细听。从腹部左下逐渐向上、向右慢慢移动听诊器，直到右下腹，再移动到腹部正中，会找到胎心搏动最明显的位置。

第2节 孕7月时的准妈妈

82. 孕7月准妈妈的变化

❖ 妊娠纹

妊娠纹出现的时间因人而异，大多数孕妇于妊娠晚期出现妊娠纹。很多女性都知道怀孕时会有长妊娠纹的可能。各种预防和消除妊娠纹的按摩霜、按摩乳、防护霜也使得女士们提早知道了妊娠纹。也有一些女士咨询预防妊娠纹的这些霜剂对胎儿是否安全，是否真的能防止妊娠纹的产生。

妊娠纹的产生，主要是由于皮肤过度扩张，使得弹力纤维断裂。如果你的皮肤弹性足够好，能抵抗皮肤张力的增大，没有发生弹力纤维断裂，或你的皮肤没有过度扩张，使得皮肤没有达到弹力纤维断裂的程度就不会产生妊娠纹。按摩霜或许能使你的皮肤更具弹性，但并不能保证弹力纤维不被逐渐增大的皮肤张力撑断。其实，妊娠纹并不那么可怕，新的妊娠纹发红发紫，产后颜色慢慢就变浅了，况且，并不是所有的孕妇都有妊娠纹。

❖ 身体笨拙

有的孕妇直到临产都觉得很灵活，可有的孕妇到了孕后期就感觉到很笨拙了，坐着起来困难，躺着起来时都需要有人帮忙，就连上卫生间都感觉费劲。每个孕妇在孕期的表现和感觉都不一样，感觉笨拙也不能证明什么，感觉还很灵活，也不能像没怀孕前想干什么就干什么，到了孕后期要注意安全。

洗澡时一定要防止滑倒，随着腹部增大，你的重心发生改变，洗澡间的地板比较滑，加上你穿着拖鞋，如果不注意就容易摔倒，尽管胎儿有羊水保护，也有导致早产的危险。

平时最好不穿拖鞋，尽管拖鞋很方便，但却存在不安全因素。无论你是否感觉笨拙，都不要登高，站立时，两脚稍微分开，重心落在两脚中间是最保险的。由于重心的改变，你很容易被脚下的障碍绊倒，即使是一根小树枝、一块小石子也要避开，所以，不要在光线不好的晚上逛街散步。现在的你得到帮助是很正常的，你不要羞于启齿，勉强做你难以胜任的事情，安全是第一的，纵使胎儿没有那么娇嫩，你没有那样娇气，防患于未然总是好的。因为，预防早产仍是很重要的。

❖ 尿频

子宫不断增大，压迫膀胱，和前一段时间相比，尿频更明显了。不要怕麻烦，只要有尿意，最好抓紧时间去卫生间，不要憋着。憋尿不但会让你来不及排尿而尿裤子，还会引起尿液返流发生泌尿系感染。不要因为怕尿频拒绝喝水，也不要嫌麻烦不去卫生间。水要照喝不误，勤跑卫生间也是理所当然的事。

❖ 骨盆和阴部疼痛

当你处于某一体位时，可能会突感骨盆周围或阴部一阵疼痛。可能是针刺感，也可能是牵扯感，有时是一瞬间，有时会持续一段时间。这些部位的疼痛都是怀孕期的正常表现，与子宫增大压迫子宫颈，挤压盆腔韧带等周围组织有关。如果你突然感到疼痛，不要紧张，尝试着慢慢变换体位，找到可缓解疼痛的姿势，等到疼痛消失了，再起来活动。

❖ 眩晕

当你变换体位，尤其是由卧位突然变为站立位时会出现眩晕症状。所以，变化体位时要放慢速度，不要突然变换体位。出现眩晕马上坐下来或躺下休息。如果身边有人，请人帮你倒杯水或拿点吃的，如点心或糖果，缓解可能的低血糖。产检时把你常发生眩晕的情况告诉医生，医生会为你做些必要的检查，如你是否有贫血，血压是否正常。记住，到了产检时间，要仔细想一想，你在这段时间都出现过哪些异常情况，一一记在本子上，以便向医生咨询，帮助你解开疑虑，解决孕期出现的问题。

❖ 阴道分泌物增多和排尿痛

阴道分泌物增多，没有特殊气味，分泌物为白色，提示是怀孕期的正常现象，不需要治疗。如果分泌物有很大的气味，且颜色不正常，如呈黄色或豆腐渣样，产检时要告诉医生，医生会取一点分泌物化验，确定是否有阴道炎。怀孕期尿频是正常现象，但如果出现尿痛就是异常情况了，可留取晨起第一泡尿送检，如果有问题，

医生会给予相应处理。多饮水可减轻尿痛症状。

❖ 乳房变化和副乳

随着孕龄的增加，乳房会逐渐增大，孕中后期乳房增长速度加快，甚至有胀痛的感觉。不要因为乳房胀痛而认为有乳腺增生，更不要服用治疗乳腺增生的药物。乳头有少许黄色液体是正常现象，不需要处理，不要擦拭，以免以后漏乳。分娩后，宝宝吸吮乳头，会引起乳头皲裂。为了避免乳头皲裂，可在孕期护理乳头，每天用手轻轻摩擦乳头，使乳头皮肤不再那么薄嫩。但是，进行乳头护理时，手法要轻，如果护理时出现子宫收缩，要立即停止，以后也不要再进行了。有流产和早产史的孕妇不宜做乳头护理。怀孕期会出现副乳，副乳多出现在腋下靠近乳房的部位，会有腋下疼痛感，有时会误认为是腋下淋巴结肿大，或被误认为是乳腺增生。如果产科医生不能确定，可看乳腺科医生帮助诊断和处理。

❖ 胃部胀满

增大的子宫压迫胃部，使胃部出现胀满感，甚至再次引起烧灼感。如果出现这些胃部症状，不必着急，也无须服用药物，少食多餐会有效缓解胃部胀满和烧灼感。吃饭后不要坐着不动，站起来在室内遛达，可减轻胃部胀满感。到了孕中晚期吃的过饱会让你很不舒服，要感觉不饿了就停下来，什么时候感到饿了再吃，每天除了一日三餐，可在上午、下午和晚上加餐3次。

❖ 便秘和痔疮

如果你在前几周就有便秘或痔疮了，现在你可能仍受其困扰。继续努力改善这种状况：多喝水是缓解便秘的方法之一。其次是运动和饮食调理，比较有效的运动是散步，如果你在散步时有便意了，不要

迟疑，立即找到卫生间解决，因为便意转瞬即逝。燕麦、全麦粉、玉米、红薯及纤维素高的蔬菜和凉性水果对缓解便秘有效，早晨喝一匙香油和一杯白水或喝一杯蜂蜜水，外加一根香蕉，早餐后需要去卫生间排便的可能性就大了很多。患了痔疮首要任务是缓解便秘，其次是用热敷。

❖ 心悸气短

随着子宫的增大，子宫在腹腔中所占的位置越来越大，导致膈肌上移，你的胸部两侧有被向上顶的感觉。有时，你会感觉两肋痛，就像有股气顶在那里一样，甚至使你不敢呼吸。坐着会加重，躺下来会减轻。但躺下来会让你觉得呼吸不畅，有些心悸气短。所以，你越来越不愿意坐着，也不喜欢躺着，而是喜欢到处遛达散步。找到可缓解不适感的方法是目的，采取你感到舒适的体位，不必在意别人告诉你的和书上说的，只要你感到舒服就是最好的方法。

引起心悸气短的另一个原因是血容量的增加，整个孕期，你的血容量比平时增加50%，心脏输出的血量增多，心率加快，心脏负荷加重。所以，怀孕中后期会出现心悸气短，尤其是活动时更明显。如果你感到明显的心悸气短，要停下来休息，如果你时常感到心悸气短，产检时要告诉医生。

学习胸式呼吸，吸气时，使胸廓充分扩张，呼气时，使气体充分排出，减少肺内残气量，使得下次吸气时，吸入更多新鲜气体，携带更多的氧气到身体组织。这样的练习不但可提高心肺功能，也有助于分娩。

❖ 可能出现水肿

随着子宫的增大，肚子越来越大，身体重心移到了腹部下方，可能会出现腰酸腰痛、腿时常发麻、坐下起来不灵活，由于水钠潴留而使手脚和周身有些发胀等状况。从外观上看有些臃肿，到了傍晚或晚上用手压脚踝时，可能会出现指压痕或明显的凹陷。这是由于增大的子宫压迫了下腔静脉，使血液回流受阻所致，属孕中晚期正常现象。

怀孕期肿胀是常见现象。在整个孕期一点都没有水肿的孕妇并不是很多，有的水肿很难被发现。有的孕妇在孕中期即出现脚踝和小腿肿胀；有的孕妇在孕后期出现；有的孕妇直到分娩也没有肿胀，甚至连最容易肿胀的脚踝都不肿胀。多数情况下，由于体内过多的液体积聚，在重力的作用下出现水肿，所以，面部水肿多出现在起床时，起床后活动一个小时左右，水肿就消失了；脚踝部和小腿水肿多出现在晚上，早晨起来水肿就自行消退了，到了晚上再次出现水肿。这种水肿是怀孕期出现的正常现象，不必治疗。

但如果水肿比较明显，整个小腿或眼睑、手等都有明显的水肿，则有发生妊娠高血压综合征的可能。如果水肿伴血压增高、尿蛋白阳性，体重短期迅速增加，很可能合并了妊娠高血压综合征。医生会让你卧床休息或让你服用药物，必要时会建

模特 / 任意
看看婴幼儿用品书籍为宝宝再选些用品这是孕妈妈最喜欢做的事情。把下肢抬高，有利于下肢的血液循环，避免足踝部浮肿。

议你住院观察。不要担心，即使出现这些异常情况，医生也会妥善处理，不会影响到胎儿的。

如果你有明显的水肿，尝试以下方法对减轻水肿会有所帮助：

•合理饮食，吃富含蛋白质的食物。水肿既然是水钠潴留引起的，那就少喝水吧？不对，多喝水反而会减轻水钠潴留。不需要控制食盐量，但也不能摄入过多食盐，按照日常摄入食盐量就可以了。有的孕妇因为水肿不敢喝水，这是错误的，要正常喝水，每天至少喝水1600毫升。

•注意休息。午餐后要午休1个小时左右，即使睡不着也要躺下来休息。晚上不要熬夜，不要长时间坐在电视机或电脑前，晚饭后出去散散步，回来冲个温水澡，泡泡脚，喝杯热奶再睡觉。不要长时间逛超市百货店，尽管你感觉不到累，也不能长时间在超市和百货店逗留。尽量多到户外活动。

•穿宽松舒适的衣服和鞋子，不穿塑身和紧身内衣内裤。如果你感觉穿睡衣不舒服，可采取一级睡眠方式也未尝不可。

•为了缓解水肿和下肢静脉曲张，尽量把腿抬高，比如坐在沙发上看电视或休息时，把腿放在沙发墩上，手和胳膊也尽量

模特 / 任意

为宝宝准备的东西都放在宝宝的小床里。到医院分娩时，丈夫会很容易找到为宝宝准备的东西。

放在高处，睡觉时，把腿脚放在枕头或叠着的被子上。

•可选择你喜欢的运动项目，如散步、游泳等，有利于手脚血液循环，减轻水肿。

83. 孕7月准妈妈应注意的问题

❖ 继续补充铁和钙

随着胎儿的长大，妈妈需要摄入比平时高出一倍还要多的铁，钙的需要量也相应增加。不要忽视食物中铁和钙的摄入，因为食物中的铁和钙吸收利用率都比较高。当然仅仅通过食物补充已经不能满足胎儿和孕妇的需要了，为你做定期检查的医生会给你推荐补充铁和钙的营养品。

❖ 无须担心身材变化

孕24-36周时，腹围每周大约增长0.84厘米。

刚刚知道怀孕的消息时，似乎有些害怕体重的增长，那是因为你一时接受不了怀孕带给你的变化——眼睑肿、腰变粗、小腹凸起、臀部脂肪增多。现在你不再害怕体重的增长，如果产检时，体重较上一次增加不明显，你还会担心，是否胎儿没有生长。回到家里，你可能会重新制定饮食计划——为了孩子尽量多吃。如果医生没有对你的体重和饮食提出要求，你就不要过多摄入食物，以免造成你和胎儿都额外增加体重。

❖ 舒服的孕7月

妈妈怀孕进入第7个月，胎儿各器官系统的结构和功能已经基本发育完善，对外界有害因素刺激不那么敏感了，不再担心先天畸形和流产的可能。妊娠反应也消失了，腹部还不是很大，活动也还灵活，胃部也没有因为宫底的增高受挤，膈肌上抬也不是很明显，呼吸并不显得费力。可以说，这个月是妈妈比较舒适的时候。妈

妈可要利用这一好时机，吃好，睡好，多做户外运动，为以后分娩塑造健康的体质。胎儿各器官功能相继建立，也是胎教的好时机。

现在，你已经是一位十足的孕妇了，一眼看去便知你是孕妇，走在街上，乘坐汽车，到公园等公共场所，都会有人给你让座或避让。你就尽情地接受别人的这份关爱吧。不要为你现在的变化而不安，更不要难为情，人们投以的全是羡慕和敬佩的目光。在人们的眼里，孕妇是美丽的，你所孕育的新生命，不但是你的子女，也是人类生命的延续。

❖ 注意休息

如果你的孕期非常顺利，医生从未嘱咐过你要卧床休息，是再好不过的了。尽管如此，到了孕后期，你也要适当休息，增加卧床时间，减少逛街和做家务的时间，工作强度也要有所减轻，这是对你和胎儿必要的保护。如果有妊娠期合并症或有发生早产的迹象，医生会嘱咐你卧床休息，这对工作忙碌的孕妇来说或许是件好事，不用再奔波于上班途中，不用再操心工作，难得享受清闲。可是，因为担心腹中胎儿的健康，你非但不能享受这份悠闲，还会整日忧心忡忡。和腹中的宝宝进行沟通是缓解紧张情绪最好的方法，常和宝宝说说话，把心事告诉宝宝，你会觉得轻松了很多，心情也愉快了很多。你也可以给宝宝缝制小衣服小被子，给宝宝编织件小袜子小手套，给宝宝制作一件精美的纪念品。还可以乘此机会读一读很想读，却苦于没时间读的书籍，看一看平时很想看，却没时间看的经典剧目和电影大片。总之，让这段卧床休息时间成为一段美好的养胎时光，你有的是办法，只要你愿意去做，就一定能够找出无数个。当你找到快乐时，

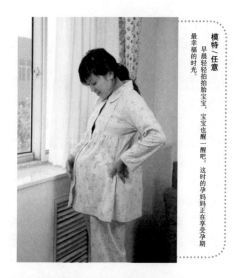

模特／任意
早晨轻轻拍拍胎宝宝，宝宝也醒一醒吧。这时的孕妈妈正在享受孕期最幸福的时光。

最大的受益者是你和你腹中的胎儿。

84. 关于腹带使用问题

有的孕妇问是否可以在孕期使用腹带，没有医学指征不可以使用腹带。过松的腹带起不到托腹的效果；过紧的腹带会影响胎儿的发育。第一次使用时，一定要让医生指导，丈夫或家人在旁边学习，学会后再回家使用。腹带的松紧要随子宫的增大而不断变化。

❖ 需使用腹带的情况

•悬垂腹：腹壁很松弛，以致形成了悬垂腹，增大的腹部就像一个大西瓜垂在腹部下方，几乎压住了耻骨联合。这时应该使用腹带，目的是兜住下垂的大肚子，减轻对耻骨的压迫，纠正悬垂腹的程度。

•腹壁发木、发紫：腹壁被增大的子宫撑得很薄，腹壁静脉显露，皮肤发花，颜色发紫，孕妇感到腹壁发痒，发木，用手触摸都感觉不到是在摸自己的皮肤，用腹带保护腹壁。

•双胞胎孕妇。

•胎儿过大。

•经产妇腹壁肌肉松弛。

- 有严重的腰背痛。
- 纠正胎位不正。

85. 儿科医生也开始管理你的胎宝宝了

到了孕28周，你就进入"围产期"了。从这个时候起，胎儿不再只属于产科医生管理，儿科医生也开始管理胎儿了，你的宝宝又多了一层保护。运用高超现代医学技术和护理手段，满7个月的胎儿早产，在产科医生和儿科医生共同努力和密切配合下，经过良好的护理已经能够存活。哪个妈妈都不希望宝宝早产，越小的早产儿越是需要经验丰富的专家、昂贵的监护设备、及时的抢救措施，也越容易发生各种早产儿疾病和夭折。毕竟胎儿和妈妈还没有进入孕晚期，胎儿的身体发育只是初具规模，还有大量收尾工作没有做。按计划，还有3个月的最后工作没有完成。所以，这个月预防早产仍是很关键的。

国际上对围产期的划分有4种：

从妊娠第28周至产后1周；

从妊娠第28周至产后4周；

从妊娠第20周至产后4周；

从胚胎第1周至产后1周。

我国采取第二种划分法，即从妊娠第28周至产后4周定为围产期。近10年来，围产医学发展非常迅速。其中围产保健内容就包括了受孕、胚胎发育、胎儿生理与病理、孕产妇心理准备和各种疾病的诊断防治，以及新生儿疾病等。涉及胚胎学、遗传学、生殖医学、产科学、社会心理学、新生儿学等多门学科。围产期保健的宗旨是：儿童优先，母亲安全。目的是降低孕产妇、胎儿、新生儿死亡率和后遗症的发生率。

86. 孕7月准妈妈咨询实例解答

典型案例

是胎盘老化吗？

孕7个月，最近检查发现我的胎盘成熟偏早，老化，但是还没有钙化，胎盘的厚度为3.3厘米，位置在宫底部，羊水也偏少，这需要住院吗？

你说的这几种情况都不太好，不知产科医生是如何说的，采取了哪些措施。胎盘老化会导致胎儿缺血缺氧；羊水过少会影响胎儿生长，不易顺利分娩；胎盘位置低会引起胎盘早期剥离，发生产前出血和早产，甚至危及胎儿生命。所以，如果你确实有以上情况，应该住院。

典型案例

孕7月入盆会发生早产吗？

我的妻子怀孕7个月了，前两天检查时医生说胎儿已经入骨盆，请问这正常吗？是不是要早产？

一般情况下胎儿先露部大约在临产前1~2周下降入骨盆，这时孕妇大多感到腹部变得轻松，食欲增加，呼吸较前通畅，但可出现尿频、下腹坠胀、腰酸等症状。目前确实有胎头入盆，还是仅仅是胎儿头部与骨盆衔接，但并未进入骨盆。需要明确目前状况，建议再去看产科医生，得到确

模特／任意

孕期的时候妈妈可以多吃些水果，能够给自己和胎儿提供丰富的维生素。不过也不能过多吃水果，影响其他食物的摄入。孕期营养成分的均衡和全面是最重要的。

切答复。

典型案例

出现宫缩是什么原因？

我已怀孕28周零2天，最近感觉肚子出现硬块，约1分钟后消失，较频繁，去医院检查，医生说是宫缩现象，开了多力妈，请问：这种药应服用多长时间？对胎儿有影响吗？我每天胎动较频繁，一般在60~90次，做了彩超，医生说胎儿腿有点短，请问是什么原因？

你说的一天是指24小时还是12小时？如果是24小时，胎动不算频繁。股骨长径略小，不能就证明孩子腿短，股骨径也有一定的正常范围，不可能所有的胎儿到了28周都是一样长，只要在正常范围都不必担心。如果现在发生有规律宫缩，胎动也频繁，应该住院保胎，以免发生早产。

多力妈（Turinal）为合成类固醇激素烯丙雌醇，无严格的临床试验证明其有"保胎"的作用，有案例表明它能导致胎儿畸形，例如使男性胎儿的性器官女性化。欧洲大药厂欧加农也曾经生产过相同成份的"保胎"药，但在1995年将其退出市场。目前美国、欧洲各国都禁售或停售该药物，我国被视为过时药，在发展中国家有推销。

典型案例

每天喝茶水对胎儿有刺激吗？

我妻子已怀孕近7个月，她每天都喝很多茶水，请问这会对胎儿有刺激吗？

孕期喝咖啡、茶之类含兴奋成分的饮料，不利于胎儿的安定，亦可导致胎儿铁元素缺乏。这是因为茶叶中含有一种能成瘾的刺激性物质，即咖啡因。这种物质能使孕妇神经系统兴奋、心跳加快、血压升高，导致孕妇不能很好地休息和睡眠，造成情绪紧张。咖啡因还可通过胎盘作用于胎儿。另外，茶叶中所含的咖啡碱可以破坏维生素B1，增加孕妇脚

孕妈妈 罗月暖

气病的发生率，影响胎儿发育。茶叶中的鞣酸可影响铁的吸收，引起缺铁性贫血。孕妇发生贫血，不但对孕妇自身有害，还可直接影响胎儿的生长发育。由于母铁不足，导致胎儿铁储备不足，出生后发生缺铁性贫血的机会增大。孕妇最好不要每天饮用茶水，尤其是比较浓的茶水。如果非常想喝的话，可在早、中餐之间喝少许淡茶水。

典型案例

孕期能补锌吗？

我听说常补锌会使小孩很聪明，请问孕期能补锌吗？

锌是微量元素，孕期或婴幼儿缺锌，可导致胎儿或婴幼儿发育落后，严重缺锌可影响孩子的智力发育。因此，如果孕妇或婴幼儿缺锌要及时补充。但不能就此认为补锌可以使孩子变得聪明，补锌过量对孕妇和孩子同样有害。孕妇是否需要补锌应由医生决定。

典型案例

腿抽筋、乳房痛是什么原因？

我怀孕7个月了，现在晚上睡觉有时腿会抽筋，一个乳房有时会一阵一阵地痛，很厉害。有时

孕龄	平均体重	标准差	第3	5	10	50	90	95	97百分位
28	1389	302	923	931	972	1325	1799	1957	2071
29	1475	331	963	989	1057	1453	2034	2198	2329
30	1715	400	1044	1086	1175	1605	2255	2423	2563
31	1943	512	1158	1215	1321	1775	2464	2632	2775
32	1970	438	1299	1369	1488	1957	2660	2825	2968
33	2133	434	1461	1541	1670	2147	2843	3004	3142
34	2363	449	1635	1724	1860	2340	3013	3168	3299
35	2560	414	1815	1911	2051	2530	3169	3319	3442
36	2708	401	1995	2095	2238	2712	3312	3458	3572
37	2922	368	2166	2269	2413	2882	3442	3584	3690
38	3086	376	2322	2472	2569	3034	3558	3699	3798
39	3197	371	2457	2560	2701	3162	3660	3803	3899
40	3277	392	2562	2663	2802	3263	3749	3897	3993

按胎儿出生时的标准体重为3277g计算，当体重相关指数小于或等于0.763时，则提示胎儿足月分娩时体重可能低于2500g；如果体重相关指数大于或等于1.221时，则提示胎儿足月分娩时其体重可能大于4000g。

一碰就痛，有时不碰也会痛。请问以上现象是什么原因？

孕妇腿抽筋常见的原因是血钙低，可通过补钙纠正；另外，由于子宫增大，压迫神经血管，也会引起腿抽筋；疲劳（如白天走路多了），或者一个姿势待久了，也会出现这种情况。孕晚期有时会因乳房增大而发生疼痛，但要排除乳腺异常增生、乳腺炎症或乳腺管堵塞，要看医生，检查乳腺局部情况。

典型案例

是缺乏什么元素吗？

我现在怀孕27周，吃水果时，吃甜的就会感到嗓子发腻，吃酸的就会感到胃不舒服，这是正常现象吗？近来晚上休息一夜后，双腿会出一层细汗，量不大，上身却一点没有，白天小便次数也增多。请问这是什么原因呢？是不是我身体里缺少什么元素？

不能就此认为你身体缺少什么元素，孕晚期会再次出现胃部不适，是因为子宫

底增高，挤压胃部所致。仅仅是腿上出汗是否与你下半身盖得比较厚有关。如有感觉异常，比如腿部麻木、酸痛等症状，要及时看医生。怀孕后子宫增大，挤压膀胱，使膀胱容量减小，排尿次数增多。这是正常现象。

典型案例

胎儿小需要补什么？

我爱人怀孕7个月，医生检查说胎儿很小，像4、5个月的。上个星期开的驴胶补血冲剂，这个星期检查又说要输营养液。需要补些什么？

怀孕7个月，医生认为只有4、5个月大小，是医生通过检查宫底高度，还是B超估算的？如果只是医生检查后这样认为，你应该再做B超评估一下胎龄。确定胎儿到底有多大了是很关键的。如果胎儿大小与实际胎龄不符，首先应该考虑是胎儿宫内发育迟缓（IUGR）。静脉营养是治疗胎儿宫内发育迟缓的方法之一，还要定期吸氧。要寻找引起IUGR的原因。

郑玉巧育儿经·胎儿卷

孕妈妈/张欣

第九章　孕8月（29~32周）

胎宝宝："我已经能感觉每天早上太阳升起，知道把头转向光眼或者用我的小手去摸；我的趾甲已经长全，眉毛和睫毛长得一丝不苟，头发也出现了。"

· 医生要给我确定胎位，以便及时纠正臀位

· 妈妈动作幅度不要太大了

· 并非一夜都要保持左侧卧位，以感觉舒服为准

· 宝宝常常舞动起来，提醒妈妈"我在"

87. 宝宝写给爸爸妈妈的第九封信

亲爱的爸爸妈妈：

孕早期，我忙着细胞分化，器官形成，紧接着是系统的建立，孕中期是功能的成熟，肌肉骨骼的生长。从这个月，我进入孕晚期——忙着做怪相、做体操、看东西、听声音、用腿踢、用胳膊推、用手抓、吸吮手指等等。这个阶段，我的任务是增加体重和运动功能的成熟。从现在开始，妈妈不但要继续孕育我，还要开始为我的出生做准备：给我起名字，购买婴儿用品，为我准备一个舒适的环境……爸爸妈妈一起高兴地为我的诞生准备着一切。但不要过于劳累，因为这个月如果妈妈意外地早产了，我还没有准备好。现在我主要是长肌肉、脂肪和骨骼，妈妈要少吃热量高的食品，以免把我喂得又肥又大，生不出来，多吃富含蛋白质、维生素和矿物质的食物。

现在我正在合成肺泡表面活性物质，以促进肺的成熟，这个工作非常重要，如果没有足够的表面活性物质，当我离开母体的时候，肺泡就不能膨胀张开，我就不能呼吸，也就不能进行气体交换。爸爸妈妈知道我为什么不愿意早出来了吧。

爸爸妈妈，我真是太高兴了，我已经具备了最基本的独立生存能力。我已经可以把眼睑完全打开，准备离开妈妈温暖舒适的小巢后，认识全新的外面世界。我已经能感觉每天早上太阳升起，知道把头转向光源或者用我的小手去摸。不用说，我的趾甲已经完工，眉毛和睫毛长得一丝不苟，头发也出现了。因为皮下脂肪增厚，皮肤皱褶减少了，变得平滑，颜色变浅。胎脂继续增厚，我面部和身上的毳毛开始脱落。

如果我是男孩，还有一项重要工作：让生长在腹腔中的睾丸下降到体外阴囊中。因为腹腔相对睾丸来说太热了，睾丸喜欢凉快的环境。如果我是女孩，保护我的生殖器的大小阴唇也开始出现了。

我仍然爱运动，骨骼肌肉发育，皮下脂肪继续沉积。我的劲儿更大了，可是，慢慢地，妈妈给我提供的小屋，相对于我不断增大的身体，显得就有些小了。到了这个月的最后1周，我可能不再像小鱼一样自由地游来游去的，但我仍然会转身、踢腿、伸胳膊，仍然是运动多多。妈妈可不要因为我住的地方小而难过，地方小点对我有好处，因为我就要从妈妈的子宫口出来，对于我们母子来说，我出生最好的位置是头朝下，臀朝上，由于我受到活动空间的限制，就不再来回变换体位了，我和大多数胎儿一样，选择最容易出生的体位——头位。

你们的胎宝宝写于孕8月

第1节 孕8月胎儿的生长发育

88. 孕8月胎儿生长发育逐周看

❖ 胎儿29周时

呼吸系统发育已基本成熟，肺泡开始合成肺泡表面活性物质，以促进肺的成熟。

对于胎宝宝来说，肺泡表面活性物质可是非常重要的东西，如果肺泡表面活性物质缺乏，出生后肺脏就不能张开，宝宝的肺泡瘪陷，怎么能吸进氧气呢？一些早产儿的问题就在于此。从这个月开始，宝宝已经有了光感，透过妈妈的腹壁，能够转动头来寻找明亮的光源。

❖ 胎儿 30 周时

男性胎儿睾丸从肾脏附近经过腹股沟下降到阴囊，从B超下可以清晰地看到男性外生殖器的轮廓。不过，在没有必要的情况下，妈妈可不要为了早知道胎儿的性别，而要求医生用B超探头长时间寻找宝宝的小睾丸，因为B超探头所产生的热效应会伤害宝宝的生殖器。女胎的大小阴唇已经显现。胎儿骨骼和关节比较发达了，胎儿的内分泌系统和免疫系统也相应地发育起来。

❖ 胎儿 31 周时

胎儿的肺和消化道几乎发育完成，如果由于某些原因早产，经过产科和儿科医生的密切配合和很好的护理措施，会使存活率增加。当一些疾病危及到孕妇和胎儿而必须中断妊娠时，医生会尽量延长孕妇的妊娠时间，增加存活的希望。早产儿的存活和生命质量对产科和儿科的医疗护理条件要求很高。所以，避免发生早产仍是非常重要的。出生后的早产儿可以啼哭，呼吸可以建立，四肢活动，眼睛会睁开，眉毛和睫毛已经长全。头发毳毛发育良好，面貌似老人状。如果把明亮的光线投向腹部，胎儿会跟着光线移动他的头或者用手去摸。

❖ 胎儿 32 周时

胎儿迅速增长已告一段落，但体重仍以每周200克的速度增长。胎儿面部和身上的毳毛已经开始脱落，皮下脂肪还是比较薄。随着胎体的不断增大，胎儿在子宫中运动的空间相对小了，体位变化不大，基本是头朝下。上、下肢与头部的大小完全成比例。胎动的频率和强度减少，因为他

胎儿脑和中枢神经系统发育

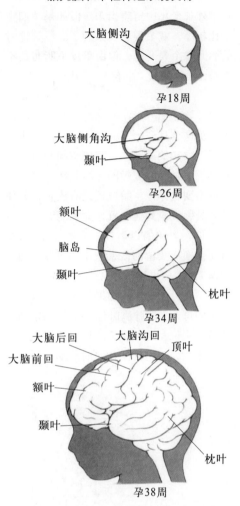

人脑的构造是极其复杂的。在整个胎儿期脑都在飞速发育着，直到到离开母体也没有停止，。从最初的原始脑到发育成熟，结构越来越复杂，不像其他器官短时间就完成发育。鱼类和脂类食品对大脑的发育有好处。引自 William J. Larsen 著《人类胚胎学》

正在为跑出这个房间做准备。

❖ 孕 8 月胎儿的外形是怎样的

宝宝眉毛长出来了，眼睑的轮廓越发清晰；鼻子也开始变得好看；耳朵像个小元宝；头发也长长了。宝宝在子宫内睡觉的姿势和在摇篮中差不多。

通过妈妈腹壁的凹或凸，可猜测到胎儿在子宫中的运动，小腿一踢一踹，小手

一举一伸，屁股一拱一撅，都可从妈妈的腹壁外观变化中猜想出来。但如果孕妇腹壁比较厚，就不容易观察到了。尽管这时的胎儿像个婴儿了，但由于皮下脂肪还不丰满，面貌就像"小老人"一样。

89. 到了确定胎位是否正常的时候

从这个月开始，就要考虑胎位是否正常了。孕30周之前，子宫的空间相对于胎儿来说还是比较宽敞的，胎儿在子宫内可以自由变化体位，胎位还没有固定，即使胎儿是臀位或其他位置，大多能够自动转成头位。孕30周以后，如果胎儿是臀位，自动变换成头位的概率减小。所以，到了孕满7月，如果胎位不正常，就要在医生指导下进行干预了。如果是臀位，医生会让孕妇每天采取膝胸卧位30分钟，帮助胎儿转为头位。这个体位纠正方法就是，先跪在床上，两手支撑并向前滑动，同时头

部和胸部也不断接近床面成为趴位，臀部翘起，腹部尽量腾空。胎位不正是增加剖腹产率的原因之一，早期给予纠正，能增加顺产机会。

常见的胎位异常有横位、臀位、头位异常。纠正胎位异常必须在产科医生指导下，除了依靠孕妇本人的体位（如膝胸卧位）纠正外，还有一些物理、穴位、手转位等方法。具体如何做，要听从产科医生的意见，不要自作主张。因为在纠正胎儿体位时，可能会因为转位而引起脐带扭转、绕颈或缠绕胎儿肢体等。

❖ **只有胎儿自己知道为什么选择与众不同的臀位**

当子宫还有足够的空间，允许胎儿漂浮在羊水中来回翻滚转动身体的时候，胎儿在子宫内的位置是不固定的。随着胎儿的长大，子宫空间变得相对狭小，胎儿不再能随心所欲地转来转去，位置相对固定

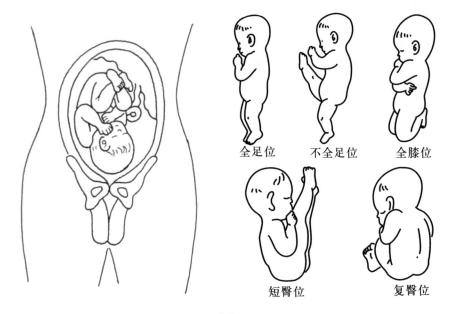

全足位　　不全足位　　全膝位

短臀位　　复臀位

胎位图

如果胎宝宝在子宫内的位置与孕妈妈是一致的，即头朝上时，就叫臀位。孕妈妈是否知道，同样是臀位，由于胎宝宝双下肢和双足的位置各异，而有不同的臀位呢? 引字《实用妇产科》

了。为了在妈妈分娩时，能够冲出产道，胎儿的头朝向宫颈开口，就是说胎宝宝正好和妈妈的位置相反，妈妈站着时，胎宝宝是倒立着的；如果胎宝宝和妈妈的位置一样，那就是臀位了。有的胎儿为什么不像大多数胎儿那样头朝下呢？原因并不十分清楚，虽然医生们有各种猜测，但并不能证实，只有胎儿自己知道他为什么要选择与众不同的胎位。

❖ 臀位是难产的原因吗

产科学的进步，使得臀位不再是导致难产的原因了，即使是自然分娩，医生和助产士也能保证胎儿顺利娩出。但是，臀位容易引起前期破膜和早期破水，有时可能会发生脐带受压，臀位分娩会有头部娩出困难的可能。所以，如果胎儿比较大，或胎头相对于妈妈的骨盆比较大时，医生可能建议剖腹产。臀位的孕妇一定要到能做剖腹产的医院分娩。在妊娠7~8个月之前，胎儿臀位不必担心，胎儿还有自己转过来的可能。如果8个月以后还是臀位，医生就会让孕妇采取膝胸卧位，帮助胎儿转位。但是，如果进入9个月还没有转过来，臀位产的可能性就比较大了。即使转不过来，孕妇也不要担心，在医生和助产士的帮助下会顺利分娩的。如果你感觉膝胸卧位很不舒服，不必勉强去做。

90. 胎动

❖ 胎动是胎儿与妈妈最直接的交流

胎儿的运动类型和形式包括：翻滚运动（躯干运动）、单纯运动（肢体运动）、高频运动（新生儿打嗝样运动）、呼吸样运动（胸壁肌运动）。

孕2个月的胎儿已经出现自主运动，但妈妈能够感觉到的胎动一般要在16孕周以后。妈妈最初感觉的胎动是间断、微弱

的，似小鱼穿梭，又像肠管蠕动，或许感觉像一股气体在腹中流过，可能有什么东西在腹中轻轻蹦跳……慢慢地，妈妈就能清晰地感到胎动了。胎动是胎儿与妈妈最直接的交流，也是妈妈唯一能感受到的，胎动对妈妈来说是胎儿健康的信息，妈妈格外关心胎动也就不难理解了。

❖ 胎动的量化指标

胎动的量化标准是什么？一次胎动是多长时间？怎样算一次胎动，有时感觉很难确定，似乎胎儿一直在动，无法记次数。每天动多少次是正常的？怎样的胎动是异常的？妈妈常常带着这样的问题咨询医生。

•孕20周时的胎动可达200次/天，孕29周时的胎动可达700次/天，孕38周时的胎动又减少到200多次/天。

•孕妇并不能感觉到所有的胎动。在安静、注意力集中的情况下，能感觉到更多的胎动；而在活动中、与人谈话、专心致志地做某件事时，就会忽视胎动，只能感受到比较大和比较强烈的胎动。

•白天周围环境比较嘈杂，孕妇感觉胎动的次数要比实际的胎动数少；晚间夜深人静，未入睡前，孕妇几可以感觉到所有的胎动，会感觉胎动比较多。

•躺着时，腹壁和子宫肌肉相对松弛，孕妇能感觉更多的胎动。

•孕妇紧张或生气时，体内儿茶酚胺分泌增多，胎儿受到过多儿茶酚胺的刺激，胎动次数会有所增多。

•胎儿睡着时，胎动次数减少；胎儿醒着时，胎动次数增多。

基于以上6种情况，在记数胎动时，要充分考虑到某些因素对胎动的影响，客观地评价胎动正常与否。

❖ 胎动出现的时间

正常妊娠的孕妇，在妊娠18~20周开

始感觉到明显的胎动。

❖ **初感胎动的情形**

在胎动出现的初期，胎动是间断发生的，胎动的幅度比较小，孕妇感觉到的胎动比较弱；随着妊娠周数的增加，胎动逐渐增多、增强。

❖ **不同状况的胎动**

在胎儿生长的不同时期、胎儿不同的生理状况、昼夜时间的不同，胎动会发生一定的变化。早期胎动频率快，时间短；随着胎儿长大，胎动频率相对减慢，每次胎动时间延长。有报告指出，在孕20周时，胎动每天可达200次左右；孕38周后由于胎儿先露部下降，胎动较前一段时间减少。

胎儿睡眠时胎动减少，甚至很长时间没有胎动；清醒状态胎动的频率和幅度都增加。

❖ **胎动的周期性**

上午8:00-12:00时胎动比较均匀；下午2:00-3:00时胎动减少到最少；晚上8:00-11:00时胎动又增至最多。

❖ **孕妇的状况对胎动的影响**

当孕妇休息时对胎动比较敏感，当孕妇工作或活动中对胎动感觉不敏感，所以，孕妇对胎动的判断有很大的主观性，当孕妇注意力集中地体验胎动时，会感觉更多的胎动，当孕妇忙于某些事情时，就会较少感觉到胎动，除非胎动的幅度比较大。

❖ **一般情况下正常的胎动**

• 胎动的次数：孕妇能感觉到的胎动是每天3小时平均30-40次（这里所说的每天3小时是指白天12小时中的3小时）。

• 胎动的周期性：孕中期，不是很明显；孕晚期，由于胎儿睡眠周期比较明显，胎动的周期性也比较明显了，上午胎动比较均匀，下午胎动最少，晚上胎动最多。

• 胎动的规律：每个孕妇记数胎动的方法、对胎动的感觉存在着差异性；每个孕妇的生活规律不同；每个胎儿的运动幅度、频率、生理周期等都不尽相同。所以，每个孕妇都应找出自己胎儿的胎动规律。

• 记录胎动的时间：从孕28周开始记录胎动，每周记数1次。从孕32周开始，每周记数2次。从孕37周开始每天记数1次。

• 胎动的记数方法：每天早、中、晚在固定的时间记数胎动，如每次都是在早8:00、午13:00、晚19:00时，都是在三餐前，都是采取左侧卧位，躺下休息5分钟后开始记数胎动，都是记数1小时的胎动。

❖ **判断胎动异常**

• 把一天早、中、晚3个1小时的胎动数相加，再乘4，计算出的结果是每个白天12小时内的3小时平均胎动数，平均胎动数10次为最低界限，低于此数值属于胎动异常。

• 倘若1小时内胎动数少于3次，则应该继续连续记数，记数第二个1小时的胎动数。如果仍少于3次，则再继续往下记数第三个1小时的胎动数，如果连续记数6个小时，每个1小时的胎动数都少于3次，则视为胎动异常。

• 如果第二次胎动数与前一次的胎动数相比，胎动减少了50%，则视为胎动异常。

• 胎动突然急剧，应视为胎动异常。

• 胎动比平时明显增多，而后又明显减少，应视为胎动异常。

• 胎动幅度突然显著增大，而后又变得微弱，应视为胎动异常。

值得注意的是：记数胎动没有任何客观指标可供参考，主要是根据你的主观判断，如果通过记数胎动，没有上述胎动异常指标，但凭借一种做母亲的直觉，你确实感觉到腹中的胎儿动得有些异样，你就应该相信自己，视为胎动异常，及时去看医生。在这一点上，连医生也宁愿相信孕妇对胎动的直觉，而不轻易做出"平安无事"的判断。

第2节 孕8月时的准妈妈

91. 孕8月准妈妈常见问题

❖ 体重增长过快

到了孕晚期，体重的增长均匀稳定，每周可增加0.5公斤。如果体重增长过快，医生会询问你的饮食情况，并做相应检查。体重增长过快常见有以下几种情况：

•水肿。过多的水分积蓄在体内，会导致体重增加，需要验尿测量血压，排除妊娠高血压。

•摄入热量过高，远远超过每日热量需要量，多余的热量转化成脂肪储存于体内。

•羊水或胎儿体重增长过快，这两种情况导致孕妇体重增长过快的可能性很小。

❖ 长时间站立与下肢水肿

增大的子宫压迫下肢静脉，阻碍下肢静脉的血液回流，如果长时间站立会导致下肢静脉或会阴静脉曲张，也可使下肢和腹部会阴等下部身体水肿。基于以上原因，孕晚期的孕妇不要长时间站立，也不要久坐。

孕晚期水肿明显，要查血压、尿蛋白，排除并发妊娠高血压综合征。查血蛋白质，是否有低蛋白质血症。单纯妊娠水肿，不用特殊治疗，注意休息，少食盐，多进食高蛋白质食物。孕晚期并发妊娠高血压综合征则需要住院治疗。

❖ 腰背及四肢痛

进入孕晚期，胎儿身体增长迅速，孕妇肚子明显增大。站立时，腹部向前突出，身体重心前移，为了保持身体平衡，孕妇

 ROA：右枕前位　　 LOA：左枕前位

 ROP：右枕后位　　 LOP：左枕后位

胎位图

如果胎宝宝的头部朝下，就叫头位；如果胎宝宝头部朝上，就是臀位。孕妈妈是否知道，同样是头位，由于胎宝宝头部所处的位置与孕妈妈骨盆关系不同而不同呢？引自《新一代妈妈宝宝护理大全》

上身就会后仰，以平衡向前隆起的腹部。这样一来，孕妇的背部肌肉就会紧张，引起腰背痛。长时间站立，长时间行走，如逛街也会使腿和背部肌肉疲劳，产生腰背痛、四肢痛。

❖ 手腕痛

妊娠晚期可出现双侧手腕疼痛、麻木、针刺或烧灼样感觉。这是由于妊娠期筋膜、肌腱及结缔组织的变化，使腕管的软组织变紧而压迫正中神经，引起上述症状。此症状无其他严重后果，一般不需要治疗，分娩后症状逐渐减轻、消失。如果疼痛严重，可抬高手臂，应用手腕部小夹板固定，适当休息，局部封闭有效。

❖ 出现无痛性子宫收缩

到了孕晚期，有的孕妇会感觉到肚子阵阵发紧、发硬，有时像被束带勒紧一样，但并没有疼痛感觉，而且发生的时间是不

孕妈妈罗月暖和宝宝夕希
　　现在越来越多的家庭不再只有一个宝宝，即使在孕期，妈妈也要争取和大宝宝做一些亲子活动，这不但是一个很好的亲子交流，也有利于培养大宝宝和未来小宝宝的亲密关系。

确定的，或许1小时1次，也许是1小时2次，总之，你找不到规律，这就是不规律的无痛性子宫收缩。为什么会出现这一现象呢？原来你已经开始做分娩的准备啦，在激素的作用下，子宫开始做分娩前的训练，胎儿为了做出生的准备，也开始向子宫出口移动，刺激子宫收缩。这些都是在为即将到来的分娩做准备。

❖ **胸闷气短**

　　增大的子宫使膈肌抬高，孕妇会感觉气短，有的孕妇会担心胎儿缺氧，认为气短一定是氧气不足，自己已经氧气不足了，胎儿那么弱小，肯定比妈妈更缺氧。这个担心是不必要的，妈妈有一套保护胎儿的完整系统，会竭尽全力保证胎儿的氧气供应；胎儿也同样具有自我保护能力，会尽量获取氧气。如果你感觉气短比较严重，就需要看医生了。躺下时会使气短加重，垫高头胸部可减轻症状。尽量不要仰卧位躺着，采取左侧卧位可增加胎盘的血氧供应。孕妇都有自我保护能力，采取你感觉舒服的体位是最好的选择。

❖ **腹围与宫高的变化**

　　到了8月末，宫高可达剑突下5指。站立时，增大的腹部挡住了你的视线，看不到自己的脚了。逐渐增大的腹部让你看起来显得笨拙，周围的人都本能地想保护你。可是，很多孕妇自己却并未感到笨拙，还感到自己走起路来"轻飘飘"，甚至还敢登上凳子擦玻璃。可不能这么勇敢了，纵使你感觉不到笨拙，也要有所顾忌了，最好走平坦的道路，天黑行走要有人陪伴。如果你乘坐公交车，上下车门时要扶住把手，放缓速度。如果你自己开车，一定不要开快车，避免紧急刹车。如果你搭乘轿车，要坐在驾驶员后的座位上。如果你乘坐火车，最好购买软卧的下铺。如果你乘坐飞机，飞机起飞和降落时口腔做咀嚼动作，缓解耳压变化，双手轻轻触碰腹部，争取让胎儿处于觉醒状态，并争取胎儿运动，运动中的胎儿对气压变化有更好的适应性，不要吃的过饱，以免坐位时挤压增大的子宫，让你感到胃部胀满。当然，不外出是最好的，也是最安全的。

❖ **肚子发紧发硬**

　　你可能在上个月就时常感到肚子阵阵发紧发硬，这个月这种感觉更明显了。不要紧张，这是子宫不规律宫缩所致，是正常的反应。这时候的宫缩是非常温和的，是在为以后分娩时的宫缩做先期准备。你可以利用这时的宫缩，练习如何调整呼吸，如何减轻宫缩带来的紧张感。这种宫缩每天都可发生，时间不规律，或许一小时几次，或许一天几次，或许一天都没感受到。总之，这种宫缩不会影响到你的生活。如果宫缩规律，每十几分钟，甚至每几分钟一次，宫缩强度大，使你感到腹痛或腰痛，你要向产科医生咨询，必要时去看医生。

92. 给准妈妈的安全提示

❖ **孕妇要注意安全啦**

　　由于腹部越来越大，孕妇可能会感觉不那么灵活了。所以，走路、下楼、骑单车、坐下、起来时都要小心，动作幅度不要过大，尤其在雨雪天气更要格外小心。最好不要自己开车，即使坐车，也要注意安全，最好不坐在副驾驶的位置，以免急刹车时受到更大的冲击力。坐在后座位时，最好系上安全带。我常看到大月份的孕妇乘坐公交车时，不坐在座位上，而是用手抓着吊环，或扶着椅背，或扶着他人的胳膊，这样是不安全的。孕妇应该得到社会的照顾，如果没有人让座，孕妇本人要争取乘务员的帮助。

❖ 预防早产

·采取安全的性生活方式。

·避免动作过快、过急、过大。有的孕妇性格急，做什么都是风风火火，到了孕晚期，可要改变一下，比如起床时，听到叫声回头时等都要放慢速度。

·缺乏维生素E、维生素B1、镁可引起早产。

典型案例

孕31周，今天早晨起床后感觉阴道分泌物增加很多，且伴有血丝，昨天下午肚子发胀，总放屁，走起路来感觉阴道有物体下坠，这些症状与书上说的临产先兆很相似。今天我去医院检查，医生进行了内诊，说没有发现出血，可能是宫颈有炎症，注意休息就行了，但我很担心早产。

产科医生会很关心你现在是否有早产可能的，这是大问题。如果医生告诉你不是早产先兆，是有一定根据和把握的。如果你担心，可以再看一位医生，或看高危产科门诊。

93. 受到睡眠困扰了吗

孕早期睡眠很好的孕妇，到了孕后期因为腹部逐渐隆起，睡眠时难以找到一个合适的姿势，出现难以睡眠的问题。

除此之外，孕妇的肾脏负担增加，比

孕前多过滤30%~50%的血液，尿液多了起来；随着胎儿的生长，孕妇的子宫变大，对膀胱的压力也会增大，使得孕妇小便次数增多，频繁的起夜，不可避免地影响孕妇的睡眠。如果胎儿夜间活动频繁，睡觉轻的孕妇会经常醒来，影响睡眠；腿抽筋、后背痛、心率加快、气短、胃灼热及多便、多梦、精神压力大等都会影响孕妇睡眠。

孕妇很难做到仰卧睡眠，这是因为胎儿的重量会压到孕妇的大静脉，阻止了血液从腿和脚流向心脏，使孕妇从睡梦中醒来。有的孕妇发现，将枕头放在腹部下方或夹在两腿中间比较舒服。将摞起来的枕头、叠起来的被子或毛毯垫在背后也会减轻腹部的压力，市场上有专门为孕妇准备的枕头。

❖ 轻松入眠建议

·尽量避免饮用含咖啡因和碳酸的饮料，如汽水、咖啡、茶，如果实在想喝，也请在早晨或下午午睡后饮用。

·临睡前不要喝过多的水或汤，有的孕妇会发现早饭和午饭多吃点，晚饭少吃，有利于睡眠。

·养成有规律的睡眠习惯，早睡早起，不要躺在床上看电视。

·睡觉前不要做剧烈运动，应该放松一下神经，比如泡15分钟的温水澡，喝一杯热奶。

·如果晚上常有腿抽筋现象，要补充钙剂，保证膳食中有足够的钙。

·如果恐惧和焦虑使你不能入睡，考虑参加分娩学习班或新父母学习班。

·如果辗转反侧不能入睡，请做如下事情：看书、听音乐，不要看电视和上网浏览。如果晚上没睡好，一定要午睡，弥补晚上失眠所造成的睡眠不足。

·如果连续几天睡眠不好，影响到你的

心情和身体，要及时看医生。

94. 胎儿问题实例解答

典型案例

感觉胎动不正常，是抽搐吗？

我已经怀孕 30 周了，以前感觉都很正常，但是最近觉得胎动有些特别，有时是在一个部位非常有规则地动，好像是跳动，1 分钟能动 20-30 次，持续 2-4 分钟，平均每天能这样动 1-2 次，胎心在夜间有 125-135 次 / 分钟，白天在 130-145 次 / 分钟之间，很害怕是抽搐或者孩子以后会得癫痫。

夜间胎动 125 次，白天 130 次，是从几点计数到几点？一共计数了多长时间？一分钟动 20 次？是如何计数一次胎动的？以前你感觉胎动都很正常，又是怎么计数的？和现在有怎样的不同？现在很难判断是胎动有问题，还有你计数胎动的方法有误，最好去看产科医生。

典型案例

胎儿不凸起

我怀孕已满 32 周，情况正常。我听说 8 月胎儿的胎动特别明显，腹部偶尔会有明显的凸起。而我却仅能感觉胎儿游动，并未见明显凸起，心中焦急。何种胎动才属正常？

孕妇对胎儿在母腹内的活动感觉有很大的差异性，胎动表现也不尽相同。当胎儿臀部向着母亲腹部时，可出现腹部凸起，从腹部外可明显看到胎儿的活动，但并不是每次胎动都这样，一般情况下感到胎儿在游动或蠕动，也有的感觉好像胎儿在腹中踢腿伸胳膊，甚至踹你的肚皮。没有腹部凸起不能说明胎动不正常。

典型案例

羊水过少胎儿有危险吗？

孕 30 周了，B 超诊断羊水过少，让我问产科大夫。产科大夫说现在还不好说，羊水平段 2.6 厘米，只是轻度减少，不一定有什么问题，等下次

产检时再做 B 超看看。我和老公都非常担心，真怕我们的孩子有什么问题，我已经 32 岁，我老公已经 36 岁了，这是我们的第一个孩子。为什么会羊水少？宝宝会有危险吗？

目前 B 超还不能对羊水做定量测量，妊娠中晚期 B 超对羊水的测量主要是测量羊水池内径，小于 3 厘米时考虑羊水过少，2 厘米以上为轻度，1 厘米以上为中度，小于 1 厘米为重度。你属于轻度羊水过少，根据羊水平段估算并不是百分之百的准确，医生让你继续观察是对的，不要过于担心。

典型案例

妊高征对胎儿有影响吗？

我怀孕 32 周了，被医生确定为妊娠高血压综合征。请问：这病对胎儿有不好的影响吗？我该怎么办呢？

妊高征是严重威胁母婴安全的疾病之一，应该重视起来，及时看医生，听取医生的建议。如果需要住院，一定不能擅自回家。但也不要紧张，紧张的情绪会使妊高征病情加重。妊高征可分为轻度、中度、重度。中度以上妊高征对母婴安全威胁较大，应住院接受治疗，由医生根据每个孕妇的具体病情制定不同的治疗方案。你需要从以下几方面注意：

• 保证充足的睡眠，避免过度劳累。

• 减少盐的摄入量，保证充足的维生素和优质蛋白质的摄入，补充足够的铁、钙。

• 不要错过躺着休息的机会，在可能的情况下，尽量采取左侧卧位。

• 要有一颗平静的心，精神紧张和情绪波动是使妊高征加重的诱发因素。

• 定期接受产前检查，及时发现妊高征引发的脏器损害。早期干预可减轻妊高征程度。

典型案例

是否需要做糖尿病筛查？

我现怀孕近 28 周，医生让我做糖尿病筛查，我们家里没有得糖尿病的，我也不胖，平时不爱吃糖。我想问一下，我现在有必要做糖尿病筛查吗？如果有妊娠糖尿病，都有何症状？有无必要查尿糖，产前检查的医生未要求我做尿样检查，影响孩子健康吗？

妊娠期糖尿病对母婴影响是很大的：

• 增加孕期并发症。如妊高征的发生率；感染增多，如肾盂肾炎、无症状菌尿、皮肤疖肿、伤口感染、产褥感染、乳腺炎等。

• 羊水过多。比非糖尿病孕妇高 10 倍，可造成胎膜早破和早产。

• 产程延长。可出现产程停滞和产后出血等。

• 剖腹产率增加。

• 巨大儿发生率增加。使难产、产伤和胎儿死亡发生率增加。

• 胎儿畸形率增加。

• 胎儿宫内发育迟缓。引起胎儿宫内窘迫，使窒息率增加，严重的发生缺血缺氧性脑病，遗留神经系统后遗症。

• 发生新生儿低血糖。发病率可达 50%~70%，低血糖对新生儿脑细胞可造成不可逆转的损害，还可造成低钙血症、呼吸窘迫综合征、高胆红素血症、红细胞增多症、静脉血栓形成、心肌病。另外，对子代可造成后期的影响，如可使智力低下发生率增高。由于妊娠期糖尿病大多数患者无症状，空腹血糖多正常，所以，孕期做糖尿病筛查是至关重要的。

典型案例

餐后 2 小时尿糖 ++，肯定不是妊娠期糖尿病吗？

我妻子怀孕 32 周，空腹尿糖阴性。她吃了午饭后 2 小时，查尿糖为 ++ 到 +++，饭后 4 个小时后再查尿糖就没有了。问了我们这儿的医生，她说孕妇饭后尿糖都会呈阳性，肯定不是妊娠期糖

尿病，也不需要做糖耐量测试。真是这样吗？

尽管尿糖不能完全反映血糖水平，也不能证明有糖尿病，但认为孕妇饭后尿糖呈阳性是正常的概念不完全正确。如果尿糖呈阳性，无论是饭前还是饭后，都应进一步做血糖检查，排除妊娠期糖尿病。

❖ **孕期血糖高饮食上应注意什么**

典型案例

我太太怀孕已经 29 周，最近做了一次血糖检查，数值为 8.2mmol/L（毫摩尔／升）。大夫讲正常情况下应该低于 7.8mmol/L。随后我太太又做了糖耐量的检查（即口服 75 克葡萄糖，共抽静脉血 4 次），不过结果要 3 天以后才能知道。如果我太太确实血糖高的话，在怀孕的最后这 2 个多月中，在饮食及其他方面有什么注意事项？今后还需要做哪些定期的检查？

妊娠合并糖尿病有两种情况：一种是糖尿病合并妊娠，就是孕前已经患有糖尿病；另一种是妊娠期糖尿病，是妊娠期间合并的糖尿病。这两种情况都需要治疗。如果确诊了你太太有糖尿病，就应在医生指导下进行正规的治疗。妊娠期糖尿病的饮食不能完全按普通糖尿病饮食要求。具体计算方法是：每日每公斤体重供给热量为 130-150 千卡，每增长一孕周，热量增加 3%-10%。饮食成分比例为糖类 30%-45%；蛋白质 20%-25%；脂肪 30%-40%，并补充维生素、钙、铁等。最好分餐，每餐所占热量比例为：早餐 10%，午餐 30%，晚餐 30%，睡前 10%。在四餐之间各加一小餐，分别为全天总热量的 5%、10%、5%。多食优质动物蛋白及适当的含纤维素的食物。定期做空腹、各餐前、餐后血糖检查和尿糖测定。通过饮食调理不能使血糖维持在正常范围，就需要药物治疗了，孕期多用胰岛素治疗。

孕妈妈 / 任玲

妈妈对小宝宝的祝福，不妨把这些话写下来，以后读给小宝宝听。

典型案例

胆汁淤积症，治疗无好转，会是孕期肝炎吗？

我妻子现在孕 30 周，双胎。在怀孕 3 个多月时发生全身瘙痒，检查发现谷丙、谷草转氨酶升高（乙肝、甲肝、丙肝检查正常），经医生诊断，认为是胆汁淤积，目前治疗为静脉输注低分子右旋糖苷、丹参、维生素 C、氨基酸等。胆汁问题未能好转，请问胆汁淤积如何治疗？有何良策？上述症状有可能是孕期肝炎吗？

妊娠期肝内胆汁淤积主要特征是皮肤瘙痒和黄疸，容易被误诊为肝炎或胆石症。实验室检查为血清胆汁酸增高，为正常妊娠的 10～100 倍，随病情严重而上升，重度大于 10 微摩尔/升。血清总胆红素升高，平均为 34 微摩尔/升，谷丙转氨酶和谷草转氨酶正常或轻度升高，血清碱性磷酸酶增高。

你妻子转氨酶水平超过正常的近 10 倍，胆汁酸超过正常值 100 倍以上。未检测胆红素定量和碱性磷酸酶，你妻子是否有皮肤和眼巩膜黄疸？可测定胆红素定量。根据你所提供的资料，支持妊娠期胆汁淤积综合征的诊断。

治疗药物包括苯巴比妥、地塞米松、S-腺苷基、L-蛋氨酸、消胆胺等，没有非常特效的治疗。

你妻子已经做了甲、乙、丙肝炎标志物检查，均为阴性，但没有查丁型和戊型肝炎。另外，还应与妊娠期脂肪肝鉴别，要监测胎儿情况，发现问题及时处理。

当然，这都是纸上谈兵，在医院里，有专门的医生给你的妻子诊治，还有科内的主任和院内有关专家会诊，医生们会对你的妻子和腹内的胎儿负责。你不要担心，相信医院和医生的诊断和治疗，治好病人是他们的天职。我也是做临床医生的，我知道他们比你更着急，就让你妻子在医院里安心接受治疗吧，如果他们不能治，会为你请专家或建议你转入上级医院的。你的沉着冷静对你妻子是极大的安慰。

典型案例

孕期胆汁酸、转氨酶高可不住院治疗吗？

我怀孕已有 8 个多月了，是 5 月 21 日的预产期。但是现在我到医院检查，我的化验报告如下：谷丙转氨酶 78 单位/升，总蛋白 70.3 克/升，白蛋白 37.8 克/升，球蛋白 32.5 克/升，白蛋白/球蛋白比值 1.16，总胆红素 18.4 毫微摩尔/升，直接胆红素 9.2 毫微摩尔/升，胆汁酸 103 毫微摩尔/升。医生说要住院治疗，但我不太喜欢医院的环境，并且还要上班。能否拿药在家吃？不去住院会有什么后果？有何办法能把胆汁酸和谷丙转氨酶降下来？

关键要诊断清楚，转氨酶和胆汁酸增高是肝胆系统原发疾病所致，还是妊娠所致的肝损害，还是妊娠期胆汁淤积症？病情的轻重程度如何？然后才能决定是住院治疗，还是门诊治疗。治疗方案也要依据诊断和病情选择，若是传染性肝炎，应及时住院治疗，若是妊娠期肝内胆汁淤积症也应积极治疗，监测胎儿情况。我认为你还是应按照产科医生的意见去做。你现在转氨酶、胆红素、胆汁酸都不正常，即使不住院，也应该在家接受治疗，不能再上班了。

典型案例

乙肝大三阳对胎儿有什么影响？

我太太患有大三阳，肝功能正常，现在已有8个多月身孕，每月打1支乙肝疫苗，不知她的病情是否会对宝宝有直接或间接的影响？

你太太是从妊娠哪个月开始每月接种1支乙肝疫苗的？截止到孕8月一共用了几支？乙肝大三阳造成母婴垂直传播的几率比较大，推荐的最佳预防方法是，立即给出生后的新生儿打高效价乙肝免疫球蛋白（生后6小时以内），出生24小时内接种乙肝疫苗第一针（15微克基因重组疫苗，5微克/支，3支/次），出生后1个月再注射第二针高效价乙肝免疫球蛋白，于出生后1个月、6个月再分别接种乙肝疫苗10微克（基因重组疫苗2支/次），对婴儿的保护率可达97%以上。但近来由于血液制品的安全性受到质疑，有的医院停止了高效价乙肝免疫球蛋白的使用。

典型案例

乙肝大三阳能否母乳喂养？

我是怀孕32周的准妈妈，但很不幸，我同时也是乙肝大三阳患者。肝功能正常。我是否属活动性肝炎？我该怎样保护宝宝？能否母乳喂养？

乙肝大三阳的临床意义：乙肝病毒感染后的慢性肝病或是乙肝病毒携带者，肝功能正常，大多不属于活动性肝炎，但是，要最终确定是否有肝脏损害，还要做进一步检查如肝活检。乙肝大三阳孕妇，发生母婴垂直传播的可能性大。只要你到正规的妇产医院或有产科的综合医院，产科医生都会采取相应的阻断预防方案。因孕妇本人不能自行判定，具体办法就不在这里赘述了。乙肝大三阳，乙肝病毒DNA（HBV DNA）或乙肝病毒DNA颗粒(HBV DNA-P)阳性，说明有乙肝病毒复制，不宜母乳喂养。

典型案例

乙肝三抗体阳性对母子会有影响吗？

乙肝两对半检查中三项抗体均为阳性，抗体阳性对母子会有何影响？是否会传染给胎儿？有何处理和预防措施？能否母乳喂养？

乙肝两对半检查中，3个抗体都是阳性，而抗原都是阴性，可能是急性乙肝恢复后期，不知肝功能是否正常。可造成母婴垂直传播。新生儿出生后可注射乙肝免疫球蛋白和乙肝疫苗进行被动主动免疫。可通过HBV DNA或HBV DNA-P检查，确定是否有乙肝病毒复制。如果有病毒复制不宜母乳喂养，

关于阻断母婴传播方法，国家有法定的免疫程序，对新生儿的保护率可达80%以上。阻断母婴乙肝传播主要是新生儿出生后在规定时间内注射高效价乙肝免疫球蛋白，并按照接种程序接种乙肝疫苗。出生后母婴的密切接触也是造成母婴传播的途径之一，孕期注射乙肝疫苗对母婴传播的预防效果未见过报道，是否会产生抗体难以确定。

典型案例

孕8月嘴唇疱疹，要选择分娩方式吗？

上次我询问过孕8个月时嘴唇上方生单纯疱疹是否会影响胎儿，你说致畸的可能性几乎没有，但如果有生殖器疱疹则可能会造成胎儿宫内感染或新生儿感染。我当时未用过药，因为疱疹很快（2天）就出了水，之后就结痂了，1周就好了。我不知道是否感染了胎儿？现在孩子还有1个月就要生了，我很担心，在分娩方式上要做选择吗？

当孕妇有生殖器疱疹时，胎儿感染单纯疱疹病毒（HSV）的几率增高。所以，首先要确定孕妇是否有生殖器疱疹。孕晚期感染生殖器疱疹主要是引起新生儿HSV感染。阴道分泌物分离病毒难度较大，临床多采用免疫荧光技术（IFA）、ELISA技术和PCR技术测定抗体确定孕妇是否感染HSV。若孕妇有生殖器疱疹，应在分娩前

仔细检查生殖器部位有无活动性皮损，决定是否需要在胎膜未破之前选择剖腹产，以免经阴道分娩感染新生儿。你患的是口唇疱疹，并不一定有生殖器HSV感染，如果没有生殖器疱疹，就不会感染胎儿和新生儿，也就不需要为此选择分娩方式了。

典型案例

孕期发热对胎儿是否有影响？

我妻子怀孕已31周，今天开始发热37.8℃（13:00测）、38℃（19:20测），到医院检查，化验血结果白细胞多，但我妻子没有炎症症状。医生建议口服清热解毒液和注射青霉素。我担心对胎儿有影响，请告知我和妻子该如何做。上一周我妻子到医院检查身体发现贫血，后口服肝精补血素、维生素C、叶酸、硫酸铁等药物，不知是否和此有关系。

你妻子发热的原因可能是感染所致，感染病原菌是细菌还是病毒或是其他病原菌，难以确定，但可通过体检和其他辅助检查协助判断，孕晚期发热还应排除肾盂肾炎，建议做尿检。妊娠晚期使用上述药物对胎儿没有不良影响，但如果不使用药物治疗，感染本身对胎儿却会造成影响，在药物使用和疾病方面，应权衡利弊。如果疾病对胎儿的危害大于药物时，就要使用药物治疗；如果药物对胎儿的危害大于疾病时，就要选择其他安全用药或不用药。白细胞高并不都预示有细菌性炎症，病毒感染及发热本身也可使白细胞偏高。你妻子发热与服用抗贫血药没有关系。

典型案例

附件囊肿对胎儿有影响吗？必须剖腹产吗？

我现在已怀孕28周，曾在怀孕9周时右下腹剧痛，经检查是右附件囊肿所致，打了3天的吊针和休息后症状消失，到21周时又出现同样情形，而且痛得更厉害，再到医院检查，怀疑胎儿发育增大，挤压囊肿引起（该囊肿已压至变形），休息3天症状消失。想问：以上情况对胎儿健康有没有影响？是否必须剖腹产？

附件囊肿对胎儿健康没有直接影响。不会因为有囊肿就不能顺产，但如果囊肿需要摘除，可与剖腹产同时进行，起到一举两得作用。但同时做两种手术，时间比较长，损伤也比较大，对产妇的恢复可能不是很好，所以，能顺产一定要争取经阴道分娩，待产后身体完全恢复再择期做囊肿摘除术。如果囊肿发生蒂扭转，或发生囊肿坏死，出现剧烈腹痛，这时就需要行急症手术了。

典型案例

孕28周血小板偏低有何影响？

我现在怀孕28周，医生诊断为血小板偏低，但不知是什么原因？建议我1个月后复查，我想问一下，血小板偏低是否对胎儿有影响？对我有什么影响？该如何改善这种状况？

血小板偏低对胎儿有何影响，要根据引起血小板减低的原发病而定，也与血小板低的程度有关。所以，现在的问题是你的血小板到底是否真的低于正常，因为血小板化验误差比较大，受一些因素影响，尤其是冬季，影响更大。医生让你1个月后复查，说明目前还不能确定检验结果的可靠性。

典型案例

孕期腹泻怎么办？

我现在是孕第32周，最近几天有些泻肚，总是排便如水状，我该怎么办？

首先应化验大便常规，如果正常，就服用思密达，每次6克，每日3次，腹泻好转后停药。同时频繁饮用口服补液盐。如果大便化验有异常，就根据化验结果作出诊断，采取相应治疗措施，要在医生指导下用药。发生腹泻一定要及时纠正，以免刺激子宫，造成早产。

孕妈妈/宋美萍

第十章　孕9月（33-36周）

胎宝宝："我的体重在飞速增长，我与妈妈之间的物质交换越来越多，血液循环越来越快，我皮肤的颜色开始变得红润起来。"

· 爸爸妈妈开始为宝宝的出生做准备了

· 不要过多进食高热量食物，避免巨大儿

· 增加产前检查次数

· 少坐多躺勤散步可缓解腰背痛和下肢水肿

95. 宝宝写给爸爸妈妈的第十封信

亲爱的爸爸妈妈：

从这个月开始，直到出生，在短短的七八周里，我增加的体重是出生体重的一半还多。我开始把精力用在体重的增加上，因为出生体重决定新生儿的生命质量。随着我的长大，我与妈妈之间的物质交换越来越多，血液循环也越来越快，我皮肤的颜色开始变得红润起来。我的内分泌系统和免疫系统功能已初步建立。

这个月妈妈的腹部可能增加得相当显著，站立时，如果妈妈试图看到脚面，可不那么容易，我的增大可能让妈妈感觉不适。随之而来的是活动不便，呼吸不畅快，胃好像有些发堵，背也有些不舒服，增大的子宫可能会把妈妈的肋骨顶得有些痛。所有这些不适，都是过大的子宫引起的，不必烦恼，很快就会过去了。如果妈妈感觉吃不下饭，不要紧，这时过多摄入热量，不但会使妈妈的体重过度增加，也会造成我超重。所以，这时的食物，要求的不是量大，而是质好。千万不要相信一个人吃两个人饭的说法，只需吃富含蛋白质、维生素和矿物质的食物。还是那句话，什么都吃最好。这个时期预防早产仍是头等大事。妈妈不要长时间站立或行走。坐着或躺着时，可以适当把脚抬高，以减轻下肢浮肿。如果浮肿比较明显，妈妈要少吃盐，多休息，多吃蔬菜水果。

尽管我具有了在子宫外生存的能力，早产存活率大大提高，但如果这时出生，还是比较危险的，可能会患上早产儿特有的疾病，比如前面所说的呼吸窘迫，所以我现在还通过吸入羊水来进行肺功能训练。我不愿意早早离开妈妈的子宫还有几个小原因，一是低血糖，这个病可不好，它会引起我智力低下；二是脑出血和严重的黄疸都可能危害到我的大脑。所以，只要我

孕妈妈／张丽娜

孕晚期孕妇经常下意识地抚摸胎宝宝，胎宝宝能够感受到妈妈的爱抚。

能再成熟一点，妈妈就一定要预防早产，毕竟自然成熟是最健康的。

我的四肢会自由地活动，手碰到嘴唇时，会吸吮自己的小手；已经有了比较好的吸吮能力，会不时地吸几口羊水，并能吞咽到胃中；我的肾脏已经有了排泄能力，能排少许的尿液了；我开始有了微弱的呼吸，但并没有气体交换，肺中仍然充满着液体；我已经能自由地睁眼闭眼了；我的骨骼已经很坚硬，为了能够顺利地通过产道，我的头骨保持着很好的变形能力，会根据需要调整头形。所以，我的大头一定能够顺利通过产道，妈妈不必担心。

我现在已经有了很好的睡眠规律。睡着时，我会非常安静，可能一动不动，妈妈可不要因为害怕，就用手拍我，打扰我的睡眠。我现在仍然在长大脑，需要很好地休息。我醒来后，会比较淘气，因为我不一定和妈妈的睡眠周期完全步调一致，所以，可能会在妈妈熟睡时，剧烈地活动。妈妈睡觉比较沉，就不易被我的运动惊醒，那可是我所希望的。

在这个月里我要让自己的皮下脂肪再长厚一些，以便出生后能够抵御外面的寒冷。我的指甲和趾甲已经长到和指（趾）尖齐平，皮肤粉红光滑，毳毛基本消失，已经不像皱皱巴巴的干瘪小老头，我变得越发漂亮起来。手会张开和握起，脚趾头也会屈曲了，我的四肢是蜷曲的。到这个月末，如果我是男孩的话，睾丸已经完全下降到阴囊；如果我是女孩，大阴唇已经完全合拢并覆盖生殖器，标志着外生殖器发育彻底完成。我已经是满头的胎发了，如果我出生后，头发没有你们想象的那么好，也不要难过，即使我只长出一点绒毛，也不能说明我的营养不好。

你们的胎宝宝写于孕9月

第1节　孕9月胎儿的生长发育

96. 孕9月胎儿生长发育情况

胎儿皮下脂肪增多，皮肤上覆盖一层厚厚的胎脂。胎儿运动强度增大，但运动幅度和频率有所减少，宝宝运动时，妈妈感受会更强了，有时，宝宝的小腿踢一下妈妈，妈妈会感到隐约的疼痛。胎儿对外界刺激反应敏感了，会被爸爸击掌声叫醒，晨起爸爸可用击掌声叫宝宝起床。宝宝眼睫毛长起来了，对外界的光线会有眨眼反应。宝宝小手触碰到嘴唇时会吸吮小手。

宝宝打嗝时，妈妈腹部会有震颤的感觉。

从这个月开始，胎儿的体重增加非常明显，从33周到40周的8周里，胎儿体重的增长几乎是出生时体重的一半。所以，妈妈的肚子会从这个月开始迅速增大。

典型案例

胎儿是否会越来越大？

孕周为36周，双顶径98mm；股骨69mm；腹径100mm，羊水也多，主任医生说是胎儿过大，要控制饮食。我担心胎儿是否越来越大？

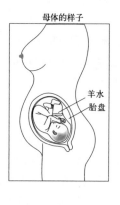

孕9月时，孕妈妈的腹部显著隆起，这是胎宝宝在子宫中的正常胎位。引自若麻绩佳树、横井茂夫著《妊娠出产育儿》

测量值偏大，不能就此认为胎儿发育不正常。在接下来的时间，注意饮食结构调整，适当增加低热量食物，如蔬菜、水果，减少高热量食物，如猪肉、油脂、巧克力等高糖、高盐、高油食物。另外，化验一下餐后2小时的血糖，排除妊娠期糖尿病。

典型案例

B超与孕周不符

孕34+2天到医院B超检查，双顶径94mm，股骨长73mm，羊水中可见细微光点。B超医生说胎儿的头有点大，不知是否正常？按摩乳房时有微量乳液溢出，需要做什么处理吗？我体重偏轻，很担心生孩子后没母乳。

双顶径和股骨长都在正常值高限，符合34周胎儿发育水平，胎儿发育是均衡的，不是单纯头大，尽管放心。妊娠晚期可有少量溢乳，不用挤，注意乳头清洁。如果有溢乳，用清水洗净，以免堵塞乳头，不要刺激乳房和乳头，以免增加乳汁分泌和早产的危险。体重偏轻并不能预示着没有母乳，不必担心。

97. 胎动、胎心

❖ **胎动减少**

这个月开始，胎儿活动频率和强度都有所减少，这不是因为胎儿变得懒惰或有什么问题，而是要集中精力，开始为出生做准备工作了。还有一个月就要从妈妈的子宫中出来，这段旅程虽然不长，但对胎儿来说却是至关重要的。如果不做好充分准备，就会给顺产带来麻烦，为了配合妈妈分娩，从现在开始做准备：选择正确的胎位——头位；缓慢向骨盆入口移动——入盆，入盆后胎儿就不能自由活动了，所以，胎动有所减少。但是，如果胎动频率和强度减少过于明显，要想到胎儿异常的

可能，怀疑异常要及时看医生。

❖ **胎心率下降**

如果你自己或丈夫学会了听胎心，到了这个月听胎心就更容易了。随着胎儿不断向骨盆方向移动，胎心最清晰的位置也逐渐下移。仰卧位时听得比较清楚，胎心率140~160次/分钟，如果小于120次/分钟，或大于180次/分钟，要注意观察。胎心率减慢要比胎心率增快更应引起重视，及时向医生咨询或去看医生。胎心音强而有力，像座钟的钟摆一样"嗒、嗒"地跳，音调高低和声音强弱差不多，不像成人"嗒、嗒"地跳，一声高一声低，一声强一声弱。胎儿觉醒和活动时心率增快，睡眠和安静状态时心率减慢，这是正常的胎心率变化，如果缺乏这种变化就不正常了。所以，在听胎心率时，不要因为心率的忽快忽慢而着急。只有过快或过慢才是异常。

典型案例

臀位还有机会转过来吗？

孕34周，臀位，胎儿脐带缠颈，到时还有机会转过来吗？

34周臀位转为头位的机会已大大减少，采取膝胸卧位法慢慢调转胎位，对胎儿没

孕妈妈／何霁绯
准妈妈即将要生出个小天使来，小天使的妈妈也一定是天使。

有什么影响。但有脐带绕颈，对转胎位有些不利，可能会使脐带绕的圈数增加，但也可能会使脐带绕颈消失。建议做一下彩超，确定脐带绕颈的程度，如果绕颈明显，甚至绕两圈，就不要转胎位了，以免发生危险。

第2节　孕9月时的准妈妈

98. 体重、腹围和宫高

❖ 体重每周增加500克左右

到了妊娠后期，腹部增大的速度比较快，体重平均每周可增长500克。到了孕9月末，如果体重比孕前增长了15千克，说明孕妇和胎儿的营养状况不错，不要试图再增加食量。体重增长过多，不但会给孕妇带来很大负担，比如活动不便、喘气费劲、腰背酸痛、下肢静脉曲张、睡眠障碍等，也会使胎儿巨大，给分娩带来困难。孕妇不能限食，也不能减肥，如果体重增长过快，可适当控制热量的摄入，少吃高热量食物，如油炸食物、快餐食品、甜点、巧克力、蛋糕、奶油、黄油及动物肉食。适当增加低热量、富含维生素、矿物质和蛋白质的食物，如蔬菜、水果、奶、大豆、海产品等。如果感觉体重增长过多，又很难从饮食上调节，可找医院的营养师或保健医师，根据具体情况为你制定一套饮食方案。

❖ 子宫底高度

孕36-40周时，子宫底高度每周增长0.4厘米；可达剑突下2-3厘米，增大的子宫使膈肌上移，胸腔减小，挤压心脏，有的孕妇可能会因此而感到心慌、气短。增大的子宫也会挤压胃部，出现饱腹感，食量有所下降。可少食多餐，既保证了母子营养供应，又不使孕妇难受。如果一次吃得过多，不但胃部不适，还会因扩张的胃挤压心肺，导致孕妇呼吸不畅、心悸、气短。增大的子宫还会压迫膀胱，出现尿频和便秘。子宫压迫输尿管引起肾盂积水，所以，不要憋尿。仰卧位时，下腔静脉、腹主动脉、输尿管会受到子宫的压迫，影响静脉血回流、胎盘血供应、尿液的排泄。因此，孕晚期最好采取左侧卧位，坐着时不要向后倾斜，尽量抬高下肢，减轻下肢浮肿程度，避免下肢静脉曲张。

❖ 腹围

孕36周以后，腹围增长速度减慢，每周增长0.25厘米。

典型案例

孕33周。别人都说我的肚子看上去很小，别人怀孕24周的肚子都比我的大。产前检查，只是胎位不正。肚子小意味着胎儿发育缓慢吗？

从腹部外形上，不能确定胎儿的大小。应根据宫高测量、B超测量胎儿双顶径、股骨长、身长等来估算胎儿大小是否与孕龄相符。医生没有说胎儿发育迟缓，就不必担心了。

99. 重视产前检查

每次产检时，医生都会为你测量血压，化验尿蛋白及浮肿情况，这是非常重要的。在正常妊娠女性中，妊娠高血压综合征（妊高征）的发生率是5%-9%，妊高征是比较严重的妊娠并发症，对母婴健康有极大的危害，对血压、尿蛋白、浮肿的监

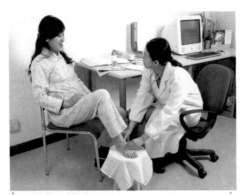

模特／任意　王惠子
孕晚期的产前检查越来越频繁，这是检查下肢是否有水肿。

测就是为了及时发现妊高征。有的孕妇测量血压时不是很在意，尤其是冬季，不愿意脱衣服，只是把袖子捋上去，结果不能把上臂充分暴露出来，血压袖带无法放置在正常位置；如果衣袖过紧，就会挤压血管，如此测得的血压值不准确，就失去了测量血压的意义。有的孕妇认为每次都化验尿没什么必要，不是的，每次尿检有每次尿检的意义，如果某一次没有化验尿液，就有遗漏尿检异常的可能。尿检同时包括7个项目：尿蛋白、尿糖、尿胆素、尿胆原、尿酸盐、尿PH值、尿镜检（红、白细胞及其他有形物），这7项都有实际意义，如尿糖阳性提示有妊娠期糖尿病的可能，需进一步检查血糖；如尿胆素阳性提示可能有胆汁淤积，需进一步做血胆汁酸测定；如果白细胞或红细胞阳性可能有尿路感染，需多饮水，及时复查。

❖ 预防早产

早产儿需要很好的护理和比较高的医疗技术支持，无论如何，早产儿总不如足月儿，早产儿的生命质量会受到不同程度的威胁。胎儿大脑是最早分化发育起来的，但一直到足月，大脑仍没有完成发育的全过程，不但如此，胎儿的大脑也是最脆弱，最容易受到伤害的器官，多在子宫内生长

一天，胎儿的大脑就发育完善一点，如果提前出来，就意味着让胎儿过早地独立生存，没有了妈妈的帮助，尚不成熟的早产儿在接下来的生长过程中会遇到更大的挑战，需要拿出更多的精力对付外界不利因素的干扰，不再能一心一意地发育大脑。所以，预防早产是很重要的，妈妈不要忽视这个问题。

• 不要激动，洗澡时间不要过长，以免劳累。

• 不要过劳，保证充足的睡眠和休息。

• 有职业的孕妇，可能会一直等到动产时才能休假，要注意工作强度，如果感觉累，就提前休假。

• 长时间逛街是不明智的，这时更加不适合长途旅行或远足郊游。

• 不要异常扭动身体，不要做从来没有做过的运动，不要突然改变体位，如突然从座位上起来或听到电话铃声就突然跑去接听。

• 家里刚拖完地时，不要走动，拖地时不要使用肥皂水或其他能使地板打滑的东西，木地板也最好停止打蜡，穿非常合适的鞋子，即使在家也不要穿拖鞋。

• 下楼梯，或走凹凸不平的路时，要注意重心，雨雪天气不要外出。

• 如果产前检查时，医生告诉需要休息，一定要听从医生的劝告。

❖ 到外地分娩

做好分娩的准备，如果打算到外地分娩，要提前做好准备，根据路途远近选择交通工具和时间。

选择交通工具的原则是：能乘坐火车，最好不乘坐汽车；能乘坐飞机，最好不乘坐轮船；能乘坐江轮，最好不乘坐海轮；能白天出行，最好不选择在夜间出行。

时间准备，最晚要在距离预产期4周

前赶到准备分娩的目的地，这样不但避免途中可能动产的危险，还能为在异地分娩做好充分的准备。到了目的地，应尽快去准备分娩的医院，把产前检查记录拿给医生看，让医生了解你的整个妊娠过程，检查你目前的情况，制定未来的分娩计划。

即使是比较近的旅途，也要做好充分准备，带全途中所需物品。尤其不要忘记母子健康手册、产前检查记录手册以及所有与妊娠有关的医疗文件和记录。

100. 孕9月可能遇到的问题

❖ 阴道分泌物增多

随着临产的到来，阴道分泌物可能会增多，要注意局部清洁，每天用清水冲洗外阴是不错的选择。如果用洗液最好有医生的推荐，有些洗液会改变局部环境的酸碱度，反而增加局部感染的机会。孕期易患霉菌性阴道炎，霉菌是机会菌，如果长期使用具有杀灭细菌的洗液，霉菌就会乘机感染，成为致病菌。所以，用中性的清水或洗液洗是比较安全的。

❖ 疲劳感

到了这个月孕妇可能会时常有疲劳的感觉，要注意休息，不要等到异常疲劳时才想到休息。要有规律生活，保证足够的睡眠，尤其不要熬夜，熬夜是最不利于胎儿生长发育的。况且，如果妈妈在孕期没有养成良好的生活习惯，会影响到胎儿，甚至影响到出生后新生儿的睡眠习惯。

❖ 腰背痛

孕后期，随着子宫增大，孕妇可能会出现腰背部酸痛，这是由于腹部向前膨隆，为了保持稳定的直立位，不得不拉紧腰背部肌肉以保持重心平衡，腰背部肌肉长期处于紧张状态，势必导致腰背肌疲劳，腰背就出现疼痛了。另外，胎儿的头部开始

进入骨盆，压迫腰骶脊椎骨，也是腰背痛的原因之一。有的孕妇腰背痛很严重，不排除有疾病的可能。如腰椎间盘突出、腰肌损伤、孕前经常穿很高的高跟鞋等，已经使腰背肌处于疼痛的临界点，怀孕后就显现了。有的孕妇从始至终都没有很明显的腰背痛，有的孕妇很早就感觉到腰酸背痛，这与孕妇的身体状况、子宫在腹中的位置、胎儿的大小等有关。

减轻腰背痛的方法：减少站立时间，站立时最好把一只脚放在凳子上或任何稳固的高处，如台阶；不要睡过软的床垫，如果睡的床垫过软，躺下就深深地陷进去，可在床垫下垫一块木板；在水中慢慢地游泳或在热水中泡上10分钟，对缓解腰背痛有一定的帮助。如果不能通过一般方法缓解，要寻求医生帮助，或找理疗师及运动专家，制定适合本人的护理和锻炼腰背肌的方法。

特别注意：一阵阵的腰痛可能是子宫收缩造成的，如果感觉与平时的疼痛不一样或忽然加重，要去看医生，确定是否有临产的可能。

❖ 呼吸不畅

增大的子宫把膈肌（胸腔与腹腔之间相隔的肌肉，是辅助呼吸肌肉）顶高，使

孕妈妈和胎宝宝第36周的合影。虽然胎宝宝还没有出来，孕妈妈已经开始用这样的语言来记录。

孕妈妈：潘晓敏

得胸腔体积减小，肺脏膨胀受到一定限制。进入肺泡的氧气减少了，氧供应不足，会感觉呼吸不畅，有的孕妇会告诉医生感觉气不够用——气短。如果不是显著的气短，不用担心胎儿会缺氧，胎儿会从妈妈那里获取足够的氧来满足生长的需要。如果有明显的气短，要去看医生，是否需要定时吸氧或其他处理。

❖ 营养供应匮乏之时，谁最先受益

氧气、营养素这些必须的物资供应，一旦出现匮乏，是妈妈优先使用还是胎儿优先使用？当然是胎儿优先，妈妈从身体到心理，都秉承胎儿优先的原则，首先满足胎儿需要。如果铁的摄入不足，妈妈即使出现贫血，胎儿也要做最大努力，从妈妈那里获取足够他生长的铁，还要储存足够的铁，以便出生后利用，只有当妈妈极度缺乏时，才会殃及到胎儿。这充分体现了人类的自我保护能力，也体现了母亲的无私和伟大。妈妈可不要因为胎儿有这样的能力而不顾自己的身体健康，妈妈失去

健康，即使没有严重到威胁宝宝健康的程度，也会给孕育、分娩和哺育宝宝带来不利。从这个角度说，妈妈也必须保证健康。

101. 为宝宝准备用品

随着胎儿的增大，孕妇活动不那么方便了，不宜长时间行走或站立，现在是为分娩做准备的时候了，宝宝出生后所有的用品应该在这个月末准备齐全。亲朋好友可能会为宝宝购买一些物品，但一般情况下，都会在宝宝出生后送给你。所以，宝宝出院前需要的衣服、被褥、尿布、奶瓶等新生儿用品都要准备齐全。

❖ 婴儿房间

我到过许多家庭，大多数家庭喜欢选择比较小的房间做婴儿房，或选择窗户朝北的房间做婴儿房，这都是不好的。小房间因为空间小不易保持良好的空气，朝北的房间很少能见到太阳。应该把宝宝放在阳光充足的房间，白天不要挂遮光的窗帘。

木地板要比地毯好得多，不但容易清

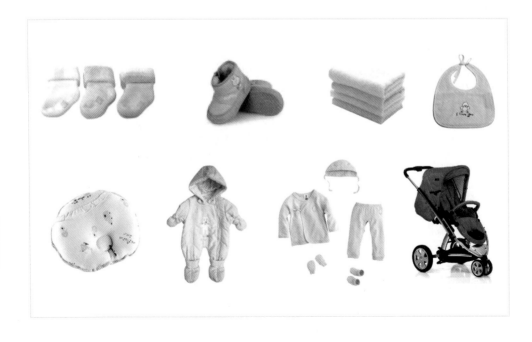

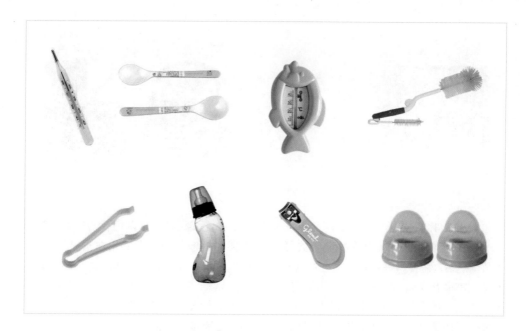

扫，还不易藏污纳垢。有的家庭使用儿童塑料拼图铺在婴儿房中，使用前一定要彻底清洗、通风至无味，使用中定时清洗。

很多妈妈把电视放在婴儿房，而且离床很近。这样不好，宝宝睡了，妈妈应该抓紧时间休息，这样会增加母乳的产出；妈妈和宝宝进行交流，对宝宝的智力发育有极大的好处。妈妈长时间看电视，光声电污染时刻干扰宝宝的睡眠和发育，对妈妈和宝宝的健康都不利，宝宝醒来时，可放优美的音乐。

房间里一定要挂温度计和湿度计，有暖气、电扇、空调，可以摆放绿色植物（无有害物质释放的品种）和加湿器，保证适宜的温度和湿度。（具体详见《婴儿卷》第一章）

❖ 婴儿床

母婴用品商店及一些商场有非常漂亮的婴儿床供你选择，有的父母会想得久远一些，购买比较大的床，以便孩子长大后也能睡在里面。这看起来是一步到位了，但有一点不好，这样的床放在父母房间里

很挤。而新生儿，甚至在未断奶前，离开妈妈独睡都是很困难的。所以，买一个能放在父母床旁的婴儿床并不是多余的。宝宝3岁前都可以睡婴儿床，3岁后可以再给宝宝买一张儿童床。当然，如果你的亲戚朋友家里有使用过的婴儿床，拿来使用也不错。

一定要购买质量可靠的婴儿床，木质的床冬天不凉，可在床四周放上防护床围。床的一面围栏应该是活动的，晚上睡觉时，把围栏放下来，与父母的大床对接好，晚上护理宝宝就比较方便了，婴儿床与父母床高低在一个水平是最好的。

床四周栏杆缝隙宽窄要适合婴儿，如果栏杆缝隙过宽，婴儿的头部有被卡的危险；如果栏杆过窄，婴儿手脚有被卡的危险，当婴儿醒着时，也影响宝宝的视觉。床栏杆至少要在50厘米以上，因为婴儿到八九个月就能扶着床栏杆站起来，如果床栏杆高度不能达到婴儿腋下，就有"倒栽葱"摔下床的危险。

❖ 床上用品

现在商场里有很多现成的宝宝被褥，不再像过去，需要妈妈一针一线地缝制了。但是，家里有老人的，还是喜欢为即将出生的小宝宝做小被子和小褥子。无论是买现成的，还是自己缝制的，都应选择色泽浅的纯棉的面料，以免宝宝产生过敏反应。刚出生的婴儿不需要枕头，最好不买毛毯，以免脱落的毛绒等絮状物刺激宝宝的皮肤和呼吸道，引起过敏反应。如果朋友送的是毛毯，可做一个棉布套，把毛毯套在里面使用。婴儿用品必须可以水洗，至少是面料可以拆洗的，不可以水洗的部分必须经常日晒。

❖ 婴儿车

带有遮阳伞的婴儿车比较好，在炎热的夏天把遮阳伞打开，比给宝宝戴遮阳帽好，遮阳帽会影响婴儿的视野，还容易被风刮落。有蚊帐不但可以防止蚊叮虫咬，而且大风天气可以防风沙，放在树荫下可以防止鸟虫粪便和小虫子掉到宝宝脸上、手上。

能改变车身角度的最好，如果孩子睡觉了，可以放平让宝宝躺下，如果宝宝醒着就折叠起来，让宝宝坐着。无论什么式样的婴儿车，质量保证都是第一重要的。

能够把车身从车座上拆卸下来的婴儿车是一车多用型，可以把婴儿车上半部分当婴儿提篮使用，当婴儿在车里睡熟后，可以把婴儿连人带筐提走，防止挪动婴儿时受风感冒。同样，也方便把婴儿挪到婴儿车上、汽车上或家里。但注意这样的产品对连接部位质量要求较高。

❖ 婴儿汽车座椅

现在有私家汽车的家庭越来越多，但使用婴儿汽车座椅的却不多，我曾问过一些妈妈，为什么不给宝宝购买汽车座椅，妈妈的回答是自己抱着最安全。这很容易被理解，妈妈喜欢把宝宝抱在怀里，宝宝在妈妈的怀里感觉也是最安全的。但是，妈妈应该明白，在乘坐汽车时，把宝宝抱在怀里并不是最安全的，而放在专门为婴儿准备的汽车座椅上才是安全的。小婴儿无论是抱着，还是放在座椅上，都要让婴儿背对着汽车行进的方向。放置婴儿汽车座椅最安全的地方是司机后面的座位。

❖ 婴儿浴盆、浴床

不要选择金属盆，一是过凉、过沉；二是薄薄的金属边有磕到宝宝的可能。无毒无味的塑料盆或自然的木盆都可以选用，为了防止宝宝滑脱或牵拉宝宝时太用力，最好给宝宝同时配一张浴床。

❖ 婴儿服

婴儿服不需要时髦，而是实用，为宝

宝准备三四套和尚领开衫宝宝服或套头衫或T恤，两套宽松的婴儿睡衣，几双小棉袜，小软鞋，一件小斗篷。不需要买太多，你的亲朋好友会送给宝宝一些。

❖ 婴儿尿布

这可是必不可少的婴儿用品，而且其用量是惊人的。所以，在宝宝出生前，你和丈夫应该商量一下，你们准备给将要出生的宝宝使用什么尿布，是一次性纸尿布，还是纸尿裤，还是布尿布？还是几种穿插着用？如果选择布尿布，是自己用棉织品消毒制作，还是购买现成的？这些都需要事先想一想。纸尿裤一个月下来可是不小的花费，如果你们家里有足够的人手洗尿布，选用布尿布并不是件坏事。

❖ 哺乳用具

即使是母乳喂养，准备两套婴儿用的餐具也是很有必要的，包括奶瓶、奶锅、水杯、小勺、榨汁器、暖瓶、滤网（滤菜汁和果汁用，也可使用纱布）。我还是要再次提醒准父母，给婴儿使用的任何餐具都不能是铝制餐具和塑料材质的，可选择玻璃或不锈钢材质的。现在很多奶瓶都带温度计，这确实很方便，但也有弊端，如果温度计出了毛病，妈妈却不知道，麻烦可就大了。用传统的方法，滴几滴奶或水在妈妈的手腕内侧，妈妈有天生的敏感，这样虽不够现代化，但是更保险。（关于婴儿用品的购买、选择原则和使用方法，也可参阅《婴儿卷》新生儿一章有关内容）

102. 孕9月常见咨询实例解答

❖ 血压高是什么原因？

典型案例

孕35周，以前每次检查都挺正常的（110/70 mmHg），这次突然血压升高（135/90mmHg），隔了20分钟再测，还是这个数值，有何危害？

应进一步化验尿常规，确定是否有妊娠高血压综合征。典型的妊娠高血压综合征有三高一低现象：高血压、高度浮肿、高蛋白尿和低蛋白血征。如确诊为妊高征，应住院治疗，如果没有妊高征，要注意休息，左侧卧位，低盐饮食，多吃水果蔬菜，少摄入动物脂肪和油，避免精神紧张。

❖ 手指关节和腕关节痛

典型案例

我现已怀孕36周，但我从孕中期开始就一直觉得手指关节，尤其是手腕关节疼痛，好像筋扭伤一样，一直在补钙，但未见好转，是否需要继续补钙？补钙过多对生产是否有影响？最近我的睡眠一直不好，不知有何方法解决？

妊娠期可出现指腕关节疼痛，即所谓的"腕管综合征"，是由于妊娠期筋膜、肌腱及结缔组织的变化使腕管的软组织变紧而压迫神经，引起上述症状。一般不用治疗，分娩后症状逐渐减轻，可通过抬高手臂减轻疼痛。孕期睡眠障碍不提倡使用药物，白天减少睡眠，适当活动，晚上不要吃得太多，睡前可喝一杯热牛奶，不要看刺激性的电视片和书籍。

❖ 腹部皮肤痒

典型案例

我感觉每天晚上腹部十分痒，有时整晚不能睡觉，精神十分疲惫。有什么办法可以缓解？

孕妈妈／罗月暖
准爸爸是个摄影高手，为孕期的暖暖拍下了很多漂亮的照片。

孕妈妈＼张丽娜

皮肤表面有异常表现吗？腹部皮肤是否被增大的子宫撑得很紧？如果是妊娠纹明显，说明皮肤表面张力比较大，部分肌纤维断裂，局部血循环欠佳，可造成痒感。妊娠期胆汁淤积综合征，也可引起皮肤瘙痒，但大多表现全身性。如果是妊娠纹造成的，可涂抹防止妊娠纹的药膏，佩戴腹带，尽量少站立，减轻皮肤张力，增加血循环。如果是胆汁淤积所致，则应去医院治疗。

❖ 羊水少该提前分娩吗？

典型案例

孕34周，从32周体检时发现羊水暗区是380毫升。今天检查，羊水暗区只有360毫升。胎儿发育情况良好，成熟度为II级。医生说是羊水不够多，提前生育为佳。我该怎么办好？

羊水暗区380毫升和360毫升没有多少差异，胎儿发育好，没有必须提前分娩的指征。这是一方面，还有更重要的一方面，现在分娩，宝宝就是34周早产，医学上认为早产对孕妇和胎儿都有风险，尤其是早产儿，会面临着很多风险。所以，除非在不得已的情况下，不要轻易考虑提前分娩，而是积极采取措施，尽一切可能延长妊娠时间，争取足月产。

孕妈妈/罗月暖

第十一章　孕10月（37-40周）

胎宝宝："我开始做呼吸功能的调试和练习，离开母体瞬间启用我自己独立的肺循环，我和爸爸妈妈就要见面了。等着我第一声骄傲的啼哭吧！

- 准备好去医院分娩和出院时所需物品
- 学习辨别真、假临产，切莫过早住院
- 产检密度加大
- 发现胎动异常及时看医生

103. 宝宝写给爸爸妈妈的第十一封信

亲爱的爸爸妈妈：

在接下来的三四周里，我还要不断成长，做好离开妈妈子宫后独立生存的最后准备工作。我的皮下脂肪还要进一步增厚，我知道，妈妈的子宫非常温暖，离开妈妈的子宫后，温度要比这里低得多，厚厚的脂肪不但能够保存我体内的热量，棕色脂肪还能够释放热量，以保持我的体温。在妈妈的子宫里，我已经体会到什么是生命的温暖。妈妈总是给我更多的营养，让我长出更多的肌肉骨骼和脂肪，让我尽量强壮，送我开始独自踏上漫漫人生旅途。当然，妈妈也要适可而止，我要带得太多，负重出行，成了巨大儿，胖得连家门都挤不出去，还谈什么未来的旅途？

我的肺脏已经具备了呼吸功能，爸爸妈妈不用再担心我不会呼吸了，我会经常学习用肺呼吸，做呼吸功能的调试和练习，一旦出生就立即启用我自己独立的肺循环，终止依赖妈妈的胎儿循环。妈妈就等着我第一声骄傲的啼哭吧。肺的成熟标志着我已经完全长成，能够在妈妈体外存活。如果我和妈妈有任何不适宜继续妊娠的疾病或征兆，当妈妈孕满37周时，我就可以告别我的第一间最温暖的小巢，提前启程了。

我已经比较丰满了，面部皱纹消失，表情越发丰富，时而眨眼，时而吞咽羊水，时而张嘴，时而打嗝。如果手指碰到嘴唇，还会津津有味地吸吮几下。动作也更加多样化，小手时而张开，时而握住，时而抱着自己，时而挥舞；小腿时而蜷起，时而伸开，踢一踢，蹬一蹬。

尽管我要离开妈妈温暖的子宫，妈妈也不必担心。因为在我的皮肤表面有一层厚厚的胎脂，可以为我很好地保温；我的

身体还有很多棕色脂肪，能释放一定的热量；体温调节中枢也会帮助我尽快适应外界温度；出生后，助产士和产科医生会迅速采取保温措施，减少我的热量丢失；很快我就会回到妈妈的温暖的怀抱了。

我的指甲已经长的比较长了，肺部发育完好，乳头略微隆起，头发浓密，长2-3厘米。因为脂肪增厚，我的四肢和身体变得圆滚滚的，小老头般的皮肤皱褶消失，毳毛几乎脱落，出现美丽的光泽。我的手(脚)掌出现较多的纹理，足底纹的多寡也代表着我的成熟度，每个胎儿的指纹、手掌脚掌纹都是唯一的，可作为身份识别的标志。我一出生医生就会给我印手足印，它的意义并不是艺术品，而是我的第一张身份证。

我并不一定要等到妈妈孕40周才出生，也不是一到40周都马上出生。在前面曾讲过，分娩的日期是根据妈妈最后一次月经推算的，并非是我真正的诞生日。所以，我不一定都是在预产期那一天出生，或许早几天，也或许晚几天，都是正常的。生命就是如此神秘，既没有人能准确知道我在哪一天来到妈妈的身体里，也没有人知道我在哪一天离开妈妈温暖的子宫。但通常情况下，妈妈末次月经来潮2周左右，是卵子排出的时间。因此预产期前后2周（孕第38周后，42周前）分娩都属于正常的。亲爱的妈妈，再过1周，我就满37周了，满37周加1天，我就被称为足月儿了。

时间上，如果超过预产期2周出生的胎儿称为过期产儿；评估上，出生后根据皮肤和足底纹理等可评估宝宝是否足月，以及是否过期。如果我真的不舍得妈妈温暖的子宫，想在里面多待些时日，妈妈也不要心急，该出来时，我一定会出来。如果到了预产期我还没有出来的征兆，医生

就会密切关注，必要时会采取措施发动分娩，没有医生会让我成为过期产儿的。

我就要和爸爸妈妈见面了，这将是何等的令人激动的时刻啊！我一定不辜负妈妈十月怀胎的辛苦，健康快乐地出来见爸爸妈妈。现在，我不再像原来那样爱运动了，妈妈可能感觉到胎动少了，不是我懒，是我要把更多的精力用来准备出生，我要让我的头下降，进入产道入口。这样一来，子宫底开始下降，妈妈可能会感觉呼吸畅快了，胃部不再那么胀满，饭量开始增加。但是，妈妈可能会感觉腰椎和骶骨被我压得酸酸的，耻骨和小便处也感觉到酸痛。如果不小心压到妈妈的坐骨神经，妈妈可能会感觉腿痛。妈妈不要着急，或许下个星期，或许再过两三周我就出来了。快临产时，妈妈可能会一次次地跑卫生间，那也是我的大脑袋压迫造成的。妈妈一定要静下心来，继续吃好、喝好、休息好，继续和我交流、和我说话。这最后的时刻对我的成长更重要，别忘了新生儿有的能耐我都有。如果妈妈过于焦虑，出生后的我可能会特别爱哭。如果妈妈自始至终都高高兴兴的，我一定是个性格开朗的孩子。

十月怀胎，瓜熟蒂落，我感动爸爸妈妈对我的那份牵挂。临近预产期的日子，妈妈和爸爸日夜等待着临产征兆的到来，那份痴情和牵挂让我感动。分娩机制到底是怎样发动的？爸爸妈妈多想知道，我乘坐的列车何时启动？医学家进行了很长时间的科学探索：是妈妈还是我举起发车的信号牌？答案大大出乎爸爸妈妈的意料，是胎盘举牌发出的信号！胎盘释放称为CRH的激素，这种激素在孕14周以后胎盘就开始制造，产量一直稳定增加，直到最后足以发动分娩。前面我提到，我通知妈妈怀孕消息的激素叫绒毛膜促性腺激素(HCG)，

这种激素也是由胎盘制造的，所以胎盘是启动怀孕和分娩的总调度。

妈妈到了这个月，面临着分娩，您可能会有很多的想象，会听到很多周围的人和您讲一些关于分娩、坐月子和喂养新生儿的事，她们或者给您一些建议，或者给您一些忠告，不管怎么说，您的心可能始终都悬着。如果您从现在开始就有很多的担心，那就提前看一看分娩一章，当您对分娩有了更多了解的时候，您就没有那么多害怕的想象了。

这个月您要做的事情还真不少，要把您准备分娩的东西收拾好，放在您和家里人都能够拿得到的地方，把您在孕期做的所有检查结果以及母子手册放在随手可以拿到的地方，在接下来的几周里，您随时都会有动产的可能。住院需要带的东西，出院需要拿的东西分两个包裹，当您出院的时候，让爸爸把您准备好的包裹带到医院就可以了，以免东西拿不全。把产后的事情也要安排一下，您准备请谁帮助度过产后4周的月子时光？出了满月，请谁帮助您照料孩子？如果您确定自己带孩子，

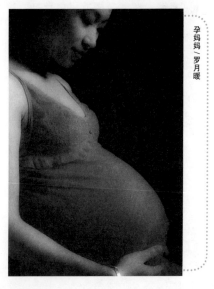

孕妈妈\罗月暖

要做好思想准备，在起初的日子里，您可能会手忙脚乱，最好的方法是静下心来。月子里陪伴在您身边的人应该是您信赖的人，当然了，无论请谁陪伴，爸爸都应该在我们身边，不可替代。所以，爸爸无论工作多忙，都要尽最大努力，抽出更多的时间陪伴我和妈妈，让我们享受一家人在一起的幸福时光。

您可能会因我的到来而不得休息，哺乳、换尿布、洗澡、换衣服……尽管很多的事情都不需要您亲力亲为，但您总是放心不下，即使我睡着了，您也不舍得躺下休息，还会劳神观察我睡得好不好，呼吸是否均匀，表情是否愉悦。如果我睡眠颠倒，睡一会儿，醒一会儿，您更难以入眠，颇觉疲惫。所以，我劝妈妈一定要放下心来，相信我能健康成长起来，尽量抓紧时间多睡觉，这不但对您的康复有利，还能增加我的食粮。您可以抽出些时间，提前看《郑玉巧育儿经·婴儿卷》新生儿一章，对您会有很大帮助；您也可以再备一本《斯波克育儿经》；了解一下西方人是如何养育孩子的，松田道雄的《育儿百科》也是一本非常好的育儿书。

你们的胎宝宝写于出发前

第1节　孕10月时的胎儿

104. 胎动、胎心

❖ 胎动

当胎儿头部与妈妈的骨盆"衔接"后，胎动的频率、幅度和强度开始减弱，这很容易理解。胎儿的头已经嵌入妈妈产道的入口，并继续努力向产道出口移动，这个任务对于胎儿来说是最重要的，胎儿会集中精力完成分娩前的准备工作。妈妈不要为了让胎儿活动而不断刺激胎儿，这会干扰胎儿的工作。如果凭借这几个月的经验，预感胎动不正常，请不要犹豫，马上去看医生。

孕妈妈／潘晓敏
你看，这位妈妈和其他妈妈的动作惊人的相似。

典型案例

胎动异常就要提前剖腹产吗？

我妻子怀孕37周了。最近几天胎动不太正常，有时动的时间很长，连续动几分钟，有时很长时间不动，在医院测胎心120-130次/分钟。彩超报告：未发现脐带绕颈，羊水正常，胎盘Ⅱ级。医生认为可能是胎儿缺氧，原因不明。建议住院输氧输液保胎，待38周足月后行剖腹产。真的需要提前剖腹产吗？

如果胎心一直在120-130次/分钟，是有些偏慢，但仍在正常范围。建议做胎心监护，观察胎心率的变异性，即胎儿活动时和安静状态下，胎心率是否随之变化以及变化的幅度是否正常。也可以吸氧，并观察吸氧后胎心率的变化。现在还不是做决断的时候，医生和家人不要给孕妇压力，要让孕妇精神放松，给孕妇顺利分娩的信心，这一点非常重要。如果有一点点疑虑就对孕妇暴露无疑，对孕妇非但没有任何帮助，还会增加心理负担，使得原本可顺利分娩的孕妇不得已剖腹产。

❖ 胎心

胎儿开始向子宫颈口移动，子宫底下降，听诊胎心的位置也相对低了。进入临产期，会有无痛性子宫收缩，当子宫收缩时，胎心率减慢，如果恰好在这时听胎心，心率可能会接近120次/分钟，这不是异常情况。宫缩停止后，胎心率会恢复到原来的水平，如果胎心率持续不恢复，或胎心率低于120次/分钟或高于180次/分钟时，要与医生取得联系。

典型案例

胎心为122次/分钟意味着胎儿心脏发育不好吗？

由于工作忙一直没有上医院检查，只是在孕30周的时候做了B超检查，一切正常。前几天发现胎心偏低为122次/分钟，这是不是意味着孩子心脏发育不好？胎儿已经入盆，孩子啥时会出生？

胎心率慢，并不一定是胎儿心脏发育的问题，多见胎儿缺血缺氧，胎盘供血不足等原因造成。胎心是你们自己听的，还是在医院听的？如果是你们自己听的，很可能会有误差，要多听一段时间，多听一次，只听了一次或只听一分钟，不能就此认为胎心率慢。如果胎心率持续在每分钟120次左右，建议去医院看产科医生，并做胎心监护。

入盆并不意味着临产，临产的症状有阵发性腹痛（子宫规律收缩所致）、阴道少量出血（见红）、破水（需要紧急就诊）、腰痛（有的产妇宫缩表现为腰痛而非腹痛）、下腹坠胀感、便意或尿频（胎头压迫直肠或膀胱）。出现上述症状中的任何一项，都可认为是临产征兆。不能因为工作忙就不做定期产前检查，这是很危险的，一定要按照医生医嘱，定期做产前检查。

典型案例

胎心变异性差对胎儿有何影响？

我妻子怀孕37周多了，几次产检医生都注明胎心变异性差,胎动有点少(平均每小时少于3次)，这对胎儿有何影响？

做胎儿监护时可观察到胎心率的细微变异，胎心率变异减少或消失一般说明胎儿中枢神经系统的调节受到缺氧的抑制。其原因有几个方面：胎儿窘迫；胎儿未成熟或神经系统发育问题；胎儿睡眠状态；母体应用了各种麻醉药、镇静安眠药、硫酸镁、阿托品等；胎儿心脏房室传导阻滞。胎心监护医生在报告单中写了胎心变异性差，胎动少，但是，产科医生却没说有什么异常，就说明目前胎儿发育很好，不需要做任何特殊处理，你就放心等待分娩好了，不要过于担心。任何辅助检查都是协助医生做出判断，医生是最终诊断者，你听从产科医生的医嘱就可以了。

105. 胎头衔接

胎头衔接是描述胎儿向妈妈的骨盆方向下降的过程。骨盆是骨性结构，是胎儿自然娩出时的必经之道——骨产道。初产妇衔接通常在分娩前的2-4周开始；经产妇则通常在临近分娩时开始。但这只是一般规律，每个孕妇之间存在着一定的个体差异。

有的孕妇曾咨询：还差2天就到预产期了，胎头却还没有衔接，为此非常担心，是否不能自然分娩了。不必有这样的担心，有的初产妇宫口已经开全了，胎头还没有衔接呢，破水后，胎头才开始入盆，但生产过程仍然很顺利。如果医生没有告诉你有什么问题，你就尽管放心，这时的担忧会影响你的情绪，阻碍顺利分娩。现在对你来说最重要的是精神放松。

典型案例

胎头尚未入盆，还能自然分娩吗？

我怀孕37周了，医生测算胎儿只有5斤多，我有些忐忑不安，不知是否正常？现在胎头还未入盆，是否难以自然分娩？晚上有时腿抽筋，有人说

临产前不能补钙，怕孩子头部过硬，难以分娩，不知这种说法有无科学根据？

B超估算胎儿体重是大概的，并非一锤定音，也有预测胎儿重8斤，出生后体重却只有5斤多的时候。也有预测胎儿体重不足6斤，出生后体重却高达8斤的时候。你现在妊娠37周，在未来的3周里，胎儿体重还会增长，只要大于5斤就达到足月新生儿体重了。胎儿头部尚未入盆并不意味着难以自然分娩。如果引起抽筋的原因是低钙，就该补充钙剂，不会因为纠正低钙而造成胎头过硬难产。

第2节 孕10月时的准妈妈

106. 产前检查

从这个月开始，需要每个星期做一次产前检查了。除了例行的常规检查以外，接近预产期的时候，医生会做"内诊"或"肛诊"检查，了解子宫颈口、胎头衔接、产位、宫颈顺应等情况。血压的突然增高可能是先兆子痫（高血压危象）的前驱表现。所以，妊娠后期，对血压的监测显得更加重要，不可忽视。

❖ **整个孕期该增加多少体重**

整个孕期体重增加多少是正常的？通常情况下是12.5~17.5公斤，平均增加15公斤。具体到每个孕妇，体重的增长程度存在不小的差异：有的孕妇增加不到10公斤；有的孕妇增加20公斤以上。现在已进入最后的妊娠阶段。这个月里，大多数孕妇的体重不会有显著的增加。

❖ **子宫高度下降不奇怪**

和未孕前比，子宫可能增大了1000倍，这个月并没有停止增大。但是，由于

胎头下降入盆，子宫高度开始下降，看起来腹部非但没长还比原来小了。子宫高度下降对于孕妇可是件好事，气短明显减轻，胃部也不那么饱胀了，感觉轻松了许多。人类的确聪明，胎儿让妈妈在最后这一个月里好好休息，好好吃，养精蓄锐，等待分娩——完成最后的冲刺。

有的孕妇即使到了这个月，仍然感到气短，子宫底顶着膈肌，不但胸部被增大的子宫顶得难受，甚至出现肋骨疼痛，耻

孕妈妈罗月暖和宝宝夕希
夕希："妈妈，小宝贝可以吃棒棒糖吗？"

郑玉巧育儿经·胎儿卷

骨、腰部和骶部也开始酸痛，身材比较矮或胎儿比较大的情况下更易发生。如果肋骨痛，尽量少坐；如果耻骨和腰骶痛，尽量少站、少走，多采取侧卧位，适当使用腹带，可减轻疼痛。

107. 可能出现的问题

❖ 再次尿频

由于胎儿头部下降压迫膀胱，孕妇会再现尿频。这会让你想起，在刚刚怀孕时，你总是上卫生间，总像有尿没有尿完。现在又开始了，而且比那时还明显。不要紧，精神放松，有尿意就去坐便盆，身体略微向前倾斜或许会帮助你尽量排空膀胱里的尿液。但一定不要长时间坐便盆，以免宫颈水肿，给分娩带来困难，也不能因为尿频就不敢喝水。

❖ 痔疮

在前面的章节中已经讨论过孕期合并痔疮的问题，如果怀孕后不久就患了痔疮，这个月可能会因为胎儿入盆，增加了对腹腔和直肠的压迫而使痔疮加重。用热毛巾湿敷可减轻疼痛和肿胀，尽量采取侧卧位，如果痔疮比较严重请看肛肠医生。痔疮不会影响顺产，也不会因此而增加分娩时的疼痛，医生会妥善解决这个问题的，不必过虑。

❖ 坐骨神经痛

妊娠末期，胎头入盆，压迫一侧或双侧坐骨神经，可引起孕妇坐骨神经痛；妊娠期，孕妇体内产生一种松弛激素，可使韧带松弛，由此引起腰椎韧带松弛，容易发生腰椎间盘突出，引起坐骨神经痛；妊娠后期孕妇手提或肩扛重物时，可诱发腰椎间盘突出引起坐骨神经痛。卧床休息，硬板床更好，至少需卧床休息4周。产后多能恢复，不需要药物或针灸治疗，也不

孕妈妈／王艾婷
妈妈和胎宝宝交流的日子要格外珍惜，这样的日子不能重来。

宜手术治疗。

❖ 不宜坐浴

妊娠后，胎盘产生大量雌激素和孕激素，致使阴道上皮细胞通透性增强，脱落细胞增多，宫颈腺体分泌功能增强，使阴道分泌物增多，改变了阴道的正常酸碱度，易引起病原菌感染。到了妊娠晚期，宫颈短而松，一旦发生生殖道感染，很容易通过松弛的宫颈感染到宫内。因此，防止生殖道感染对孕妇来说是非常重要的，最好淋浴。

108. 分娩前的准备

❖ 不要急着上医院和进产房

有了临产先兆，并不预示着就要分娩了，离分娩还差得远呢，不要急着住院。尤其是第一次怀孕的孕妇，因为缺乏经验，怕来不及，肚子有一点疼痛，就急急忙忙去医院，可到了医院，什么事也没有了。住院几天没有一点分娩迹象，孕妇看着出出进进的产妇，精神非常紧张，睡不着吃不下休息不好，等到分娩时，体力跟不上，影响顺利分娩。还有的孕妇肚子痛一点，就忍受不了，进进出出

孕妈妈 / 宋美萍
此时更应该保持一份好心情，为即将到来的分娩做好准备，相信宝宝一定可以健康出生。

产房好几次，弄得孕妇和家人都筋疲力尽，到头来不得不行剖腹产。

临产时一定要保持镇静，精神放松，相信医生护士的判断和处理，冷静地对待临产前出现的、你从未有过的体验，切莫惊慌。如果你说"我受不了了"，你的丈夫和亲人就会因为你和你腹中的胎儿而加倍紧张。周围亲人的紧张又反过来影响你。出现这样的情形对你的顺利分娩没有一点好处，有很多难产都是这样发生的。你应该有充分的思想准备，如果你选择了自然分娩，就要勇敢去面对，这是做母亲的开端。

❖ **真临产**

• 上腹部变得轻松。

• 阴道分泌物呈现褐色或血色。

• 耻骨处或腰骶部一阵阵地疼痛，比较有规律。

• 肚子有规律地发硬、发紧或隐隐作痛。

• 忽然有较多的液体从阴道中流出。

• 没有大便，却有非常明显的便意。

• 感觉到很有精神，想彻底打扫房间，想把宝宝出生后的东西再清点一下，这可能预示着你已经进入临产状态，一些孕妇

有这种预感。

❖ **假临产**

如果你对以下的问题回答都是否定的，说明你离真正的分娩还有一段距离，是假临产。

• 子宫收缩的强度增加了吗？

• 子宫收缩时间恒定吗？间歇时间规律吗？

恒定和规律：比如每次子宫收缩的时间大约持续10秒，每4分钟收缩一次。

不恒定和不规律：比如这次子宫收缩10秒，下次收缩20秒；这回两次收缩时间间隔20分钟，下回间隔8分钟，再下回又间隔4分钟。

另外还有：

• 你是腰背痛（好像"痛经"）而不仅仅是下腹部疼痛吗？

• 子宫收缩不因为你移动或改变身体而停止吗？

• 子宫收缩开始时，你不能和周围的人谈话吗？

• 已经破水了吗？

注意：如果你对以上问题的回答都是肯定的，真正的分娩可能马上就要开始了。

❖ **发动分娩的预测**

按照末次月经计算的预产期准确率并不高，只有5%的胎儿是按时出生的。胎儿比预产期早1-2周或晚1-2周出生都是正常的。如果超过预产期2周（42周）以后被视为过期产，和早产一样，过期产对胎儿也不利。所以，如果超过预产期2周还没有分娩迹象，医生就要采取措施让胎儿尽快产出。

有的孕妇无论如何也记不清停经的确切时间，有的孕妇平时月经周期就不准确，甚至有隔月的现象，会给预产期的预测带来麻烦。在这种情况下，大多根据胎儿在

子宫内的发育情况通过B超来评估胎龄，如果胎儿发育正常，医生的技术也过关，评估的准确性还是很高的。

❖ **分娩前准爸爸的心理准备**

妻子就要进入预产期了，准爸爸开始准备迎接妻子分娩时刻的到来，把到外地开会出差等事情推掉，以便随时听从妻子的召唤。这时的准爸爸可能比准妈妈更心急，准妈妈主要担心宝宝能否顺利出生，准爸爸不但担心宝宝是否顺利出生，更担心妻子是否能平安渡过分娩难关。

医生护士对此有更深的感受：在分娩前就决定自然分娩的孕妇多是比较坚强的，她们会咬紧牙关坚持着，等宫缩来临的时候，她们常常是双唇紧闭，或拉着床栏，或攥着亲人的手，汗流浃背，满脸通红，却一声不吭，每当这时往往是丈夫心神不定，一次次问医生到底还要让妻子坚持到什么时候。

如果孕妇在分娩前没有充分的心理准备，或一直对分娩充满了恐惧，或对疼痛的耐受性比较差，等进入产程第一阶段时，往往被一阵阵突如其来的宫缩痛打倒，不是哭就是喊，不断地重复说"受不了了"，甚至说"要死了"。这个时候，准爸爸常常坐卧不宁，抱着头痛苦不堪，一遍遍地请求医生剖腹产，遇到性格暴烈的，会很不客气地指责医生护士。

准爸爸没有身体上的疼痛，所承受的是心理上的压力，所以，更加难以释怀。医生护士都能理解，但理解归理解，这样的情形大多会给顺产带来障碍，最终不得不行剖腹产。所以，准爸爸的心理准备是非常重要的。现在大多数医院都帮助孕妇制定分娩计划，不但针对孕妇，还要针对准爸爸，这样做会增加顺产的机会。

❖ **准备好去医院分娩的物品**

• 母子健康手册及孕期保健和产前检查时的医学资料。

• 医院会提供所需的洗漱用品，如果孕妇有特殊要求，最好自己准备一套。

• 医院会准备消毒的住院服，但只限于外套，其他所有的衣服和鞋子都需要自己带好，提前包好包裹，住院时随手可拿。

值得提醒的是：不要认为分娩后就可以穿孕前的衣服了，分娩后还需要一段时间，才能恢复孕前的体形，孕妇服仍是产后1个月内最适合的衣服。分娩后要母乳喂养，套头衣服不适合哺乳，要准备几件方便的开襟上衣，方便的哺乳内衣和胸罩。还要带一两套睡衣，一双保暖性好、柔软舒适、穿脱方便的平跟鞋。如果天气冷，不要忘了带上帽子、围巾、手套和保暖的外衣。

• 准备好必要的化妆品，在分娩后和新生宝宝合影时，让你看起来更漂亮。

• 如果喜欢分娩后听一听轻松的音乐，带一个随身听和喜欢的音乐光盘。

• 带上妊娠日记本或胎儿成长日记，在分娩后把你分娩育儿的感受和经历记录下来。

孕妈妈／罗月暖

•不要忘记带上宝宝所需要的一切：衣服、被褥、帽子、尿布、奶具等，这些一定早已准备好，包一个包裹，出院前从家里拿来就可以。

宝宝即将出生，做好知识、思想、物质三方面的准备：

•掌握护理新生儿的基本常识，如新生儿的喂养，大小便的次数和性质，房间的布置，环境的温湿度，婴儿床及床上用品，婴儿使用的餐具，婴儿衣物被褥等。

•了解新生儿的正常生理反应和病理情况，如新生儿呕吐、打嗝、睡眠、运动能力等。

•从思想上认识到自己已经为人父母，应学会控制自己的感情，愉快地度过月子，任何的不愉快都会影响乳汁的分泌，不但把孩子的"粮仓"弄没了，还影响产后的康复。

•婴儿尿布、奶瓶奶嘴、婴儿专用的洗盆（洗澡、洗臀、洗脸分开）、毛巾（至少10块，擦嘴、擦脸、擦臀都要分开）。

•婴儿服、被、尿布等一定要纯棉、无毒染料、柔软的。

•母乳是婴儿最好的食物，一定要争取母乳喂养，有母乳不要给孩子喂配方奶，实在没有母乳或有不适于母乳喂养的情形，再选择配方奶。

宝宝要出生了，需要准备的还有很多，在月子里，爸爸妈妈可能会遇到这样或那样的问题，在《婴儿卷》中有比较详细的叙述，这里就不赘述了。

❖ 最热的夏季如何坐月子

•居室通风。通风时要避免穿堂风或凉风直接吹到产妇和婴儿，更不要让电风扇或空调的冷风直接吹到母婴身上，室内温度与室外温度相差最好不要大于7℃。

•如果给孩子睡凉席，上面最好铺一层

布单，不要使用"蜡烛包"包裹孩子，不要盖棉被或太厚的东西。

•注意保护皮肤。新生儿容易出痱子，要保持皮肤清洁，每天用温水洗浴1~2次，尿布要勤换，大便后要用温水清洗再涂些护臀软膏，避免尿布疹。

•注意喂养卫生。母乳是最好的食品，可避免胃肠道疾病，妈妈要补充足够的水分，若是配方奶喂养，一定要现吃现配，餐具每天用水煮沸或用消毒锅消毒，奶瓶中不要有剩水剩奶，喝不了一定要倒掉，洗净奶瓶，干燥保存。

•预防产褥热、产褥中暑。室内通风，产妇不要穿得太多，顺产后24小时就可冲热水澡，但时间要短，不要泡澡或洗盆浴。剖腹产后72小时可冲热水澡，最好让亲人协助冲洗，时间要短，一般不要超过10分钟，洗澡时不要开窗开门，也不要开通风机，洗完后要用毛巾擦干皮肤，穿上睡衣出来，不要有对流风。

•注意外阴清洁，发现分泌物有异样要及时看医生，一定要摒弃旧的风俗习惯，不要"捂月子"，要补充足够的水分，保证

孕妈妈／蒋新燕
孕妈妈正在憧憬着三口之家的美好未来。

充足的睡眠，注意营养。（请看《婴儿卷》中有关于新生儿不同季节护理的详细内容）

109. 临产前实例问题解答

典型案例

胎心监护减速不好

我妻子孕39周，彩超胎儿绕脐带，胎心监护的结果是减速不好，医院建议自然分娩，我们都有些担心，成功概率有多大？胎心监护减速不好意味着什么？

自然分娩的成功概率取决于多方面的因素，有胎儿本身的因素、母体产力、产道、宫缩情况等，这些都需要在分娩过程中进行综合分析。现在只是初步分析，认为你妻子具备自然分娩的条件，你们就相信产科医生的判断吧。

胎心监护减速主要指伴随宫缩而出现的暂时性的胎心率减慢，胎心率减速不好并不意味着胎儿心脏不好，是短暂的胎心率下降。妊娠期发生减速的主要原因是母体仰卧位低血压综合征，因子宫压迫腹腔内大血管，影响了母体血压及子宫胎盘血流量所致，绝大多数与胎儿无关。所以，对胎心率减速的判断要结合孕妇及胎儿的其他具体情况综合分析。产科医生仍建议你妻子自然分娩是综合考虑了产妇目前情况做出的决定，是有临床根据的。产妇身在其中，本来就害怕分娩，你要给妻子鼓励和信心。

典型案例

接触风疹患儿需提前剖腹产吗？

我妻子孕37周，在不知情下，有12岁的孩子正在出风疹，我与其同桌吃饭两三次，但没有直接皮肤接触过，是否需提前剖腹产？

孕妇感染风疹，使胎儿受感染的几率随孕期的延长而降低，到了孕晚期，胎儿感染率降至最低，几乎不被感染。孕晚期，

孕妈妈罗月暖和宝宝夕希
两个公主，不知道下一个宝宝是个小公主还是个小王子呢？

胎儿各器官已基本发育成熟，即使感染了风疹，对胎儿的影响也小了很多。况且是你与患病的孩子同桌吃饭，你都不一定感染了风疹，你妻子感染风疹的可能性就更小了。所以，综合以上分析，没有提前剖腹产的指征。

典型案例

胎心监护胎心率加速不够预示胎儿不正常吗？

我怀孕满37周，开始做胎心监护。大夫说胎动时胎心率加速不够（在160次/分钟左右），做了两次结果都差不多（前一天下午和第二天下午），这会是什么原因造成的？胎儿会有什么不正常吗？

妊娠期胎心率加速主要是由自然的胎动刺激引起的，系胎儿发育良好的标志。反之，长时间缺乏加速的胎心率是胎儿缺氧的征兆。对于缺乏加速的病例，可施以一定刺激，观察是否出现加速。在较强刺激下也不出现加速，说明胎儿缺氧较重。胎心率有一定的变异性，当胎儿运动时，胎心率增快，当胎儿睡眠或不活动时胎心率降低，如果胎儿没有胎心率的变异是不正常的，如果变异性过大，也是不正常的，一般不低于100次/分钟，不高于180次/分钟。但也有个体差异，就像我们成年人一样，跑步时心跳加快，睡眠时心跳减慢，

但每个人都有个体差异，一般运动员心脏储备能力强，即使在剧烈运动时心跳加快也不是很明显，而不经常运动的人，当剧烈运动时心跳加快就很明显。胎心率的变异性也并不都是一样的。所以，胎儿目前的情况，需要产科医生综合判断，如果医生说没啥问题，可以继续观察，你就尽可放心；如果医生让提前住院或门诊吸氧，你要积极配合医嘱。

典型案例

胎儿抽搐还是打嗝？

我已怀孕38周。胎儿有时有节律地全身抖动，状似抽搐，常持续数分钟。我也看到有的书上讲，胎儿会打嗝，我的宝宝是在打嗝，还是在抽搐？现在胎头仍未入盆，这对自然分娩会有多大的阻碍？

胎动有4种形式：翻滚运动；单纯运动；高频运动；呼吸样运动。一般情况下母体能感受到的胎动主要是翻滚运动和单纯运动，而高频运动和呼吸样运动母体多不能感受到，你所感觉到的胎儿有节律性的全身抖动，可能就是胎儿的高频运动。另外，不会因为胎头尚未入盆就不能顺产。决定分娩方式的因素有很多，能否自然生产，需要产科医生在产前和产中根据孕妇和胎儿的情况做出综合判断。

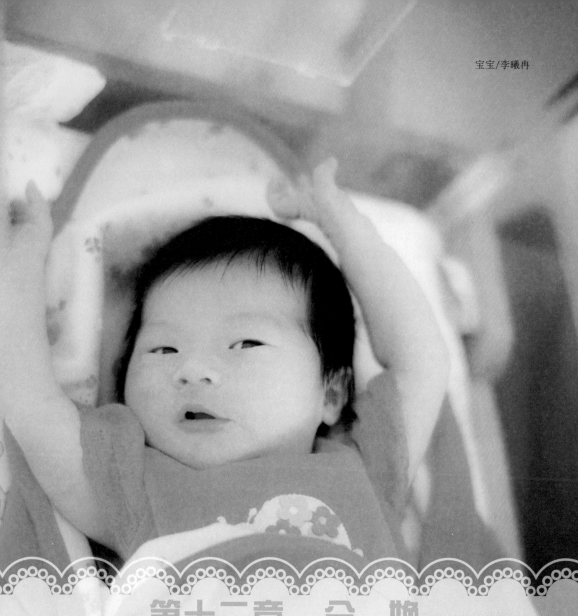

第十二章　分　娩

即将出生的胎宝宝："倘若妈妈决定让我自然出生，我就和妈妈一起努力，顺利分娩；倘若妈妈决定让我剖宫出生，我也能理解妈妈的选择，盼望您快快康复，我的第一声啼哭将是最悦耳的歌声在产房中响起，久久回荡……"

·进入临产状态

·什么情况应立即去医院

·无痛分娩、剖腹产和难产

·从第一产程到第三产程

第1节 自然分娩

110. 分娩前可能忽视的问题

❖ 容易忽视的预备事项

怀孕40周前后胎儿就会"瓜熟蒂落"，但究竟是哪一天却难以预测。等待宝宝诞生的日子既令你兴奋又让你着急。不必着急和担忧，做好准备，耐心等待那一刻的到来吧。

就要生孩子了，这不但对孕妇来说是重大时刻，对就要做爸爸、爷爷、奶奶、外公、外婆的人来说也是一件重要的事情，他们会为宝宝的诞生做许多准备。准备越充分越好，检查一下，看看这些不起眼的准备工作是否忘了。

• 应该什么时候给医生打电话，什么时候去医院？

• 是先给医生打电话询问，还是直接去医院？如果在夜间或节假日，如何和他们联系？

• 从家到医院的路途，一天24小时是否都能畅通无阻？在上下班交通高峰期间，从你家或单位到医院大约需多长时间？

• 是否有一条备用路，以便当道路堵塞时能有另外一条路供你选择，尽快到达医院？

• 准备乘什么交通工具去医院，是私家车、出租车、单位的车，还是朋友的车？

• 住院用品准备好了吗？包括医疗手册、换洗衣物、洗浴用品、身份证、钱、通讯录、待产期间的休闲食品及读物音乐（包括陪护人的）、个人卫生用品、婴儿用品等，是否放在一个包里，可以随时拿走？

• 你分娩时谁负责陪护，如果他临时有什么特殊情况，谁可以替补？

• 工作的事情是否安排好了，是否把你的预产期和休假计划告诉你的领导，如果你自己就是老板，公司的工作安排好了吗？把公司交由谁打理？

• 分娩后谁帮助照顾宝宝，一旦发生特殊情况如何联系医院和医生？

❖ 容易忽视的产前征兆

你早已知道你的预产期是哪一天，但没有任何人知道宝宝会在什么时刻出生。见红、腹痛是最常见的产前征兆，除此之外，你还知道哪些临产先兆呢？下面这些你听说过吗？

• 感觉胎儿的头紧紧压着会阴部或有强烈的排便感觉，这是因为胎儿的头部已经降到骨盆，这种情形多发生在分娩前的1周或数小时。

• 阴道流出物增加，这是孕期累积在子宫颈口的黏稠分泌物，当临产时，子宫颈胀大，这些像塞子一样的黏稠物就到了阴道，使得阴道分泌物多了起来，这种现象多在分娩前数日或即将分娩时发生。

• 尿液样液体从阴道涓涓流出，也许呈喷射状流出，这是羊膜破裂，称为破水，这种现象多发生在分娩前数小时或临近分娩时发生。

• 宝宝出生前会有破水现象，但你知道吗？有的破水并不是真的，只是前膜囊破了，包裹胎儿的胎膜并没有破，所以，流出一股羊水后就没有了。

• 有规律的腹肌痉挛，后背、腰、肚

子、骶尾（尾巴骨）或耻骨（腹部下的骨头）痛或酸胀。这是子宫交替收缩和松弛所致，随着分娩的临近，这种收缩会加剧。

胎儿要出来，子宫颈就要张开，阴道也被扩张，骨盆入口和出口也要扩张，达到胎头娩出的程度。子宫规律收缩舒张，引起腹痛，如果你是初产，不要着急，你的腹痛刚刚发生，仅仅是预演，离胎儿娩出还早着呢，不必慌张，从容做好去医院的准备。

❖ **出现下列情况，请马上去医院或请医生**

•即便在没有发生宫缩的情况下，羊膜破裂，羊水流出。

•阴道流出的是血，而非血样黏液。

•宫缩稳定而持续地加剧。

•产妇感觉胎儿活动明显减少。

❖ **真假临产辨别**

对于初次怀孕的你，真假临产是难以辨别的，通常是急迫地到医院。家里的人更是着急，因为他们不知道你到底有什么感觉。如果你不能辨别真假临产，给医生打个电话，事情就会变得简单，分娩前千万不要焦虑。

❖ **表现各异的临产先兆**

并不是所有的孕妇都按一定的顺序出现临产先兆；也并非每个孕妇都出现所有的临产先兆；对于每个孕妇来说，临产先兆的表现、感觉也不尽相同。

•有的产妇直到宫口开全，也不破水，胎头还高高地浮着，助产士有些紧张，担心不能顺产，可一阵剧烈的宫缩来临，胎头下降，紧接着破水，几乎在破水的同时胎儿娩出。

•有的产妇先见红，后出现有痛宫缩；有的产妇先有少量羊水流出，直到上产床分娩时才真正破水，先前的只是前膜囊破了。

•有的产妇一出现有痛性宫缩，很快进入规律宫缩状态，宫口较快打开，整个产程紧锣密鼓。

•有的产妇开始像暴风骤雨，腹痛强烈，宫缩频繁，闹得很厉害，进入产房等待分娩。可到了产房后，就开始和风细雨，腹痛减轻，宫缩间隔延长，强度减弱，产妇也安静了，做胎儿监护一切正常，又回到产前房待产。

111. 临产信号

❖ **宫缩——推挤胎儿通过产道**

并不是所有的宫缩都预示着胎儿就要娩出。有的孕妇在很早就出现无痛性子宫

真假临产辨别

鉴别要点	假临产	真临产
宫缩时间	无规律，时间间隔不会越来越小	有固定间隔，随着时间推移，间隔越来越小，每次宫缩持续30-70秒
宫缩强度	通常比较弱，不会越来越强。有时会增强，而后又会转弱	宫缩强度稳定增加
宫缩疼痛部位	通常只在前方疼痛	先从后背开始疼痛，而后转移至前方
运动后的反应	产妇行走或休息片刻后，有时甚至换一下体位后都会停止宫缩	不管如何运动，宫缩照常进行

收缩：就是感觉肚子一阵阵发硬、发紧，这是胎儿向骨盆方向下降时出现的宫缩；有的在预产期前后出现不规律的宫缩——前期宫缩，可能是1个小时出现一次，也可能是40分钟一次，有时20分钟一次，宫缩持续几秒钟，或转瞬即逝，孕妇还能悠闲自得地活动。出现前期宫缩不要急着上医院，离生还远着呢。

一旦出现规律宫缩，就是去医院的时候了：初产妇每10～15分钟宫缩一次；经产妇每15～20分钟宫缩一次。宫缩程度一阵比一阵强；或间隔时间逐渐缩短；或每次宫缩持续时间逐渐延长；或腹痛比较剧烈，就要与医院取得联系，随时准备住院。每个孕妇对疼痛的感觉不同，对宫缩的耐受性也不同，根据自己的实际情况决定何时住院。如果你已经坐卧不安了，就干脆到医院去。

❖ 见红——胎儿发出了离开母体的信号

见红是临近分娩的先兆，为什么会"见红"呢？胎儿要离开母体，胎头不断向子宫颈口移动，包着胎儿的包膜与子宫开始有小的剥落而流出血液，混有血液的阴道分泌物呈现血色。

"见红"后就要分娩吗？不是的，但一般情况下，见红后不久就要开始真正的宫缩（有规律的，促使胎儿娩出的子宫收缩），一旦出现规律的宫缩就离分娩不远了，也是该到产院去的时候了。

❖ 破水——你要立即住院

破水就是包裹胎儿的胎膜破裂了，羊水流了出来，破水多是在子宫口开到能通过胎儿头的大小时发生，有的在胎儿娩出的一刹那才发生，有的是临产的第一个先兆。记住：

•一旦破水，无论有无宫缩，有无其他临产先兆，都要马上住院。

•破水后尽量减少去卫生间的次数，如果能躺着排小便是最好的。

•垫上干净的卫生巾或卫生棉。

•停止活动，最好躺下，更不能洗澡。

•去医院的途中最好能躺在车上，而不是坐着。

•即使破水了也不要慌张，离分娩还有一段时间。

•有时会出现假破水的现象，或是尿液，或是前膜囊破裂，并非是包裹胎儿的胎膜破裂。如果是这样的话，液体流出的

分娩中的子宫颈变化

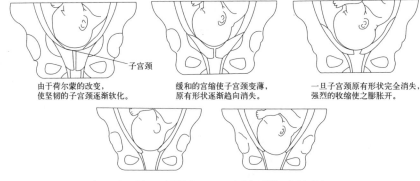

由于荷尔蒙的改变，使坚韧的子宫颈逐渐软化。

缓和的宫缩使子宫颈变薄，原有形状逐渐趋向消失。

一旦子宫颈原有形状完全消失，强烈的收缩使之膨胀开。

张开7厘米，助产士可以触摸到子宫颈环绕着胎头向外扩展得很好。

当助产士触摸不到子宫颈时（大约10厘米），表示它已全开。

引自 Elizabeth Fenwick 著《新一代妈妈宝宝护理大全》

郑玉巧育儿经·胎儿卷

量比较少，或很快就停止了。有一种试纸能很快鉴别流出的是尿液还是羊水。

112. 最激动人心的时刻——分娩

有过自然分娩史的女性，对阵阵腹痛可能仍记忆犹新。但不管当时如何疼痛难忍，几乎没有孕妇因为惧怕疼痛而拒绝生育第二胎，而经产妇大多不要求无痛分娩。这确实令人难以置信，有过生育经历的女性比没有生育经历的女性更能勇敢地面对分娩，把分娩看作是灾难的大多是没有自然分娩经历的女性。

我想告诉这样的女性：不要听过来人的经验。如果过来人告诉你生孩子很容易，你会抱着这样的轻信迎接分娩，这比有思想准备还要糟糕，你会把疼痛放大一百倍一千倍，会担心你不正常或者是不是有意外；如果过来人告诉你生孩子是一场灾难，不是常人所能忍受的，你会对疼痛变得异常敏感。这些都会使你恐惧，没有自信，不能很好的和医生配合，丧失坚持正常分娩的勇气。你一定能够感到，告诉你生孩子时痛死了的人，现在活得好好的，没有任何痛苦表情；而一个经历过重大车祸的人，回忆是恐怖和不堪回首的。因为生育的痛苦是自然的、健康孕妇可以承受的，分娩的疼痛之后就是喜悦；而灾难的痛苦是反人性的，正常人不能承受的。生孩子是人生中一次美好的体验，是属于你和孩子的，如果你健康，就完全能够忍受自然分娩带给你的疼痛。

对分娩的恐惧直接影响分娩的结果。瑞典医学家研究发现，明显对生产怀有恐惧的孕妇最终可能采取剖腹产，而且这些孕妇在产后较容易产生情绪困扰。疼痛是一种奇怪的现象，它具有很大的心理层面，越是相信自己能承受分娩的母亲，分娩时越是经历较少的疼痛。

对分娩的恐惧不单单发生在产妇身上，等待妻子分娩的丈夫也常常会陷入极度的恐慌之中，有时比产妇表现得更强烈。有趣的是准爸爸与准妈妈恐惧的原因并不相同。研究报告发现：孕妇担心的问题依次是胎儿是否畸形与受伤、是否需要重大医疗介入、医院里陌生的环境、自己是否做错了什么、不知道孩子将怎样生出来。准爸爸担心的问题依次是妻子受疼痛之苦、重大医疗介入的可能、胎儿畸形或受伤、自己的无力感、妻子会不会有生命危险。

在这个报告中，有一个奇怪的现象，孕妇对分娩的恐惧不是害怕疼痛，而是疼痛加剧了她们对不良结局的恐惧。所以医生和助产士在疏导产妇心理压力和恐惧感的时候要有的放矢。丈夫陪护分娩并不一定能帮助妻子缓解压力，因为丈夫本身面临的心理压力一点儿不比妻子差。如果丈夫不能保证镇静自若地面对妻子分娩，丈夫倒不如不在妻子身边。

❖ 不会在产床上生好几天

有的产妇来来回回几次进产房，同室的产妇都产后出院了，她又迎来了第二批第三批。这样的产妇就是沉不住气，出现假临产时急急忙忙住进了产院，面对产院的场景，精神紧张。

常有人说起自己在医院生了十天八天才把孩子生出来，这种描述让没有经验的产妇很恐惧。事实上，从真正动产到胎儿娩出一般是24-48小时，如果发生滞产，产科医生会立即采取干预措施，没有生十天八天的，几进产房的都是假临产。

有一点是肯定的，妈妈有保护胎儿的本能，只有你感觉要生了，才去医院，这是最保险的。如果你对分娩怀有恐惧，或有些神经质，距离分娩还有很长时间就住院待产，反而会受到产院气氛和某些又喊又叫的孕妇的刺激，更加紧张。如果医生认为你还不需要住院，你就大胆地回家，消除紧张情绪是你现在最应该做的。生孩子是个很自然的过程，加上现在的医疗保障水平，你的宝宝会平安地在医院里出生的。

❖ 生孩子时的不同体验和感受

尽管同是顺产，并不是所有的产妇都有相同的分娩过程，也并不是所有的产妇都有一样的分娩感受和体验。有的产妇自始至终都没有感觉腹痛，而仅仅是腰痛；有的产妇始终述说自己的骶尾部痛得像被劈裂；有的产妇感觉耻骨部剧痛；有的产妇只感觉最强烈的是肛门和阴道处被紧紧地压迫和堵塞着。

缓解疼痛的办法也存在差异。有的产妇采取仰卧位，两手上举，紧紧抓住床栏；有的产妇跪在床上，上肢支撑身体；有的站在地板上，一手托着腹部，一手放在床上或墙壁上；有的需要丈夫搀扶着来回走动；大多数产妇侧卧位时更舒服一些。这些只是在腹痛开始不久管用，到宫缩变得强烈时，什么样的姿势也难以缓解疼痛，产妇采取能够缓解疼痛的姿势就可以了，不必拘泥于形式。

113. 决定分娩顺利进行的四要素

❖ 要素一：胎宝宝顺娩的必经之路——产道

胎儿离开母体所经过的道路称为产道，由软产道和骨产道两部分构成。骨盆构成了骨产道；子宫口、阴道、外阴构成了软产道。胎儿在母体子宫中生长的时候，骨产道和软产道都严密封锁着，以阻止胎儿出来。当分娩被启动后，软产道周围的肌肉和韧带变得柔软易伸展。软产道和骨产

道都努力扩张以使胎儿通过。

• 骨产道

常有孕妇问：医生说我的骨盆窄，经阴道分娩会有困难，可能需要剖腹产。可我骨盆并不窄，比一般人还宽呢，为何连孩子都生不了？

其实，医生说骨盆窄，并不都能从外观看出来，医生测量的是体内看不见的骨盆入口和出口，其尺寸与胎儿头颅大小相比较，决定胎儿是否能够顺利通过。这两个口小了，胎儿出头时就会受阻。

骨盆入口：近乎圆形，但前后径略比横径小。入口后半部宽大，前半部呈圆形。中骨盆侧壁垂直，坐骨棘不显露。第一骶椎前上缘是骨盆内测量的一个重要标志。

骨盆出口：左右耻骨下端相连形成70-100度圆拱形角。有的孕妇骨盆呈男性型、扁平型、类人猿型或混合型，可能会因骨盆入口或出口狭窄而影响胎头通过。

• 软产道

软产道是否影响胎儿顺利娩出，有时并不能提前预测。但是，即使医生无法预测你的软产道是否能够使胎儿顺利娩出，你也不必担心，在分娩过程中医生会妥善解决出现的问题。

宫颈水肿是产妇可以通过自己努力避免的。有的产妇因有便意，总是坐盆或蹲着，引起宫颈水肿；还有的产妇距离分娩还早时，就频繁屏气，也会引起宫颈水肿。知道这两点，就要注意了，总是有排便感是胎头压迫盆腔造成的，不要老是蹲卫生间。医生没有告诉你屏气时，不要过早屏气。

❖ 要素二：推动胎宝宝的原动力——宫缩

当分娩机制启动后，子宫会发生有规律的收缩，呈阵发性，从宫底开始向宫颈

口推进，似波浪状，使宫口逐渐打开，并挤压胎儿向宫颈口前行，同时压迫胎囊，被挤压的胎囊不能承受压力而破裂——破水，胎儿伴随着羊水的流出通过产道。

子宫阵缩持续时间：子宫一次收缩分"加强——顶峰——减弱"三步。完成这三步就是子宫一次阵缩时间。如果医生问你宫缩一次持续多长时间，指的就是这三步完成的时间。

子宫阵缩间隔时间：子宫经过一次阵缩后，进入休止时间，等待下一次阵缩的开始，从一次阵缩结束，到下次阵缩开始，这一段时间是阵缩间隔时间。如果医生问你多长时间宫缩一次，指的就是这段休止的时间。

宫缩来临：绝大多数孕妇都能明确地感受宫缩来临的时刻，因为宫缩会引起孕妇腹痛，宫缩停止，腹痛就会消失。可以

第1产程的呼吸

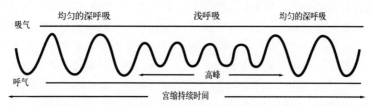

在一阵宫缩的开始和结束时，要用深而均匀的呼吸，经鼻吸入并从口呼出，在宫缩高峰时，试用轻微而浅的呼吸，吸入或呼出都应经过口腔，这种呼吸不要时间太长，因为你将会感到头晕。

过渡产程的呼吸

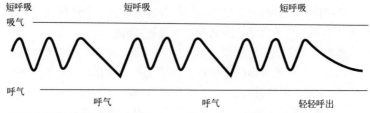

如果还没有到要推婴儿的时候，就要采取"ha!ha!hu!"的呼吸方式，即两次短的呼吸，跟着一次较长的呼气。当向外推的动作已受控制时，做一次缓慢而均匀的呼气。

第2产程的呼吸

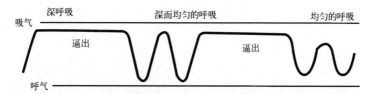

当你想用力时(在宫缩期间会发生数次想用力推出胎儿的情况)，如果觉得会有所帮助，就做一次深呼吸并在你能够忍受的时间范围内屏息一会儿。在两次推出动作之间，做几次平稳的可帮助镇静的深呼吸。在宫缩消失时慢慢地放松，这样才能保持体力等待胎儿娩出的进程。

说宫缩引起的腹痛具有戏剧性，说来就来，痛得很；说走就走，一点也不痛了。疼痛来临时，几乎无法与人对话，这时周围人的劝慰没有任何作用。疼痛消失时，可以说话吃东西，甚至谈笑风生。但是，接近分娩时的腹痛就没有这么轻松了，宫缩间歇时间更短，甚至说不清什么时候是宫缩，什么时候是间歇。极个别孕妇宫缩时不伴有典型的腹痛，而是腹部酸胀感，或耻骨痛、腰痛、骶尾痛，或哪里也不痛，说不出哪儿难受。不要紧，这样的孕妇可以用手摸着腹部，肚子硬硬的，紧紧的，腹肌非常紧张，就是宫缩来临了，肚子变软变松，宫缩就停止了。

当临产开始时，每次子宫收缩持续约30秒，间隔时间约10分钟。随着产程的进展，宫缩变强，每次可持续30～90秒，一般持续1分钟。直到分娩，每次宫缩时间大多不超过1分钟。宫缩间隔时间也逐渐缩短，从不规律宫缩到每10分钟一次，直至2～3分钟一次，但不管间隔时间多短，都有一定的间隔时间，这对胎儿是极其重要的，如果宫缩不休止，子宫肌纤维就不能休息，子宫和胎盘循环就不能恢复，胎儿就会缺血缺氧。所以，如果你的宫缩持续不断，没有间歇，要及时告诉医生。

❖ 要素三：胎宝宝自己的努力

胎儿在子宫中的位置对于能否顺利分娩至关重要。为了顺利通过产道，胎儿的头骨发生变形，使胎头尽量变长变小；同时，为了适应弯曲迂回的产道，胎儿在向前推进的同时旋转头和身体。

常有B超提示胎儿双顶径大，医生说胎儿头比较大，孕妇就开始担心起来，胎头大肯定不容易出来，或许会难产。其实，胎头是否能够顺利娩出，并不单单取决于胎头的大小，胎头是大是小，是相对于妈妈的骨产道而言的。胎儿的头不大，但妈妈的骨产道窄，不足以使胎儿的头通过，胎头相对于妈妈的产道来说就大了；胎儿头比较大，但妈妈的骨产道足以使胎头通过，胎头相对于妈妈的产道来说就不大了。另外，胎头在通过产道时会发生变形，以适应产道，顺利娩出。

有的孕妇问会不会因为在孕期补钙，而使胎儿的头颅骨过硬，给分娩带来困难。孕期正常补充钙剂和维生素D是必要的，孕期比非孕期需要摄入更多的钙剂，通过食物不能摄入足够的钙时，就要通过其他方法补充，不会使胎儿颅骨变得异常坚硬或骨缝闭合。

胎头确实是胎儿身体最大的部分，也是受产道挤压后缩小最少的部分。所以，是最难娩出的部分。但决定胎头是否能顺利娩出的因素并不是颅骨的硬度，而是分娩时胎头的位置（胎先露）、颅骨的变形、

分娩的过程

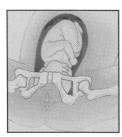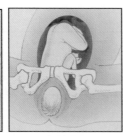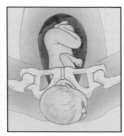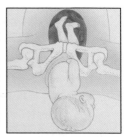

引自 Elizabeth Fenwick 著《新一代妈妈宝宝护理大全》

骨产道的宽窄和软产道等因素。

颅骨的变形：颅骨与颅骨之间有一些缝隙，在胎儿和婴儿期是分开的，通过狭窄的产道时，骨与骨之间可有少许重叠，胎儿头变长，此为胎头的变形能力。

❖ 要素四：产妇的状态——自然分娩的勇气

孕妇的状态对是否能顺利分娩起着非常重要的作用。分娩时刻的到来，不但给孕妇带来喜悦和期盼，还可能带来恐惧和担忧。宫缩可能会影响孕妇的休息和饮食，使孕妇变得焦躁，加上对周围环境的不适应，很容易引起大脑皮层功能紊乱，导致宫缩无力，产程延长，使本来可以顺利的分娩，变成了难产，甚至实施手术产。所以，孕妇本人、丈夫、周围的亲人都应认识到这一点，从思想上解除恐惧和担忧，以轻松愉快的心情对待分娩。

如果你决定了自然分娩，就要正视宫缩带给你的不适和疼痛，把它视为你一生中最难得，也许是唯一的一次分娩体验，相信自己能把宝宝顺利生出来，以母亲特有的坚强迎接宝宝的到来。如果你对自己没有信心，可事先和医生商量，是否采取无痛分娩。分娩前抱着试试看的态度是不可取的。你应该告诉自己：我选择了自然分娩，疼痛是不可避免的，是对我做母亲的第一个考验，我一定会战胜疼痛。抱有这样的心态，你就成功了一大半。当宫缩来临时，是宝宝用他的头顶开妈妈的骨盆和宫颈口，向终点冲刺！让你的脑海中充满宝宝的样子，为宝宝加油助威，为自己鼓劲！这样会减轻疼痛的感觉。如果宫缩停止了，宝宝正在暂停休息，你也要抓紧时间休息，尽量让自己吃些东西，保证有足够的能量把宝宝生出来。妈妈和宝宝配合默契，一定能顺利完成分娩任务，相信

宝宝 / 李曦冉
和妈妈的第一张合影。

自己，加油！

114. 无痛分娩

❖ 精神预防性无痛分娩

英国的林顿博士认为，产妇对分娩往往存在不安和恐惧，由此导致分娩时的精神和身体紧张，使疼痛加剧。随着不安——紧张——恐惧——痛苦——不安的恶性循环反复进行，使分娩变得痛苦。精神预防性无痛分娩法是俄罗斯的尼古拉耶夫博士提倡的，是应用巴甫洛夫条件反射理论而采取的方法。要让孕妇接受产前辅导，掌握分娩知识，消除不安和恐惧，孕期做孕妇体操，进行分娩前辅助动作训练。

❖ 拉马兹法

拉马兹法是法国拉马兹博士提倡使用的方法，其原理也是应用巴甫洛夫的条件反射，此法是建立在使分娩更自然，夫妻共同努力使孩子顺利娩出的基础上。

❖ 催眠暗示法

对产妇施行催眠术，使产妇感觉不到疼痛。但这对于一般人来说是很难做到的，因为医院很少有能够做催眠术的医生或助产士。

❖ 针刺麻醉法

使用针灸穴位缓解疼痛的方法。但要施行这样的方法，必须由通晓针灸麻醉的

宝宝 / 李曦冉
刚刚洗完澡，宝宝看上去很惬意。

针灸医生施行。这在一般医院也是很难做到的。

❖ **借助药物的无痛分娩**

• **使痛觉缺失的止痛药：**痛觉缺失是指在感觉并未完全消失的情况下达到止痛的效果。失去痛觉的人仍保持头脑清醒，但不能完全使疼痛感消失，只是缓解疼痛。

全身痛觉缺失：是通过肌注或静脉滴注麻醉药物，使其作用于整个神经系统的办法来止痛。它可以缓解疼痛，但不使你失去知觉。这种止痛药也同其他药物一样具有副作用，如注意力不能集中、嗜睡等。这种药不可在分娩开始前使用，因为它会减缓和影响胎儿反射和出生后的呼吸功能。

局部痛觉缺失：如同牙科医生使用药物使你口腔局部麻醉一样，产科医生可以用局部麻醉法减轻产妇在分娩过程中的痛苦。比如医生为了防止产妇在分娩时会阴撕裂，有时要给产妇做外阴切开术，这时就要用到局部麻醉剂。局部麻醉剂不会减缓胎儿反射和新生儿呼吸功能。

• **使感觉缺失的止痛药：**感觉缺失是指感觉完全丧失的情况下的止痛法。接受这种止痛法的人，有的会完全失去知觉，有的只是局部失去知觉。

❖ **产科常用的麻醉方法**

阴部麻醉：是在即将分娩前往阴部附近注射麻醉剂。这种办法对麻醉会阴有效，它可以在婴儿通过生殖道时减缓阴道与肛门间区域的疼痛感，但不能缓解宫缩引起的腹痛。这是最安全的麻醉方法之一，截止到目前为止，尚未发现有严重的副作用。

硬膜外麻醉：是一种区域麻醉，它使身体的下半部丧失知觉。麻醉的程度取决于所使用的药物和剂量（行剖腹产术时，多采用硬膜外麻醉），给药后片刻见效，但仍会感到宫缩。硬膜外麻醉可能会使产妇血压暂时降低，胎心率降低。

全麻：是通过药物令产妇入睡。如果产妇接受了全麻术，就会在整个分娩过程中保持睡眠状态，感觉不到疼痛。但全麻也能让胎儿处于睡眠，因此一般不用这种麻醉方法，除非紧急需要时。

115. 影响分娩的痛感因素

• **孤独。**在分娩过程中你会希望有人陪伴在你的身边，从精神上给你支持，这样会减轻你的疼痛感。

现在产院都有这样的条件，如果你希望丈夫或亲人陪伴在你身边，医生会让你的亲人陪伴，但只能允许一名。分娩前你要和丈夫商量好，他是否愿意陪伴你分娩，因为有的丈夫没有这样的勇气。

• **过于疲劳。**应该注意休息，冷静地对待从未感受过的宫缩带来的疼痛和说不出来的不适，千万不要喊叫或哭闹。

• **心情紧张或急躁。**宫缩来临时不要紧张，要深而慢地呼吸，沉着冷静，疼痛就会减轻；宫缩间歇期间尽量精神放松，不要想宫缩带给你的疼痛和不适。

想一想宝宝出生后该是什么样子的，像妈妈还是像爸爸，如果是女孩，你会给她打扮得很漂亮吗？如果是男孩，你会让他成为一名足球健将吗？想令你高兴的事情。

•怕痛。如果你选择了自然分娩，愿意体验宝宝出生带给你的感受，你就应该欣然承受宫缩带来的疼痛。

如果你只生一个孩子，这将是你一生仅有的一次体验，把分娩痛视为一次特殊的感受，起码你的丈夫没有这个机会，当孩子长大时，你可以骄傲地向他讲述你的勇敢和耐力。想到这些你还怕痛吗？

•对分娩痛的误解。分娩前应阅读这方面的书籍，可以参加分娩学习班。当你快要分娩时，周围的人可能会告诉你很多关于生孩子的事情。有过分娩经历的人所说的话对你的影响最大，但你要知道，同样是生孩子，每个人的感受都是不同的。

如果有人告诉你生孩子很痛，简直不是人能忍受的，你千万不要让她的话吓着，事实并没有她说的那么严重。

如果有人告诉你生孩子一点也不痛，就像排便一样，你可不要这样认为，当疼痛来临时，你会因为没有充分的思想准备而惊慌失措。如果你不想使用任何止痛剂，疼痛是必然的，但你已经做好准备。

如果有人建议你干脆剖腹产，不然的话可能要受两回罪，因为她自然分娩失败了，半途做了剖腹产。你可不要借鉴她的经验，如果医生允许产妇采取自然分娩，那么这位产妇一定具备自然分娩的条件，失败的原因有很多，但其中很大一部分原因是产妇不能很好地配合。你要知道剖腹产并不是最佳选择。

如果有人建议你选择借助药物的无痛分娩，你要问一问自己的内心，你期望体验一次自然分娩吗？你是否怕药物对宝宝可能造成的影响？

❖ 自我舒缓疼痛的方法

•心情放松，深呼吸。

•让别人按摩或使劲挤压后背部。

•频繁变换体位。

•后背部放个冰袋。

•含块冰，使口腔保持湿润。

•借聊天、看电视、玩游戏、听音乐等来分散注意力。

•当宫缩越来越频，越来越强烈时，放慢呼吸节律或做深呼吸。

•宫缩间歇期间小睡片刻或静静地休息或吃些你喜欢的食品。

•感到热或已经出汗，用微凉的湿毛巾擦一擦脸。

116. 第一产程（6-12小时）：养精蓄锐、休息、进食

•经历时间：这是指从子宫规律收缩开始到子宫颈口开全的一段时间。如果你是第一次生孩子（初产妇）约需要12小时；如果你曾经有过分娩的经历（经产妇）约需6小时。

•表现：刚开始进入规律宫缩时，大约每六七分钟发动一次宫缩，每次可持续半

孕妈妈／罗月暖

分钟。随着产程的进展，宫缩间隔时间逐渐缩短，每次宫缩持续时间逐渐延长，强度逐渐增加，子宫颈口会缓慢打开。

•你的感受：当宫颈口开到约5厘米时，宫缩变得强烈起来，刚才还很镇静的你，这时可能会变得紧张和恐惧，这时可能是感觉疼痛最剧烈的时候，你可能会担心孩子生不下来，可能会认为你已经无法坚持，会强烈要求医生为你做剖腹产。坚持下去就会柳暗花明，周围的人都会这样对你说：坚持一下，孩子马上就要生出来了。这句话说起来容易，放在你的身上，就要付出很大的努力，你该怎么办好呢？

❖ 顺利度过第一产程的方法

•宫缩间歇时休息、睡觉、吃喝、聊天或听音乐。

这一时期，子宫收缩是间断的，而且不收缩的时候长，收缩的时候短。所以，你能有大部分时间得到休息，尽管这种休息常常被突如其来的疼痛所打断，你也要努力使自己放松，抓紧时间休息或吃东西，如果你睡不着，也可听听音乐，和人聊聊天。

•宫缩来临时腹式呼吸，采取随意、喜

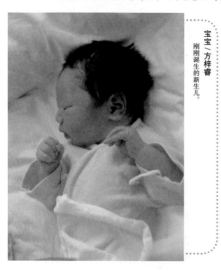

宝宝·方梓睿
刚刚诞生的新生儿。

欢的姿势。

在宫缩来临时，你可采取腹式呼吸，可使腹部放松。采取你感觉喜欢的姿势，只要你感觉舒服就行，不要刻意按照书本上或医生指点你的姿势，那种姿势或许不适合你。但一般来说侧卧位要好些。

有些产妇在分娩真正发动后，对宫缩带来的疼痛表现出不安和恐惧，闹得很厉害，即使在宫缩间歇期也不好好休息，不用说吃东西，就连水都不喝，对下一次宫缩到来引起的疼痛进行预测，时刻想着无法忍受的疼痛即将来临，甚至感觉自己会死掉。这是最不好的，这使得产妇身体非常疲劳和困倦，等到需要产妇用力，宝宝需要妈妈帮忙时，却一点也使不上劲儿，帮不上忙。

在你还没有进入分娩过程时，可千万要想清楚，分娩是你和宝宝的事，十月怀胎已经走完了万里长征，就要到达目的地了，只要你和宝宝紧密配合，就能顺利到达终点。疼痛来临时，你咬紧牙关坚持住；疼痛缓解时，你抓紧时间休息、进食。你就要做母亲了，坚定信心吧。

❖ 需立即告诉医生的4种情况

•宫缩间隔时间为2-3分钟。

•破水了。

•无法控制的用力排便的感觉。

•阴道出血增多。

117. 第二产程（1-2小时）：极限冲刺、配合用力、可见胎头

❖ 破水、用力和呼吸

•经历时间：第二产程是子宫颈口开全到胎儿娩出的这段时间，初产妇约需2小时，经产妇约需1小时。

•表现：宫缩间隔时间缩短到1-2分钟，

每次可持续50秒，对你来说，可能已经感觉不到间歇，似乎一直有宫缩，肚子持续疼痛。告诉你：这时宝宝的头部逐渐脱出骨盆，一边回旋，一边随着子宫收缩（引起你疼痛的宫缩）向产道出口进发。作为妈妈的你，只有努力、努力、再努力。

❖ *你的感受*

这段时间，你的疼痛有所减轻，但因胎头压迫，你会感到有一团很硬的东西堵在肛门和会阴处，你可能会使劲憋气，助产士也会告诉你如何用力，你已经忘记恐惧和疼痛。到了这一刻，已经是开弓没有回头箭，胎儿就要娩出，妈妈别无选择，现在你能做的就是全力以赴把宝宝生出来。有助产士在你身边指导你如何用力，如何呼吸，你会顺利度过这一关的。

你在产前学习的分娩方法，这时可能已经忘得一干二净，因为在真正的分娩到来前，你是无论如何也想象不出分娩是什么滋味的，当你从未体验过的感觉袭来时，你变得不再那么冷静，脑子可能一片空白，这时你可能全然不顾，坚决要剖腹产，因为你已经无法忍受你从未感受过的这一切。你已经顾不得你的宝宝，你的这些表现，并不都是因为疼痛，分娩的疼痛不会这样的剧烈，只是你不曾有过这样的经历，你没有了安全感，不知道以后还会发生什么。

告诉你即将发生的是，等你感觉不能忍受的时候，就是你要完成分娩的时候，宝宝正在冲过终点，你就要听到宝宝响亮的哭声。

如果你选择了自然分娩，希望你记住这段文字。当你在分娩中有无法忍受、不能再坚持下去的感觉时，我告诉你，宝宝正在通过最窄最后的关口，你马上就要成功了。

破水大多发生在这一期（适时破水），助产士已经可以看到胎儿的头发，阴道口扩展到最大限度，你会感到有个很大的东西撑着外阴（着冠），这是胎儿就要娩出前的阶段。从着冠开始，助产士就会让你停止用力，让你"哈、哈"地喘气，这时腹壁开始放松。很快，宝宝的头、肩娩出，紧接着，整个胎儿娩出。

❖ 顺利度过第二产程的方法

•宫缩时用力，无宫缩放松

按照宫缩的节奏用力，有宫缩时用力，宫缩停止后一定要放松，如果一直用力，会使你感觉异常疲劳。如果宫缩来临时，你不能正确用力，就不能很好地配合宫缩和胎儿完成分娩过程。

•正确的用力方法

当宫缩开始，阵痛到来时，你要深深地吸一口气，然后紧闭双唇，憋住气，开始使劲儿。注意，一定要把劲儿使在下面，就像拉干硬的大便。

•该停就停

如果助产士让你不要再用力了，要"哈、哈"地大喘气，你一定不要再用力了。

提…示

有的产妇不把劲儿使在下面，而是使在脸上和胸部；有的产妇不是紧紧闭住双唇，不能很好的憋气；有的产妇喊叫，这是最不好的，喊叫不但不能很好的配合宫缩和胎儿，还消耗了体力；有的产妇使劲时间太短，呼吸频率很快，这也不能很好配合宫缩和胎儿分娩。

希望你记住：当助产士让你深吸气后憋住气使劲儿时，一定要尽量延长时间；默默使劲儿，要比出声有效，所以，最好不要出声；千万不要喊叫。当助产士不让你用力时，你一定要配合，浅而快地呼吸，并发出"哈、哈"的声音，同时放松腹壁和全身所有的肌肉。

宝宝 / 李曦冉

虽然我还不会说话，但我的一举一动都会引起爸爸妈妈的关注。

118. 第三产程（3-30分钟）：胎盘娩出、比较轻松

第三期是从胎儿娩出后到胎盘娩出这一段时间，这一段时间是比较容易度过的。产妇不但没有了阵痛，还听到了新生儿的第一声啼哭，妈妈终于见到盼望已久的宝宝，把分娩带来的疼痛都一股脑地忘到脑后了。

❖三个产程小结

●整个产程所需时间

初产妇一般最长不超过24小时，经产妇不超过18小时。最短也需要4小时以上，如果整个产程短于4小时称为急产，整个产程超过24小时称为滞产。

●三个产程难以界定

事实上，这三个产程之间的时间界限难以准确划分，尤其是从第一产程进入第二产程的时间。另外，每个产妇的感受不同，住院时间各异，产科医生和助产士并不都能准确判断产妇第一产程开始的真正时间。有的产妇对疼痛耐受性比较差，在分娩前期，也就是说还没有真正发动分娩前，已经是"痛不欲生"的样子，这会给产科医生和助产士带来判断上的困难，也使得丈夫和陪伴的家属紧张，认为产妇一定是难产，因为已经痛了好几天，孩子还没有生下来。其实，产妇根本没有真正动产。

●相信自己能闯过自然分娩关

当你的产程相对比较长时，你一定不要着急，更不能烦躁不安，这时的你应该充满信心，在宫缩间歇期，争取时间休息，能吃就吃，能喝就喝，你要记住，此时此刻最能够帮助你的是你自己，只要你失去信心，不能勇敢地面对子宫收缩带给你的阵痛，你的分娩过程就不能顺利。你闹得越厉害，耗费的精力越大，顺产的机会就越小。你越是拒绝进食进水，越感到体力不支，就越没有力气去对付宫缩带来的阵痛。你越是害怕阵痛的来临，不能抓紧宫缩间歇期休息，你就越不能忍受阵阵袭来的阵痛。你就这样想，反正宫缩痛不会要了你的命，咬紧牙关，相信自己一定能闯过这一关。

典型案例

我从动产到分娩用了11个小时，真正经历疼痛难忍的时间不到1个小时，同事们对我说，痛得忍不了就喊出来。同事们越是这样说，我越是一声不吭，也不睁眼看同事们，我要守住这块阵地。我在想，我的孩子正在考验着妈妈的毅力，我一定要表现出坚强的意志，我不喊叫，不言痛，就表明我不会向"痛"低头，孩子会为妈妈的勇敢而骄傲，一定会默默地配合着妈妈走出黑暗，迎接光明。当时的我，只用心和我的孩子交流，全然不理会周围，包括我的丈夫。我是10月2日凌晨2点多开始出现腹部隐隐作痛，并见红的，上午11点住院，下午3点40分结束分娩，10月3日12点就回到了家里。实际上，我在孕8个月时，产科主任就告诉我，我很可能要剖腹产，原因是我呈"悬垂腹"，孩子又相对比较大。可我当时想，我的骨盆比较宽，我不能白白浪费了我这非常女性化的骨盆，应该尝试一下，结果，我成功了，还如此顺利。

❖ 最关键的时刻

到了你不能忍受的时候，也就是离孩子出生不远的时候了，坚持下去，你很快就会尝到分娩后的喜悦。

❖ 危险防范

如果你在产院分娩，有产科医生和助产士的密切观察，还有产程监护仪、胎儿监护仪等监护措施，你是很安全的。需要注意的是：你不要擅自上卫生间，一定要有人陪护，如果你感觉有大便意，可能就是要分娩的时候，所以，无论你要做什么，都要向医生说明，医生会做出判断。

❖ 夜间动产

有很多孕妇都是在夜间动产的，初产妇缺乏经验，一旦出现临产先兆，大多数孕妇不敢待在家里，丈夫和亲属更是着急，怕把孩子生到家里。所以，即使医生告诉孕妇什么时候该来医院，即使孕妇看了很多书，到了真需要拿主意的时候，也大多没了主见，半夜三更急急忙忙到医院生孩子的并不少见。这并没有什么错，也没有什么坏处，由孕妇本人或丈夫亲属决定何时需要住院，确实是不切实际的。如果孕妇认为自己应该住院，就去住好了；如果孕妇认为还不需要住院，但又有些担心，就给你的产科医生打个电话咨询一下。如果你拿不准主意，带着东西去住院，而医生告诉你暂时不需要，你就安心地回家，不要怕费事，提早住院并不好。

❖ 夜间分娩

宝宝并不会因为现在是半夜三更就憋在子宫中不出来，不管什么时候，宝宝该出来时就会出来。所以，半夜分娩并不稀罕，宝宝的健康和聪明才智与出生时间并没有因果关系。你也不要担心夜间分娩会让陪伴你的丈夫犯困，就要做爸爸了，只有激动和兴奋，根本不会困倦。

119. 第一声啼哭——献给母亲的赞歌

"哇——"婴儿第一声清脆响亮的啼哭传到你的耳边，一切的艰难险阻都过去了，你的心中被幸福和喜悦填得满满的，真正体验了母爱，这是你一生中最幸福的时刻。就像在奥运会上第一个冲过终点的世界冠军，你会喜极而泣。这就是为什么曾经经历过分娩阵痛的妈妈，当再次怀孕时，仍然选择自然分娩的原因吧。有许多准妈妈听过对分娩痛的描述，却很少听到过对胎儿娩出时那一刻的舒畅和幸福感的描述。这是不公平的。只把生产的痛苦告诉尚未有过生产经历的孕妇，却把分娩后的舒畅和幸福保留起来，让准妈妈少了对自然分娩后幸福感的想往。生育就是这样一个值得去体验、回味，甚至再重复的过程，有痛苦有欢乐，有付出有收获，生和死、苦与乐就这样戏剧性地降临和转化，让你懂得活着的道理，让你敬畏生命、珍惜生命。

我也做了母亲，亲身体会过自然分娩后成为母亲的幸福时刻。20年来，我陪护过太多产妇分娩，体会到她们的幸福和满足。为什么人们很少细致地描述这个幸福的时刻呢？可能是太圆满了，一切尽在不言中；也可能是全部心思转到宝宝身上，顾不上了；也可能是描述幸福的语言太贫

宝宝 / 李曦冉

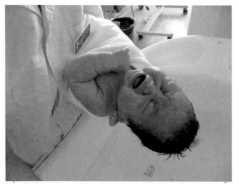

宝宝 \ 张兵
出生刚刚一天，护士正在为宝宝洗澡，宝宝哪里习惯，大声啼哭起来。

乏了，不知怎么说……总之，第二产程中冲刺并娩出婴儿的妈妈就像世界冠军一样，忘却的是艰辛，拥有的是喜悦。

过去，对母子来说，分娩的过程一直是危机四伏，人类的演化过程给了人一个聪明的头脑，但同时也给人类的繁衍制造了危险：对于妈妈的产道来说，胎儿的头颅可谓是巨大的，在没有产科医生和助产士以前，妈妈每次分娩都面临着危险。现在医学科学的进步使得母子的生命得到了保障，分娩的痛苦在不断降低，现在的母子是幸运的。

对于胎儿来说，在子宫里确实是非常舒适的。分娩是胎儿离开母体走上独立生存道路的第一次，也是最严峻的考验。胎儿会竭尽全力地向外冲，并且保持正确的冲刺姿势和方向。在这个过程中，胎儿并不能掌控自己的命运，胎儿最亲的人是孕育他十月之久的妈妈，妈妈没有理由不做出巨大努力，帮助自己的孩子。胎儿和母亲之间共同配合是分娩成功的关键。如果母亲和孩子达成默契，尽一切努力走过这一关键时刻，你们就离成功不远了。另外，还有医生和助产士的倾力帮助，你的分娩就更加有保障。新生儿第一声啼哭是新生命诞生的象征，也是献给母亲的赞歌。

120. 第一时间吸吮妈妈的乳头

在胎儿娩出的一刹那，助产士就立即为宝宝进行呼吸道清理，让宝宝的第一声啼哭清脆响亮，肺脏充分张开，不让羊水吸到肺中，这一点是很重要的。为宝宝结扎脐带的时间要恰到好处，未结扎脐带前，宝宝应与妈妈呈水平的位置。结扎早了和晚了，比妈妈的位置高或低都会发生母－胎或胎－母输血现象，导致宝宝失血或多血。胎儿娩出后30秒宝宝的脐带就被钳夹，从此宝宝就开始建立了自己独立的呼吸和循环，开始独立生存。

离开妈妈子宫的宝宝，突然暴露在寒冷、陌生、嘈杂的环境中，会产生不适和不安全感。把刚刚出生的宝宝放在妈妈的怀里，新生宝宝会有最安全、最幸福的感受。当宝宝趴在妈妈的怀里时，你会惊奇地发现，宝宝会用小嘴寻找妈妈的乳头，会用小手触摸妈妈的肌肤，会用小脸紧紧贴着妈妈，当宝宝再次聆听到妈妈的心跳，闻到妈妈的气味，感受到妈妈的气息时，宝宝离开母体后所有的不安和恐惧都完全消失了。

新生儿娩出后，第一时间与妈妈接触，通常是俯卧在妈妈胸部，嘴对着妈妈的乳头。与妈妈的早接触，不但有利于妈妈乳汁分泌，刺激新生儿吸吮反射，使新生儿更早地体验到吸吮的乐趣，还能增进新生儿情感发育，刺激妈妈子宫收缩，好处多多。所以，现在的产院都会让刚刚出生的新生儿与妈妈进行半小时的皮肤接触，让宝宝在第一时间吸吮到妈妈的乳头。母乳喂养对宝宝健康成长至关重要，尤其是在宝宝出生后最初的6个月内，纯母乳喂养更为重要。出生后半小时内让宝宝吸吮妈妈的乳头，对母乳喂养有极大的好处，妈妈可不要拒绝哟。

第2节 剖腹产

121. 都市白领青睐剖腹产

选择什么样的方式分娩，已成为孕妇热切关心的问题。近年来随着剖腹产率的升高，医学专家对剖腹产的安全性提出了种种质疑。为此，医疗机构采取了一些措施，努力控制剖腹产率，但结果并不乐观，剖腹产率仍在悄然上升。

如果你认为剖腹产会使你的宝宝聪明，会使你保持苗条的体形，会使今后的性生活不受影响，这是不明智的，更是我所不赞同的。因为没有证据表明，剖腹产有上述好处，相反，有研究证明，剖腹产的婴儿在运动协调能力方面不如自然分娩的婴儿，易患新生儿湿肺；剖腹产的孕妇更伤元气，产后复元的过程要比自然分娩更慢。

如果你为了避免难产而要求剖腹产，剖腹产本身就是创伤性分娩方式，是一次腹部外科手术。是否需要剖腹产来避免可能的难产应由医生决定而不是由你或丈夫来决定，只有医生掌握剖腹产的手术指征。

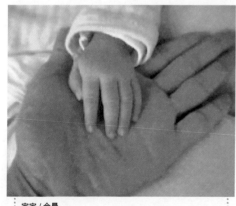

宝宝 / 余晨
宝宝余晨的小手。

如果你为了避免分娩的疼痛而选择剖腹产，是最不划算的，手术麻醉过后，刀口开始疼痛，大多需要注射杜冷丁等药物来止痛，还有很多术后带来的不便。剖腹产是一次创伤性手术，手术就存在一定的风险系数，如：可能发生麻醉意外、感染、肠粘连等。顺产后48小时就可带着宝宝安全出院，剖腹产要在医院至少住上8天。

❖ **你选择剖腹产以前，是否明确知道这些情况**

现有的资料表明：剖腹产与自然阴道产相比，前者死亡率增加3倍。

剖腹产术后并发症是自然分娩的2-3倍。

剖腹产儿未经阴道挤压，湿肺的发生率高于自然分娩儿。

剖腹产儿发生运动不协调的几率高于自然分娩儿。

中枢神经系统抑制、喂养困难、机械通气等，在选择性剖宫产中比自然分娩更常见。

应最大限度减少分娩时的医疗干预。

自然分娩是人类繁衍的自然生理过程，是目前人类生育最合适最安全的方式。

122. 剖腹产指征和注意事项

❖ **剖腹产的医学指征**

剖腹产就是不经过产道分娩，而是由医生打开腹部和子宫，直接把胎儿取出。剖腹产的产科指征有以下几种情况。

提前预知自然分娩会对胎儿或产妇有危险。

常见的有：头盆不称（胎儿头部与妈妈骨盆不相称）；胎位异常；高龄初产妇；前置胎盘；脐带缠绕颈部等。

• 在自然分娩过程中发生了异常，必须紧急取出胎儿。

产道、胎儿、宫缩、产妇状态等分娩因素中的任何一个出了问题，必须经剖腹产取出胎儿。

• 孕妇在某一孕期出现某些异常情况，必须经剖腹产取出胎儿。胎盘早期剥离出血；脐带脱出；因妊娠并发症危及胎儿和妈妈生命，如子宫破裂等。

❖ 剖腹产注意事项

• 签手术同意书：无论因哪种情况行剖腹产，医生和护士都会告诉你应该注意什么，也会向你的丈夫（如果你的丈夫不在身边，会由你选择一位亲属或你最信赖的朋友）交代手术的相关问题，会让你的丈夫在手术同意书上签字。

• 出现临产先兆，立即去医院：如果你是预知要行剖腹产的孕妇，当阵痛发生时，应立即到医院。

• 术前禁食：术前应该禁食，一般要在术前6-8小时禁食。如果决定第二天早晨剖腹产，你就不要吃早餐了。如果决定午后剖腹产，午餐就不要吃了。

• 克服刀口痛，母乳喂养：剖腹产后不能马上喂母乳，也不能让宝宝出生后趴在妈妈的怀里。但当医生允许你喂母乳时，一定要克服手术刀口的疼痛，给宝宝哺乳，这时你可能还没有多少乳汁，不要紧，宝宝越吸吮，乳汁分泌得越多。

• 术后早活动：剖腹产后，医生会鼓励你早活动，通常情况下术后24小时就可在床边走动。有排气后就可进食了。

• 一定要避孕：剖腹产后避孕很重要。如果你还准备生孩子，要比自然分娩等待更长的时间，最好距本次剖腹产1年以上，如果希望下次自然分娩则最好等2年后再孕。一旦意外怀孕，会因你曾剖腹产而使人工流产变得危险，至少要等到术后半年才不会让医生担心。

仍需做骨盆底肌肉锻炼：因为胎儿没有经过产道，你就认为你的骨盆底肌肉和韧带不会松弛，所以不需要做骨盆底肌肉和韧带的产后锻炼，那就错了。你仍然需要锻炼。

孕妈妈/罗月暖
宝　宝/李曦冉

第十三章　产后

新生宝宝："感谢妈妈十月怀胎，我深深地给您鞠躬，妈妈您辛苦了！感谢爸爸日日陪伴，恳请您用爱和包容对待月子中的妈妈，让她快乐，远离忧郁。"

· 坐月子
· 哺乳、产后复原和避孕
· 预防产褥热
· 及时发现产后抑郁症

第1节 坐月子

尽管新生儿出生了，但本章主要讲述的是月子里的妈妈问题，月子里的宝宝问题请看《郑玉巧育儿经》（婴儿卷）第一章内容。

123. 对月子妈妈的几点建议

是中国式的坐月子方法好，还是西式方法好？其实，方式本身并不重要，也没有哪个更好或更坏，重要的是产妇喜欢怎样度过产后这段时光，怎样做才使产妇心情愉快，拥有更多的幸福感。

现代女性要不要坐月子？接受现代教育的年轻人开始摒弃沿袭下来的月子习俗，但又有些踌躇，怕落下月子病。东西方女性体质、生活习惯、饮食结构等存在着一定差异。我国产妇坐月子有久远的历史，西方坐月子的方法并不都能让中国产妇接受，也不一定适合中国产妇的生活方式。

不能否认坐月子对产妇和新生儿的益处，有些好的做法不能全盘否定，更不能

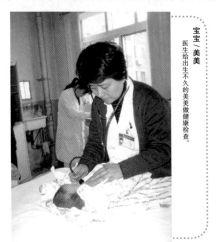

宝宝／美美
医生给出生不久的美美做健康检查。

全部摒弃。需要摒弃的是民间的一些陋习，有些传统的习俗需要改进，使其更具科学性。在这里，我们不赞成放弃坐月子，要提倡科学坐月子。

新妈妈十月怀胎，各个系统发生一系列变化：子宫肌细胞肥大、增殖、变长，重量增加20倍，容量增加1000倍；心脏负担增大，膈肌逐渐上升，使心脏发生移位；肺脏负担也随之加重，肺通气量增加了40%，鼻、咽、气管黏膜充血水肿；肾脏也略有增大，输尿管增粗；肌张力减低，肠蠕动减弱；其他如肠胃内分泌、皮肤、骨、关节、韧带等都会发生相应的改变。产后胎儿娩出，上述变化的复原，取决于产妇坐月子时的调养保健。养护得当，则恢复较快；反之，则恢复较慢，甚至罹患产后疾病。

❖ 需要改进和摒弃的传统坐月子观念

• 产后要多穿多盖，月子房要密不透风。

产后不能受凉，但并不意味着要多穿多盖，让产妇整日大汗淋漓，冬季不要让凛冽的寒风吹到产妇，但绝不能让房间成为闷罐，像蒸笼一样又热又潮，空气污浊不堪。产妇和新生儿的房间一定要通风换气，空气新鲜，温度适宜，不冷不热，舒适宜人。

• 产后不能洗头洗澡，甚至不能刷牙洗脚。

不但要洗头洗澡，还要勤洗。因为产妇分娩时出很多汗，浑身都是汗气味道，皮肤黏黏的，很不舒适。西方产后马上淋

浴，我们稍微保守些，顺产24小时后体力已经完全恢复，淋浴一点问题也没有。剖腹产后72小时也可淋浴了，如果住院期间不方便，可用温水擦浴，回到家中再淋浴。产后和平日一样，晨起和睡前都要刷牙，只是要选择软毛刷，硬毛刷可能会使齿龈出血，饭后清水或漱口水漱口。产后不但要刷牙，还要比平时更注重口腔和牙齿的清洁。睡前用温水泡泡脚有利于睡眠。

•产后要包头挂门帘，不能见风见光。

冬季寒冷季节，出门戴上帽子或围巾保温是对的，但在炎热的夏季和暖和的春秋季，不需要这么做。产妇不是久卧在床，弱不禁风的病人，产妇是健康的正常人，不要像对待病人一样对待产妇。

•产后只能喝粥喝汤，不能吃米饭炒菜。

孕妇在孕期和分娩时消耗很多热量，相当于跑了一次马拉松，产后母乳喂养，要保证充足的乳汁哺乳孩子，所以，产后饮食比怀孕时还重要，所需营养还要多，只是喝汤喝粥，不能保证足够的营养。产妇需比平时进食更多的蛋白质、矿物质和维生素，需要更多的钙和铁。产妇不能只是喝汤喝粥，而是要多喝汤多喝粥，也就是在正常进食的基础上，要保证汤水的摄入量，因为很快，宝宝每天就需要1000毫升左右的乳汁量。妈妈不吃好喝好，哪能有充足的乳汁供给宝宝呢？

•产后不能吃水果，必须吃烫嘴的食物。

恰恰相反，产后不能吃过热的食物，以免损害牙齿。我们的生活习惯和西方不同，西方人在产后，甚至在产中都要大口大口吃冰块喝冰水。我们不能吃太凉的东西，但并不意味着要吃很热，甚至烫嘴的食物，吃温度适宜的食物是最好的。水果生吃才能保证维生素不被破坏，当然要吃生水果。

•产后不能下床，更不能到户外走动。

产后不但可以下床，还要鼓励早下床活动，这样可预防产后血栓形成，顺产和剖腹产都要早下床活动。只是不要太过劳累，用更多的时间躺下来休息。如果户外春暖花开或秋高气爽气候宜人，去户外走走，晒晒太阳，吸吸新鲜空气，对身体是很有好处的。如果正赶上严寒的冬季和比较糟糕的天气，就只能暂时在室内活动，等到哪天天气比较好的时候，短时间去户外走走。

❖ 穿戴

北方冬季天气寒冷，但室内有很好的取暖设施，尽管室外寒风凛冽，室内却温暖如春；南方气候温和，室内外温差不是很大，室内温度可能比北方还低。按照不同室温标准选择衣服的厚薄，应该选择宽松舒适的款式或家居服。

不同的室温选择不同厚薄的衣服。室温在12℃以下，穿薄棉衣厚毛裤；室温在12-15℃，穿厚毛衣薄毛裤；室温在15-18℃，穿薄毛衣棉质单裤；室温在18-22℃，穿薄羊毛衫棉质单裤；室温在22-24℃，穿棉质单衣裤。

不要穿过紧的衣服，以免影响乳房血液循环和乳腺管的通畅，引发乳腺炎。产后出汗多，应该穿吸水性好的纯棉质地的内衣，外衣也要柔软、散热性好。母乳喂养的新妈妈，乳汁常常沾湿衣服，产后最初几天阴道分泌物比较多，乳罩、内裤应每天换洗。

多数人认为鞋子对新妈妈来说不重要，大多数产妇月子期间不出门，只是在家走走，穿双拖鞋就可以了。这是不对的，应该穿柔软舒适的鞋子，如果穿拖鞋，最好要带脚后跟的，以免脚受凉引发足跟或腹部不适。活动或做产后体操时，应该穿柔软的运动鞋或休闲鞋，不要穿着拖鞋运动。建议产后不要马上穿高跟鞋，可以穿半高跟鞋，2.5厘米左右的比较合适。

❖ 吃喝

产妇不宜吃滚烫的饭菜。饭菜太热会伤害牙齿。如果烫坏了口腔黏膜，可能导致口腔感染。我国习俗让产妇喝热汤，尤其是冬季，喜欢喝很热的汤，吃滚开的火锅。这对产妇的牙齿是不利的。坐月子，科学饮食很重要。我们不能像西方人那样，月子里还照样喝冰水，但我们也不能吃过热的饭食。产妇身体消耗大，还要给婴儿喂奶，油炸、油腻食物及辛辣饮食不易消化，容易加重便秘，也会影响乳汁分泌，或通过乳汁刺激婴儿诱发湿疹、腹泻等疾病。让产妇喝红糖水、水煮蛋、炖母鸡汤、鱼汤、小米粥的习俗都是好的，如果再配以适量的新鲜蔬菜、水果，就更有益于产妇身体复原和哺乳。

❖ 睡觉

产后子宫韧带松弛，需经常变换躺卧体位，即仰卧与侧卧交替。从产后第二天开始俯卧，每天1-2次，每次15-20分钟。产后2周可膝胸卧位，利于子宫复位并防止子宫后倾。每天保证8-9小时的睡眠，这样有

孕妈妈／王立霞

助于子宫复位，并可促进食欲，避免排便困难。产妇身体的一些器官需要复原，产后子宫韧带松弛，极易移位，阴道分泌物中有血液、坏死的蜕膜组织及黏液，局部抵抗力比较低，如不注意休息，会导致感染。

产妇夜间要频繁喂奶，照顾婴儿，缺乏整段时间休息睡眠，要抓紧一切可能的时间休息。最好是孩子睡的时候，妈妈就抓紧时间休息或睡觉。

❖ 运动

健康的产妇在产后6-8个小时可以坐起来，12个小时后便可坐起进餐，下床排便。产后第一次下床如厕或散步时，要有人陪伴，以防因体虚而晕倒。24小时后可站起来为婴儿换尿布。产后第二天可以下床活动。起床的第一天早晚各在床边坐半小时。第二天起在室内走走，每天2-3次，每天半小时，以后逐渐增加活动次数和时间。早活动有利于子宫恢复和分泌物排出；减少感染机会和下肢静脉血栓形成；加快排尿功能恢复，减少泌尿系统感染发生；加快胃肠道恢复，增进食欲，减少便秘；促进骨盆底肌肉恢复，防止小便失禁和子宫脱垂发生。

❖ 休息

冬季是呼吸道感染多发季节，产妇要注意休息。避免接触患有感冒的人。婴儿虽然在母体中获得了免疫能力，但刚刚离开妈妈子宫保护的新生儿抵抗力仍然比较低，成人呼吸道中的微生物，可能成为婴儿的致病菌导致呼吸道感染。

休息不好，乳汁分泌就减少，会给母乳喂养带来困难，并易导致产妇焦虑、疲倦、精神抑郁。

职业女性，平时工作和家务十分紧张，很少有空余的时间，就在产前准备很多书籍，想充分利用这难得的休息时间看看书。

看书需要长时间盯着书本，很少变换姿势，会使眼睛和颈部肌肉过于疲劳，要注意把握尺度，看上二三十分钟就要休息。

❖ **洗浴**

冬季洗澡应做到防寒。浴室温度应在22-24℃。水温在38℃左右。浴室不要太封闭，不能让产妇大汗淋漓，以免头晕、恶心。

不要空腹或饱食后洗澡，浴后要及时用暖风吹干头发，喝杯温开水或果汁，吃些小食品。产妇不宜坐浴，洗浴时间不宜过长，每次5-10分钟即可。如果分娩过程不顺利，出血过多，或平时体质较差，不宜勉强过早淋浴，可改为擦浴。

❖ **其他注意事项**

每次如厕后，都要用温水冲洗阴部，洗时注意要从会阴向肛门洗，以免将肛门的细菌带到会阴伤口和阴道内。

月子中进食较多的糖类和高蛋白食物易损牙齿，应做到早晚刷牙、饭后漱口，防止口腔感染。

指甲要定期修剪，以免划伤婴儿幼嫩的皮肤。

保持衣着整洁，梳理好头发，蓬头垢面会影响你的心情，认为月子梳头会留下头皮痛的说法是不科学的。

❖ **给母婴创造健康的月子环境**

给母婴创造一个舒适温馨的环境，不但对母婴的身体健康有利，对产妇的心理健康也是非常重要的。一定要摒弃过去"捂月子"的习惯，让产妇和婴儿在空气新鲜、环境优雅、干净明亮的室内度过月子。

白天不要挂窗帘，尤其是比较厚、颜色比较深、花色比较暗的窗帘。如果没黑没白地挂着窗帘，会影响产妇心情，也不利于婴儿视觉发育；不能及时发现宝宝皮肤黄疸和其他情况。晚上不开正常照明灯，

室内光线昏暗，反而对宝宝视觉发育不利，产妇也会感到视觉疲劳。

124. 国外专家对坐月子的建议

❖ **休息**

一天当中，要不断休息，可以喝杯茶、看看报，或将脚垫得高高的。将窗帘挂上，拔掉电话，搂着小宝宝甜甜地睡上一觉，醒来后会感觉精力充沛。

❖ **接待来访者**

不要让来访者打乱了自己的休息时间，对你来说是不方便的时间，一概明确回绝来访者。接待不要陪得时间太长，以免身体疲劳。

❖ **找人帮忙，不要客气**

让朋友或邻居帮助取牛奶，带着宠物去散步，或带上小孩去公园，让家人或兄弟姐妹帮助买菜做饭等。他们都非常乐意帮助你，明确告诉他们你有什么要求、喜欢什么，不必客气。

❖ **干家务**

做一些适合你的事，别的妈妈能做的事并不一定完全适合你。

❖ **制定时间表**

不管是傍晚散步，还是在浴盆里泡澡，在这个时间表中所安排的一切活动，都是为了精神愉快。

❖ **寻找"课间操"**

婴儿约1周后，你应至少每周1次到其他地方去轻松一下，当然应将婴儿放到家中。可陪朋友吃顿午餐，追寻孕前的个人爱好，与别人交谈一些孩子以外的话题，这种放松就如同课间操休息10分钟一样，也算是做妈妈期间的精神休息。

❖ **充当志愿者**

多与外界接触，使生活更加充实，心情愉快。考虑一些你关心的问题，寻找一

些担当志愿者的机会。比如，做志愿教师；志愿为血库接电话；以你的职业特长为非赢利性机构工作等，为社会工作可以使你感觉精力充沛。

边医生家住北京，所住的公寓中住着几位德国专家。当她看到一位怀孕的德国妇女在网球场和丈夫打网球时，感到非常惊奇，一直替这位孕妇担心，我国的孕妇哪里敢做这样的运动！可更让她惊奇的是，前两天还是大腹便便的孕妇，今天已经穿着漂亮的衣服，推着婴儿车在草坪上散步了，除了微微有些发胖，几乎和怀孕前没有什么变化，还是那样精神抖擞，步态轻盈。边医生的弟弟常常去德国公干，说德国妇女就是这样的。她们生孩子后不会待在家里一个月不出来，会参加朋友的生日宴会和一些舞宴。而且，她们也不会一个月不洗澡，生完孩子不久就淋浴，梳洗得干干净净。

我国的女性，尤其是城市女性，也改变了一些传统的认识，开始改变坐月子的方式，产后也会把自己梳洗得干干净净，打扮得漂漂亮亮。

典型案例

姐姐不让开空调

我姐姐于前几日生下了我的小外甥女，虽然天气炎热，却不敢在空调房里坐月子，因为听说产妇在空调房待久了会影响今后的身体，可炎热的天气使母女俩苦不堪言，恳请你的帮助，我们全家不胜感激！

产妇确实不宜在过凉的房间内坐月子，但是，也不能在太热的房间内坐月子。天气太炎热，也会发生产妇中暑和产褥热，出痱子，食欲差等。如果室内温度太高，空调是调节室内温度的不错选择。使用空调时，不要让空调风口对着孕妇和宝宝吹。空调温度调到26℃左右，产妇和孩子穿薄的纯棉睡衣。注意，尽管开空调，每天也要定时开窗换气。

第2节　母婴产后逐周看

125. 产后时间表

❖ 产后总体时间安排

如果你是顺产，产妇和新生儿都没有什么问题，产后2天，医生就会允许你带着宝宝出院了。如果你做了会阴切开，或有阴道裂伤做了缝合，就要等到伤口愈合后才能出院。通常情况下，于产后5天，医生就允许你带着宝宝回家了。如果你做了剖腹产，则需要在医院住8天，但如果你要求提前出院，医生也认为你可以出院，于剖腹产后5天左右允许你回到家里。如果腹部缝合需要拆线，到拆线的时间会有医生到家拆线，并检查术后恢复情况。现

在，剖腹产大多采取横切口，5天就可以拆线，所以，剖腹产住院时间由8天缩短到5天。如果使用能吸收的线缝合，不需要拆线，就少了拆线这道工序，术后3天就可以出院了。但你最好1周以后出院，有什么问题，可以及时得到医生护士的帮助，你和家人都比较放心，如果提前回到家里，你可能会因为出现某些情况而担心，再找医生到家里出诊，或你自己到医院去，都是比较麻烦的。现在，大多不用缝合线，而是用手术专用"拉锁"使刀口两侧拉紧闭合，手术刀口愈合的情况要比缝合的好很多。如果你或新生儿有其他情况，医生

会根据具体情况决定你什么时候可以离开医院。

❖ **产后不可母婴分离**

过去，如果妈妈不能出院，而新生儿没有什么问题，医生会允许家里的人把宝宝接回家。现在基本上不这样做了，因为刚刚出生的新生儿不但需要吃妈妈的奶，还需要时时刻刻在妈妈身边，这是非常重要的。如果母婴被隔离开，将在以后的两年中产生各种各样的问题。在宝宝出生后最初的时日里，母爱将发挥强烈的作用，新生儿离开妈妈时的哭闹要比饥饿时的哭闹强烈得多。宝宝一哭妈妈马上抱起宝宝，把宝宝搂在怀里，用妈妈特有的疼爱的眼神望着宝宝，对宝宝来说比马上让他吃奶还重要。如果让新生儿离开妈妈，即使有再好的护理和喂养，也不能满足新生儿的需要，体重增长情况并不理想，新生儿会显得不安。和宝宝在一起不但对新生儿非常重要，对妈妈也异常重要，有宝宝在身边，产妇子宫和盆腔的复原要快得多，产后出血、抑郁症的发生率也低。所以，如果妈妈或宝宝暂时不能出院，不要把宝宝或妈妈单独留在医院，产后母婴分离是对宝宝和妈妈最大的伤害。

❖ **如果是剖腹产或会阴侧切**

如果你是剖腹产，从手术室回到母婴之家后，医生会让你去枕平卧6小时，护士会不时过来看看手术切口是否有渗血，腹部是否胀，子宫回缩如何，阴道出血多不多。在排气前不让你吃东西，如果有口渴感，也不要大口喝水，只是含一口水，或用水漱口。6个小时以后，你就可以躺在枕头上了。这时，可以让人帮助你翻一翻身，活动一下身体，动一动肢体，这很重要，长时间不活动有发生静脉栓塞的危险。有一点你要记住，只要医生允许你活

宝宝 / 张兵
含着妈妈的乳头睡觉是新生宝宝的最爱。

动，你一定要尽量活动，越早越好，这样能够避免术后肠道粘连。因为有进食限制，你下奶的时间可能会向后推迟，你一定要克服刀口带给你的疼痛，尽早给宝宝喂母乳，这样不但可刺激乳汁分泌，对你子宫的恢复也有好处。如果因刀口痛不敢抱宝宝，可以让宝宝的头部朝另一只乳房，脚和身体朝外，宝宝就不会压到你的刀口了。

如果做了会阴切开，可能会因为缝针，使你感到会阴处疼痛，尤其是坐着时更明显。不要紧，过几天就会好的。你可采取半坐位，或在疼痛的那一侧垫上一个小软枕，使切口不被挤压。

如果分娩过程中，阴道有可见的擦伤，助产士或医生会在有损伤的阴道黏膜部位缝上几针，用的是能够吸收的线，不需要拆线。如果你的痛感比较强，也会感到疼痛，但不会很剧烈，一两天后就会缓解。

126. 产后第一周

❖ **产后第一天**

•产后重要的2小时

完成了整个产程，和宝宝的皮肤接触也结束了，但你暂时还不能离开产房。为你接产的助产士或医生会对你继续观察，2个小时以后才会把你送回产后母婴之家。

这是为什么呢？主要是为了观察子宫的收缩情况。尽管产后出血等异常情况很少发生，但密切观察仍是很重要的。你要耐心等待，如果你感觉渴了，就喝点水，感觉饿了，也可以吃些易于消化的食物，最好能睡上一觉。有护士和亲人在你身边，你一定要充分放松，这样你才能够快速恢复体力，争取早下奶。接下来就要哺育你的宝宝了，这时休息对你很重要。

• 回到母婴之家

2个小时过后，你回到了母婴之家，也就是产后病房，从这时起，你就会和宝宝在一起。产院为新生儿专门设置一张能够推动的婴儿床，哺乳后就把宝宝放在小婴儿床上，你则躺在大床上休息。刚刚出生的新生儿离开母亲，可能会有不安全感，喜欢躺在妈妈的身边，闻着妈妈的气味，更喜欢妈妈抱着，聆听妈妈的心跳。如果你的宝宝喜欢这样，除了喂奶，让宝宝更多躺在你身边。分娩后前3天，除了喂母乳，你尽量不要老是坐着抱你的宝宝。在产院中可能会比较吵，探视的人也比较多，该休息的时候，你就告诉周围的人，你要休息，这对你和宝宝都好，只有保持良好的睡眠和充足的营养才能为宝宝准备充足的乳汁。

宝宝／美美（左）　宝宝／李嘉怡（右）
美美同年同月同日生的小朋友，当然也是在同一家产院出生的。

• 睡觉、食欲与排尿

产后当天，你可能会感到有些疲惫，当睡意向你袭来时，要毫不犹豫地闭上眼睛睡觉，这对你产后恢复是非常有帮助的。有的产妇，产程比较顺利，没有经过太大的体力消耗；有的产妇尽管体力消耗比较大，但凭借身体好，耐力很大；有的产妇产后心情激动，异常兴奋。这些都会使产妇没有一点疲劳感，也没有睡意，像没有生过孩子一样，和周围的人谈笑风生，面对刚刚出生的可爱宝宝更是不舍得闭眼，直到感到疲劳，可能已经过去大半天了。你可不要这样做，即使你没有一丝的疲劳感和睡意，也要注意休息，不要让你的身体透支。

产后是否要马上吃东西？没有硬性规定，要看你当时的情况。如果你在产前吃得很好，没有呕吐，产后没有马上要吃东西的感觉，也不必非吃不可。如果你有很好的食欲，想马上吃些东西，要吃容易消化的食物。产后进食不要一次吃得太饱，以免消化不了。

一定要争取在产后当天顺利自然排尿，不要超过产后8小时，这对你来说是很重要的。无论你在什么时候有尿意，都要马上行动。产后不到8个小时，你还不能自行如厕，这并不影响你排尿，如果需要你在床上或床边排尿，你一定要这样做，如果你的会阴比较痛，要勇敢坚持。如果你能争取在产后8小时内自然排尿，你就免除了导尿的可能。

• 缓解产后疼痛

当产后的疲劳过去后，你开始感觉腹部一阵阵的疼痛，这是子宫收缩引起的。如果你是自然顺产，子宫收缩引起的腹痛，对你来说不算什么，只是轻微的疼痛。如果你是无痛分娩，或在子宫阵缩发动前就做了剖腹产，产后子宫收缩引起的腹痛，对你来说可能就明显了。但无论哪种情况，产后子宫收缩引起的腹痛，都不会很剧烈，通常情况下像比较显著的痛经那样。

如果你做了会阴切开或会阴撕裂缝合，产后会阴疼痛会让你感到难受，试着变换一下体位，如仰卧躺着，双膝屈曲并拢可能使疼痛缓解。如果你感觉疼痛有所减轻，就这样做，采取能缓解你疼痛的体位。如果疼痛让你难以忍受，就告诉医生，医生会为你想一些办法。总之，产后无论出现什么情况，都要努力寻求解决办法，任何不愉快的心情对你产后恢复都没有好处。多睡觉对你来说是很好的，一觉醒来，你会感觉身体轻松了很多，疼痛也缓解了很多。精力充沛，心情就会随之快乐。

• 没有不会吸吮的宝宝，也没有不会喂奶的妈妈

产后24小时了，这时的你看起来很有精神，身体上所有的疼痛都会减轻，甚至消失得无影无踪，不但能自行如厕，走起路来也轻盈了很多。

乳房开始发胀，宝宝已经能很好地吸吮妈妈的乳头，如果你有乳头凹陷或其他影响宝宝吸吮的问题，医生和护士会教你纠正方法，指导你如何给宝宝哺乳。

在这里我要告诉新妈妈们，在刚刚给宝宝哺乳的时候，你可能会遇到这样或那样的问题，这是很正常的，一定不要着急，没有不会吸吮的宝宝，也没有不会喂奶的妈妈，你要充满信心。

用母乳喂养你的宝宝是最佳的选择，关于这个问题，我在《婴儿卷》里做了详细的讨论。不妨在分娩前看一看，对你产后的哺乳会有很大帮助。

当宝宝吸吮乳头时，你可能会感觉有些腹痛，排出的分泌物也多了起来，这是

好消息，宝宝通过吸吮妈妈的乳头，帮助妈妈子宫收缩复原，清除残留在妈妈子宫内没用的东西，宝宝得到了营养，妈妈也获益。

是否开始做腹肌和盆底肌锻炼？什么时候开始做产后体操？要视情况而定，医生会根据你的情况给你一个很好的建议。如果你是什么问题也没有的自然分娩，现在就可以做轻微活动和腹肌锻炼了。

• "吃"好非常重要

新生儿要吸吮妈妈的乳汁，妈妈不吃好，哪来充足的乳汁？所以，对你来说，最重要的事情是睡好、吃好。

关于产后吃什么的问题，似乎已成定律，如面条、米粥、鸡蛋、鸡汤、鱼汤。产后吃什么并没有严格的规定和限制，营养丰富，容易消化、安全的食物都适合产妇吃，最主要的是要给产妇做喜欢吃的食物。

少吃盐并不是不吃盐，如果鱼汤、猪蹄汤、肉汤、鸡汤中不放盐，产妇怎么吃得下？只吃面条、米粥，怎么能保证营养？一个月都不让产妇吃味道鲜美的炒菜和各种味道的菜肴，产妇的食欲怎么能好？产后消化功能虽有所减弱，但并不像过去想象的那样。产妇不是病人，产妇是健康的人，不但需要为自己进食营养丰富的食物，补充分娩时的消耗，还要为宝宝进食营养，分泌充足的乳汁，同时还要担负起护理新生儿的任务。这一切，都需要产妇吃好，而产妇食欲的好坏，直接影响产后营养的摄入。只要不是月子中禁忌的食物，产妇完全可以根据自己的喜好选择饭食，强迫产妇吃不喜欢的食物是错误的做法。

常常听到这样的说法：为了孩子，你再不爱吃的东西也要吃，这对产妇是不公平的，会让产妇异常苦闷，这样并不利于

产妇的康复和乳汁的分泌。

心情好，食欲好，才能更好地吸收营养，所以，不要有太多的禁忌。老一辈传下来的月子饮食习惯和禁忌，有好的一面，也有需要改进的地方。膳食结构合理对产妇同样重要，饮食要合理搭配，不但品种要丰富，味道也要适合产妇，烹饪手法上也要多种多样。

"为了宝宝有充足的乳汁，再难吃的我也要吃下去！"；"现在是坐月子，我只能吃我不喜欢吃的！"。产妇这样做好吗？我认为不好，不但对产妇自身不利，对宝宝也不利，宝宝需要妈妈充足的乳汁，更需要快乐的妈妈。

在分娩前，你最好根据你的饮食习惯，结合产后饮食要求，分析一下，什么样的食物，怎样的烹饪方法，什么样的滋味，不但是你喜欢吃的，还符合产后饮食要求，也能满足宝宝需求。这样，当你分娩后，为你做饭的人也就不会犯愁，你也不会不知道吃什么好。

如果你是剖腹产，在没有排气前是不宜进食的。一般要在术后24~36小时开始正常进食。

❖ <u>产后第二天</u>

•喂宝宝一顿奶，你可能会汗流浃背

产后36小时了，分娩带给你的疲劳消除，你看起来更有精神。不管你是采取怎样的分娩方式，你都能自由地下床走动，自己洗漱，自行如厕，乳汁分泌增加，食欲也开始增加。

你是否可以舒舒服服洗个温水澡，这要看当时的情况，如果你住的房间里带有洗浴间，室内温度也比较适宜，没有不宜洗浴的医学情况，如会阴切开或撕裂、剖腹产等，也没有任何孕期和产后并发症，这个愿望是很容易实现的。但时间一定要短，不要超过10分钟，如果你感觉还比较疲劳，体力恢复得不是很好，阴道中的分泌物也比较多，在房间走几步就感觉有些头晕或其他不适，淋浴时一定要有人陪护，或让家人帮你擦一擦身子就可以了。用稍热一点的水洗脚可以帮助你缓解疲劳感。

在产后的最初几天，给宝宝哺乳可能是让你最劳累的事情，这时的宝宝还不能很好地把乳头乳晕含入口中，你的乳头可能还不适宜宝宝的小嘴，或者比较大，或者比较小，或者比较凹陷。你抱宝宝喂奶的姿势还不是很协调，抱一会儿，你就会感觉腰酸胳膊沉，汗水会顺着你的脸颊流下来，身上也会因为被汗水浸透让你感到不舒服。这时你可千万不要急，焦急会让你面露难色，写在你脸上的不满情绪，嘴里说出的不满词句，新生儿都会感觉得到，你要相信这一点，在宝宝最初的时日内，妈妈的爱抚对宝宝的健康成长是非常重要的。

喂奶中的问题，我在《婴儿卷》里有比较详细的讨论，在这里就不多讲了，你可以提前看一看，知道可能会出现的问题，并掌握一些解决的技巧和办法，对你会有帮助的。当然，你身边的医生和护士会给你提供更具体的指导，你的家人也会给予你帮助。

如果你还住在医院，护士会为你清洁外阴部，观察阴道分泌物的情况。有什么问题都可以向医生护士询问，你的担心会少一点。如果你已经回家了，要观察分泌物的情况，如分泌物比在医院时明显增多，或变成鲜血样或有血块，要打电话向医生咨询，也可请医生到家中访视。

❖ <u>产后第三天</u>

•精神的你要适时休息

产后72小时了。这时的你看起来真的

非常精神，起床、洗漱、上卫生间、洗脚、吃饭、抱孩子喂奶，样样你能自己完成。你现在已经忘记分娩带给你的不适，把全部的精力都倾注在孩子身上。母爱让你忘记了疲劳和疼痛，喂奶、换尿布、抱孩子，你都想亲自去做。你开始不太放心丈夫的粗手粗脚，生怕伤及宝宝。你的两眼总是盯着孩子。如果孩子的目光恰好落在你的眼中，你的内心会异常激动，对宝宝的疼爱更加强烈。这是非常好的。但在这里提醒产妇：不要过于疲劳，休息好对你来说仍然是非常重要的，丈夫和家人能代劳的事，你要学会放手，让丈夫和家人给你更多的帮助。他们也会像你一样照顾好宝宝，该睡觉的时候，该吃饭的时候，该躺下来休息的时候，你一定要暂时放下宝宝，安心地做你应该做的，那就是吃好喝好，睡足休息好，产后顺利复原，有充足的乳汁供宝宝享用。

◇ **产后第四天**

• **你的首要任务是保证充足的乳汁**

你的身体变得轻松起来，即使是剖腹产，也不再捧着肚子走路，走路时腰板开始挺起来，脚步也大了，脚抬得也高了。把头发梳理得整整齐齐，穿上合体的衣服，你会感觉精神倍增，心情更好。出生已4天的宝宝吸吮有力，能很好地吸住乳头。如果分娩时医生为你做了会阴切开，或在分娩时会阴发生了裂伤，今天，医生会给你拆线。拆线后，会阴疼痛明显减轻，即使是坐着喂奶也不再觉得那么疼了。如果缝合用的是免拆线，就不需要这道工序了。你这时的任务就是休息好，睡足，吃饱，喂养你的宝宝，让自己的心情愉快。

◇ **产后第五天**

• **发现你认为不正常的情况，要及时咨询，切莫着急**

宝宝 / 王炫

宝宝刚出生一周，小脚丫还是皱皱的，不过爸爸妈妈不要担心，再过一段时间我的脚丫就会变成胖胖的了。

这时的你看起来一切都好。如果你是剖腹产，又是横切口，到了拆线的时间；如果是竖切口，要等到7天才能拆线。拆线后，你就可以像顺产的产妇一样进行腹肌和盆底肌锻炼，做产后体操了。这时对你来说，首要的问题就是如何喂养新生宝宝。你可能会有很多问题，对新生儿养护，在《婴儿卷》中和新手妈妈进行了详细的讨论，你可以提前了解一下，也可以遇到问题时查阅。但不要忘记，发现什么异常情况，首先要向医生咨询。

◇ **产后第六天**

• **该做出院前的准备工作了**

无论你采取什么分娩方式，大部分产妇都开始做出院准备了。让丈夫把出院时需要的东西带到医院来。向医生详细询问出院后的注意事项，这是很重要的，因为每个产妇的情况都不同，新生儿的情况也各异，你一定要从医生那里了解到你的情况。如你在孕前有并发症，分娩后会有怎样的预后，是否需要继续用药或定期检查？有什么情况需要看医生？医生护士什么时候会到家里访视？如果有需要电话咨询的问题，打哪个电话号码？夜间和节假日打哪个电话号码？总之，把你想问的都问清楚，并记在本子上。

❖ 产后第七天

·你的宝宝已经度过最早的新生儿期了

或许你还住在医院里，但明天你可能就要回家，或许你已经回家几天了。产后1周，不但产妇恢复得很好，新生儿也度过了关键的时刻，进入新生儿晚期，开始逐渐适应外界环境。母子配合得非常默契，妈妈把乳头往宝宝嘴边一放，宝宝就会用小嘴去含。不但妈妈的乳汁增加，宝宝吸吮能力也增强了，宝宝体重开始恢复，宝宝开始稳步生长，体重开始持续增长。产妇阴道分泌物减少，颜色变淡。如果分泌物仍比较多，甚至比原来还有所增加，颜色不但不变淡，还变得鲜红或发黑，要及时看医生。这时，如果你还感觉腹部痛得厉害，或者会阴切开处还比较痛，不敢坐着哺乳，也要看医生，是否切口长得不理想？是否有一针线没有拆干净？是否子宫中有残留的胎膜？总之，这时的你不应该有疼痛和不适的感觉。如果有的话，就要向医生询问或请医生到家里访视。

127. 产后第二周

❖ 本周大部分产妇都回到家里

对于产妇和丈夫来说，真正的忙碌是从到家里开始的，新生儿完全由爸爸妈妈

宝宝／美美

喂养了，爸爸妈妈会感到手足无措。尽管怀孕时读了很多关于育儿的书，也参加了新爸爸妈妈学校，遇到实际问题，仍有许多疑惑。如果产妇的父母在身边，产妇会比较安心。现在也有专门经过训练的产后陪护人员（月嫂），但有的产妇更愿意由丈夫和父母来照顾，这个问题应该在分娩前安排好，除了丈夫再请一位帮手是很有必要的。现在产院也设月子房了，没有人照顾，或愿意选择在医院度过月子期的产妇可能会选择在产院坐月子。有医生护士在身边，会让新手爸爸妈妈比较放心。但有一点不好，新爸爸妈妈没有了那份紧张，也就缺少了许多以后值得回忆的东西。做父母的那份责任感以及母性的爱来得不那么强烈。在产院坐月子，有了安心和清闲，没了忙碌和紧张，但也体验不到有了孩子之后那种既紧张又幸福的特殊感受，少了很多难忘的时光。请月嫂带宝宝，少了困惑和迷茫，心里踏实了很多。

❖ 不能一夜睡到天明，只好宝宝睡你也睡

产后2周，休息仍然很重要，妈妈主要任务是喂养新生宝宝，还有日常护理，宝宝哭闹时抱一抱宝宝，和宝宝说说话。总之，几乎是24小时都要围绕着宝宝做事。如果这些事都由妈妈承担，事事都要参与其中，妈妈会比较劳累，不但影响产妇恢复，也会影响乳汁分泌。所以，妈妈要根据自己的情况调节好，不要让自己感到劳累。有了宝宝，你不再能一夜睡到天明，即使在后半夜也要起来喂奶，给宝宝换尿布。所以，妈妈要根据宝宝的睡眠吃奶时间适当调整，宝宝睡了，妈妈就抓紧时间休息。这样当宝宝醒来时，妈妈就有充足的乳汁喂养宝宝，也有精力护理宝宝。妈妈不劳累，心情就好，妈妈的心情对宝

宝有很大的影响。如果妈妈整天愁容满面，不安或抱怨，宝宝就会从妈妈那里得到不良的信息，生长发育和智力发展会受到影响。

❖ 预防产褥热

如果做了会阴缝合，回到家里仍然要注意局部清洁，如果又感觉有些疼痛，可用高锰酸钾水坐浴。阴道分泌物的量比上周明显减少，色泽也变得更淡，如果分泌物还很多，或还有鲜血和血块，要打电话向医生咨询一下，是否需要处理。你还不能坐在浴缸中洗澡，只能淋浴几分钟。如果会阴切口或腹部刀口还没有长好，不要让肥皂或浴液流到那里。乳房护理仍然很重要，在医院中护士教给你的护理方法，要继续做下去，不要因为忙而忽视了乳房护理。如果有发热、腹痛、阴道分泌物增多或新的出血，一定要及时看医生，不要认为是感冒或肠炎而自行服药，这样可能会遗漏产褥热的诊断和治疗。

128. 产后第三周

❖ 就要出满月了

这时的产妇会有更多的时间下床活动或干些力所能及的事，可不要等到感觉很累了才上床休息。现在，你仍然不要把床收拾得干干净净，把被子叠起来，直到晚上睡觉。你还是要随时躺下来休息。有困意就睡，因为晚上宝宝要吃奶，你要为宝宝换尿布，宝宝或许还会要求妈妈抱一会儿，否则的话他就大声地哭。你可不要因为太累太困而拒绝宝宝的要求，或用不愉快的心情对待和你交流的宝宝。早在胎儿期，宝宝就能感到妈妈的态度和心情了，这时的宝宝更明白。对宝宝的培养和潜能开发是在日常的生活中，点点滴滴，每时每刻的，如果妈妈把对宝宝的培养和潜能

宝宝／王炫
我最喜欢这件红色的衣服了，穿着它总是睡得很香。

开发当成例行公事，到时候才去做，那就错了。妈妈的每个眼神，每句话，每个动作，每刻的心情都对宝宝产生着影响，而这点点滴滴的影响，要比一天抽出一两个小时专门做潜能开发重要得多。

丈夫要体贴关心妻子，多帮助妻子做些力所能及的事情，让妻子感受到你对她们和这个家的爱。但是，仅仅在事务上帮助妻子是不够的，还应该从精神上给妻子以支持，让她们感觉丈夫是可以乘凉的大树。以男人的宽广胸怀和幽默给妻子以安慰，让妻子顺利度过这一特殊时刻，不使用批评式的语言，对妻子多加赞赏，对宝宝多加疼爱。作为丈夫和爸爸的你，无须多说，也并非需要你做更多的事情，但你要学会调节气氛，掌控大局，让家人体会到欢乐和温馨。

❖ 产妇的基本功课

产妇仍要保护好自己的乳房，照常做好乳房的养护。如果出现乳核，要及时用硫酸镁湿敷，并做乳房按摩，让乳核散开。如果出现了乳头皲裂，可要抓紧处理，以免发生乳腺炎。一旦发现乳房局部发红或疼痛，要及时看医生。如果发热，除了要

排除产褥热外，还要想到是否患了乳腺炎。

有的产妇可能基本上没有阴道分泌物。但有的产妇可能还会有不少的分泌物，无论是多是少，都不应该有很多的鲜血，如果还有，可要告诉医生，是否有其他问题需要医生处理。即使会阴切口或裂伤，产妇也不会因为疼痛而不敢坐着喂奶或蹲着如厕，如果还有疼痛，也需要看医生。

如果你在产前患有痔疮，大多不会因为生完了孩子，痔疮就自行消失了。如果吃得过于精细，或因为会阴部疼痛，或因为忙乱忘记定时排便，痔疮可能更严重。严重的痔疮会影响产妇的情绪，所以，要想办法让痔疮的症状减轻。因为这时产妇刚刚生产，正在哺乳和护理新生宝宝，暂时没有时间接受痔疮手术，可以使用痔疮药膏，调整饮食结构防止便秘，进行腹部按摩，局部热敷等方法缓解疼痛。

129. 产后第四周

❖ 在春光明媚的日子里，可以带着宝宝散步了

按照我国传统，还差1周就要出满月了。这可是产妇最为高兴的事情，因为出了满月就可以到户外去。有一些国家没有坐月子这一说，产后几天就推着新生儿到户外晒太阳，甚至没出满月就去跑马拉松，这对我们来说简直是不可思议。到底是采取中国式的坐月子方法好？还是采取国外的不坐月子好？常会在母婴类杂志上见到这样的讨论。我觉得，方式本身并不重要，也没有更好或更坏，重要的是产妇喜欢怎样度过产后的时光，怎样才能让产妇心情愉快，在什么样的环境中产妇的情绪是最好的。

不能否认，无论在生理上，还是在心理上，对于产妇和新生宝宝来说，产后4周的确是关键时刻。产妇面临着分娩后体内的生理变化，以及激素的急剧变化带给产妇的情绪波动。新生儿则面临着离开母体后，适应外界环境，独立生存的挑战。所以，我不同意因为追捧西式月子，而否定产妇和新生儿的特殊性。无论坐月子还是不坐月子，产妇都应得到丈夫和亲人的关怀和照顾。新生儿更是如此，不但需要妈妈无微不至的呵护，也需要来自爸爸和亲人的爱护。作为产妇的丈夫和新生儿的爸爸，此时是你一生中最应献出爱心的时刻，你纵使有再辉煌的事业，也应该抽出更多的时间陪伴妻儿。

❖ 妈妈的心理情绪

值得和产妇说的是，你不要把自己看做是你们家里的功臣，对丈夫和你周围的亲人处处挑剔，总是不满足周围人对你做的一切，这会使你变得心胸狭隘，过于敏感，甚至神经质，不但影响你自己的情绪，也会给周围人带来烦恼和不安。最重要的是对新生儿的影响，你的心情可能会影响孩子今后的性格，这种不良的刺激可能会一直延续到孩子成年以后。养儿育女是你的选择，是你的荣耀，你的丈夫和家人可以把你看做是功臣，但你自己不能这样认为。你要从心底热爱妈妈的角色，爸爸妈妈是孩子最亲、最值得信赖的抚养人和法律上的监护人，应该为此殊荣感到幸运，任劳任怨。有这样的思想基础，产后的烦恼和纠纷就会少很多，产后抑郁症的发生也会减少。

阴道血性分泌物少了，或者一点也没有了，但白带还没有恢复正常。如果还有少量的血性分泌物，只要是越来越少，颜色越来越淡，就是正常的产后分泌物，无须处理。但一般来说顺产42天后，剖腹产56天后阴道分泌物就基本恢复正常了。这

郑玉巧育儿经·胎儿卷

一周还要注意乳核、乳头皲裂、乳腺炎、产褥热的发生，有异常症状要及时看医生。

马上就要出满月了，可不是出了满月就可以随意到任何地方，要计算好时间，到时候可要及时回家给宝宝喂奶。长时间离开宝宝，会使宝宝有不安全的感觉。如果你去参加一次聚会或与同伴逛街，可要限制一下时间，一定要自己能够控制时间。如果你的朋友还没有做妈妈，她可能会极力挽留你，不要因为朋友的挽留而不好意思离开。

现在最好不在浴盆中泡澡，淋浴比较安全。外出时，穿比较高的高跟鞋，比较紧的胸罩不是好的做法。你已经积累了一定的经验，护理起宝宝来更加得心应手了，这是好事，但不要因为熟练了就疏忽某些细节，这时的宝宝还需要妈妈精心的呵护。

妈妈可能注意到，我在这一节中，从头至尾，都没有提及喂养和护理宝宝的事情。其实，在月子里爸爸妈妈遇到的最大问题就是宝宝的问题。那为什么不把笔墨放在这里？这是因为，我在《婴儿卷》里，用了将近10万字，写了爸爸妈妈在新生儿养育中遇到的方方面面的问题，在这一节

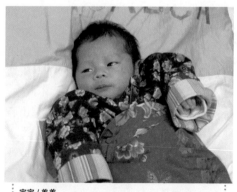

宝宝/美美
瞧我穿上这套衣服好看吗？姥姥直接叫我"潘晓敏"（这是我妈妈的名字）。原来这衣服是我妈妈小时候穿的。姥姥一直保留到现在，都30多年了，是很有价值的古董。

中只写了产妇的有关问题。乳房是新生儿的粮仓，关于乳房的问题也只是提纲挈领地提及一点，同样是因为在《婴儿卷》中就乳房问题写了不少的内容。

130. 出院

在你还没有来医院分娩前，已经准备好了所有物品，包括出院时需要的物品。但你一般不会把出院需要的物品提前带来，而是把它们收拾好，放在一个包裹或旅行箱中，放在你和丈夫都知道的地方，当医生通知你可以出院时，你的丈夫会在出院的前一天把它们带到医院。这些在前面的章节中都详细地说过，你一定已经看过了。

产后最佳的住院时间是多长？这可没有统一的标准，因为每个产妇的分娩过程、分娩方式不尽相同，要视情况而定。但是，最短的出院时间是：产妇所有需要立即治疗的紧急状况都不可能再出现。通常情况下，分娩过程顺利的自然分娩，留在医院观察72个小时比较合理；会阴侧切要住院5天左右；剖腹产术后要留院6-8天。产后到底需要留院多长时间，最终要由你的主管医生决定。

❖ **回到家里**

你们离开家到医院去的时候，还是你和丈夫的两人世界。几天过去了，回来时，已经是三口之家，新来的小成员，带来的可不仅仅是数的变化，宝宝会带给你们无尽的喜悦和欢乐，带给你们无限的惊奇和希望。同时，宝宝也会带给你们忙乱和紧张，带给你们烦恼和麻烦，如喂奶、换尿布、洗澡、哄觉，还有你们从没见过的，不知道是异常还是正常的表现，以及呈现给你们的各种身体和生理现象。当宝宝哭时，你们不知道他为什么哭，当宝宝伸懒

腰把小脸憋得通红时，你们会以为宝宝不舒服了。总之，你们有太多的问题和疑虑。

不要紧，在《婴儿卷》的新生儿一章中，几乎有你们所面临的所有问题的答案。

131. 产后复原

❖ 不要忘记产后健康检查

产妇应该在产后42天进行健康检查，以便医生了解产妇的恢复情况，及时发现异常，以免延误治疗和遗留病症。有的产妇因为初为人母，忙得头昏脑胀，抽不出时间做产后检查，这是不应该的。你的健康不仅仅是你自己的事，还关乎到你的亲人，尤其是你可爱的孩子。如果妈妈病了，宝宝就会失去妈妈的呵护，妈妈就不能再用甘甜的乳汁哺育宝宝。如果你有妊娠期并发症，如妊娠高血压和妊娠期糖尿病，要定期检查，积极治疗，以免发展成高血压病和糖尿病。

❖ 子宫复原

到了孕足月，子宫与孕前比，增加了近1000倍，胎儿和胎盘娩出后，子宫立即回缩。但不是立即回缩到孕前的水平，而是渐进性的，完全恢复到孕前大小大约需要6周的时间。胎儿娩出后，子宫缩到脐下四五厘米，但产后24小时，又增大到脐上，以后开始逐渐缩小。所以，分娩后产妇的肚子不会马上缩小，除了增厚而又松弛的腹壁外，子宫仍占据着一定的空间。子宫在恢复过程中仍有不规律的收缩，所以，产妇会有腹痛，尤其是宝宝吸吮乳房时更明显，这是由于新生儿吸吮刺激子宫收缩所致。

❖ 性器官复原

分娩时胎儿经过产道，使产妇的阴道和阴唇极度扩张，阴道壁还可出现许多微细的伤口，所以，排尿时会感到疼痛，如果没有会阴撕裂或行会阴切开术，一般在产后两三天就没有排尿痛了。被扩张的阴道在产后一天就能回缩。如果做了会阴切开术，可能会引起产妇会阴疼痛，不敢坐，排尿时疼痛难忍，四五天拆线（如果用肠线缝合不需要拆线）后会有所减轻，为了预防伤口处感染，应每天用4%的高锰酸钾水坐浴。

❖ 产后阴道分泌物

人们习惯把产后阴道分泌物称为恶露。恶露这个词听起来不太好听，就像人们认

预防腹部松弛

模特 / 王惠子

产后子宫、骨盆的恢复时间表

名称	恢复时间（周）	名称	恢复时间（周）
子宫大小	6	子宫内膜壁蜕膜	1–1.5
子宫重量	8	子宫内膜下层蜕膜	6–8
子宫肌长度	2	宫颈阴道部	3
子宫肌细胞及结缔组织	6	宫颈管	4–6
宫颈内口	10–12	骨盆底肌群	2–3
宫颈外口	3	骨盆底结缔组织	2–3

为月经是脏的东西。把分娩后如同月经的、从阴道流出的液体称为"恶露"，是对女性的一种歧视。其实，分娩后持续几周的流出物既没有恶臭味，也不是可恶的东西。不应把产后这些必然的分泌物看作是不洁净的。

产后阴道分泌物是分娩造成产道伤口的分泌物、胎盘剥离后的血液、细胞组织碎片及脱落的细胞等物。胎儿不能孤立地生活在子宫中，需要诸如羊膜、羊水、胎盘、脐带等附属物。胎儿出生时，也不可能只是孤零零的胎儿娩出，羊水、胎盘、血液等都会随着胎儿离开母体，这是再自然不过的了。

通常情况下，产后分泌物的排出可持续3周左右。第一周量比较多，大多呈血色，但不应有血块，如果有血块，应及时通知医生。第二周后，分泌物逐渐变成褐色浆液性，慢慢就变成黄白色，最后就像平时的阴道分泌物了。此段时间应该使用卫生巾。

产后注意局部清洗，保持局部卫生，是防止产道感染的关键。产后子宫内膜和阴道壁有无数个小伤口，胎盘剥脱的地方有很大的创面，加上血性分泌物有利于细菌繁殖，如果不注意产后护理，很容易发生感染。

住院期间护士会帮助你处理分泌物，并进行局部消毒，你只需要向护士医生提供情况就可以了。

回家后，就需要产妇自己做好这些工作了。出院时，医生可能会给你开消毒的药或含中药成分的卫生垫，市场上也有出售专门供产妇使用的卫生巾。你也可自己制作：把脱脂棉剪成合适大小，用高压锅蒸煮约5分钟，然后浸泡在2%的硼酸水或4%的来苏水（脱脂棉、硼酸和来苏水药店有售）中约5分钟，分装在带盖的干净容器中以备使用。最好每次排尿后清洗外阴，并更换护垫，一定要从前向后洗或擦，以防把肛门附近的细菌带到外阴的伤口处。

132. 产后锻炼项目

妊娠期子宫增大，子宫肌、腹肌、骨盆底肌、子宫韧带、骨盆底筋膜、肛门筋膜、阴道等都变得松弛，缺乏弹性。尽管这些会随着产后时间的推移慢慢得到恢复，但被动地等待，需要比较长的时间，有的甚至不能完全恢复。所以，我们建议产妇采取积极的办法，加快身体复原。什么时候开始锻炼以及锻炼的强度和方法要根据产后的具体情况决定，最好由医生或专业辅导人员给你制定产后锻炼计划，这样既

第十三章 产后

229

背部肌肉锻炼

模特 / 王惠子

能保证锻炼效果，又相对安全，也有督促作用，让你把产后锻炼坚持下去。下面就介绍几种产后复原锻炼方法：

❖ 预防小便失禁的锻炼

生过孩子的女性，发生小便失禁的比例很大。如果骨盆底的肌肉受损，强度削弱，就会导致尿失禁。通过骨盆底肌肉锻炼可增强这些肌肉的强度，并使受损的肌肉康复。锻炼盆底肌的方法，国外称"KEGELS"锻炼法。这种锻炼简便易行，但要确保锻炼效果，应该学会如何准确使你要锻炼的肌肉发生收缩。这些骨盆底肌肉在尿道、阴道及肛门周围区形成一个8字形，你可以通过将手指放到会阴部（阴道与直肠间的区域），或在排尿过程中，收缩尿道口而使尿流停止，你就会感到这些肌肉的收缩。有以下两种方法可供选用。

方法1：慢慢收缩骨盆底肌肉，保持10秒钟，然后缓缓松弛下来，如此重复锻炼。

方法2：反复快速地收缩与放松骨盆底肌肉。

无论采取以上哪种方法，每天都应做5-10次，每次至少重复20遍。尽量养成在做其他事情的同时，做这种锻炼的习惯。如在给婴儿喂奶、沐浴、刷牙的时候，使盆底肌肉得到锻炼，这样你就不会忘记锻炼。在产后4-8周时，当你咳嗽、大笑或用力时，会有少量的尿液流出，属正常现象，如果持续流尿，应去看医生。

❖ 预防腹壁松弛的锻炼（Sahrmann 法）

方法1：仰卧在地板上，屈膝的同时使肚脐向脊柱方向收缩（收腹），上身起坐，令腹肌紧绷，同时深吸一口气憋住片刻，开始缓慢呼出气体，同时慢慢伸开一条腿，直至完全伸直，贴于地板上，然后屈腿至原来的位置，伸开另一条腿，再屈伸到原来的位置，放松腹肌，此为一个循环，下次收腹时再使另一条腿伸屈，反复进行，每条腿来回拉动20次，如果不感觉累，开始下面的锻炼。

方法2：仰卧在地板上，屈膝的同时收腹，令腹肌紧绷，并抬起一条腿并保持屈膝，同时深吸一口气憋住片刻，开始缓慢呼气，同时慢慢将腿伸直，使其与地板平行，但不与地板接触，恢复到原体位，放松腹肌，此为一个循环，下次更换另一条腿，重复上述动作，每条腿活动20次。

❖ 增强背部肌的锻炼

方法1：采取俯卧位（趴下），两上肢放到肩部两侧，胳膊肘弯曲，手置于肩头位置，手心向下，然后手臂用力撑起身体，但髋关节部要保持不动，仍与地板接触，待你感觉到腰背部受阻时，再让身体重新回到地板上，重复锻炼3-5次。

方法2：站立，两脚分开，与肩宽相同，两手放在后背部下方。慢慢呼气，同时腰背部向后弯曲，脸朝上，眼望天花板。腰背后弯的程度以感觉舒适为宜，不要过于弯曲以防摔倒。给婴儿喂奶或换尿布后做这个锻炼更好。

133. 产后体形恢复

❖ 产后体形恢复与膳食结构

产妇要想甩掉孕期体内储存的多余脂肪，节食减肥是不可取的。节食减肥不仅会影响乳汁的分泌，也不利于产后复原。调整膳食结构是比较科学的，既照顾了喂养婴儿，又保证了产妇健康，同时达到不增肥或减肥的目的。

❖ 更换厨房摆放的食品种类

将柜橱和冰箱内某些高脂肪的食品撤下来，换上新鲜的水果、蔬菜、全麦粉面包、其他谷类食品、低脂奶制品、低脂低热量的零食或加餐。外出购买食品时，应注意选择购买杂粮面包、面食、豆类及蔬菜类中的豆类，如豆角、青豆等。

❖ 推荐的配餐方法

• 早餐喝一杯100%的果汁或蔬菜汁或吃一份新鲜水果。

• 选择脱脂奶制品，不喝全脂奶，如果喝鲜奶，可以煮开后把上面的奶皮去掉。

• 番茄、黄瓜、菠菜、甜椒、白菜、葱头等能生吃的蔬菜瓜果切成片夹在面包、馒头或饼中。

• 午餐多吃些胡萝卜块或芹菜梗等蔬菜，但不要加太多的酱油或其他调料。

• 烹调禽肉时，最好将皮、内脏和油脂去掉，把瘦肉中带脂肪的部分去掉。

• 做菜时用无油肉汤替代食用油，用水或番茄酱煮鱼和肉，少吃油炸食品。

❖ 产后体形恢复与体育锻炼

体育锻炼是增强体质、强壮筋骨、燃烧脂肪的好办法，例如：游泳、蹬脚踏车、参加舞蹈班等，都能达到锻炼身体、恢复体形的目的。但产妇难以抽出很多的时间锻炼，可以利用生活中一些简便易行的运动方式，同样有助于体形的恢复。

上楼不乘电梯而是自己走楼梯，短途出门不乘车而是步行。

推着婴儿车带宝宝到户外，选择爬坡路，快速行走，抱着宝宝也是不错的锻炼。

在刷牙、洗澡、做饭、收拾屋子时随时随地做盆底肌和收腹运动，锻炼骨盆底肌和腹部肌肉。

可以利用一两分钟的空闲做这样的运动，面朝墙壁，两手臂水平置于胸前水平，支撑于墙壁上，两脚离墙壁稍远些，上身向墙壁前倾。然后，两臂用力推墙，使上身远离墙壁，反复几次。

当接电话或做其他事情时，可抬起脚后跟，收紧腹肌并提臀；也可将一条腿屈膝抬起，使之尽量贴近上身，然后放下，两腿交替进行；也可将一条腿最大限度地侧向抬起，然后放下，两腿交换进行；还有一种办法是一条腿向后伸出、抬起，同时稍微屈膝，然后慢慢回到原位置。这些

模特·王惠子
双肘关节抵住膝盖内侧，不要过于用力。一边吐气一边将合十的双手向下压，然后吸气，合十的双手向上运动到松弛为止。反复2至3次。

伸臂：在盘坐的基础上将身体前屈，双臂向前伸直，放松髋部，减轻坐骨神经痛。

伸展：双膝跪立在瑜伽垫上，双手撑地，抬起头目视前方，挺直后背，呼吸均匀，减少腰围脂肪，对骨盆区域有益，消除背痛和防止疝气。

放松：平躺在瑜伽垫上，双手自然放在身体两侧，屈膝将双腿抬起，保持正常的呼吸，放松膝关节，加强腹部与大腿肌肉的力量。

模特 / 王惠子

运动都可以锻炼腿部和臀部肌肉，减少脂肪。

背着墙壁，后背、肩、脚后跟、臀部全部贴到墙上，然后两臂伸开，沿墙壁缓缓举至头部上方，反复进行数次。

•锻炼时需注意以下几方面：

产后锻炼要适度，运动量的增加要循序渐进，开始锻炼的时间不宜过早，最好等到产后4周开始锻炼，至少也要等到阴道分泌物干净后。剖腹产或有并发症的产妇，应该推迟锻炼。如果进行正式的锻炼项目，应征得医生同意和指导。

如果出现以下情形之一，应终止锻炼：任何部位的疼痛或隐痛；阴道出血或有排泄物；头晕、恶心、呕吐；呼吸短促；极端疲劳或感觉无力。

鞋应合脚，孕期和产后脚的尺寸变大，如果感觉孕前的鞋尺码小，要更换大号；乳罩应有支撑能力，避免摩擦乳房或受到重力牵拉；运动后要饮水；锻炼前1小时最好补充点高蛋白和碳水化合物类食物；运动前要做身体预热运动，不要上来就进入正规运动；运动即将结束时，应缓慢停下来；运动中感觉不舒适，应及时停下来。

❖ 正确认识产后体形变化

你也许会发现生完宝宝后，体形比孕前变了不少。体重增加了，小腹显得有些臃肿，身体的各部位显得有些比例失调。

站在镜子前的你可能会有些焦急，恨不得一下子将体形恢复至孕前状态。但那是不现实的，十月怀胎体重的增加和体形的变化，哪能在几周之内就恢复，只要你注意产后锻炼和膳食结构，你会在接下来育儿的劳累中慢慢瘦下来的。如果产后3个月你的体形还没有恢复，产后6个月可能就恢复了。大多数妈妈在宝宝1岁以后，多能恢复到孕前的体重和体形。如果你的妈妈生孩子后发胖了，你可能会像你的妈妈，生孩子后体重增加明显，不要着急和沮丧，可请专业人员帮助你制定体形恢复计划，一定会达到预期目标的。如果你是位职业女性，上班后很快就瘦下来了。如果你是全职太太，可能会恢复得慢些，你不妨给自己制定一些计划，让自己忙碌起来。但要保证你的心情愉快，不要给自己找麻烦。如果你的体形恢复不理想，看一看，是否注意了以下这些事：

•是否急于减重

产后体重增加是正常现象，哺乳期后，体重会逐渐恢复到孕前水平。但如果你的体重增加显著，要想恢复到孕前的体重水平、减掉多余脂肪应采取循序渐进的办法。操之过急，不但你的身体受不了，还会使你的计划落空。如果每周体重下降250克，已经是很不错了，放慢减重速度，会使你变得轻松起来，达到更好的减肥效果。

•是否科学地估算了摄入食品的热量

你所估算每日摄入的热量，既不能影响乳汁的分泌量，又要保持继续减重。如果你是活动量中等的新妈妈，要达到每周体重减轻250克，在估算出的热卡数中减掉250卡热量就可以了。大多数食品都标有每100克所含有的热量，如果没有标出，或自己用原产品制作，可上网搜索食物热量表，并打印出来，贴在厨房或冰箱上，以便做饭时查阅计算。

•制定健康饮食计划了吗

平衡膳食同样重要，尽管每日摄入的食物量减少，但种类不得减少。少食那些只含热量，营养少或不含营养的食品，如脂肪、糖、酒等。母乳喂养的妈妈应该注意膳食的营养结构，绝不能骤然大幅度实行减肥计划。

•是否能持之以恒坚持锻炼

每周应至少锻炼几次，如推着婴儿车散步；参加社区组织的新妈妈体育训练班；游泳、骑自行车等。

•你的生活丰富吗

照料新生儿确实比较累，但劳累并不能达到减轻体重的目的。丰富多彩的生活不但让你消除疲劳，心情愉快，还有利于你的体形恢复。

第4节 产后营养与哺乳

134. 产后营养

关于营养问题，在第十四章有比较详细的讨论，就不在这里重复了。下面只针对产后特别需要注意的几个问题提出来讨论一下。

有的产妇可能会认为，宝宝生出来了，不再需要"一人吃两人的营养"，饭量应该减少，这样认为可就错了。产后不但不能减，还要比孕期增加营养的摄入。这是因为，产后恢复需要营养，最主要的是宝宝需要吃妈妈的奶，需要分泌大量的乳汁来满足宝宝生长发育的需要，宝宝需要的营养和热量比胎儿期要多得多。如果完全母乳喂养，妈妈比孕期要多摄入30%的饮食量。妈妈这时可不要减肥，如果你没有充足的乳汁供应宝宝，不但对宝宝的健康不利，对你体形的恢复也没有什么好处。当你的乳汁很充足时，你吃的东西大多产生乳汁了，你不会发胖的。但有一点要注意，饮食结构要合理，如果吃很多高热量食品，如巧克力、油、带有脂肪的肉类，你可能会发胖。要吃富含蛋白质、维生素、矿物质、纤维素的食物。关于饮食搭配问题，你一定在孕期的营养中了解了很多。你只需记住，生完孩子，不是要减饭量，而是要增饭量。

❖ 补充钙剂

产后需要常规补充钙剂。这是因为产后分泌大量乳汁，乳汁是高钙食物，会消耗产妇体内大量的钙。如果每天摄入钙量不足，会导致产妇骨骼负钙平衡，导致骨质疏松。所以，哺乳期补充钙剂与孕期补充钙剂同等重要，甚至比孕期需要摄入更多的钙。孕期每日需要摄入1500毫克以上的钙，哺乳期每天需要摄入1800毫克以上的钙。在摄入高钙食物的基础上，还需要额外补充钙质（元素）每天800毫克以上。母乳钙磷比例适宜，易于吸收，只要妈妈

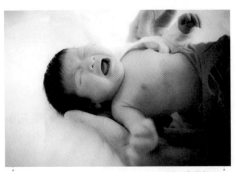

宝宝 / 李曦冉

不缺钙，宝宝就不会缺钙。所以，母乳喂养的宝宝不需要额外补充钙剂，补充维生素AD就可以了。

❖ 补充铁剂

怀孕后期，孕妇和胎儿都需要更多的铁剂来满足血容量和血红素的快速增加。与此同时，胎儿还需要储存足够的铁剂来满足出生后最初4个月的铁供应。所以，怀孕后期孕妇不但需要摄入高铁食物，还需要常规补充铁剂。宝宝出生后最初的4~6个月为纯乳喂养，乳为低铁食物，铁含量低。宝宝出生后最初4个月，主要靠储存在肝脏内的铁，满足每日对铁的需要。所以，妈妈产后在摄入高铁食物基础上，需要额外补充铁剂以提高母乳中铁的浓度，防止宝宝发生缺铁性贫血。如果是人工喂养，同样存在这个问题，配方奶中虽然可以添加铁剂，但宝宝难以吸收，会出现大便异常。所以，添加辅食后，要及早给宝宝摄入高铁食物，如肝蛋白粉和肝泥。（更多喂养问题请参阅《郑玉巧育儿经》婴儿卷）

❖ 其他营养需求

便秘和痔疮问题可能仍然困扰着你，不要发愁，从饮食上注意调节，高纤维素食品可缓解便秘。如果你为了多吃蛋白质，而少吃粮食，你的便秘会严重，适当增加粮食，尤其是粗粮，对缓解大便有好处。

注意运动和定时排便，不要因为忙而忘记去卫生间。产后出汗多，缺水也会加重便秘，要多饮水。

家人可能会给你做一些传统的下奶食物，如不放盐的猪蹄汤、鲫鱼汤，这会让你的胃口大受影响，你要提醒他们适当放些盐，不会因为有咸味而影响乳汁分泌的。哺乳期要适当限制食盐摄入量，但不是绝对的低盐饮食，更不是无盐饮食。产妇产后出汗多，会丢失较多的盐分，不能过分限制食盐摄入量。

如果你有妊娠合并症或产后并发症，如妊娠高血压、贫血、产后出血等，在饮食方面有特殊要求，你要向医生问清楚，听取医生的建议。（更多与营养有关的问题请参阅第十四章《营养》）

135. 初为人母

如果这是你的第一个孩子，对于初为人母的你来说，一切都是那么陌生，你可能会有很多的困惑和担忧，也可能会时常不知所措。纵使你在怀孕期间已经做了充分准备，等到这一刻真的来临，对你来说仍是巨大的挑战。不要焦躁，不要怀疑你的能力，每一位做了母亲的女性，都具有天生哺育孩子的本领，在养育孩子的征途中，你很快就能胜任妈妈这一崇高的职务。如果你在怀孕期阅读了育儿书籍，建立起了正确的育儿观点，掌握了一些科学育儿方法，你能更快地进入到妈妈的角色中，相信自己有能力做得很好。记住，妈妈是最好的育儿专家，你同样可以成为你家宝宝最好的育儿专家，甚至还能帮助到其他的妈妈。

没错，和孩子建立亲密的母子母女关系，从你怀孕的那一刻就开始了。然而，你和宝宝真正的依恋关系，是从现在开始的。宝宝一举一动都让你牵挂，你会时常忘记吃饭的时间，甚至没有时间去卫生间。你不再奢望睡整宿觉，不再和朋友没完没了地聊天，不再拉着丈夫穿梭于时尚服饰中，改变了午后喝茶的习惯，不再坐在梳妆台前一个小时两个小时地打扮自己。但是，你毫无怨言，比任何时候都觉得充实，只因你做了母亲。

孩子是一本百读不厌的书，现在，你开始一页页翻开，仔细阅读，细细品味，透彻理解。知道宝宝为什么哭，知道宝宝什么时候想吃，什么时候想尿，什么事会让宝宝哭，什么事会让宝宝笑。从宝宝的一举一动中了解宝宝的所思所想，从宝宝的哭闹中解读宝宝的需求，从宝宝的笑脸中体验宝宝的欢愉，从宝宝的生病中总结防病经验，从宝宝的生长发育中学习育儿知识，从宝宝的成长中领悟育儿真谛。孩子喜欢依偎在你的怀里，喜欢与你相处的分分秒秒，喜欢把心中的小秘密告诉你，喜欢听你讲述他成长的故事。妈妈和孩子一起成长，这样一路走来，就是你自己的育儿经，在你的育儿经里，更多的是你做母亲的本能帮助你完成的。你会发现，在你的育儿经中最重要的三点是：和孩子建立起良好的亲子依恋关系；用自己的乳汁哺育孩子；用伟大的母爱拥抱和理解孩子。

136. 产后哺乳

冬季妈妈穿得相对多，母乳喂养的妈妈每天要多次露出乳房，最好不要穿套头衣服，穿开襟比较好，以免胸腹部受凉。现在有漂亮的喂奶服和哺乳胸罩，也有专为哺乳妈妈准备的服装和乳罩可供选择。

宝宝夜间也要喂奶，妈妈如果每次都穿脱衣服，很麻烦。所以，妈妈就索性穿着衬衣或披着睡衣喂奶，妈妈要注意不要

让肩关节受凉。有的产妇月子后，由于受凉导致肩关节疼痛，严重的连胳膊都抬不起来，不能梳头，也不敢侧身睡觉。

妈妈体内要有足够的水分来制造奶水，所以每天至少要喝1200~1600毫升水。刚开始喂奶的新妈妈，往往是累得一身汗，胳膊酸了，脖子僵了，宝宝却因不能舒服地吃奶而哭闹。这是由于喂奶姿势不正确所致。正确的喂奶姿势是：胸贴胸、腹贴腹、下颌贴乳房。妈妈用手托住宝宝的臀部，妈妈的肘部托住宝宝的头颈部，宝宝的上身躺在妈妈的前臂上，这是宝宝吃奶最为舒服的姿势。有的妈妈恰恰相反，宝宝越是衔不住乳头，妈妈越是把宝宝的头部往乳房上靠，结果宝宝鼻子被堵住了，不能出气，就无法吃奶。一定要让宝宝仰着头吃奶（就是让宝宝下颌贴乳房，前额和鼻部尽量远离乳房），这样宝宝的食道伸直了，不但容易吸吮，也有利于呼吸，还有利于牙颌骨的发育。

❖ 母乳喂养的妈妈不能随意吃喝

母乳喂养的新妈妈要避免"妈妈乱吃，宝宝受害"的现象。冷饮少喝，过于油腻的食物少吃，不易消化的煎炸食品少吃，凉拌拼盘不多吃，妈妈胃口出了毛病，宝

对哺乳的妈妈很实用的乳垫。

宝可就苦啦，奶水不够吃，还要拉稀、呕吐。跑医院是月子里最麻烦的事，要防患于未然。营养合理、平衡，不要专吃高蛋白、高脂肪的食物，要搭配蔬菜、水果等。营养不良会导致精神紧张、身体疲劳，影响母乳供应。如果在哺乳期摄入过多脂肪类食物，会影响锌的吸收；海产品、豆制品和含胡萝卜素的食物，对视力发育有益；我国营养学会推荐新妈妈每天蛋白质供给量为95克，妈妈哺乳期要摄入充足、高质量的蛋白质；尽管在冬季，也要吃丰富的蔬菜水果。

❖ 哺乳期请莫从嘴上减肥

生下孩子后，新妈妈很想让自己恢复孕前的苗条体形，孩子离开了妈妈的子宫，妈妈认为不再需要吃两人份了，不用补了，从现在开始可以少吃点了，这可是错误的想法。因为，尽管孩子不在你的腹中，但仍然需要妈妈用乳汁哺育他们成长，直到6个月后，宝宝才能吃妈妈乳汁以外的部分食物，而且，在断母乳前，母乳一直是宝宝重要的食物来源之一。所以，这时的你仍需要健康饮食。哺乳期每日所需热量比孕期还要高出500千卡，若孩子个头偏大

或多胞胎，需乳量自然增多，每日需摄入的热量也应随之增加。

哺乳期控制体重的重要措施就是锻炼身体，每天抽出几分钟锻炼身体，或推着婴儿车、将婴儿挂在胸前布袋中散步，也可以播放健身录像带，在家里随着录像锻炼身体。另外，快走、游泳、骑自行车也有利于燃烧体内热量。

❖ 孕期感染性疾病的产后哺乳

活动性肺结核、慢性纤维空洞型肺结核、传染性肝炎、巨细胞病毒感染、单纯疱疹病毒感染、艾滋病病毒感染、未经治疗的梅毒、急性淋病、乳头状瘤、柯萨奇B组病毒、弓形虫感染，以及怀疑患梅毒的新生儿，均应实行严格隔离，停止母乳喂养。

137. 预防乳腺炎和乳头护理

每次喂奶后，挤少许奶水涂于乳头上，保护乳头，不要马上把乳头盖上，让乳头风干。也不要用毛巾用力擦乳头，以免擦伤。不要穿太紧或质地太硬的内衣，要选择宽松的乳罩。

❖ 预防乳腺炎的几点建议

根据身高体重估算体形对照表

身高（米）	体重（公斤）		
	偏瘦	中等	偏胖
1.47	46–49	50–54	55–60
1.5	47–50	51–55	56–61
1.52	47–51	52–56	57–62
1.55	48–52	53–57	58–64
1.57	49–54	55–58	59–65
1.6	50–55	56–60	61–67
1.63	52–56	57–61	62–69
1.65	53–58	59–62	63–70
1.67	55–59	60–64	65–72
1.70	56–60	61–65	66–74
1.72	57–62	63–66	67–76
1.75	58–63	64–68	69–77
1.78	60–65	66–69	70–79
1.80	61–66	67–70	71–80
1.83	63–67	68–72	73–81

- 避免乳头皲裂。
- 不要压迫乳房，乳汁过于充足时，睡觉时要仰卧。
- 一定要定时排空乳房，不要攒奶。
- 有乳核时要及时揉开，也可用硫酸镁湿敷或热敷。
- 保持心情愉快，不要着急上火。
- 奶胀了就喂，宝宝吃不了，就要吸出。
- 夜间宝宝如果较长时间不吃奶而引起乳胀，要及时吸出，否则一夜之间就可能患上乳腺炎。
- 乳房出现疼痛要及时看医生，乳腺炎是引起新妈妈发热的常见原因。

❖ 乳头皲裂的处理
- 哺乳前产妇先洗手，然后将乳头和乳晕清洗干净，如有污垢不易洗掉，不要强擦，应先用棉棒蘸植物油浸湿乳头，使污垢软化，再用肥皂水、热水清洗干净，用软毛巾擦干。
- 哺乳后，乳头局部涂上复方香酸酊或其他抗炎药膏，哺乳前将药物洗掉，也可于哺乳后在乳头上涂少许乳汁，晾干，要待乳头晾干后再盖上，不要戴不透气的乳罩。
- 症状严重者停止哺乳几天。
- 喂奶时一定要把乳头和乳晕都放到宝宝嘴中，只把乳头放到宝宝嘴中是造成乳头皲裂的原因之一。
- 先喂没有皲裂的一侧乳头，再喂患侧。
- 也可佩戴上乳头罩喂奶。

138. 产后避孕
❖ 丈夫的谅解
产后生殖器官要恢复到非妊娠状态，需要8周以上时间，产后2个月内最好避免同房，至少也要等到血性分泌物完全没有后才能进行，过早同房会增加产褥热感染的机会。产后避孕是很重要的。夫妇双方都要格外注意。一旦怀孕会直接影响产妇的身体健康，孩子也因此而没了母乳。产后不来月经并不意味着没有受孕的可能。约有20%的哺乳者月经虽未恢复，表现为闭经，但却可以排卵，甚至妊娠。

关于产后性生活，我的建议是产后42天到产院做产后检查时，医生会对你的生殖器官做全面的检查，可以顺便向医生询问与性生活和避孕有关的问题。说到这里，有一个非常重要的问题要告诉新手爸妈，产后避孕对一家三口都是非常重要的事情。一旦在产后不久怀孕，产妇就会面临着人流的问题，这会给分娩不久的产妇带来恐惧、不安，甚至对丈夫不满的怨气。产妇一旦怀孕，乳汁就会消失，宝宝最好的食源被卡断了。产妇或许由此而产生性恐惧或性冷淡，做丈夫的可就麻烦了。所以，夫妇俩要同心协力做好产后避孕。

❖ 避孕
越来越多的产妇在产后2-3个月的时间内即再次受孕，传统的观念认为哺乳期不来月经，不会怀孕的说法和认识，从理论到实践已受到现实的挑战。

产后避孕确已成为不可忽视的问题，其原因是显而易见的。产妇尚处于产后恢复阶段，就再次受到人工流产的打击，这无异于雪上加霜。产妇在产后身体的各器官功能尚未恢复至孕前水平，子宫内膜尚待恢复，有的产妇产后焦虑不安，尤其是剖腹产术后的产妇，手术的损伤、子宫的创伤都需要相当长的一段时间才能康复。若过早再次受孕，不但会带来人工流产的苦恼，还会增加人工流产术的难度。所以，剖腹产术后的产妇避孕显得更加重要。

长期以来，人们普遍认为哺乳有助于避孕，也就是说，只要你不断母乳，就不可能怀孕，并认为即使不喂母乳，产后短时间内也不易受孕。随着生活水平的不断提高，孕期营养好，保健好，产后身体恢复快，产后恢复排卵的时间也逐渐缩短。

国内有关专家曾做过这方面的研究，研究结果显示，大约有50%的妇女于产后60天内即恢复了排卵功能；最早的可于产后14天即可恢复排卵；平均恢复排卵时间为产后100天左右。专家的研究结果解释了为什么在临床工作中发现越来越多的产妇于产后几个月内就再次受孕的问题。研究结果还显示，母乳喂养的产妇排卵恢复时间平均为59天；混合喂养(母乳喂养+人工喂养)的产妇排卵恢复时间平均为50天；人工喂养的产妇排卵恢复时间平均为36天。哺乳的产妇其平均排卵恢复时间只比不哺乳的产妇推迟23天。由此可见，哺乳

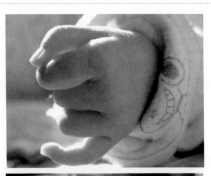

王艾婷宝宝的小胖手和小胖脚。

并不能长时间地阻止排卵，也就是说，不能靠哺乳达到避孕的目的。

影响排卵恢复时间的其他因素也无太大差异。如体重指数大于24者，其排卵恢复时间仅略长于体重指数小于24者；初潮年龄大的(大于15岁)其排卵恢复时间略长于初潮年龄小的(小于15岁)。另外，还有营养状况、生育年龄、职业类别、文化程度等因素对排卵恢复时间也有一定影响，但影响都不是太大。

不要寄希望于通过哺乳延迟排卵恢复时间，从而达到避孕的目的。一定要采取积极的避孕措施，主动避孕，以免忍受人工流产的痛苦。避孕的方法有很多，你可以在妇产科医生的指导下，选择适合自己的避孕措施。

典型案例

需要取出节育环吗？

我生小孩已经有5个多月。3个多月时因为居委会的要求我在月经还没有来时到医院去上了环，现在阴道老是出血。到现在我的月经还没来，因为我还在哺乳期。我到医院检查了两次医生都说没关系，我现在吃"玉清抗宫炎片"，有时不出血，若稍微运动如抱孩子抱久了，还有骑自行车阴道就会出血。而且出血时小腹有点痛，原先我还没结婚时痛经很厉害，麻烦你帮助我一下，不知要不要把环取出？我现在吃的药对小孩子吃奶有没有副作用？

在月经未来潮时或哺乳期也有受孕的可能，因此，采取积极的避孕措施是很必要的。但是在哺乳期，子宫颈口松弛，可能会使环丢失，尤其是月经来潮后容易被月经血冲出，产后子宫内膜若恢复不好，上环后也可出现阴道出血，有子宫内膜炎或宫颈炎、阴道炎也易造成阴道出血。另外即使没有任何问题，上环的前半年也可出现阴道少量出血、月经紊乱等症。你不

郑玉巧育儿经·胎儿卷

妨再等一等，是否需要把环取出，要由妇产科医生决定。你吃的药物如果没有标注哺乳期慎服或忌服，对你的宝宝就没有影响。

典型案例

白带炎症可以上环吗？

小孩6个多月了，我一直没上环。近日验了一下白带，清洁度Ⅲ级，白细胞++，医生说有点炎症。这种情况可以上环吗？我是子宫后位，适合上环吗？

放置节育环前应检查是否有下列情况：急慢性盆腔炎；各种阴道炎、子宫颈炎、重度子宫糜烂；月经过多，周期不准，或阴道有不规则出血；子宫口过松，子宫腔过大或过小；子宫颈重度裂伤；生殖器肿瘤；全身性疾病。根据你的检查情况，不能排除生殖道炎症，目前不宜上环，待炎症控制后再考虑。

正常情况下，月经干净后第3天就可上环。上环后休息3天。1周内避免重体力活；2周内禁止性生活和盆浴；若1周后出血，或1周内出血较多时，应及时就医；放环后注意观察是否丢失，定期复查。

139. 产后可能遇到的问题

❖ 疲惫倦怠

宝宝出生了，你顺利完成了分娩任务，激动之情溢于言表，你甚至忘却了分娩的疲劳。看着熟睡的宝宝，你兴奋不已，难以入眠；望着哭闹的宝宝，你心情紧张，生怕宝宝哪里出了问题；尽管一夜没睡上几个小时，白天还要接待前来看望的亲朋好友；产后的疲劳还没缓解，又担起了育儿的重任。这些都会让你感到疲惫不堪，情绪低落……

然而，疲惫不堪和情绪低落是可以避免的，如果没能避免，千万不要被这暂时的不良感受打倒，振作起来，这种不适感很快就会过去的。以下建议对你可能有所帮助，你不妨试一试：

- 一定要好好休息，不管你多么激动，不管多么重要的人来向你祝贺，这时的你都要以自我为中心。该喂奶就喂奶；该休息就休息；该吃饭就吃饭；该睡觉就睡觉。这是对你和孩子最大的保护，如果有人认为你太自私了，就让他们这么认为好了，这时的你需要这样的自私。

- 如果认为妈妈疲惫是因为护理宝宝累的，那就大错特错了。妈妈和孩子在一起不会感到疲惫的，相反，妈妈和孩子在一起是快乐的美好时光。多喂宝宝，多抱宝宝，多抚摸宝宝，多亲吻宝宝，不但有利于宝宝健康，更有利于妈妈健康。

- 每天洗个热水澡或用热水泡泡脚可缓解疲劳。时间不要长，几分钟或十几分钟就可以。水温不要过高，40℃左右，根据你自己的感受，既不要感觉水烫，也不要感到水凉，感觉暖暖乎乎就好。

- 食欲很重要。不要因为月子必须吃什么，月子应该吃什么的说法，强迫自己吃不愿意吃的食物，甚至吃了就恶心的食物。其实，月子食物没那么多的禁忌，没那么多的必须。只需稍加注意就行了。

- 可让你的丈夫或家人按摩你感觉酸痛的部位，如果家里有月嫂，可让月嫂为你按摩。

产后前3天，如果你感到身体虚弱，活动时感到头晕目眩，下地走路感到双腿软弱无力，甚至感到浑身的肌肉都在微微发颤，没关系的，这些都是产后最初一两天出现的正常现象，很快就会好起来的。如果你有这些感觉，活动时一定要有人陪伴和帮助，即使是去卫生间也要有人陪伴，以免体力不支摔跤。

❖ 会阴肿痛

造成会阴胀疼的原因很多,应及时看医生,根据不同的原因进行处理。会阴侧切术后可出现产后外阴疼痛,尤其是坐位和站立时,可用高锰酸钾(1:1500)坐浴。会阴撕裂缝合后易造成疼痛和同房痛,需要一段时间的恢复,如果疼痛严重,要及时看医生。

家中可使用的方法:用新洁尔灭溶液(1:1000)或高锰酸钾溶液(1:1500)进行会阴冲洗,每天2次。如果会阴严重水肿,可用50%硫酸镁湿热敷,每天2次,每次15-20分钟,以改善水肿情况。

❖ 产后腰腿痛

产妇腿疼的常见原因有:骨质疏松;腰椎病变;骶髂关节紊乱;腰肌劳损;风湿性关节炎或骨关节病变。需看骨科医生。

产后出现腰骶酸痛是比较常见的现象,尤其是有子宫后倾的,更容易出现腰骶酸痛的症状,造成腰骶酸痛的原因还有腰肌劳损、骶髂关节紊乱、盆底肌恢复不良等。这些都需要注意休息,有子宫后倾的尽量少仰卧位,少在比较低的沙发上仰颌靠背坐着,尽量坐高椅、身体挺直或略向前倾。腰肌劳损要注意休息,骶髂关节紊乱可请骨科医生按摩。另外,要排除腰间盘突出症,若有此症应及时治疗。

❖ 产后腹痛、腹胀和便秘

有些产妇产后初期会出现阵发性下腹痛,称为产后宫缩痛,哺乳时尤为明显。产后宫缩是子宫复原的表现,并有止血和排出宫腔内积血和胎膜的作用。在宫缩时,于下腹部可摸到隆起变硬的子宫,这是生理现象,一般持续3-4天自然消失,不需做特殊护理。疼痛严重的产妇可做下腹部热敷、按摩,但必须排除胎盘、胎膜在子宫内的残留,这种原因引起的宫缩痛往往

较重,常伴有较多的阴道出血。当疼痛剧烈时,应及时请医生检查。

有些产妇会发生3-5天或更长时间不解一次大便的情况,这会造成排便愈加困难、肛裂、痔疮及腹胀等多种不良后果,产后便秘几乎是所有产妇遇到的麻烦,引起便秘常见的原因:

• 由于生产后腹压下降,排便时用不上力。

• 分娩前后有些产妇进食比较少,如果是剖腹产,还要在术前术后禁食,肠道内没有一定容量的食物残渣,不足以刺激排便。

• 如果有会阴裂伤或会阴切开,蹲下排便时可引起疼痛,产妇不敢排便。

• 如果怀孕时就有痔疮,不会在产后马上就好,仍然是便秘的原因。

• 剖腹产后不能马上下床,但大多数人不习惯在床上躺着排便排尿。

其实,除非产妇还有其他产后并发症,医生会要求产妇卧床休息,通常情况下,剖腹产后24小时就可以下床大小便。防止产后便秘注意以下几点:

• 适当增加活动量,加强腹肌与盆底肌的锻炼,做产褥期保健操。

• 正确搭配饮食,多吃新鲜蔬菜、水果。

• 晨起或睡前饮蜂蜜水一杯。

• 如果便秘比较严重,要看医生。

❖ 产后血性排出物

产后血性分泌物通常称为恶露,是产后的正常生理现象,与产科诊断的"产后出血"不同。产后出血是分娩后严重的并发症,属于异常情况,出现产后出血,产科医生会采取积极治疗措施。产后阴道流出血性分泌物是因为胎盘从子宫壁上剥离,子宫壁上的剥离面如同创伤面,会有血液渗出,渗出的血液与脱落的子宫内膜及阴

道分泌物混合在一起形成血性分泌物——产后恶露。子宫壁愈合，内膜脱落完全后，恶露停止，代之以正常的阴道分泌物。这个过程大约需要持续几周，有的产妇一两周没恶露了，有的产妇会持续四五周，甚至七八周。如果出现以下情况最好要去看医生：

• 有大量血块和鲜红色血液从阴道中流出。

• 产后血性排出物的血色不是越来越淡，而是越来越浓，几乎接近鲜血样。

• 产后血性排出物非但没越来越少，反而越来越多。

• 排出物有特殊臭味，颜色也不同往常的排出物。

• 产后42天要做产后常规检查，如果你认为排出物不正常，请医生重点检查。

• 如果产后56天，仍然有血色排出物，最好能再去看医生。

❖ **尿潴留**

多数产妇于分娩后5小时左右就可自行排尿了，但有的产妇会出现排尿时间延长，甚至不能自行排尿，发生尿潴留。

有的产妇产后1~2天有尿意但却排不出来，这时，产妇就一定要争取早下床排尿，越早下床排尿，越不容易发生尿潴留。会阴有裂伤，或在分娩中做了会阴侧切术，排尿时会引起疼痛。这时，你一定要克服怕痛心理，勇敢地下床排尿，争取不用护士导尿。如果膀胱中积存过多的尿，不仅影响子宫收缩，还会诱发尿路感染。如果分娩后8小时以上还没有自行排尿，护士就会给你采取措施，常见的就是导尿，就是从尿道口插一根软的导尿管，让膀胱中的尿自行流出。这看起来是很简单的事，但导尿本身就存在着尿路感染或尿路损伤的潜在危险。而且，有的产妇拔出导尿管后，仍不能自行排尿，可能还会由于导尿管对尿道口的刺激，加重排尿疼。产妇一定要争取尽早自行排尿。

❖ **尿潴留最常见的情形**

• 膀胱充盈，产妇自觉小腹发胀，有尿意，总想排尿，可就是排不出来。

• 膀胱胀满却没尿意。

• 有尿意，也能排出来，但只排出一部分，刚上床，又想排尿。

❖ **为什么会发生尿潴留呢？**

最常见的原因是产程延长，膀胱长时间受压，膀胱和尿道黏膜水肿、充血，膀胱肌肉收缩功能降低；其次是因为膀胱对排尿反射的敏感性降低；还有会阴切开、撕裂疼痛不敢排尿；另外，精神过度紧张，剖腹产术，长时间卧床等都可导致尿潴留。

❖ **发生尿潴留对产妇有危害吗？**

当然有！最常见的有尿路感染、膀胱麻痹，代谢废物在体内堆积，影响子宫恢复，影响产妇休息。所以，一定要预防产后尿潴留，一旦发生须及时处理。

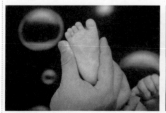

宝宝的小手和小脚丫。

宝宝／马诗童

宝宝\王炫

刚刚吃完奶打个哈欠，这对我来说是个很好的锻炼呢。

❖ 防止产后尿潴留的医生忠告

•产妇生产后要每4个小时排小便一次，不必等到有尿意时。

•剖腹产后要尽早下床活动，尽量不在床上排尿。

•自然分娩的产妇尽最大可能争取在产后第一时间自行下床排尿。

•分娩前后多饮水，饮水越多，越容易排尿。

•采取自己习惯的姿势排尿，不要因为分娩而刻意改变排尿习惯。

•精神放松，分娩是很自然的事情，不要过度紧张，如临大敌，这是导致分娩后并发症的原因之一。

•记住很简单的两句话"放松，放松，再放松；自然，自然，再自然"。

❖ 出现排尿困难时怎么办?

•精神放松，树立信心，采取自己喜欢习惯的排尿体位。

•用热水袋热敷膀胱部位。

•用温水冲洗外阴听流水声诱导排尿。

•刺激利尿穴，逆时针方向按摩利尿穴（脐与耻骨联合中点处）并间歇向耻骨联合方向推压，每次10分钟。

•根据医生的医嘱采取治疗措施。

（如果你有妊娠高血压、产后泌尿系感染、产褥热、产后抑郁等有关问题请看第十七章《妊娠期的异常情况》）

第十四章　营　养

早期胚胎缺乏氨基酸合成的酶类，不能合成自身所需要的氨基酸，必须由母体供给。孕妇摄入足够的氨基酸就显得异常重要了。

· 孕妇的营养需求原则

· 胎儿的营养需求原则

· 孕期食谱逐月推荐

第1节 孕期营养发生彻底改变

140. 孕期营养不足带给胎儿不良后果

过去吃饱是目的；后来吃好是幸福；现在追求的是吃出健康。对于准妈妈来说，吃又被赋予了另一层含义，准妈妈不但要吃出自己的健康和美丽，还要吃出宝宝的聪明和健康。

说准妈妈一个人要吃出两个人的份（为胎儿），是有些过了，胎儿并不需要妈妈给他吃出一份饭量来，而是要让妈妈科学进食，合理膳食，为他吃出他所需要的营养素，吃得合理，是质量，而不是数量。

准妈妈也有吃的困扰：不吃，胎宝宝岂能健康成长；吃，可肉只往自己身上长。这就需要合理调配了，既不让准妈妈过胖，又保证胎儿的营养需要。

对于孕妇来说，腹中的胎儿是妈妈关注的重点，而且比任何时候都重视营养问题。专门为孕妇写的营养方面的书摆满了书店的母婴类书架，关于孕期营养的咨询问题也络绎不绝。由此可见，不但要为准妈妈的营养问题单写一章，还要在孕10月的各个章节中，或单独腾出一节，或穿插其中和准妈妈讨论有关营养方面的问题。所以，妈妈在营养一章找不到的内容，可以到其他章节中寻找，在其他章节中找不到想了解的内容，可以在本章中寻找。

从胎儿离开母体那一刻开始，一直长到成人，经过十几年的时间，其体重增加了20倍。然而，胎儿的发育过程可以说是迅猛的，胎儿从受精卵长到足月出生，在短短的266天，其体重增加了10亿倍。而胎儿生长的全部"能源"均来自母亲，可见孕妇营养对胎儿来说是何等重要。

孕妇营养不足，可直接影响胎儿的生长发育，导致低出生体重儿的出生。更为重要的是，胎儿宫内营养不良可引起脑发育不良。有调查显示，孕妇营养严重缺乏所生婴儿中，有三分之一的儿童到了学龄期，由于智力的原因表现出学习障碍。

❖ 食物种类多样化

只有食物种类多样化，才能通过食物提供全面营养素。之所以说孕期营养发生了彻底改变，目的是引起准妈妈的重视。其实，孕期营养的彻底改变，就是孕妇需要均衡的摄入，包括所有营养素在内的全面营养。

说白了，孕期营养的彻底改变，就是什么都要吃，每天食物种类至少要在20种以上。任何所谓高营养的食物所提供的营养素成分都是有限的。况且，妈妈和胎儿所需要的绝不仅仅是高级食物所提供的营养素，而是需要多种类食物提供的全面营养素。

有人可能要问，每天要吃20种食物，这么多种类，哪能达到？其实很容易做到，让我们来看一看，我们每天所吃食物的种类：

蔬菜：每天5种不算多吧，西红柿、辣椒、黄瓜、大头菜、扁豆，有的家庭一日三餐所食蔬菜何止这5种，如果每盘菜中都有3种蔬菜，2盘菜就已经有6种了。

粮食：每天只吃一种粮食的，该属于不良饮食习惯了。大多数家庭每天至少要吃3种以上的粮食，如面食、大米、豆类或其他杂粮。如果吃八宝粥，就是8种粮食。

水果：大多数家庭在餐桌上至少可看到2种水果，每天吃三四种水果的家庭比比皆是。

蛋、肉、奶、豆：每天都要吃，或任选其二，或每种都少吃一点。

这四大主要食物就可达到20种，再加上坚果、调料等其他可食之物，一天吃20种以上的食物是轻而易举的事。

准妈妈知道了，在孕期如果缺乏营养素，可能会有不良的妊娠结局。好办，使劲吃就是了。但准妈妈可能还不知道，维生素或无机盐及微量元素摄入过多，也会影响到胎儿的生长发育，甚至发生畸形。大剂量的维生素A也可引起腭裂、无脑等先天畸形。需要提请注意的是：各种营养素之间的比例适宜，才不致产生抵抗作用，引起不良后果。

141. 胚胎所需氨基酸必须由妈妈供给

怀孕1个月的准妈妈，可能毫无自觉症状，但无论准妈妈是否感觉到胎儿的存在，胚胎时期的胎儿，已发展出许多可透过子宫，吸收母血中所含营养与氧气的绒毛组织了。也就是说，母体已经开始担负起向早期胎儿——胚胎，提供胎儿赖以生存的各种营养素了。

胚胎各器官形成发育阶段，需要包括蛋白质、脂肪、碳水化合物、矿物质、维生素、水和纤维素在内的全面营养素。

提醒孕妇注意：早期胚胎缺乏氨基酸合成的酶类，不能合成自身所需要的氨基酸，必须由母体供给。也就是说，即使胎儿从妈妈那里获取很多的营养和热量，但如果妈妈没有供给胎儿现成的氨基酸，胎儿自己是不会通过对其他物质的转换生产他生长发育所需要的氨基酸。所以，孕妇摄入足够的氨基酸就显得异常重要了。

那么，什么是人体必需的氨基酸呢？就是人体不能自行合成，必须由摄入食物而获取，且这些氨基酸是人体生命必不可少的物质。

9种必需氨基酸包括：赖氨酸、色氨酸、苯丙氨酸、亮氨酸、异亮氨酸、苏氨酸、蛋氨酸、组氨酸、缬氨酸。

什么食物含有较多的氨基酸呢？当然是含有蛋白质的食物啦。如果能摄入足够的含有较多优质蛋白的食物就更好了。奶、蛋、鱼虾等高蛋白食物含有更多的必需氨基酸，属优质蛋白。大豆及其他谷物为植物蛋白，含有一部分必需氨基酸和非必需氨基酸，属粗质蛋白，但由于含有较多的不饱和脂肪酸，是被推崇的食物。禽畜肉为高蛋白食物，含有必需氨基酸，同时也含有较多对血管健康不利的饱和脂肪酸。

142. 准妈妈营养的重要体现

❖ 准妈妈自身营养需求

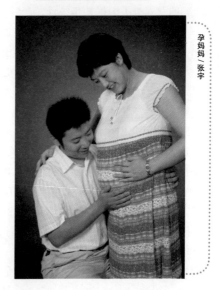

孕妈妈／张宇

怀孕后，尤其在怀孕后期，皮下脂肪增加，这些脂肪积在腹部、肩部及臀部，使得产妇在分娩时，有更大的耐力和力气。乳腺组织也开始增加，为哺育宝宝做准备。即使是很瘦弱的女子，怀孕后整个身体也会变得相当丰满。怀孕期循环血量要比非怀孕时增加30%。整个怀孕期间，孕妇自身体重约增加6000克，这些都要靠孕妇进食来实现。

❖ 胎儿营养的实现

整个怀孕期间，仅胎儿及其附属物，至少使母体增加6000克：足月胎儿平均体重达3000克左右，胎盘约600克左右，加上羊水和脐带、胎膜等。这些营养物质全部依靠母体在怀孕期供应。

❖ 分娩，产妇体力大消耗

分娩时产妇要消耗大量的能量，无论子宫收缩，还是胎盘剥离都要产妇配合用力。产后的复原需要营养补充。产后恶露的排出及育儿消耗大量的体力，没有足够能量供给是不能胜任的。

❖ 哺乳需要

乳汁的多少，乳汁质量的好坏，都直接和产妇的营养有关。据初步统计，产后1周左右，产妇每日分泌的乳汁量相当于3瓶牛奶。产后2周左右，每日的分泌量相当于4~5瓶牛奶。哺乳的妈妈需要摄入更多的营养。

❖ 胎儿营养不良

低出生体重儿出生后第一周的死亡率增高，这和胎儿期的营养不良密切相关。营养不良的胎儿，从出生到学龄前期，其中有30%的儿童出现精神或智力异常、反应迟钝、记忆力差等情况。所以胎儿期的营养对孩子今后成长至关重要。

❖ 准妈妈拒绝素食

妈妈偏食，尤其是素食者，有更大的危

害性，可能会导致胎儿宫内发育迟缓、脑组织发育不良，增加妊娠并发症的发生率，如贫血、骨质疏松、妊娠高血压等。大豆和谷物等植物蛋白不能提供人体所需的所有必需氨基酸，必需氨基酸通过人体是不能合成的，缺乏必需氨基酸会影响胎儿发育。如果孕妇必须素食，不要拒绝奶和蛋。

143. 妈妈和胎儿的营养需求原则

❖ 胎儿迅速发育成长起来所需营养

•最重要的矿物质是：铁、钙、锌、镁、硒、碘，含铁丰富又易于吸收的高铁食物是动物肝和血，还有谷物、海产品、芝麻酱、红枣泥和菌类等。

•足够的必需氨基酸供应（主要由蛋白质提供），含必需氨基酸且能较多摄入的食物有奶、蛋、鱼虾、肉类和大豆等。

•充分摄入人体必需的脂肪酸，含必需脂肪酸且可摄入的食物有植物油、肉类、奶蛋和鱼虾等。

•丰富的维生素供给，含丰富维生素且可较多摄入的食物有蔬菜、水果、谷物、海产品等。

❖ 骨骼和牙齿的生长发育所需营养

•每天摄入足够的钙，奶含钙丰富且易于吸收。

•维生素D是钙吸收利用不可或缺的，充足的阳光照射和油脂食物。

•适当的运动和日光浴可促进钙的吸收，孕妇要增加户外活动时间，适宜孕妇的运动有散步、游泳等。

❖ 需要储存大量的营养，以便出生后使用

•胎儿肝脏需要储存足够的铁剂和糖原，以备出生后应急和使用，孕后期要摄入足够的铁，除摄入高铁食物外，还要额外补充铁剂。不要忽视谷物的摄入，以提供足够的热量。

•妈妈需要储存足够的营养，为了有充足的乳汁哺育宝宝。

•妈妈需要储存能量，顺利完成分娩。

•妈妈需要全面的营养支持，拥有健康的体魄担负起养育宝宝的重任。

❖ 准妈妈们应该尽量少吃的食物

•油炸烧烤食物

在烧烤食物的过程中，会发生梅拉德反应。肉类在烤炉上烧烤时散发出诱人的芳香气味，可是随着香味的散发，维生素遭到破坏，蛋白质发生变性，氨基酸也同样遭到破坏，严重影响维生素、蛋白质、氨基酸的摄入。

在梅拉德反应中，肉类中的核酸与大多数氨基酸，在加热分解过程中产生基因突变物质，这些基因突变物质可能会导致癌症的发生。另外，在烧烤的环境中，也生成了致癌物质，如3，4-苯吡可通过皮肤、呼吸道、消化道等途径进入人体内诱发癌症。煎炸类食品，油温超过200℃以上也可出现上述现象。

烧烤时，会有这样的情况发生，外面已经熟了，但里面还没有熟透，如果吃到不合格的肉，有感染上寄生虫的危险，吃了感染寄生虫的肉，可引发脑囊虫病。

油条、油饼属于油炸食品，反复使用的油会产生对身体有害的物质，包括致癌物，油炸过的面食营养成分也会受到不同程度的破坏。另外，在加工油条时，需添加定量的明矾，明矾属于含铝的无机物，铝元素可影响脑细胞的代谢。

•加工食品

人们可以随心所欲地买到想要的成品或半成品食品。不但省时省事，还味道鲜美，孕妇是不是能尽情享受这些呢？答案是否定的，因为：加工食品并不比天然食品营养价值高；考虑到食品的色泽、味道，要添加食用色素和各种香精香料；考虑到储存运输问题，要添加防腐剂或需要严格的冷藏条件；用于食品加工的添加剂、防腐剂、色素等都是控制使用的。

如果孕妇长期或大量食用成品或半成品食物，对胎儿的危害是不言而喻的。所以，还是少吃为好。

•腌制食品

腌鱼体内含有大量的二甲基亚硝酸盐，人们都知道这是致癌物质；腌制食品含有大量的食盐、糖；有些发酵腌制食品还可能会有黄曲霉毒素，黄曲霉毒素已被证实是致癌物质；如果因质量问题或保存不妥，食物会发生霉烂变质，产生肠毒素，引起急性胃肠炎，严重者还可引起全身中毒反应，准妈妈患病会殃及胎宝宝。

致癌物质不仅仅对准妈妈有害，对胎儿当然也是有害的。孕妇食入过多食盐，可引起水钠潴留，诱发或加重妊娠高血压综合征。所以，孕妇不要吃过多的腌制食品。

•咖啡因及饮料

茶、咖啡及某些饮料中都含有咖啡因，咖啡因会引起孕妇神经兴奋、心率加快、血压增高。咖啡因的这种作用，可通过胎盘作用于胎儿。动物实验显示，咖啡因对动物幼仔有致畸作用。孕妇喝了含有咖啡因的饮料，会因为其兴奋神经的作用，而使孕妇睡眠减少，甚至睡不着或早醒。孕妇需要充足的睡眠，不仅仅是为了孕妇本身的健康，也是胎儿正常生长发育的保证。

咖啡因还可通过胎盘作用到胎儿，使胎儿受到咖啡因的刺激而兴奋。胎儿在子宫内以睡眠状态为主，这是胎儿在为自己生长发育养精蓄锐。如果胎儿过度兴奋，可直接影响胎儿的生长发育。

咖啡因中的咖啡碱可破坏维生素B1，维生素B1参与心肌细胞的代谢，当人体缺乏维生素B1时，会影响心肌细胞代谢。准妈妈心脏负担是比较大的，在孕期需要更多的B族维生素。同样，胎儿正在自己建构心脏，也不能缺乏维生素B1。爱喝含咖啡因饮料的准妈妈，为了胎宝宝的健康，暂时放弃你的饮食爱好吧。

第2节 胎儿发育与营养需求

144. 神经系统发育障碍与营养

胎儿脑神经细胞的形成、细胞增殖的数目、髓鞘的形成，以及神经突触数量的增加，是在孕2月后至出生后半年内完成的。这个时期被认为是胎儿大脑发育的关键时刻。在此阶段如果缺乏营养，将会影响神经细胞的增殖，这种影响是无法弥补的。

有调查显示，营养不良的胎儿，到了学龄前期，可能会不同程度地出现精神或智力异常、反应迟钝、记忆力差等神经系统受损病症。孕妇应高度重视孕期的营养摄入。

❖ 营养与胎儿肥胖

从怀孕那天起，妈妈就大补特补，山珍海味，生猛海鲜，高蛋白，高营养，昂贵水果，却忘记了科学的膳食结构，又缺乏必要的运动，营养过度的情形出现了。尤其值得注意的是，孕妇并不重视这种危害。营养过度导致胎儿肥胖，不仅影响胎儿神经系统的发育，还造成巨大儿的出生比例增加，使产程延长，增加了产伤和窒

孕期与非孕期每日营养需要量的比较列表

营养物		非孕妇	孕妇（增加量）	哺乳期（增加量）
热量	(kJ)	8790	1256	2093
	(kcal)	2100	300	500
蛋白质	(g)	48	30	20
VitA	(IU)	4000	1000	1200
VitD	(IU)	400	0	0
VitE	(IU)	12	3	3
抗坏血酸	(mg)	45	15	35
VitB2	(mg)	1.4	0.3	0.5
VitB1	(mg)	1.1	0.3	0.3
VitB6	(mg)	2.0	0.5	0.5
VitB12	(μg)	3.0	1.0	1.0
钙	(mmol)	29.9	0	0
	(mg)	1200	0	0
磷	(mmol)	38.7	0	0
	(mg)	1200	0	0
碘	(μg)	100	25	50
铁		18	增加	0
镁	(mmol)	12.3	6.17	6.17
	(mg)	300	150	150
锌	(mg)	15	+5	+5

息缺氧的风险，甚至发生难产，危及母婴生命。统计资料表明近年来巨大儿的出生率有上升趋势，巨大儿给顺利分娩带来了麻烦。

❖ 胎儿畸形与营养

维生素或无机盐及微量元素摄入过多，也会影响到胎儿生长发育，甚至发生畸形。大剂量的维生素A也可引起腭裂、无脑等先天畸形。摄入过量的锌会影响铁的吸收，反之，摄入过多铁也会影响锌的吸收。因此，任何一种营养素都要有一个合适的摄入量，同时要保证各种营养素之间的比例均衡，才有利于微量元素的吸收和利用，不致产生拮抗作用。

❖ 妈妈饮食与胎儿视力

深海鱼含有丰富的DHA和AA，DHA和AA可促进胎儿视觉和脑发育。妈妈多吃油质鱼类，如沙丁鱼、带鱼和鲭鱼，对胎儿视觉发育有利，出生后可以比较快地达到成年人程度的视觉深度。

7-9个月的胎儿，如果缺乏DHA，会出现视神经炎、视力模糊等视觉发育障碍。这是由于油质鱼类富含一种构成神经膜的要素，被称为Omega-3脂肪酸，在Omega-3脂肪酸中含有DHA，与大脑内视神经的发育有密切的关系，能帮助胎儿视力健全发展。

多吃含胡萝卜素的食品防止维生素缺乏，也能促进胎儿视力发育。

妈妈孕期缺钙，宝宝在少年时患近视眼的比例高于对照组的3倍。所以，只吃鱼油是不够的，不要忽视其他食物的作用。

在这里，我建议：

•不吃鱼类罐头食品，最好购买鲜鱼自己烹饪。每个星期至少吃一次鱼。

•怀孕期间补充足够的钙和铁是非常必要的，不要忽视食补的作用。

❖ 成人心血管疾病起源于胎儿

Barker博士经研究揭示，倘若胎儿在妈妈的子宫内发育不良，可增加晚年心血管病的危险。

动物实验表明：限制怀胎动物的营养，可导致动物子代成年后的高血压及胰岛素抵抗。

源于胎儿的肥胖会出现"儿童期成人病"，包括糖代谢紊乱（如糖尿病）、脂代谢紊乱（如脑中风、高血脂）、肥胖病等。因为胎儿肥胖是脂肪细胞数目过多，而不是正常数目脂肪细胞体积过大，所以这种类型的肥胖减肥很困难。

❖ 新生儿体重与智力成正比

早产儿的智力较足月儿稍低。最近，一项大型研究显示，出生时体重超过2500克的婴儿，其智力水平较好，且体重越增加智力越好。科学家认为，这可能是因为体重大的宝宝脑容量较大，或脑中的连结较多。但并非是无限制的，巨大儿由于增加了难产的危险，智力受到影响。

《英国医学期刊》上刊载一篇Marcus Richards博士的研究报告指出，出生时的体重对婴儿的认知功能有一定的影响，体重不足的婴儿，大脑发展有可能无法最大限度地发挥出来。

科学家对3900名1946年出生的人进行追踪调查。分别在受试者8岁、11岁、15岁和26岁时，针对其非口语理解、记忆力、速度与注意力等项目进行测量统计。出生体重与智力表现成正比的现象在8岁时最为明显，但只持续到26岁。到了43岁时，这项关联性便日益减弱。这项研究并不受排行顺序、性别、父亲社会阶级、母亲教育程度和性别等因素影响。

❖ 新生儿体重与成人后高血压

即使新生儿出生时的体重在正常范围

之内，但如果营养不均衡，缺乏必要的营养素，对今后的患病情况也会产生重要影响。《美国心脏病学会：高血压》杂志上的一篇研究报告指出，婴儿的出生体重会影响儿童期和成年以后的血压。出生体重最低的婴儿，4到18岁时血压最高，而且这部分儿童的血压波动范围最大，预示着将来他们出现高血压病的危险性较高。

145. 三大营养素

❖ 碳水化合物

在众多的营养物质中，最不受重视的就数碳水化合物了，尤其是生活水平高的孕妇，碳水化合物几乎成了副食。

怀孕初期，孕妇的基本代谢与正常人相似，所需热能也相同。世界卫生组织建议：孕早期，妈妈每天应该增加150千卡热能。但孕中、晚期，基础代谢率比正常人增加10%-12%，即每天要增加220-440千卡。普通妇女为2200千卡/天。孕4个月后，胎儿生长、母体组织增长、脂肪及蛋白质蓄积过程都突然加速，各种营养素和热能需要量急剧增加，直到分娩为止。

一般热能主要来源于碳水化合物，根据我国的饮食习惯，碳水化合物摄入占总热能的70%-80%，在副食供应较好的条件下，孕期尽可能使碳水化合物摄入量占总热量的60%-65%，这样可以保证蛋白质及其他保护性食品的摄入。

我国的饮食习惯是以粮食为主，不会导致热量不足，只要吃饱了，就能保证热量的需求。对于食欲好、食量大的孕妇来说，还需要适当控制糖的摄入，以免妊娠后肥胖和胎儿体重过大。

❖ 蛋白质

蛋白质是构造、修补机体组织与调节正常生理功能所必需的物质，因此孕妇必须摄入足够的蛋白质，以满足自身及胎儿生长发育的需要。足月胎儿体内含蛋白质400-500克，在怀孕的全过程中，额外需要蛋白质约2500克，这些蛋白质均需孕妇在孕期不断从食物中获取，因此孕期注意补充蛋白质极为重要。

• 孕期蛋白质摄入不足，会给胎儿带来怎样的影响呢？

影响胎儿的体格发育。

影响胎儿中枢神经系统发育。

胎儿大脑发育不能正常进行，成人后脑细胞数量比正常人少，智力低下。

• 孕期蛋白质摄入不足，对孕妇有何危害？

子宫、乳房和胎盘不能很好地发育。

难以承受分娩过程中的体力消耗，增加难产几率。

产后乳汁可能会不足。

可加重孕期贫血、营养缺乏性水肿及妊高征的发生。

世界卫生组织建议：孕1月时，每日需要补充蛋白质0.6克。孕中期以后每天增加9克优质蛋白（300毫升牛奶或2个鸡蛋或瘦肉50克）。如以植物性食物为主，每天应增加蛋白质15克（干黄豆40克或豆腐200克或豆腐干75克，或主食200克）。我国营养学会推荐：孕妇每日蛋白质供给量为80-90克。

我国饮食以植物性食品为主，孕妇应从孕中期开始每天增加蛋白质15克，晚期增加25克/天。动物性蛋白质占总蛋白质量三分之二为好。如孕前体重55公斤从事极轻体力劳动的孕妇，孕中期每天应摄入蛋白质80克，轻体力劳动的孕妇应摄入85克；孕晚期，从事极轻体力劳动的孕妇应摄入蛋白质90克，轻体力劳动的孕妇应摄入95克。

❖ 脂肪

现在人们可谓"谈脂色变"，但孕妇和胎儿需要脂肪。没有一定含量的脂肪，细胞膜的功能就无法实现，脂溶性维生素就不能被吸收利用，皮肤就不能光滑和富有弹性。胎儿所有器官的发育都离不开脂肪。脂肪中还含有预防早产、流产、促进乳汁分泌的维生素E等物质。在吸收脂肪时，被分解的脂肪酸含有人体自身不能合成的必需脂肪酸，其中有些必需脂肪酸，对预防妊娠高血压综合征有一定作用。

尽管脂肪有这么多的好处，也不能过多食入。在孕晚期，血液中的胆固醇含量增高，如果过多食用动物性脂肪，可使胆固醇进一步增高，影响孕妇健康。以食用植物性脂肪为好，过多食入脂肪还会使孕妇发胖。以植物性脂肪为主，适当食用动物性脂肪，但不要为了食用动物性脂肪而吃肥肉。瘦肉、动物内脏、奶类中都含有一定量的动物性脂肪。

146. 矿物质及维生素

人们普遍认为补品和营养保健品对任何人都是安全的，对胎儿也没有任何危害，这是片面的认识，即使是维生素及矿物质，也不能无限制地想吃多少就吃多少。摄取过多的维生素和矿物质，对胎儿会产生一定的毒害作用。

孕妇可能会收到来自亲属或朋友馈赠的各种营养保健品，最好不要随便服用，应该拿给医生看一看，您所服用的营养品中含有的营养素的种类和剂量，是否和医生开给你的有相同之处，如果是的话，就要计算一下，是否超量服用了某种营养素。超量服用某些营养素对胎儿可能会产生不良影响。

服用营养素最基本原则是：能通过食物补充的，尽量从食物中获取，不足部分通过营养药补充。孕期并非需要额外补充所有的营养素。

人们普遍认为天然药物是安全的，尤其是能作为食物的天然药更受青睐。有些孕妇把某些天然药品当做食物来吃；有些孕妇把有药用价值的食物当作药物来吃。不管怎么吃，怎么补，都不应盲目，最好在营养师或保健医生的指导下服用。

❖ 钙剂

孕妇究竟应该从什么时候开始补钙没有硬性规定，根据孕妇的具体情况而定。孕妇偏食、妊娠反应持续时间较长或程度较重、户外活动少等都是决定补钙时间和补钙量的因素。

一般情况下，从孕中期开始补钙。孕妇每日需要多摄入500毫克钙，即每日总钙量应摄入约1800~2000毫克。但并不是所需的钙都需要通过药物钙额外补充。如果从食物中能够获得足够的钙，就不需要服用药物钙了。如果从食物中不能获得足够的钙，就通过药物钙补充不足的部分。无论是营养的补充，还是疾病的治疗，无

孕妈妈～宋美萍

宝宝 / 王炫
我的新帽子，你看漂亮吗?

论是体重的增长，还是补钙的时间都要个体化，脱离每个孕妇的具体情况，泛泛地讲都是片面的。否则的话，谁都会照着书本治病，谁都会照着前人的方法去做。这是不科学的，要有个体化概念。

通常情况下，饮食量正常，饮食结构合理，每日从食物中可获取约1500毫克的钙，足够人体代谢所需了。孕妇需要钙量较大，每日所需钙比非孕期高500毫克。所以，建议孕妇每天摄入的钙量为1800-2000毫克。

通过药物补充钙剂，其吸收率和利用度是很低的，每天喝500毫升鲜奶就可供应常人每天所需钙剂，孕妇需要相对多一点，可喝孕妇配方奶，含钙量更充足。如果孕妇妊娠反应明显，进食少，可适当补充钙剂和维生素D，有很多钙可供选择，只要是正规厂家生产，经销途径可靠，可任选一种。注意不能忽视食物的作用，饮食结构要合理，多食富含钙的食物。

胎儿期倘若妈妈摄钙不足，出生后的宝宝可患有先天性佝偻病，或低血钙引起的婴儿手足搐搦症。我国营养学会推荐：孕妇每天钙供给量为1500毫克。孕早期每天摄入量应在800毫克以上。胎儿共需30克钙，为妈妈存钙量的2.5%。妈妈也要贮存30克钙，以供哺乳时需要。

孕4-5月时，胎儿即已开始骨骼和牙齿的钙化；孕8月时钙化加速；到足月时，全部20个乳牙坯都已形成；恒牙大部分在出生后3-4个月开始陆续钙化。补充足够的钙还可预防妊娠高血压综合征。

钙不足的结果：胎儿从妈妈那里获取大量的钙以满足自己生长的需要，孕妇摄入钙不足，胎儿可能会患先天性佝偻病、乳牙发育障碍。妈妈钙代谢为负平衡，可出现腰背酸痛、四肢无力、小腿抽筋，严重的出现骨质疏松。

我国膳食中乳类食品摄入相对少，膳食中钙的吸收利用率比较低。有的孕妇自从怀孕，就开始吃药物钙，有的还同时喝高钙奶粉或单纯的钙粉。其实，钙广泛存在于各种食物中，尤以奶类、虾皮、豆类食品中含量高，且膳食中的钙吸收利用率普遍高于药物钙。钙的吸收，要依靠体内充足的维生素D的参与，而维生素D是脂溶性的，其吸收又依赖于脂的参与。所以说，营养的均衡摄入是至关重要的。

❖ 铁剂

我国营养学家建议：孕妇的铁供给量为每天18毫克，孕期铁的总需要量约1000-3600毫克，其中胎儿需要400-500毫克，胎盘需60-110毫克，子宫需40-50毫克，增加母体血红蛋白含量需400-500毫克，分娩失血需100-200毫克。所以，孕期需补充铁至少要1200毫克。

动物性食品是铁的主要来源，孕早期每天可补充15毫克铁，28周前，主要以食物补充为主。含铁丰富的食物有：猪肝、鸡肝、牛肝、动物血、蛋、海螺、牡蛎、鲜贝、荞麦面、莴苣、芹菜、奶粉、瘦肉、鱼、海带、紫菜、硬果及豆类等。没有医学指征，不必服用铁剂。当食物中的铁难以满足身体需要时，可给予铁强化食品或铁制剂，以硫酸亚铁和延胡索酸亚铁最好，每天可补充30毫克铁，服用铁剂时，最好同时服用维生素C、叶酸和维生素B12，以促进铁的吸收和利用。植物铁的吸收率低，平均为10%左右。如果偏食，不喜欢吃蛋肉等食物，更易发生贫血，一般建议在孕28周后开始补充药物铁。

孕期血液容量增大，而红细胞数量并未相应增加，故血红蛋白含量减少。孕7月以后，血红蛋白降到最低点，会发生妊娠性贫血。孕妇每日应多摄入3-5毫克铁。

胎儿除本身造血和合成肌肉组织外，肝脏还要储存400毫克左右的铁，以供出生后6个月内自身需要。母乳中含铁极少，宝宝出生后需要的铁量都依靠出生前的贮存。

❖ 碘

胎儿缺碘可导致新生儿先天性克汀病及脑损害，如果没能积极干预，可引起严重的脑发育异常，导致智力低下。克汀病又称为呆小病。

我国推荐：孕妇碘供给量每天为175微克。易受缺碘危害的顺序是胎儿、孕妇、新生儿、婴儿、儿童、育龄女性和成人，其中胎儿对妈妈孕期缺碘最为敏感。

碘在土壤、空气、海水中的含量均较低，妈妈饮食中缺碘会影响发育中的胎儿。我国1017万智力障碍儿童中，有80%以上是因缺碘造成的。孕妇每周至少摄入含碘丰富的食品2次以上。烹饪菜肴时，不要提前放入食盐，以免丢失碘。

缺碘对孕妇的主要危害是甲状腺过度刺激、妊娠甲状腺肿、低甲状腺素血症、甲状腺功能减低等，还可引起自然流产（比正常妇女高2倍）。

胎儿时期，甲状腺激素缺乏的主要危害是大脑发育障碍。孕前及整个孕期缺碘均可导致胎儿脑蛋白合成障碍，使脑内蛋白质含量降低，细胞体积减小，脑重量减轻，影响智力发育。故孕妇碘缺乏可造成胎儿大脑和听觉中枢发育障碍。胎儿在与母亲竞争碘的过程中，明显处于劣势，甲状腺功能减低会严重影响胎儿的生长与发育，造成20%以上的围产儿死亡，10%-20%的胎儿先天异常。

孕妇需额外补碘吗？

• 孕早期妊娠反应进食差，从饮食中获取碘远远不足，而孕妇对碘的需求量比平时增加30%-100%。

• 孕妇体内的碘，除满足其自身需要外，还要向胎儿输送足够多的碘，以满足胎儿脑发育的需要。

• 食盐加碘是国际上普遍采用的补碘方法，可以满足正常成人需求。为防止引起孕期水肿和妊高征，常常需要孕妇减少盐的摄入，无法通过食用碘盐的方法满足对碘的基本需求。

所以，孕妇需要重视含碘食物的摄入，如果孕期不能从食物中获取足够的碘，就需额外补充碘剂。如何补充？补多少？需要医生根据孕妇具体情况分析后制定补充计划。

❖ 镁

国外规定：孕妇每日需供给450毫克镁，比正常成年女性多150毫克。低镁可引起早产。含镁高的食品有绿叶蔬菜、黄豆、花生、芝麻、核桃、玉米、苹果、麦芽、海带等。

在一般状况下，孕妇镁的摄入量常常不足，即使孕期饮食较为合理，其他营养都能达到供给量标准，但镁仅能满足需要量的60%。一般情况下，孕妇每天平均摄入镁为269毫克，尿中排出94毫克，粪便

孕妈妈／潘晓敏

中排出215毫克，结果是负平衡。我国饮食中草酸、植酸盐和纤维素含量较高，会影响镁的吸收。

镁可预防早产。德国鲁尔大学妇产科医院对437名孕妇使用适量的镁盐，结果显示，服用镁盐后，38周前分娩的比例从原来的14%下降到6.5%。体重不足2500克的新生儿，从7.7%下降到2.8%，因此认为镁可以预防早产。如果孕妇不能通过食物摄入足量的镁，就应通过药物额外补充。

❖ 锌

胎儿期缺锌，可导致胎儿体重增长缓慢，严重者甚至可引起胎儿发育停滞或发生先天性畸形，特别是中枢神经系统的损害、先天性心脏病、多发性骨畸形、尿道下裂等。

孕早期，血浆中锌的浓度就有所降低。缺锌可致孕妇味觉嗅觉异常，导致或加重妊娠呕吐。缺锌被认为是胎儿神经管畸形的原因之一。胎儿14周时，对锌的需求量增加7倍。从孕3个月开始，直到分娩，胎儿肝脏中锌的含量可增加50倍。植物性食品锌的吸收利用率很低，动物性食

品是锌的可靠来源。我国以粮食为主食，应适当提高锌的供给量，孕妇每天以摄入40-45毫克锌为佳。哺乳期每天摄入54毫克为宜。

我国推荐：孕妇每日锌的供给量是20毫克。孕前半期，每天膳食中锌的需要量应为26毫克，孕后半期应为30毫克。世界卫生组织（WHO）推荐：对于孕妇来说，每日饮食中锌的供应量25-30毫克。加拿大卫生部门规定：孕妇锌供给量标准为每天13毫克。美国卫生部门规定：孕妇每天锌的供应量为25毫克。

含锌量较高的食品有海产品、坚果类、瘦肉。100克牡蛎约含100毫克锌，100克鸡、羊、猪、牛瘦肉约含3.0-6.0毫克锌。100克标准面粉或玉米面约含2.1-2.4毫克锌。100克芋头含锌量高达5.6毫克。100克萝卜、茄子含锌量达2.8-3.2毫克。

孕妇是否需要吃药物锌，要由医生来决定。摄入过多的锌，可影响铁的吸收利用。

❖ 钠元素

钠是人体不可缺少的元素，且必须从食物中获取，人们都知道人离不开钠盐。但对于孕妇来说，非但不需要增加钠的摄入量，还要适当限制钠盐的摄入。我国的饮食习惯不同于欧洲，钠盐的摄入量高。摄钠过高易导致孕妇水肿，血压增高。从预防妊娠高血压的角度考虑，也应该限制钠的摄入。

❖ 维生素

妈妈体内的维生素可经胎盘进入胎儿体内。脂溶性维生素储存在母体肝脏中，再从肝中释放，供给胎儿生长发育需要。水溶性维生素不能储存，必须及时供给。孕妇肝脏受类固醇激素影响，对维生素利用率低，而胎儿需要量又高，因此孕妇对

维生素需要量增加。

维生素A帮助胎儿正常生长、发育。缺乏维生素A，新生儿出生后可发生角膜软化。孕妇会出现皮肤干燥和乳头裂口。孕妇每天维生素A的供给量为3000国际单位或胡萝卜素6毫克。

维生素D对胎儿骨骼、牙齿的形成极为重要。孕妇每天供给量为10微克。

维生素B1能促进胎儿生长，还可维持孕妇良好的食欲及正常的肠蠕动。孕妇每天供给量为1.8毫克。

维生素B2和尼克酸与胎儿生长发育有关。孕妇每天维生素B2供给量为1.8毫克，尼克酸为15毫克。

维生素B6可抑制妊娠呕吐。孕妇每天供给量为1.5毫克。

胎儿的生长发育需要大量的维生素C，它对胎儿骨骼、牙齿的正常发育，造血系统的健全和增强机体抵抗力有促进作用。孕妇每天供给量为100毫克。

维生素B12、叶酸能促进红细胞正常发育，如缺乏可发生巨幼红细胞贫血。在人类的饮食中维生素B12的主要来源是肉类，富含维生素B12的食物是动物肝脏、牛肉、猪肉、蛋、牛奶、奶酪等。

❖ 叶酸

孕前补充叶酸可降低胎儿神经系统发育畸形。英国科学家还认为，孕前、孕期补充足够的叶酸和铁剂，有降低儿童白血病的可能。因此，孕前补充叶酸是有必要的。有神经系统畸形家族史、曾有过不明原因的自然流产史、生过有神经系统畸形儿的，在孕前必须补充足够的叶酸。

选择哪一种品牌的叶酸片都可以，原则是有信誉的，经过产品质量认证的正规药厂生产的，每片含叶酸0.4-0.8毫克。最好是服用单一制剂，以保证叶酸的补充，

也可以同时服用善存片。孕期补充维生素最好的途径是通过蔬菜、水果等食物。补充维生素营养品应在保健医生或营养师的指导下，按要求剂量补充，不要超量服用。

孕前3个月开始补充叶酸，以预防胎儿神经管畸形，应该服用专供孕妇吃的小剂量叶酸，0.4毫克-0.8毫克/天。叶酸可补充到怀孕后3个月。

据美国报告，在57名唐氏综合征患儿中，有28%的孕妇在孕前每天补充叶酸0.4毫克，因此，他们怀疑每天0.4毫克的剂量可能不足。

叶酸参与核酸的合成，为红细胞正常生成所必需。治疗贫血时，叶酸用量为每次5毫克，每日3次。为预防胎儿神经管畸形，建议计划怀孕的妇女，在受孕前3个月开始，每日补充叶酸0.4毫克。

英国医学杂志《刺血针》刊登文章指出：孕期多吃富含叶酸和铁的食品，可降低儿童患白血病的危险。

澳大利亚珀斯市的西澳大利亚癌症基金会科学家朱迪斯·汤姆森在文章中指出：在一项确定诱发癌症因素的实验中发现，孕期补充叶酸和铁的孕妇，其子女在幼儿期患急性淋巴细胞白血病的几率要比平均概率低60%，即便是仅仅补充铁元素的妇女，其新生儿患病的概率也要低于平均水平25%。叶酸能够降低试管婴儿神经系统先天缺陷的危险性，并且能够帮助人体合成红细胞以及细胞中的基因物质。

❖ 叶酸缺乏与唐氏综合征

叶酸最初从菠菜中分离提取，外观为淡黄色结晶，食物烹调后损失率可达50%-90%。在肠道的生物利用率为结晶状态下的50%。唐氏综合征的发生与孕妇孕期叶酸缺乏有一定关系，过去一直用孕期筛查及羊水检测对其进行干预。如果明确

了其与叶酸缺乏有关，就能在孕前补充叶酸及必要的微营养素，进行一级干预。

7个月的胎儿体内就有卵子，到青春期卵子开始成熟，再到受孕，要经过两次染色体减数分裂，这时遗传物质处于不全凝固的松散状态，在女性成长的几十年中易受外界因素影响，如叶酸缺乏，则卵子DNA甲基化低下，染色体易分裂，其后代更易患唐氏综合征。

西方国家除在面食品中添加叶酸外，还建议孕前补充叶酸，英国建议每天补充0.8毫克，美国建议每天补充0.4毫克。我国建议每天补充0.4毫克。

147. 饮食中有害微量元素的控制

❖ 铅

人们已认识到铅对人体健康的危害。也曾有孕妇向我咨询过这方面的问题。大多数医院开展了血铅的测定。现在铅的污染面很广，如蓄电池、油漆、陶器、汽车尾气、某些化妆品、药品、餐饮容器、水源污染以及一些工厂附近的空气污染。血铅超标的比例增加，有些甚至达到铅中毒的浓度。

血铅浓度超标，医生会采取一些措施，如驱铅疗法，服用抗铅的药物，如维生素E是天然的脂溶性抗氧化剂，锌是过氧化物歧化酶的重要组成部分，能通过调控脂质过氧化来保护细胞结构，保护器官，并对抗铅等有害物质对健康的危害。

生活中要尽量避免铅对人体的污染。如在使用化妆品时要注意品质，绝不能使用含铅超标的化妆品；不食用含铅高的食品（爆米花、膨化食品等）；不使用含铅的餐饮器皿；尽量避开汽车尾气。

❖ 铝

为了研究铝对神经发育的影响，科学家测定了怀孕30天、50天、产仔时、产仔后3、6、12天的豚鼠的脊髓、脑干、小脑和前脑中的铝，结果显示，在脊髓、脑干、小脑中铝含量最高。铝不能在胎盘中蓄积。但铝是唯一在脊髓中显示比其他任何组织有较高浓度的元素。建议孕妇不使用铝制品餐具和炊具；不吃或少吃油条等含铝食品，以避免铝对胎儿的危害。

148. 孕期食物选择的两个常见误区

❖ 特殊口味

孕早期，妈妈可能因为妊娠反应，口味上发生一些变化，或非常喜欢吃酸性食物，或特别喜欢吃甜食，或喜欢吃寡淡少味的素食，或只想吃辣。妊娠反应比较厉害的，可能什么都不喜欢吃，连喝水都觉得有异味。这些都是正常的孕早期反应，过一段时间就会好的。

曾有孕妇咨询，她非常喜欢吃酸性食品，尤其是山楂和山楂罐头，还喜欢喝醋，能证明她腹中的孩子是男胎吗？多吃酸的对胎儿有影响吗？

民间有"酸儿辣女"的说法。我认为喜酸喜辣只是个人口味爱好而已。有的孕妇从潜意识里就希望生男孩，把"喜酸"口味无限地扩大了。几乎一日三餐都离不开酸性食物。过多摄入酸性食物对胎儿不利。任何食物，无论营养高低，都不能无节制地过分食用。有科学研究发现，孕妇过多食用酸性食物或酸性药物，如维生素C、阿司匹林，是导致胎儿异常的原因之一。罐头类食品中含有防腐剂等一些化学添加剂，不适合孕妇食用，尤其是孕早期，胎儿正处于器官分化生长阶段，对外来不良因素刺激比较敏感。

❖ 吃水果的误区

水果中含有大量的维生素，大多数医生会建议孕妇多吃水果，尤其是发生便秘时。水果是不是吃得越多越好呢？让我们来看看水果的主要成分，一般来说，水果中水的含量是90%，剩下的10%是果糖、葡萄糖、蔗糖和维生素。水果中所含的糖很容易被吸收，如果体内不能利用这些多余的热量，孕妇可能会发胖。所以，水果不是吃得越多越好，适量才有利于妈妈和胎儿的健康。

建议孕妇每天吃水果总量控制在500克。传统认为，应该在饭后吃水果。这并不科学，当胃内有饭积存时，吃进去的水果就不能很快被消化吸收，而要在胃内存留很长时间，胃内是有氧环境，一些水果就发生氧化，如苹果。如果吃热饭后马上吃凉的水果，还会引起胃部不适，孕早期有妊娠反应，对胃的不良刺激，会引发呕吐。饭前吃水果比饭后吃水果更科学，最好在吃水果1小时以后再吃饭。水果中含有大量的维生素C，可帮助铁的吸收，所以，吃含铁高的食物前吃一些含维生素C高的水果是不错的选择。

149. 合理营养的食品选择

❖ 奶制品——试着在饭后喝

奶（牛奶、羊奶）含有丰富的必需氨基酸、钙、磷、多种微量元素及维生素。喝不惯奶的孕妇也要努力试着喝奶。如果实在不愿意喝奶，可从小量开始，逐渐增加，也可以先在奶中调配一些平时爱喝的饮品，逐渐过渡到纯奶。最好选择适合孕妇喝的配方奶。如果喝奶后感觉腹部胀气，可煮沸稍冷后，加入食用乳酸菌及纯果汁制成酸味奶食用。有的孕妇喝奶后易引起腹泻，可试着在饭后喝。

❖ 蛋类——不要油煎，蛋羹最佳

蛋是提供优质蛋白质的最佳天然食品，也是脂溶性维生素及叶酸、维生素B2、维生素B6、维生素B12的丰富来源，蛋黄中的铁含量亦较高，最好能保证每天吃一个鸡蛋。

❖ 海产品——不要冰冻和腌制的

应经常吃些鱼、海带、紫菜、虾皮、鱼松等海产品，以补充碘。要选择新鲜的海产品，不但含有丰富的优质蛋白，还含有丰富的微量元素，是孕期的好食品。

❖ 肉、禽类——不可过量，妊高征限食

兽肉和禽肉都是蛋白质、无机盐和各种维生素的良好来源。孕妇每天的饮食中应供给50-150克兽、禽肉。动物肝脏是孕妇必需的维生素A、D、叶酸、维生素B1、维生素B2、维生素B12、尼克酸及铁的优质来源，每周吃1-2次。

❖ 豆类——不仅仅是黄豆类制品

豆类是植物性蛋白质、B族维生素及无机盐的丰富来源。豆芽含有丰富的维生素C。喝奶少的孕妇可适当多补充些豆类食品，每天约50-100克，以保证孕妇、胎儿的营养需要。

孕妈妈／张宇

❖ 蔬果类——颜色越丰富越好

绿叶蔬菜如芹菜、韭菜、小白菜、豌豆苗、奶白菜、空心菜、菠菜；黄红色蔬菜如甜椒、胡萝卜、紫甘蓝等都含有丰富的维生素、无机盐和纤维素。每天应摄取新鲜蔬菜250~750克，其中有色蔬菜应占一半以上。水果中带酸味者，适合孕妇口味又含有较多的维生素C，还含有果胶。每天供给新鲜水果150~200克。蔬菜中黄瓜、番茄等生吃更为有益。蔬菜、水果中含纤维素和果胶，可预防孕妇便秘。

❖ 坚果类——休闲食品补锌

芝麻、花生、核桃、葵花子等，其蛋白质和矿物质含量与豆类相似，亦可经常食用。瓜子中含有丰富的锌。

150. 均衡的营养结构，丰富的食品种类

要保证营养结构均衡，孕妇每天所摄入的食品种类至少在20种以上。这听起来似乎难以做到，其实即使在你没有怀孕时，每天所吃的食品种类也是很多的，至少要有十几种。

水果2种：苹果、橘子、香蕉、梨、桃、葡萄、草莓、橙子、柿子等等，选2种是很容易的。

粮食4种：小麦面、玉米面、燕麦面、荞麦面、豆面等面食1种；小米、大米、高粱米、江米、黑米等米食2种；红豆、绿豆、饭豆、青豆、云豆、黑豆等豆类1种。

蔬菜4种：芹菜、菠菜、茼蒿、油菜、芥菜、茴香、木耳菜、笋叶、香椿、白菜等绿叶菜2种；红萝卜、象牙白、胡萝卜、绿萝卜等萝卜类1种；苦瓜、丝瓜、黄瓜、冬瓜、白玉瓜、西葫芦、南瓜等瓜类1种；还有西红柿、豆角、辣椒、土豆、蘑菇、茄子、莲藕、茨菰等任选其1种。

肉蛋2种：鸡蛋、鸭蛋、鹅蛋、鹌鹑蛋等蛋类1种；各种鱼肉（包括蟹类、虾类、贝壳类）、猪肉、羊肉、鸡肉、牛肉等肉类1种。

奶类1种：牛奶、羊奶1种。

豆腐1种：黄豆、绿豆、黑豆等制作的豆腐、豆浆、豆皮、豆干等食品1种。

水：矿泉水、纯净水、白开水，水是人的生命之源，除了正常饮食中的水外，还应额外补充纯粹的水。只喝矿泉水不是最好的选择。只喝纯净水是最不好的选择，纯净水中的矿物质大多被净化掉了。

油类：豆油、花生油、菜籽油、葵花籽油、玉米油、芝麻油、奶油、黄油、橄榄油等油类1种。

坚果类：花生、葵花子、西瓜子、南瓜子、栗子、核桃、榛子、腰果、开心果、杏仁、松子等坚果类1种。

调料：葱、姜、蒜、花椒、大料、盐、糖、辣椒、酱油、醋、淀粉、料酒等，每天至少需要4种调料制作菜肴。

可见，我们每个人日常食入的食物种类基本在20种左右。孕妇吃的种类比上面列举的越多越好。

为什么食欲没有增加反而下降？

我现在是孕19周，从怀孕到现在我共增重7公斤，这正常吗？我从孕16周起，食欲下降，但不呕吐，饭量比怀孕前没有任何增加，听别人说怀孕中期以后食欲会有很大增加，我非但没有增加，反而食欲有所下降了，食量基本上没有什么变化。我这种状况会影响胎儿发育吗？

一般情况下，整个孕期体重平均增加10-15公斤，但孕妇体重的增加存在着明显的个体差异，有的人怀孕时食欲很好，或过量进食造成体重增长过多。有的人平时吃饭就比较挑剔，孕后由于妊娠反应，更影响食欲。体重增加并不明显，但绝大多数孕妇在整个孕期体重增加在6公斤以上。

孕6个月以后，绝大多数孕妇的食欲都有不同程度的增加。此期重要的是营养的丰富性，而不单单是量的增加。如果过多进食高热量食物，体重增加过快，会对孕妇产后恢复不利，出现糖代谢紊乱、高血压、高血脂等症，也会增加巨大儿的发生率，巨大儿会给分娩带来困难，增加难产的几率。

你的食欲没有明显增加，食量也不大，不能因此认为你有什么问题，你的体重增加还算理想。如果你没有消化系统异常反应，如恶心、呕吐、胃痛、胃肠胀气、大便干硬或腹泻等，就不必担心，怀孕并不是一个人吃两个人的饭量，饭量不会因为怀孕就会明显增加。

151. 孕期营养原则

❖ 多样性食物会首先保障胎儿

全面均衡的营养只有多种食物成分综合效用才能实现。人体已经形成了无比复杂的反应体系，能够从摄入的纯天然食物中获取最大的益处。我们从食物中吸收的物质参加一系列的生化反应，这些生化反应的协调是保证身体健康的基础，身体对这些生化反应有着复杂和微妙的调控。人体知道该把哪些物质留在体内，并转运到需要的地方去，发挥它们的作用；也知道该把哪些物质排泄出去，并尽最大努力不让有害物质存留在体内，并伤害自己的身体。孕妇在孕期，这种能力更显卓越，那是母爱的体现，以此来保护自己的孩子，这也是自然和人类赋予母亲的能力。当某种营养素缺乏时，母体的选择是耗尽自己以保证胎儿的需求。

❖ 营养素补充剂不是灵丹妙药

身体对营养的利用是通过非常复杂的生化过程实现的，涉及数以千计的化学物质和生理效应。营养素补充剂绝对不会优于自然食物。

❖ 孕早期营养原则

• 保证优质蛋白质、碘、锌和钙的供给

鸡蛋肉类鱼虾是人们所喜欢的动物优质蛋白食物。如果不喜欢，可用豆和豆制品类，干果类，花生酱，芝麻酱等植物性食品代替。海产品保证碘和锌的供给，每周应至少吃一次海产品，如海鱼、虾蟹、蛤类、海带、紫菜、发菜等。动物肝脏是值得推荐的食物，它所含有的丰富铁及维生素A和B是其他食物不可比的。牛奶和奶制品不但含有丰富的蛋白质，还含有多种必需氨基酸、钙、磷等多种微量元素和维生素AD。酸奶、奶酪和豆浆可代替奶。

• 适当增加热量

谷类、薯类食品每餐不可少于50克。不喜欢吃单调的细粮米饭、馒头，可以尝试各种平时很少吃的粗粮，如燕麦片、通心粉、紫米、黑米、薏米、高粱、玉米、荞麦饼、红薯饼、莜麦面等。

• 确保无机盐、维生素的供给

蔬菜应多选绿叶蔬菜和有色蔬菜。蔬菜水果颜色越深、越丰富越好。可以尝试一些绿色蔬果基地培育的国外和南方品种。

❖ 孕中期营养原则

•充足的蛋白质。

•丰富的维生素，注意铁、锌、钙等元素的补充。

•胎儿不喜欢偏食的准妈妈，均衡饮食最重要。

•胎儿经受不住猛吃猛喝的准妈妈，要健康饮食。

•合理的饮食结构可改善伴随孕妇的便秘、痔疮。

❖ 孕晚期营养原则

•最重要的矿物质是：铁、钙、锌、镁。

•足够的必需氨基酸供应（主要由蛋白质提供）。

•摄入充足的人体所需的必需脂肪酸。

•丰富的维生素供给。

•维生素D是钙吸收利用不可或缺的。

•适当运动和日光浴可促进钙的吸收。

•油质鱼类对胎儿视觉能力的发育有利，Omega-3脂肪酸中含有DHA。

152. 孕期的健康饮食理念和计划

❖ 贯穿孕期始终的健康饮食理念

•通过食物多样性来保证营养均衡性和膳食结构的合理性。没有不能吃的食物，只有少吃还是多吃的问题。没有食物不能提供的任何一种或多种营养素，而必须依靠营养补充剂，尽管处于怀孕的特殊时期。

•没有一种营养素能够承担胎儿某一器官的发育，哪怕只是一根汗毛。

•没有哪一种食物能够提供孕妇和胎儿所需的所有营养素。

•价格不总能反映食物质量的高低。

•专家关于营养的建议也不总是对的，不懂营养的医生也不少。

•如果对众多说法无所适从，就索性按照自己认为正确的方法去做，错误的几率会更低。

•你是这样做的、吃的，可有人告诉你错了，你可千万不要懊恼，他们说的可不一定是对的。

•有人告诉你吃某种食品或某种营养制剂好，可你已经错过吃的时机，你可不要沮丧，胎儿一样会健康地生长。

•过来人的经验不都是好的经验，别人在孕期吃过的食物和营养品并不一定适合你。

❖ 制定健康的饮食计划

•面对众多的专家建议，你需要考虑的是：

你喜欢吃什么食物？

你每天有怎样的运动量以及生活上的安排？

是否将自己的体重控制在目标（标准）范围内？

是否愿意让自己的体重维持在健康水平？

是否知道几乎所有的疾病都与饮食有着千丝万缕的联系？

你是否灵活地实现健康的饮食计划？

你是否深刻体会到没有健康的饮食就没有胎儿的健康？

•孕期健康饮食计划并不意味着：

要吃稀奇古怪的食物。

要吃贵重的食物。

要吃从来没有吃过的食物。

要逼着自己吃绝对不喜欢吃的食物。

妊娠反应期吃了就恶心的食物。

总之，你的孕期健康饮食计划要考虑到你的需求、口味、喜好、经济状况以及

郑玉巧育儿经·胎儿卷

生活方式等，考虑得越多，实现的可能性越大。

•孕期健康饮食上的误区：

必须节食，挨饿也要挺着。

不能吃这个，不能吃那个。

这是降糖食物，那是降脂食物。

吃这个长胎儿大脑，吃那个会让宝宝更聪明。

❖ 健康饮食计划实施

•孕妇必须吃的食物：

粮食。

•孕妇应该多吃的食物：

含优质蛋白的食物，如海产品、蛋清、奶制品。

含钙丰富的食物，如虾皮、奶制品。

含铁丰富的食物，如动物肝脏、蛋黄、绿叶蔬菜。

富含锌的食物，如海产品、坚果类。

含碘食物，如海带。

含DHA的食物，如油脂鱼类。

含胡萝卜素的食物，如胡萝卜。

含维生素丰富的食物，如水果、蔬菜。

•应适当补充的食物：

碳水化合物和植物油脂食物，如燕麦和植物油。

•孕妇应少吃的食物：

刺激性食物，如辣椒。

动物油脂食物，如肥肉、动物油。

熏制和腌制食物，如熏火腿，咸菜。

烤炸类食物，如烤肉、油条。

含咖啡因饮料，如咖啡、茶。

•孕妇应限量吃的食物成分：

盐和含钠食物，如成品食物、饭店菜肴。

含乙醇饮料，如啤酒、红酒。

含添加剂食物，如罐头和常温储藏熟食品中的防腐剂、油条中的明矾。

高热量食物，如西式快餐。

高油脂食物，如水煮鱼、水煮肉片、油炸甜品。

某些调味品，如味精、盐、胡椒面、芥末。

•孕妇最好不吃的食物：

有可疑农药、重金属、类激素污染的食物，如未经质检的蔬菜、水果、奶制品和肉制品。

含乙醇高的食物，如白酒。

大补食物，如鹿茸、人参、冬虫夏草。

•孕妇绝对不能吃的食物：

霉变食物，如有难吃味道的花生制品、奶制品、豆制品和谷物，生芽的土豆、霉变的红薯、花生、甘蔗。

放置时间较久的剩菜剩饭。

所有过期食品。

•孕妇应克服的饮食习惯：

偏食，如特酸、特辣、特甜。

饮食单一，如主食永远都是米饭。

喜欢吃过冷过热食物，如冰激凌、麻辣烫。

狼吞虎咽，不知饭菜何味，囫囵吞枣咽下肚里。

不吃早餐，这是最不好的饮食习惯。

饥一顿饱一顿，孕妇不能这样。

暴饮暴食，遇有丰盛的大餐，海吃一顿。

根据某些道听途说改变饮食习惯，原

本不错的饮食结构被改变了，看到和听到的不能保证是对的。

只吃认为是好的食物，忘记还有很多食物品种是需要吃的。

边吃饭边喝水会冲淡了胃液。

边吃饭边喝饮料增加胃部饱胀感，影响进食。

饭后喝茶，影响铁的吸收。

饭后不能立即活动，运动应该在进食半小时后。

饭后不要立即坐着看电视或看书，闭目养神是不错的选择。

饭前喝水和饭前运动都不好。

153. 孕期基础营养知识

❖ 什么是健康饮食金字塔

第一层（塔底）是五谷杂粮。吃得量最多。

第二层是蔬菜和水果。

第三层是蛋、肉、豆和奶。

第四层（塔顶）是油脂和糖。要少吃。

❖ 食品标签常用名词的含义

购买食品时你可能会看到这些标示：无热量、低热量、微热量、无胆固醇、低胆固醇、低脂肪、无脂肪、低饱和脂肪、低钠、极低钠、无钠或无盐、轻盐、无糖、营养、天然、新鲜。

• 无热量：每份食品中的热量低于5卡（一定要注意每份食品的大小）。

• 低热量：每份食品中的热量低于40卡。

• 微热量：每份食品中的热量是同样份额食品重量中热量的三分之一。

• 无胆固醇：每份食品中的胆固醇含量少于2毫克，饱和脂肪低于2克。

• 低胆固醇：每份食品中的胆固醇含量少于20毫克，饱和脂肪低于2克。

• 低脂肪：每份食物中的脂肪低于3克。

• 无脂肪：每份食物中的脂肪低于0.5克。

• 低饱和脂肪：每份食物中的脂肪低于1克，饱和脂肪中提供的热量不超过15%。

• 低钠：每份或100克食物中的钠低于140毫克。

• 极低钠：每份食物中的钠低于35毫克。

• 无钠或无盐：每份食物中的钠低于5毫克。

• 轻盐：食物中的钠比正常含量少50%。

• 无糖：一份食物中含糖低于0.5克。

• 天然：主要是指不含化学防腐剂、激素和类似的添加剂。

• 新鲜：用来描述未加冷冻、加热处理或用其他方式保藏的生食。

• 营养：没有标准的说法，可以是某一种食物被改变或被替代，有可能是低盐、低糖或低脂肪，总之比正常含量低。

❖ 最容易记住的食物搭配方法

• 种类搭配：水 > 蔬菜 > 粮食 > 水果 > 奶豆 > 蛋肉 > 油类。

• 蔬菜颜色齐全：绿 > 白 > 黄 > 红 > 黑 > 紫，不买看起来没有丝毫瑕疵的蔬菜。

• 肉蛋色泽主次。白 > 红 > 黄，不买看起来个超大且均匀的鸡蛋，不买看起来水灵灵的瘦肉，不买硕大的鸡腿和鸡胸脯。

•粮食颜色配比：白＞黄＞绿＞红＞黑＞紫，买粗不买精，买新不买陈，买散不买包装，买真空不买普通装，不买非常规颜色米、看起来白得耀眼的面粉、看起来金黄耀眼的小米和玉米面、看起来嫩绿的小豆。

•水果不单调：应季水果第一选择，地域第二选择，品种第三选择，色泽第四选择，黄＞绿＞红＞白＞紫＞黑，不买包装好的果篮，不买昂贵的、从来没有吃过、不认识的水果，不买切开、处理的水果。

•水不要一次喝个够。不能渴得难耐才喝水，矿泉水、纯净水、自己烧的白开水、功能水、营养水、饮料水、茶水、咖啡水、泡的药水、泡的食物水，没有哪个绝对不能喝，可也没有哪个可以代替所有。如果拿不准，就只喝自己烧的白开水，否则，想喝什么就喝什么，但不可只喝某种。饭前半小时、饭后立即、睡觉前1小时不喝水，一天一口水都不喝是最不可取的。

154. 膳食指南

❖ 孕妇

•自妊娠第4个月起，每天保证摄入充足的能量。

•妊娠后期保持体重的正常增长。

•增加鱼、肉、蛋、奶、海产品的摄入量。

妊娠是一个复杂的生理过程，孕妇在妊娠期间需要进行一系列的生理调整，以适应胎儿在体内的生长发育和本身的生理变化。妊娠分为三期，孕早期、孕中期和孕晚期。怀孕头三个月为孕早期，是胚胎发育的初期，此时孕妇体重增长缓慢，故所需营养与非孕时近似。至孕中期即第4

个月起体重增长迅速，母体开始贮存脂肪及部分蛋白质，此时胎儿、胎盘、羊水、子宫、乳房、血容量等都迅速增长。孕中期体重增加约4–5千克，孕晚期约增加5千克，总体重增加约12千克。为此，在怀孕第4个月起必须增加能量和各种营养素，以满足合成代谢的需要。我国推荐膳食营养素供给量中规定孕中期能量每日增加200千卡，蛋白质从4–7个月时每天增加15克，8–10个月时每天增加25克，钙增加至每天1500毫克，铁每天增加至28毫克，其他营养素如碘、锌、维生素A、D、E、B1、B2、C等也都相应增加。膳食中应增加鱼、肉、蛋等富含优质蛋白质的动物性食物，含钙丰富的奶类食物，含无机盐和维生素丰富的蔬菜、水果等。蔬菜、水果还富含膳食纤维，可促进肠蠕动，防止孕妇便秘。孕妇应以正常妊娠体重增长的规律合理调整膳食，并要做些有益的体力活动。孕期营养低下使孕妇机体组织器官增长缓慢，营养物质贮存不良，胎儿的生长发育延缓，早产儿发生率增高。但孕妇体重增长过度、营养过剩对母亲和胎儿也不利，一则易出现巨大儿，增加难产的危险性；二则孕妇体内可能有大量水贮留和易发生糖尿病、慢性高血压及妊娠高血压综合征。

❖ 乳母

•保证供给充足的能量。

•增加鱼、肉、蛋、奶、海产品的摄入量。

乳母每天约分泌600–800毫升的乳汁来喂养孩子，当营养供应不足时，即会破坏本身的组织来满足婴儿对乳汁的需要，所以为了保护母亲和分泌乳汁的需要，必须供给乳母充足的营养。

乳母在妊娠期所增长的体重中约有4千克为脂肪，这些孕期贮存的脂肪可在哺乳期被消耗以提供能量。以哺乳期为6个月计算，则每日由贮存的脂肪提供的能量为200千卡。我国推荐膳食营养素供给量建议乳母每日增加800千卡能量，故每日还需从膳食中补充600千卡。

800毫升乳汁约含蛋白质10克，母体膳食蛋白质转变为乳汁蛋白质的有效率为70%，因此，我国推荐膳食营养素供给量建议乳母膳食蛋白质每日应增加25克。

母乳的钙含量比较稳定，乳母每日通过乳汁分泌的钙近300毫克。当膳食摄入钙不足时，为了维持乳汁中钙含量的恒定，就要消耗母体骨骼中的钙，所以乳母应增加钙的摄入量。我国推荐膳食营养素供给量建议乳母钙摄入量每日1500毫克，钙的最好来源为牛奶，乳母每日若能饮用牛奶500毫升，则可从中得

宝宝／王炫

到570毫克钙。

此外，乳母应多吃些动物性食物和大豆制品以供给优质蛋白质，同时应多吃些水产品。海鱼脂肪富含二十二碳六烯酸（DHA），牡蛎富含锌，海带、紫菜富含碘。乳母多吃些海产品对婴儿的生长发育有益。

孕妈妈/张丽娜

第十五章　胎教·生活·环境

孕妇不要做仰卧起坐、跳跃、跳远、突然转向等剧烈运动和有可能伤及腹部的运动；不要尝试滑雪、潜水、骑马等运动。

· 电脑等家用电器
· 绝对避免接受X射线照射
· 日常生活中接触的化学用品
· 胎教的医学基础
· 节日、运动和旅行

第1节 胎 教

155. 胎教的医学基础

生活在妈妈子宫内的胎儿，从一个圆形的细胞——受精卵开始发育，到成熟的足月儿，在266天的生长发育中，几乎经历了人类进化的全过程。没有人能真正知道在子宫内生活的胎儿是怎样的。过去认为，生活在子宫内的胎儿是在漆黑一片的无声世界里，他们既不需要吃，也不需要喝，没有呼吸和思想，没有节律的睡眠和觉醒。真的是这样吗？

❖ **胎儿的运动能力**

能够观察胎儿在子宫内的活动，以及对外界的反应该有多好啊！B超帮助医生实现了这个愿望。

在B超下观察5周的胎儿，发现胎儿不时有自发的运动，而妈妈直到孕四五个月时才能感觉到胎动。

在B超下观察七八周的胎儿，发现胎儿已经出现了胳膊、腿、腕、肘、膝关节的简单活动。

在B超下观察12周的胎儿，发现胎儿

孕妈妈 / 潘晓敏

有的孕妇会露出肚皮给胎宝宝晒太阳，认为这样胎宝宝就不会缺钙，其实还是妈妈接受了充足的阳光，胎宝宝的钙是从妈妈那里获得的。

已经能活动上下肢体所有的关节了。

用B超观察14周的胎儿时，发现胎儿在水中踏步、倒立，就像个体操运动员。

❖ **胎儿的听觉能力**

把录音装置安放在子宫内，可录制到：正在播放的音乐、妈妈的心跳、血流、呼吸、肠蠕动、说话、咳嗽、喷嚏的声音。

在录音的同时，观察5个月以上的胎儿对各种不同声音的反应，发现不同的声音可引起胎儿不同的反应，胎儿对刺耳的噪音、建筑工地的机械声、吵架的声音表现出异常反应。

❖ **胎儿的视觉能力**

用灯光照孕妇的腹部，交替关闭开启，胎儿出现眨眼。胎儿也随着妈妈的作息时间入睡和觉醒，只是睡的时间要远远大于醒着的时间，但胎儿遵循着白昼、黑夜的变化规律。

❖ **胎儿的触觉能力**

当胎儿的小手触到嘴唇时，会出现吸吮动作；当手脚碰到子宫壁时，会把手脚缩回来，并屈曲手指和脚趾。胎儿在2个月时就有了触觉能力。

❖ **胎儿的味觉能力**

给28周的早产儿喂甜奶时，会有力地吸吮。喂酸奶时，会出怪相，表现不爱喝。可见这时的胎儿已经有了味觉能力。

胎儿在子宫内所具有的运动、感觉、听觉、触觉、视觉等能力是胎教的医学基础。

❖ **塑造胎儿好的性格**

国外曾报道过，一位妈妈在孕期始终

不想要腹中的孩子，当这个孩子出生后，在妈妈的怀抱里总是哭闹，并且不吃妈妈的奶，宁愿吃其他产妇的奶。这是因为妈妈孕期恶劣的情绪影响了胎儿，妈妈拒绝接受孩子，孩子也不喜欢妈妈。妈妈在孕期的好心情，对胎儿的无限母爱，对胎儿的成长有着举足轻重的作用。塑造孩子的性格要从胎儿期开始。在十月怀胎的漫漫道路中，孕妇忧虑、伤心、生气、愤怒、惊恐等情绪对胎儿都会产生不良影响。只要孕妇从心底充满对腹中胎儿的爱，就是对胎儿最好的胎教。

❖ **什么样的色彩环境能促进胎儿的发育**

一位心理学家曾经做过一个非常有趣的实验，题目叫做"色彩与人"。他的实验目的是为了了解人在不同颜色的房间里的工作及心理状况。研究结果发现，长期处在黑色调房间的人，即使不做任何体力及脑力活动，也会感到心烦意乱、情绪低沉、躁动不安、极度疲劳；在淡蓝色、粉红色和其他一些温柔色调的房屋里工作的人，一般比较宁静、友好、性情柔和；在红色房间里工作的人，会感到心情压抑、万分疲劳。实验还表明，改变环境的色彩能够立即改变人们的心情。烈日炎炎的夏季，人们走在拥挤不堪的大街上，进入琳琅满目、色彩缤纷的商店都会感到心中烦躁不安。相反，进入轻爽、凉气袭人的冰淇淋店，望着墙壁上一幅幅诱人的消暑佳品广告，会觉得温度下降了许多，一种清凉之感便油然而生。毫无疑问，这种心理上的感受是由周围环境色彩的变化造成的。可见，创造良好的环境，对于人们尤其是孕妇的情绪有着多么重要的作用。那么，在这多彩的世界里，如何选择恰如其分的色彩来促进胎儿的发育呢？

居室的色彩应该简洁、温柔、清淡，如乳白色、淡蓝色、淡紫色、淡绿色等。白色给人一种清洁、朴素、坦率、纯洁的印象；淡蓝色、淡紫色给人一种深远、冷清、高洁、安静的感觉。孕妇从繁乱的环境中回到宁静优美的房间，内心的烦闷便会趋于平和、安详，心情也会稳定。如果孕妇是在紧张、技术要求高、神经经常处于警觉状态的环境工作，家中不妨用粉红色、橘黄色、黄褐色布置。这些颜色都会给人一种健康、活泼、发展、鲜艳、悦目、希望的感觉。孕妇从单调的环境、紧张的工作状态中回到生机盎然、轻松活泼的环境中，神经可以得到松弛，体力也可以得到恢复。

156. 胎教的分类

❖ **直接胎教**

直接作用于胎儿，使胎儿受到良好的影响，如给胎儿听音乐，抚摸胎儿等称为直接胎教。前面已经说过，胎儿在不同的生长阶段，先后具备了感觉、触觉、听觉、视觉等能力，这些能力是胎教的基础。给胎儿直接的感官刺激，通过刺激准妈妈的腹部触摸胎儿，给胎儿听音乐，用光刺激胎儿的视觉，这些都是直接胎教方法。

❖ **间接胎教**

间接胎教是通过对孕妇的作用来影响胎儿。准妈妈的情绪可以通过神经——体液的变化影响胎儿的血液供应。从脑神经学的角度看，当一个人感到快乐时，体内释放出的神经传递素，包括一种称为"脑内啡"的物质。脑内啡除了给我们轻松、舒适的美好感觉外，同时还使我们渴望重复这种感觉。人总是在不断地追求乐趣，准妈妈在追求快乐的同时，也给胎儿传递一种正向的情绪。准爸爸及家庭其他成员，给孕妇创造良好的环境也是非常重要的。

一分钟的恶劣情绪，一天的胎教就轻而易举被抵消了。

✤ 运动胎教

胎儿一般在怀孕后的第7周开始活动。胎儿活动是丰富的，有吞吐羊水、眨眼、吸吮手指、握拳头、伸胳膊、踢腿、转身、翻身。大多数孕妇孕4月以后开始感觉出胎动。

经常抚摸胎儿，不但是进行胎儿运动训练，也是和胎儿的一种交流方式，可以激发胎儿运动的积极性，通过抚摸和胎儿沟通信息、交流感情。每天可以在早晚进行，每次不要超过10分钟。爸爸也可以用手轻轻抚摸胎儿，使爸爸与宝宝加深感情。

✤ 习惯胎教

瑞典的舒蒂尔曼医生对新生儿的睡眠类型进行了实验，结果显示：新生儿的睡眠类型与妈妈孕期的睡眠有关。舒蒂尔曼医生把孕妇分为早起型和晚睡型，发现早起型的孕妇所生的孩子有同妈妈一样的早起习惯；晚睡型孕妇所生的孩子也同其妈妈一样喜欢晚睡。可见，孕妇的习惯直接影响到胎儿，所以，孕妇养成良好的生活习惯也是胎教的内容之一。

✤ 记忆胎教

西班牙一所胎儿教育研究中心对"腹中胎儿的大脑功能会被强化吗"这一课题进行了研究。结果表明，胎儿对外界的感知体验可记忆到出生后。

胎儿能分辨母亲的心跳声。有学者研究发现，当一个刚出生的婴儿大哭时，如果立即播放预先录制好的母亲的心跳声，婴儿便会立即停止哭闹，变得异常安静。如果妈妈把宝宝抱在怀里，并将宝宝的头转向左侧胸部，宝宝的耳朵贴近妈妈的心脏，很快，宝宝就停止哭闹。胎儿在母体内已经熟悉并记住了妈妈心脏跳动的声音，

当宝宝听不到妈妈熟悉的声音时，就会产生不安和恐惧。

胎儿在子宫内通过胎盘接受母体供给的营养和母体神经反射传递的信息，使胎儿脑细胞在分化、成熟过程中不断接受母体神经信息的调节与训练。

加拿大哈密尔顿乐团的著名交响乐指挥家鲍里斯·布罗特对记者说："我初次登台就可以不看乐谱指挥，大提琴的旋律不断地浮现在脑海里，而且不翻乐谱就能知道下面的旋律，对此我疑惑不解。有一天，当母亲正在演奏大提琴的时候，我向她说了此事，当母亲问我脑海里浮现什么曲子时，谜底被解开了。原来我初次指挥的那支曲子，就是我还在母亲腹内时她经常拉奏的那支曲子。"

✤ 听力胎教

胎儿从第8周开始神经系统初步形成，听觉神经开始发育。5-7个月时听力完全形成，还能分辨出各种声音，并在母体内做出相应的反应。

●一个有趣的小故事

有一位叫布莱德·格尔曼的准爸爸，从医生那里得知，5个月时胎儿具有了听力。为此，他发明了"胎儿电话机"。他将录下的声音通过妻子的腹壁传递给胎儿，并随时记录胎儿对子宫内外各种声音刺激的反应，把这些微弱的子宫内声音再放大，就可以了解胎儿对声音的反应。因此，他每天不间断地将"胎儿电话机"放在妻子腹部子宫的位置。有时通过话筒直接与胎儿讲话唱歌。他发现，当胎儿喜欢听某种声音时，就会表现得安静，头会逐渐移向妈妈腹壁，听到不喜欢的声音时，头会马上离开，并且用脚踢妈妈的腹壁。

经过一段时间的观察与训练，布莱德·格尔曼已经知道了他的宝宝喜欢听什

么声音，不喜欢听什么声音。他很兴奋地对朋友说："我的孩子生下来不久，一听到我的声音就会掉转头来对着我，我简直无法形容她这样做使我多么高兴。"

•有趣的试验研究

让新生儿吸吮与录音机相连的奶嘴，婴儿以某种方式（长吸或短吸）吸吮就可听到妈妈的声音，如长吸可听到妈妈声音，婴儿就多以长吸方式吸吮。他们通过辨别声响，表示出对自己母亲的声音特别敏感。

还有人选择在怀孕最后的5-6周时让孕妇给胎儿朗读《戴帽子的猫》，历时5个多小时，当胎儿出生后进行吸吮试验。先准备两篇韵律完全不同的儿童读物，一篇是婴儿在母亲体内听到过的《戴帽子的猫》，另一篇是婴儿从未听到过的《国王、小耗子与奶酪》。婴儿通过不同的吸吮方法才能听到这两篇不同的儿童读物。结果发生了让人非常惊喜的事情，这些婴儿完全选择了他们出生前听过的《戴帽子的猫》的吸吮方法。

❖ 意识胎教

近年来，国外胎儿心理学的研究发展很快，研究者们认为，胎儿具有思维、感觉和记忆的能力，尤其是胎儿7个月以后更是如此。

劳逊博士用摄像仪观察腹中胎儿，发现胎动发生前的6-10秒钟，胎儿的心跳频率明显增加。这种现象在胎龄6个月起便能观察到，说明此时胎儿大脑已发育到能够进行思考的程度。

•来自法国的故事

在巴黎的一家医院，语言心理学教授托马蒂斯，接待了一位4岁的孤独症患儿。教授用法语和她交谈，患儿毫无反应。教授发现了一个奇怪的现象：每当有人同这位患儿讲英语时，她的兴趣就来了，每当

这时，她的病似乎就好了。教授问她的父母，在家里是否经常讲英语，回答是否定的。教授又问他们曾经什么时候讲过英语。患儿的母亲突然回忆起，在怀孕期间她曾在一家外国公司工作，只允许讲英语。所以，她在整个孕期工作时一直讲英语。教授恍然大悟地说："胎儿意识的萌芽时期出现在7-8个月，这时胎儿的脑神经已十分发达！"

近年来，国外胎儿心理学的研究发展很快，心理学认为胎儿具有思维、感觉和记忆的能力，尤其是胎儿7个月以后更是如此。在我们日常生活中，有少数孕妇为了一点暂时的身体不适而出现对胎儿的怨恨心理，这时胎儿在母体内就会意识到母亲的这种不良情感，而引起精神上的异常反应。专家认为这样的胎儿出生后大多数出现感情障碍、神经质、感觉迟钝、情绪不稳、易患胃肠疾病、疲乏无力、体质差等。因此，孕妇在妊娠期间应排除这些不良的意识，母亲应将善良、温柔的母爱充分体现出来，通过各方面的爱护关心胎儿

孕妈妈／何霁绯

的成长。

❖ 情绪胎教

情绪胎教，是通过对孕妇的情绪进行调节，使之忘掉烦恼和忧虑，创造轻松的氛围及和谐的心境，通过妈妈的神经递质作用，促使胎儿的大脑得以良好的发育。情绪与全身各器官功能的变化直接相关。不良的情绪会扰乱神经系统，导致孕妇内分泌紊乱，进而影响胚胎及胎儿的正常发育，甚至造成胎儿畸形。

157. 大部分专家认可的胎教

孕妇在保证充足营养与休息的条件下，对胎儿实施定期定时的音乐刺激，可促进婴儿的感觉神经和大脑皮层中枢的更快发展。比如音乐中舒缓、轻柔、欢快的部分就适合胎教，但悲壮、激烈、亢奋的乐曲会影响胎儿的正常发育。因此，给胎儿听的音乐要选择经过医学界优生学会审定的胎教音乐。

给人以安宁、优美、抒情的音乐最适合胎儿。我不赞成把麦克风放到妈妈的腹壁上，也无须把扬声器接近胎儿，妈妈听到优美动听的音乐，会把愉悦的心情传递给腹中的胎儿。感到愉快舒心的妈妈，体内环境处于最佳状态，胎儿在妈妈最佳的内环境中，也会健康地生长起来。

❖ 唱歌

妈妈轻轻哼唱自己喜欢的歌曲，尤其是各国的摇篮曲，大多数是民间流传的民谣，历史悠久、乐曲动听、民族风格浓郁，而且结合了音乐和语言两种元素，是比较好的胎教，妈妈自己哼唱出来比播放录音机效果更好。

❖ 和宝宝"说话"

妈妈用动听的语言和胎儿说话，是很好的胎教形式。爸爸也可以和胎宝宝说话。早晨起来，爸爸轻轻击掌，叫醒熟睡中的胎宝宝，和胎宝宝亲切地交谈几句。

❖ 艺术鉴赏

可观赏插花艺术，令人叫绝的书法，出自名家之手的绘画，具有民族风情的工艺品，还有服装模特表演等等，都能陶冶情操，起到胎教作用。妈妈也可以朗读一些文学名篇，总之，对自身修养有好处的，对胎儿就一定有好处。

《开始》

泰戈尔

"你曾被我当作心愿藏在我的心里，我的宝贝。

你曾存在于我孩童时代玩的泥娃娃身上；每天早晨我用泥土塑造我的神像，那时我反复地塑了又捏碎了的就是你。

你曾和我们的家庭守护神一同受到祀奉，我崇拜家神时也就崇拜了你。

你曾活在我所有的希望和爱情里，活在我的生命里，我母亲的生命里。

在主宰着我们家庭的不死的神灵的膝上，你已经被抚育了好多代了。

当我做女孩子的时候，我的心的花瓣儿张开，你就像一股花香似的散发出来。

你的软软的温柔，在我青春的肢体上开花了，像太阳出来之前的天空上的一片曙光。

上天的第一宠儿，晨曦的孪生兄弟，你从世界的生命的溪流浮泛而下，终于停泊在我的心头。

当我凝视你的脸蛋儿的时候，神秘之感淹没了我；你这属于一切的人的，竟成了我的。

我怕失掉你，我把你紧紧的搂在胸前。是什么魔术把这世界的宝贝引到我这双纤小的手臂里来呢？

第2节　孕期生活

158. 孕期运动与旅行

❖ **孕期运动**

孕初期，多数孕妇会有眩晕感，随着胎儿发育，子宫逐渐增大，膈肌被增大的子宫抬高，胸腔容积变小，肺脏和心脏受到挤压，使孕妇感到呼吸困难。这时期，孕期应视情况选择运动项目、运动时间和运动量。

跳舞、游泳、瑜珈、骑自行车或散步等都是比较好的运动项目。刚开始运动时，可以将步子稍放慢些，散步的距离可以先定为0.6公里，每周3次。以后每周增加几分钟，并适当增加些爬坡运动。最初5分钟要慢走，做一下热身运动。最后5分钟也要慢些走。

如果在运动中连话也说不出，说明孕妇运动过猛，这种情况应该避免。不要做仰卧起坐、跳跃、跳远、突然转向等剧烈运动和有可能伤及腹部的运动；不要尝试滑雪、潜水、骑马等运动。

•坚持体育运动对孕妇的好处：

适当运动可以缓解背痛。

使肌肉结实(尤其是背部、腰部、大腿部等)，使孕妇有较好的体形。

可使肠部蠕动加快，降低便秘的发生率。

运动可激活关节的滑膜液，预防关节磨耗(在怀孕期间，关节松弛)。

可消耗体内储存的多余脂肪。

•注意事项：

不应通过运动的方式减肥。

如果孕前就是一位体育运动爱好者，

孕期的运动量和运动项目应作适当调整。

如果孕前从未进行过体育运动，应该慢慢地逐渐建立起有规律的运动习惯。

孕初期，多数孕妇会有眩晕感，随着胎儿发育会对孕妇的肺造成推举挤压，使孕妇感到呼吸困难，应视情况选择运动项目，决定运动时间和运动量。

有下列情况应停止运动：合并了妊娠高血压综合征或孕前有高血压；曾出现宫缩、阴道出血等流产先兆、既往有自然流产史或医生告诉你不适宜运动。

运动中若感到疲劳、眩晕、心悸、呼吸急促、后背或骨盆痛，应立即停止。

体温过热对胎儿有害，天气炎热时不要过度运动，即使在凉爽的天气里，也不要让自己热得满头大汗。

❖ **孕期旅行**

孕妇出门一定要注意安全，注意脚下，不要被绊倒、滑倒。孕妇是绝对不能摔倒的，轻者引发流产、早产，重者子宫破裂，母子生命不保。出门串亲访友，最好乘汽车，不要骑自行车。节日外出人较

在孕期和产后使用空气净化器是一个非常好的选择。

孕妈妈／罗月暖
用优质合适的乳罩保护乳房。

多，孕妇身体活动不便，容易被挤着，要多加注意。

•为什么不能长时间坐车？

孕妇生理变化大，环境适应能力降低，长时间坐车给孕妇带来生理不便。

汽油异味导致孕妇恶心、呕吐。

孕妇下肢静脉血回流不畅，易造成下肢水肿。

孕晚期腹部膨隆，坐姿挤压胎儿，易引发流产、早产。

孕妇不宜乘坐长途汽车，汽车比较颠簸，不能够走动，随时都有刹车、急停车或急转弯的可能，可能会造成您身体的剧烈晃动，如果有异常运动，可能会造成流产（孕早期）或早产（孕中晚期），坐火车会更安全些。

❖ 夫妻生活

孕早期（1～3个月），孕妇有早孕反应，比较疲乏。受精卵刚在子宫内着床，胎盘与子宫壁的附着还不够牢固，如果性生活过频，动作过大，可引起流产，此期应减少性生活次数，动作要轻柔。有流产史或长期不孕后受孕的夫妇，在孕后最好停止性生活。到了孕中期（4～7个月），孕妇反应减轻或消失，精神好，胎盘已经附着牢

固，不易流产，此期对胎儿影响较小，但也要注意不要过频，不要压迫孕妇腹部。孕晚期（8～10个月）尽量减少性生活。预产期的前6周应该停止性生活，以免引起早产。

159. 孕期穿着

❖ 孕期戴乳罩

有的孕妇听说孕期戴乳罩会影响乳房发育，对以后哺乳不利，怀孕后就不敢戴乳罩了，这个认识有些片面。孕期乳房会有显著增大，这时你可能会有乳房往下坠的感觉，觉得乳房越来越沉了，孕期佩戴乳罩很重要。

•选择乳罩要注意

不能戴过紧的乳罩；不能使用束身胸衣、腰封和紧身内裤。不能使用有药物、硅胶或液囊填充物、挤压造型的丰胸胸罩。这是因为：孕期的乳腺在催乳素、胎盘生乳素、雌激素、孕激素、生长素以及胰岛素的刺激下，乳腺管和乳腺泡不断增生，过紧的乳罩会阻碍乳腺的增大。过紧的乳罩还会压迫乳头的发育，使乳头瘪陷。过紧的乳罩也会影响乳腺的血液供应，阻碍乳房皮下静脉血流回流。

戴有支持和托举乳房功能的定型乳罩。有一种无钢丝和松紧带的高档棉质定型乳罩或胸衣是不错的选择。

选择接触皮肤的部分是棉质、透气性能好、柔软、品质高的乳罩。乳罩的面料是最重要的，防止化学纤维飞毛脱落堵塞乳腺管。仔细查看乳罩面料的成分标签，三无产品或可疑的产品不要购买。

夏季更换质地轻薄透气的薄棉乳罩。

勤换洗乳罩，勤洗澡，晚上睡觉脱掉乳罩使乳房得到放松和呼吸。

随着乳房的增大适时更换更大的乳罩。

小的乳罩等到产后和哺乳期结束后还可以使用。

❖ 如何选用乳罩

随着胎儿的生长，妈妈的乳房也逐渐丰满起来。如果不佩戴合适的乳罩，就会造成乳腺组织松弛，乳房下垂，使乳腺管受到牵拉，影响乳腺的正常发育。

•乳罩不能过大，过松

佩戴乳罩是为了保护乳房不下垂，乳腺管不受牵拉。如果乳罩过大，就起不到托起乳房的作用。

•乳罩不能过小，过紧

孕期的乳房不断增大，乳腺组织不断发育，乳房血液供应非常丰富。如果佩戴过小、过紧的乳罩，就会使乳房组织受压，血液循环不通畅，阻碍乳房的发育。过紧的乳罩也会压迫不断增大的乳头，使乳头发育受到限制，给出生后的宝宝衔住乳头吸吮造成困难。就像有的妈妈有乳头凹陷那样，很是麻烦，现在妈妈还没有体会，等到宝宝出生需要吃奶的时候，妈妈就能体会到保护好乳头是多么重要了。从现在开始就着手准备吧，这会给你以后喂哺宝宝带来很多好处。

•透气性能好的乳罩

孕妇新陈代谢旺盛，皮肤呼吸很重要，透气性不好的乳罩会影响乳房皮肤的呼吸，影响乳腺的发育。孕5个月以后，会有少量的初乳分泌，乳罩的透气性就显得更加重要了。

•使用孕妇专用乳罩是不错的选择

现在，市场上有专门为孕妇准备的乳罩，购买这样的乳罩是不错的选择。但妈妈也要注意，并非所有为孕妇准备的乳罩都是合格的，要选择品牌信誉高的产品，在有信誉的商场或专卖店出售的可能会更可靠。

❖ 孕期穿鞋注意

即使平时一贯穿高跟鞋的女性，一旦怀孕，也会换上平底鞋，大部分人会选择比较软的平底布鞋。这是有些矫枉过正了。

•怀孕的女性不宜穿高跟鞋的原因

孕初期主要是为了平衡稳定，以免磕绊摔倒。因为在孕初期，胚胎比较容易受到外界因素干扰而发生流产。

在孕中晚期，腹部增大，身体重心向前移了，而上身微向后仰，整个脊椎不能像平时那样保持平衡稳定，高跟鞋会加重这种不稳定。

穿高跟鞋使腹部内收，增大的子宫可能会压迫腹主动脉和输尿管，不利于血液供应和尿液顺畅。

高跟鞋本身也容易使人在行走时发生磕绊，还可引起足弓和脚趾疼痛。所以，孕期不穿高跟鞋是对的。

•不要穿一点儿跟也没有的平底鞋

人的足并不是扁平的，足心带有足弓，穿平底鞋就会使重心向后，使人有向后仰的感觉。

怀孕后本来上身就向后仰。

穿平底鞋，走路时产生的震动会直接传到脚跟，产生足跟痛。

建议孕妇穿有2厘米左右厚鞋跟的鞋子。关于鞋的问题还应注意：不要穿鞋底易滑的，不要穿不跟脚的拖鞋或凉鞋，不宜穿挤脚的鞋，一定要购买正规厂家生产的好品质鞋子，保证鞋的整体舒适感。

❖ 孕妇装

孕妇装是正规服装的一个分支。有休闲孕妇装、职业孕妇装（正装）、孕妇礼服三个种类。我们一般看见的孕妇装都是休闲孕妇装，棉质、鲜亮的浅色、有装饰感、舒适宽大、轻松，比如连衣裙、背心长裤等，如果你是全职太太，这些都未尝不可。

但大部分孕妇是职业女性，一般要在临产前才正式休假，所以，大部分孕妇要穿职业孕妇装。其实，正规的孕妇着装既是对职业的尊重，也是对准妈妈身份的确认，是职业形象和孕妇形象的叠加，应该备受尊重。如果你是特殊职业者、高级管理者或高级公关职员，因为职业需要常常有高级别晚宴、会谈、大型公关活动、音乐会、生日舞会等活动，那么你还需要置备一套孕妇礼服。

值得一提的是，3种孕妇服只是功能不同，不提倡买很廉价的孕妇装，孕妇职业装、孕妇礼服价格比较昂贵。从姐妹、好朋友处继续使用这样的服装是不错的选择。同样，你生完孩子后也可以送给你的姐妹和好朋友。国外跳蚤市场和捐赠机构发达，有人能从这些渠道获得质量上乘、洗涤熨烫如新而价格非常低廉的孕妇装。

你完全不必从孕早期开始买孕妇装。中期腹部隆起还不很明显，可以尝试修改腰围尺码、短款、不收腰、A型、郁金香型服装款式，这样你在生完孩子后、哺乳期还可以继续穿。你也可以尝试丈夫的某些服装，比如衬衣和T恤，如果丈夫不比你过于高大的话，偶尔穿男装会使你有一种飒爽之气，等宝宝出生后，丈夫的衣服还是一件没少。把钱花在孕晚期的服装上，

在干燥的季节使用加湿器会保证孕妇和新生儿少患呼吸道疾病。

开支和浪费会大大减少，你买的服装也是高品质的。孕妇得体漂亮的穿着是对他人的尊重，是职业的要求，也是对宝宝最好的胎教。只要保持孕前的基本风格，根据怀孕后出现的情况做一些相应的穿着调整就可以了。

160. 皮肤过敏与孕期护肤

❖ 皮肤过敏

孕期皮肤比较容易过敏，有学者认为这是胎儿作为异体物质——过敏原进入母体，使母体内产生类似过敏的反应。但是，真正的原因仍然不得而知。过敏肤质需要更多精心的日常呵护，对化妆品的要求也更为严格。日常保养要点是彻底清洁，保湿防晒，充足睡眠，均衡饮食，远离污染和刺激源。化妆品选择使用要点是使用高品质、无色素、无香精，更少添加剂的敏感性皮肤护理用品。在家尽量不使用化妆品，但要做好环境和皮肤保湿，让肌肤得到自由呼吸和修复。尽量减少用化妆品的品种和用量，选择或更换化妆品前听取医生和美容师的建议。一旦使用某种化妆品，尽量不随意更换。

❖ 尽量规避彩妆

"重护理轻修饰"是孕期皮肤护理的另一条原则。切忌不要浓妆艳抹，可稍微化点淡妆。根据自己的相貌特点，只修饰一个重点。修饰就是修正加突出。比如你五官不错，而肤质或肤色差，那就强调粉底，买最好的产品，最后抹一点唇彩，其他的都放弃。如果你肤色肤质都不错，而眼睛或嘴唇形状不理想，就省略粉底，只修饰眼或唇。如果你都差不多，相貌一般，那最有效的是上睫毛膏，一下就有神，对皮肤的潜在伤害最少。

大部分医生比较反对孕妇使用粉底、

郑玉巧育儿经·胎儿卷

粉饼、眼影、口红等彩妆品，主要原因是这些化妆品含有较多色素、重金属等成分，容易经皮肤吸收进入孕妇体内循环，危及胎儿发育。对于有职业要求和需要某些修饰的孕妇来说，应该切记：做好上妆前的皮肤护理和保护，尽量少用彩妆品，如果必须化妆，仅仅修饰一个重点会减少化妆品的使用，也能起到不错的化妆效果。尽量使用高品质、不含有害重金属成分的产品；尽量用含有营养、保护、修复成分的彩妆品；尽量用成分单一的产品。比如，用有皮肤滋养、修复、防晒功能的粉底霜，用唇彩代替口红，用某些唇彩代替眼影和腮红。

❖ 谨慎使用特殊用途化妆品

除了基础护肤用品和彩妆品以外，日常女性还要接触一大部分化妆品，专业上称为特殊用途化妆品。它们是祛斑霜、除皱霜、防晒霜、粉刺霜、香体露等。为了达到特殊用途，化妆品中必须使用有特殊功效的成分，一般来说，这些成分容易致敏或者增加皮肤代谢负担，所以，孕期尽量不使用这些产品。某些产品，如防晒霜、香体露可以谨慎使用，查看产品说明书，有无对孕妇不安全成分，含量如何。如果你不能判断，那就将主要功效、成分抄录给医生，请医生帮你把关。

大部分孕妇怀孕后由于雌激素的作用，皮肤变得光滑细腻，脸色红润，毛孔粗大，满面油光，甚至青春痘都会消失，这是怀孕带来的礼物。只要做好清洁、保湿就可以了。皮肤重保养、轻治疗是孕期皮肤护理的一条原则。

有些孕妇产生蝴蝶斑，要做好防晒，防止蝴蝶斑加深。不必为孕期的变化而烦恼，生完宝宝后，蝴蝶斑会变浅，保养得当，会基本消失。

防晒霜的选择要点是，高品质、不含铅、不含刺激性强的成分，以物理防晒成分为主，有皮肤保养、薄而透气的粉底功能。平时阳光不是很强烈的时候，薄薄地涂滋养乳液之后，只使用低倍数隔离霜就足够了。最好配合帽子、阳伞、墨镜、长袖衣裤防晒，使用护肤品和防晒品的层数越少越好。

❖ 皮肤保湿

随着胎儿的长大，子宫占据腹部更多的空间，使腹部皮肤不断伸张，开始出现腹部皮肤发痒的感觉，除了腹部皮肤，其他部位的皮肤也发干。这时要注意：

•不要用手抓挠。

•不要过多使用香皂，不可以使用肥皂，选用碱性小的洗面奶、洗手液、浴液比较好。

•不要用过热的水洗澡；不要用很硬的浴巾搓澡。

•多喝水，保持环境湿度。家里和办公室购置加湿器、小鱼缸、水生植物盆景等。

•使用高效保湿特效护肤品和全身护肤产品，如有不良情形出现，请立即咨询美容师和医生。

❖ 孕妇美发

孕妇的头发是孕期营养状况的标志。如果出现头发稀黄、大量脱发（正常人每日脱发为60根左右）、干裂、分杈、杂乱无章、细绒，那证明孕期营养摄入出现问题，请尽快看医生。

❖ 发型选择

孕期适合梳易于打理、不过多遮盖面部，不贴在皮肤上的发型。所以，把长发辫起来，把披肩发扎起来，把刘海或偏分发稍稍卷烫，干净利索，会使准妈妈形象更加漂亮。当然，最好用家用电发棒在头发半干时稍稍烫一下，不要使用化学烫发剂。

❖ 避免染发和烫发

染发和烫发是目前最时尚的美发项目，但是，准妈妈最好避免。因为，大部分染发剂和烫发剂中都含有害化学成分，尤其是某些产品中含有苯及苯化合物成分，而苯被公认的致癌物质，临床已证实苯可诱发白血病。这些有害化学成分对于孕妇和胎儿的安全性遭到学术界质疑，准妈妈最好避免。如果你非常需要美化头发，可以尝试丝带、发夹和假发，也会别具一格的。

161. 烟酒问题与疾病预防

❖ 烟酒问题

香烟产生的有害成分包括尼古丁、硫氰化物、一氧化碳等，即使是装有过滤嘴的香烟，对降低有害物质也并无明显效果。戒烟是保证胎儿健康最有效的方法。我国女性吸烟的人数并不是很多，尤其是育龄女性，即使曾经吸烟，绝大多数都会因为生育而戒烟。

酒中含有对胎儿有害的成分是乙醇。乙醇导致胎儿畸形的机理还未得到科学阐明，但临床已证实乙醇对胎儿有致畸作用。

1968年，Lemoine首次描述了乙醇引起的胎儿异常。1973年，Jones和Smite将乙醇导致的胎儿异常称为胎儿乙醇综合征（简称FAS）。

在美国，乙醇成瘾者中女性占20%，其中有大约1%-2%的孕妇在怀孕期间滥用乙醇。乙醇成瘾者的新生婴儿约有30%出现典型的FAS，还有约30%的新生儿出现与乙醇有关的相关异常症状，仅有30%左右的新生儿是正常的。可见，乙醇对新生儿的危害是不可忽视的。

怀孕女性长期饮酒导致新生儿FAS高发，是西方女性精神障碍最多见的后果之一。孕妇戒酒是必须的，妊娠期长期饮酒对胎儿的危害是巨大的。那么，短期少量饮酒，或偶尔大量饮酒，甚至偶尔一次酗酒对胎儿是不是有危害，会不会导致FAS？目前没有这方面的医学统计和观察。

乙醇能迅速通过胎盘进入胎儿体内，滥用乙醇的孕妇，在其胎儿体内可检测出高浓度的乙醛和乳酸。乙醇的这些代谢产物可能直接损害胎儿体内细胞和蛋白质合成，从而导致细胞生长迟缓，干扰胎儿代谢和内分泌，抑制脑细胞组织分化，降低脑重量，最终引起胎儿乙醇综合征等一系列病症。在妊娠期，即使是小量、短期饮酒，或仅仅一次酗酒，胎儿也会暴露在高浓度乙醇环境中，其代谢产物会对胎儿造成不良的影响。

怀孕后就不要再抽烟喝酒了。十月怀胎不容易，胎儿要抵抗来自大自然中许许多多有害因素的影响。准妈妈有责任把明知道的危害降到最低，不喝酒，不抽烟不会影响节日欢乐，周围的亲朋好友也会理解你的。要勇敢地劝说周围人，不要破坏胎宝宝的环境，不要烟雾缭绕，你和胎宝宝都需要清新的空气。

❖ 预防疾病及其他伤害

• 感冒

感冒既影响孕妇健康，又影响胎儿健康。冬季是感冒流行的季节。春节前后，正是流感季节，甚至会出现流感流行高峰。感冒的成因，绝大多数是病毒，也有细菌。能引发感冒的病毒有很多种，最常见的是鼻病毒。在感冒病毒中，柯萨奇病毒、埃可病毒、腺病毒等能引发孕妇高热，当孕妇高热时，子宫内的温度会随之升高，宫腔内高温可影响胎儿神经系统发育，预防感冒发热对于孕妇来说是很重要的。节日人多，生活不规律，疲劳、睡眠不足，这些诱因，都能降低孕妇机体抵抗力，增加了病毒侵入的可能性，导致疾病发生。希望准妈妈注意以下几点：不要到人多拥挤的公共场所；他人感冒，注意远离，避免经飞沫、毛巾、手等途径感染；勤洗手是预防感冒病毒传染的有效措施。一定要用香皂或洗手液洗手，只是水龙头冲一下了事，起不到消菌杀毒的清洁作用。

• 避免噪音

凡是使人不喜欢或不需要的声音统称为噪音。噪音对所有的人都有不同程度的不良影响。女性在非孕期受噪音的干扰，会引起一系列生殖功能的异常，常见的有月经不调，表现为经期延长，周期紊乱，经血增加、痛经等。受到噪音干扰的孕妇，其妊娠高血压的发生率增高。

胎儿对音响刺激有反应，这是胎教的基础，但是，如果外界的声音成为一种噪音的时候，对胎儿就会产生不良的影响。通过对一家棉纺厂女工的调查发现，妊娠前和妊娠期接触95分贝以上的噪声的女工所生的新生儿，到了3-6岁，智力测验结果显著低于无噪音刺激的女性所生的孩子。

90分贝以上的噪音对胚胎及胎儿发育有不良的影响。85-90分贝为超过卫生标准的噪声干扰。

• 噪音对准妈妈的伤害
影响孕妇中枢神经系统功能的正常活动。
使孕妇内分泌功能紊乱。
诱发子宫收缩而导致流产、早产。

• 噪音对胎儿的伤害
使胎心率增快、胎动增加。
高分贝噪音可损害胎儿的听觉器官。
损害胎儿内耳蜗的生长发育。

• 提醒
· 孕妇要避免噪音的干扰。

· 节日期间，有些地区不限制鞭炮的鸣放，甚至在居民区有震耳欲聋的鞭炮声。准妈妈不要到放鞭炮的地方。

· 如果恰巧遇到燃放鞭炮，要用双手托住腹部，安抚胎儿，尽量减小对胎儿的震动。

第3节 孕期环境安全

162. 保证室外活动时间

现在，得知自己怀孕后，孕妇及周围的人通常都会比较注意环境的问题，比如烟酒的危害、辐射污染和噪音干扰等处于大环境中的影响因素。准妈妈以及家人往往也会很仔细的注意饮食均衡、身体锻炼等日常安排，却很容易忽视了就在身边的营养素——阳光和新鲜的空气。阳光中的紫外线具有杀菌消毒的作用，更重要的是通过阳光对人体皮肤的照射，能够促进人体合成维生素D，进而促进钙质的吸收和防止胎儿患先天性佝偻病。阳光在室内照射30分钟以上，能达到给空气消毒的效果。但是紫外线不能穿透玻璃，所以隔着玻璃晒太阳是起不到杀菌或者促进合成维生素D的作用的。所以在怀孕期间要多进行一些室外活动，既可以提高孕妇的抗病能力，又有益于胎儿的发育。新鲜的空气是人体新陈代谢必需的，孕妇如能多呼吸清新空气，会感到心神舒畅，对自己和胎儿都有好处。

孕期应选择安静、少噪音的生活环境，

周围的清新无污染的空气以及清洁卫生的居室会让孕妇轻松悠闲地度过孕期。环境选择适宜后，还应注意平时的生活起居，良好的生活习惯会保证胎儿的正常发育。大家都已经能认识到孕期环境的重要性，我就简单就节假日的生活举例说明。

节日里，全家人在一起品佳肴，看电视，聊亲情，几乎都在户内，这对孕妇是不利的，孕妇需要更多的氧气。在北方，冬季室内温度较高，湿度较低，门窗紧闭，空气流通不好，加上室内人多，呼出的二氧化碳多，室内空气不新鲜。如果室内有抽烟的人，空气更污浊了，再加上厨房烹饪的油烟，室内空气中的有害物质就更多了。所以，节日里准妈妈要做到：

定时到室外呼吸新鲜空气。

短时、多次到阳台上呼吸新鲜空气。

晚饭后一定不要坐着不动，电视一看就是几小时，保持一种姿势，孕妇很容易疲劳，也影响胎儿呼吸。应像平时一样，晚饭后到室外、公园里、广场上，悠闲自在地散步。

避免疲劳，调节心情，身处节日，心静如水。

❖ 节制饮食

孕妇忌食油腻、甘甜、味厚、生冷、煎烤、辛辣的食物。节日里，大多数人不再考虑合理膳食搭配，对饮食的要求不再是力求健康，而是要充分体现节日气氛。要做妈妈的孕妇们可不能这样，腹中小宝宝会抗议的。

❖ 准妈妈应注意的要点

•忌食肥甘厚味：肥甘食物不易消化。

•忌食生冷：过量食入生冷食物容易损伤脾胃。

•忌食煎烤、辛辣的食物：煎烤与辛辣食物为热性食物，能助长人体的湿热，造成胎热，导致胎儿出生后体质虚弱。

•忌暴饮暴食：可引起肠炎、消化不良、严重的可引起胰腺炎。

•认为只是节日这几天，不会出现什么问题，这种想法是不对的，准妈妈时刻要为腹中的胎宝宝着想。

163. 关注 VDT 女性

VDT女性是指在电脑的显示终端作业的女性，医学研究者通常把长期使用电脑的女性，称为视屏作业女性。这个定义在国际上也是通行的，英语是"Video Display Terminal"，缩写为VDT。

所谓电脑辐射，就是X射线、紫外线、可见光、红外线、特高频、高频、极低频、静电场等光、电、场的辐射。我们坐在电脑前工作，就接受着这些辐射，虽然辐射的强度都极微弱，远在我国和国际卫生组织要求的标准线以下。但对某一时期胎儿健康的影响，显然不是绝对平安无事。

目前，担心视屏辐射影响生殖健康也是大众健康媒体报道的一个热点问题，只是提供出来的流行病学调查研究成果和资料还比较少，解答不可避免显得有些空泛。医学界也在投入更大的力量，关注VDT女性健康受孕问题，有些研究已经比较深入，取得了一定成果。但视屏辐射对胎儿的健康是否有影响，尚未有最终可靠的权威性定论。

❖ 国外研究：VDT 时间与危害成正比

国外对VDT女性健康受孕的最新研究成果可以说是令人欣慰的。Goldhabern深入细致地对1583名产妇进行孕期病历对照研究，结果显示VDT孕妇的自然流产率与非VDT孕妇的自然流产率相比，并没有什么差异。Roman对150名临床诊断为自然流产的初次妊娠女性和79名对照组进行了受孕健康研究，结果得出了和Goldhabern差不多一样的结论：VDT孕妇与非VDT孕妇相比，自然流产率没有增高的趋势。这一研究成果让许多VDT女性放下心来，并准备怀孕。

Goldhabern集中分析了使用电脑每周超过20个小时的孕妇健康资料，发现她们的自然流产率要高于非VDT孕妇。这就说明，孕妇接受视屏辐射达到一定量后，辐射开始对胎儿健康发生影响；辐射量越大，自然流产可能性就越高。

还有一项研究，证明VDT孕妇与胎儿先天性缺陷有关。研究显示，当VDT孕妇作业时间每周大于10小时，胎儿先天性缺陷的风险增加了；VDT孕妇每周作业时间大于20小时，胎儿发生先天性缺陷的风险进一步增加。但VDT孕妇是否直接造成胎儿先天性缺陷，研究没有得出权威结论。但有一点基本达成了共识：VDT作业时间与其所带来的危害成正比。

世界卫生组织的专家认为，影响VDT孕妇妊娠结局的因素很多，工作疲劳和过度紧张是主要因素，来自电脑的辐射仅仅是次要的因素。

❖ 国内研究：VDT危害与否难下结论

20世纪90年代后期，我国医学界开始发表对这一课题的研究成果。一项权威的研究表明，VDT孕妇自然流产率确实高于非VDT女性。科学家研究了1529名VDT女性生理、受孕情况，发现她们月经周期普遍延长，经血普遍增多，自然流产率也增高，3项指标均明显超过对照组。

国内另一项流行病学调查研究了361名VDT女性和484名非VDT女性的生殖功能和子代健康问题，结果表明，VDT女性自然流产、妊娠合并贫血的发生率均高于非VDT女性。

但北京大学生育健康研究所的研究，几乎推翻了上述的研究成果。他们从1991年开始，到2000年结束，在全国范围内对2000万个从怀孕胎儿期到出生后7岁的儿童进行了全面跟踪，没有发现视屏辐射对胎儿发育有不良影响的统计学例证。研究小组的专家指出，电脑的辐射量非常小，对精子、卵子、受精卵、胚胎、胎儿是安全的。电脑操作人员发生流产或生出畸形儿是偶然现象。

❖ 孕妇尽量减少辐射仍是最佳选择

虽然科学研究对VDT作业是否影响胎儿健康还未得出公认结论，但许多国家已经开始采取保护性措施。比如日本，在其劳动保护法律条文中，明确规定孕妇不应参加VDT作业。

我一贯主张，在准孕期和孕早期，VDT女性应该尽量减少在电脑前的净工作时间。所谓"净工作时间"，指的就是在电脑屏幕前作业时间的总和。净工作时间每周限制在15~20小时以内比较合适。

应该注意的是，虽然液晶显示屏辐射强度远低于大自然中的自然辐射，但来自电脑主机和显示屏背部的辐射仍然是存在

图片提供／丽家宝贝
建议妈妈在长期使用电脑时穿防辐射服。

已知部分男性生殖毒物

毒害精子	毒害性激素	毒害睾丸	广泛生殖毒性
毛地黄毒苷	麻醉剂	重金属	开蓬
螺内酯	二恶英	放射线	雌激素
西咪替丁	乙醇	硝基芳香物	酞酸酯
硼酸	工业用可塑剂	己二酮	烷基酚
降压药ACEI类	工业用润滑剂	乙烷二甲烷黄酸盐	正己烷
降压药利血平	工业用润湿剂	正乙烷	二硫化碳
二硝基苯	氯仿	乙二醇氮乙基醚	环氧氯丙烷
邻苯二甲酸酯	邻苯二甲酸酯	乙醇	氯乙醇
羟基磷酸		甲基化的黄嘌呤	二溴氯丙烷
2，5己二酮		三甲基磷酸	双酚A
乙二醇氮乙基醚		碘甲烷	氯酚
甲基汞		萘、五氯苯酚	杀虫剂
氯仿		棉酚	除草剂
铅		佛尔酮	铅
砷		咖啡因	
镉		可可碱	
		马来酸二乙酯	
		茶碱	
		对乙酰氨基酚	
		高剂量甲硝唑	

已知部分女性生殖毒物

毒害卵子	毒害性激素	毒害卵巢	毒害胚胎	毒害乳汁	广泛生殖毒性	引发妊娠并发症
多环芳炔	开蓬	环磷酰胺	己稀雌酚	5-羟色胺拮抗剂	雌激素	汽油
苯丁酸氮介	苯巴比妥	泼泥松	乙炔睾酮	溴隐亭	抗肿瘤药	苯
大麻	氨鲁米特	长春新碱	炔羟熊稀唑	烟碱	二硫化碳	甲苯
苯并[α]芘	苯氧苄胺	氮芥	甲基雄稀二醇	铅、汞、钴、氟	酞酸酯	二甲苯
铅	酚妥拉明	巯嘌呤	甲基睾酮	溴、碘、苯、锰	烷基酚	三氯乙烯
汞	纳洛酮	大麻	雷洛昔酚	二硫化碳	双酚A	己内酰胺
镉	对氯苯甲脒	苯丁酸氮芥	二硫化碳	多氯联苯	氯酚	
	甲苯	白消胺	镉	有机氯	二-乙基己基磷酸盐	
	滴滴涕		电离辐射	三硝基甲苯	环氧氯丙烷	
	大麻		放射性元素		聚氯乙烯	
	多氯联苯		风疹病毒		乙烯	
	氯丹		疱疹病毒		苯胺	
	二甲基苯并[α]蒽		巨细胞病毒		铅	
	氯苯甲脒		艾滋病病毒		除草剂	
			梅毒螺旋体		杀虫剂	

的，比液晶屏幕的辐射要强大得多。因此，VDT孕妇要尽量避免在其他电脑视屏的背后工作。许多职场的电脑摆放，恰恰是"背靠背"，职员座位则是"面对面"。建议准备怀孕的女性，明确向负责人提出座位调换的请求，相信不会有什么问题。

❖ 辐射防护服的屏蔽功能

中国消费者协会曾对市场上销售的13种辐射防护服进行抽样检测，中国电子技术标准化研究所负责完成了测试工作。测试结果，13种防护服都能在一定程度上屏蔽辐射。将不锈钢纤维织入布中的防护服，对较高频率的电磁波有良好的屏蔽性，效能稳定，耐洗性较好；将纺织好的一般布料进行特殊工艺处理，这样的防护服在较宽的频率范围内，都有平稳的屏蔽效能值，但耐洗性较差。

有些防护服只在覆盖腹部的位置上加

保护层，这样的防护服忽略了辐射充满整个空间的事实。从背后辐射，常常是VDT孕妇忽略的一个危险，因此购买防护服时，最好是买前后都有防护功能的。

防护服是不是也把胎宝宝需要的阳光屏蔽了呀？大可不必担心，穿防护服只是职场工作时间的健康保护，离开职场，就不穿防护服了，大自然的阳光温暖地照耀着你，也照耀着你腹中的胎儿。相信每一个孕妇都会安排出足够的时间，在孕期享受足够的阳光。

在条件许可的情况下，应尽可能减少除天然以外的额外人为照射。如果您的职业离不开视屏作业，建议您从以下几方面注意防护：

•可在微机的荧光屏上加安全防护网或防护屏。

•工作间有良好的通风。

•加强户外活动，锻炼身体。

•消除不必要的忧虑和担心，保持乐观的情绪。

•穿防辐射服。

164. 怎样看待家用电器的非电离辐射

有新闻报道或健康类杂志媒体的探讨，称电视机、微波炉、录音机、防盗警报器、手机、电热毯、电动玩具、加湿器、无绳电话等等家用电器，都会发射非电离辐射，对胎儿健康有不良影响。

但医学研究目前并没有对这个问题给出科学结论，证明非电离辐射对胎儿有害。担忧是普遍存在的，尽量规避家居中的非电离辐射，无疑是孕妇正确的健康选择。看电视要有一个健康方案：离电视2米以上，适度的时间，荧屏色彩调淡，亮度调低等。

微波炉在工作时，孕妇最好离开2米以上，或到其他房间。检查微波炉是否有微波泄漏，简单有效的方法是：在微波炉门上夹一张面巾纸，关紧门后试着抽出面巾纸，如果面巾纸抽出来了，说明微波炉密封有问题，需要更换或维修。

不要握着手机或无绳电话长时间通话。孕妇不必担心录音机、防盗报警器、电动玩具、加湿器等的非电离辐射，它们基本上是安全的。电热毯不是辐射问题，而是热度问题，睡电热毯特别容易感冒，建议不用。

有科学家认为孕妇睡电热毯对胎儿不利，其主要原因是电热毯会产生小的电流和感应电压，虽然微弱，但在妊娠早期，胎儿各器官尚未发育成熟，可能会对胎儿产生潜在的危害。如果你并没有长期睡电热毯，就不会有大碍。况且，其危害的发生率也不是百分之百。你也不必过于担心。

❖ 现代女性关心的辐射问题

无论是准备怀孕的夫妇，还是已经怀了孕的准爸爸妈妈，都应该非常注意环境因素对胎儿健康的影响。

电脑已经成为我们工作、生活中不可或缺的工具。准备怀孕的职业女性，第一个要问的问题几乎都是"电脑辐射会不会影响胎儿健康"；第二个要问的是"当计划怀孕时，在孕前孕后是否要调离微机岗位"。举几个咨询的例子，你是否也有类似的问题呢？

典型案例

•我是企业的会计，工作中经常要使用微机。怀孕后我还能继续使用微机吗？

•我长期从事电脑工作。不能放弃这来之不易的工作，也渴望怀上一个健康的宝宝。我该怎么办？同事们说，市场上卖的电磁波防护服根本就没有作用，而且很贵。请郑大夫给我一些帮助吧。

•我在电信局，说起工作环境，周围基本上是电脑和机器。结婚半年了，我和老公计划怀孕。关于电脑方面，现在起我们应该注意些什么？

•我和丈夫从事的工作，一天8小时基本上都是在电脑前度过的。我们准备年底前要小孩，领导已经准备给我买液晶显示器。液晶的是否可减少辐射？

•我是一名计算机教师，长期工作在计算机房。准备明年受孕，是不是应该提前离开这个环境？提前多长时间为好？

准备要孩子的夫妇们的担心是可以理解的，因为微机有射线，而射线可产生遗传效应，对早期胚胎有比较敏感的生物效应。然而电脑所产生的辐射与射线有天壤之别。实际上，人类是能够抵御微量射线的，在我们生活的周围，射线无处不在，上至宇宙，下至地表，都存在着天然的射线。电脑所产生的射线到底有多少？是否对人类构成危害？

在电脑及电视机中的显像管，电子轰击荧光屏产生X射线。但由于制作技术的提高，整机的X射线已经没有明显的泄漏。射线泄露量仅为自然射线的五分之一，对人类不会构成辐射危害，也不会对妇女的

孕妈妈／王立霞

生育及下一代产生影响。

165. X射线可不是儿戏

没有人怀疑X射线对胎儿有严重影响。问题在于时间，也就是说X射线影响健康受孕的持续时间到底有多长。X射线要"捣乱"几天，才让孕育生命的环境恢复正常呢？

咨询这方面问题的准妈妈有很多，仅摘录以下几个供借鉴。

典型案例

•老公单位集体体检，他做了胸透。10天后就是我的排卵期了，这次我想要孩子。如果真怀上了，老公的胸透会影响受孕的健康吗？

•计划下月初怀孕，老公今天却做了体检，胸透和腹部B超。下月初我们还能怀孕吗？那时他的精子能否恢复健康？

•我们俩一同做了孕前检查。因为丈夫得过肺炎，此次体检时做了胸透。此后不久确证我怀孕了，我们俩都很担心，这孩子能健康吗？

•10月20日来月经，11月9日拍了一张胸部X射线片，12月8号左右我想怀孕，行不行？

•这个月想要孩子，但这个月补牙却照了几次牙齿X射线。这个月还能要孩子吗？是不是应该过一段时间呀？

•我每星期都要坐飞机出差，平均一周两次，请问安检口的辐射对精子有影响吗？

X射线对生殖细胞有伤害，伤害的程度与接受X射线辐射的剂量、部位、时间等因素有关。从理论上讲，短时间胸透所接受的辐射量很小，对生殖细胞的伤害极微。为保万全，怀孕前3个月夫妻双方都应避免接受X射线辐射。明确地讲，如果接受了X射线的照射，3个月以后再考虑怀孕最为妥当。

机场出港的步行通道，检查仪器是金属探测器。金属探测器的光辐射对生殖细

生殖毒物类别

化学生殖毒物	药物：镇静药、抗惊厥药、激素类药、抗精神病药、毒麻药等	
	化学毒物：铅、汞、镉、砷、二硫化碳、苯、二甲苯、乙醇、多氯联苯、氯乙烯	
	农药：六六六、滴滴涕、有机汞农药、苯氧羧酸类农药、二溴氯丙烷等	
物理生殖毒物	电离辐射：X线等，放射性废弃物	
	医源性污染：被乙肝病毒等病毒污染的血，医疗废弃物等	
	非电离辐射：环境噪声，微波辐射等	
生物生殖毒物	病毒：风疹病毒、疱疹病毒、巨细胞病毒、艾滋病毒等	
	细菌和原虫：梅毒螺旋体、B组链球菌、淋球菌、弓形虫、滴虫等	

部分化学生殖毒物来源

化学生殖毒物	生殖毒性*	毒物常见来源
镉	男、女生殖和胚胎毒性*	电镀、染料、油漆、搪瓷、电子元件，工业区大气、工业废水
多氯联苯	男、女生殖和胚胎毒性	变压器、电容器的绝缘油，化工上的载热体，化学品的添加剂等。二恶英是多氯联苯化合物中毒性较强的物质
甲醛	高浓度甲醛可继发不育	广泛存在于农药、皮革、造纸、橡胶、制药和建筑材料等。交通工具排出的废气，吸烟，家庭燃气炉烧燃
苯并[α]芘	雄、雌大鼠生殖细胞下降	废气、废水、废渣、室内燃料的燃烧，高温热油烹调食品的油烟，吸烟
铅	男、女生殖机能危害	制造蓄电池、油漆、合金，铅金属矿开采、冶炼、熔制铅锭、印刷、陶瓷、搪瓷、塑料等行业
汞	影响妊娠结局*	制造含汞温度计、血压计及荧光灯等，有机汞多由被污染的食物经口摄入
有机溶剂	胚胎毒性	苯、甲苯、二甲苯主要用做溶剂及化工原料，橡胶、油漆、喷漆、制药、合成纤维、染料、农药、人造革生产及印刷
砷	胚胎毒性	主要微生物污染和铅、汞、砷超标是化妆品危害的主要原因
氮氧化物	胚胎毒性	来自燃料的燃烧、工业生产、汽车尾气，胎儿中毒及致畸
一氧化碳	胚胎毒性	汽车尾气、燃料燃烧、不完全燃烧，生活炉灶和吸烟
黄曲霉毒素	生殖毒性	粮油污染，奶牛吃含毒饲料280℃才能使之裂解
亚硝酸盐	生殖毒性	不新鲜或加过硝酸盐的保存食品，肉、鱼、贝、腌菜、酸菜
咖啡因	低出生体重儿*	含咖啡因的饮料

胞是否有危害，目前还没有定论。但车站、机场等场所的行李安检通道设的是X射线检查仪，其辐射对精子的健康是有害的。但一般情况下，过往旅客没有人长时间停留在行李安检通道附近，所以也就不必有这方面的担心了。

❖ 辐射与健康

国际放射防护委员会对孕妇在整个妊娠期间接受X射线辐射的剂量，有明确的健康限定。第一个限定是，整个妊娠期接受X射线的辐射，总剂量不得超过1拉德。第二个限定是，超过10拉德的辐射，孕妇必须中止妊娠。

做X射线健康检查，项目不同，辐射剂量也不同。头部摄像的辐射剂量约0.04拉德，胸透是0.00007拉德，腹透是0.245拉德，经静脉肾盂摄影是1.398拉德。

用CT的方式做健康检查，X射线辐射

的剂量分别是：头部0.05拉德，胸部0.1拉德，腹部2.6拉德，腰椎3.5拉德，骨盆0.25拉德。

X射线对胎儿健康的影响，虽然有一定剂量阈值和敏感期，但不能认为低于阈值或不在敏感期就绝对安全了。原则上来说，孕妇不宜接受X射线检查。确因临床诊断需要，孕妇一定要向医生表明自己正处妊娠期，以便放射科医生采取必要的保护措施。孕妇在接受X射线检查后，有必要请大夫对胎儿进行持续的医学观察，保证产下健康的婴儿。

❖ 敏感期与影响程度

同样剂量的X射线对胎儿健康的影响程度，根据孕期的不同而不同。

•着床前期：即受精不满14天，受精卵异常敏感，任何剂量的X射线辐射，都有可能引发流产。如果剂量达5拉德，就有可能致受精卵死亡。

•器官形成期：即受精后14-42天，胎儿的所有器官都在形成中，对X射线辐射非常敏感，任何X射线辐射，都有可能引发胎儿畸形或发育迟缓。在受精后23-27天这段时间，X射线辐射对胎儿神经系统的发育，有直接的、灾难性的影响。

•胎儿发育期：即受精42天以后，一般X射线辐射引发胎儿畸形或死亡的可能性很小，但诱发胎儿白血病的可能性增加，同时还可能造成胎儿身体、神经系统发育迟缓。

166. 装修与胎儿健康

首先明确一点，准备怀孕的夫妻和已经怀孕的准妈妈，都应该工作生活在环保装修的环境之中。不环保的装修，对任何人都有伤害，对生殖细胞、孕妇和胎儿的伤害就更大。那么，什么是环保装修呢？

有什么判别的标准呢？

•地板材料：釉面砖、大理石、复合木地板、实木地板等。地板是装修的一大项，地板是否环保极其重要。

•墙面涂料：壁纸、涂料、颜料等。墙面（包括天花板）的面积，一般是房屋室内面积的5倍。墙面装修不环保，那对人来说简直就是灾难。一位大学教授分到了一套新房子，请人装修，装好后高高兴兴搬进去。入住以后就开始流泪，开窗开门通风换气，人还是流泪，而且到了视力衰减的程度。另一位研究环境保护的教授闻听，赶紧到他家用仪器检测空气质量，结果吓得跌破眼镜：他家室内空气污染的浓度，超过国家限定标准的175倍！这是装修吗？这简直就是杀人。

•板材：包括家用木器的材料。板材不环保，永远释放有害物质。

•油漆：所有的家具都要上油漆，油漆环保与否，直接影响室内气味。

•洁具：洁具还会不环保？是的，做洁具的材料不环保，洁具就不是环保的。

❖ 必要的自我保护

如果是家庭装修，实现环保可能并不困难——自己挑选，可控制。但单位、公共场所等非自家的室内，如果不是环保装修，我们是无能为力的。这时，孕妇自我保护措施就显得非常重要。

如果装修使用的是环保型无毒无害的建筑材料，不会影响胎儿健康。入住前一定要通风2个月以上。

建筑装饰材料是否对人体有害，主要取决于材料的质量，如果采用的是环保型的，对人体就不会造成损害，对胎儿健康也就没有损害。一般环保型建筑装饰材料没有特刺鼻的味道。

装饰材料对人体的损害，除了放射性

外，还有材料释放的有害气体和物质，都会对人体造成伤害，因此，防辐射服对由装修造成的损害是没有意义的。

含甲醛的建筑材料中，如涂料和油漆中的有毒化学物质确实对胎儿有危害，甲醛是一种原生毒物，对黏膜有强烈的刺激作用，室内低浓度的甲醛可出现失眠、疲劳、月经不调等，高浓度的甲醛可出现痛经、继发性不育，低体重胎儿等，如果没有低浓度污染所出现的中毒症状，也不会出现高浓度的生殖毒性。

167. 厨房油烟和大气污染

❖ 厨房油烟

厨房烹饪油烟对胎儿健康发育有一定消极影响。如果孕妇下厨房，巧用排烟机是关键。先启动排烟机，再打开灶火；先关闭燃气灶，让排烟机继续工作一段时间，再关机。

保证厨房通风换气，尽量不烹制油煎、油炸食物。炒菜炝锅时，不必把油烧得过热，减少油烟产生。现在食用油质量很好，不像过去提纯不够，靠高温除杂质。燃气设备安全可靠，绝无燃气泄漏，这一点必须保证。

❖ 面对大气污染现实的做法

大气污染是全球问题，我们的胎儿和准妈妈只能面对现实，并尽量想办法削减大气污染对胎儿健康的影响。

大气污染指数很高的天气，悬浮颗粒物超标或大雾天气，就不要到室外活动了，静静在居室内休息。

早晨太阳还没有出来时，外面的空气并不新鲜，所以最好等太阳出来后再开窗换气，保证更多新鲜空气进入室内。

空气污染严重的天气，不要到外面散步、健身、锻炼。闹市区、油煎烧烤摊点、

污水河、垃圾站、煤气站、加油站等也不是散步、骑车、慢跑、做操的合适地方。做有氧运动，一定要在空气新鲜的地方。

驾乘私家车上下班，要检查汽车排气系统是否正常。遇交通拥挤，关严汽车玻璃和进风口，等待红灯时，一定不要开着车窗。汽车停放在带门的车库中，一定要先把车库门完全打开，再发动汽车。最好让你的家人去加油站为你的车加油，以免加油站过浓的汽油味影响你的胃口和心情，也避免你吸入过多的含铅气体。

如果你居住和工作的地方在交通要道或车流不断的繁华路旁，最好不要24小时开窗通风，多数情况下关闭窗户，使用带有空气过滤功能或能释放负离子的空调或空气净化器，每天的空气最好的时候短时间开窗通风。如果你住在临街楼房，最好安装双层玻璃窗隔音，以免噪音影响你的睡眠和情绪。不要在有汽车行驶的路旁散步，如果你居住的地方没有小区花园和街心公园，要到附近的公园去散步。

168. 日用品选购注意的要素

准备怀孕或已经怀孕的夫妻，在选购家庭清洁日用品时，最应该注意的事项不是物美价廉，而是"孕妇慎用"的提示。

洗涤剂、漂白剂、消毒剂、除臭剂、空气清新剂、洁厕灵、除虫剂、油漆、黏合剂、涂料、强力清洁剂等化学日用产品中，有些对孕妇及胎儿健康没有什么不良影响，有些是其个别成分对孕妇有一定影响。

❖ 生活提示

孕妇担心化学日用品对胎儿会有危害，这种担心其实并不难化解——尽量不使用或少使用，使用时带上优质的防水手套。用蚊帐代替驱蚊剂，是不错的选择。卫生间必须经常打开排风机。居室通风换气，是孕期健康生活需要的最重要的环境。孕期切忌亲自施花肥，或给宠物洗澡，更不要自己去打扫宠物的小窝。孕前及整个孕期，不接触宠物是最安全的。

❖ 保护好自己就是保护胎儿，我的几点建议

•如果你的工作需要长时间站立，要找时间坐一会，能调换工作更好。

•从事有震动的工作，如乘务员，最好减少工作时间或暂时离开。

•如果你从事的是不能休息的流水作业，申请暂时离开。

•如果你的工作高度紧张，想办法放松下来。

•如果你工作的环境噪音很大，令人不安，最好暂时离开。

•如果工作环境存在有毒有害物质污染的可能，孕前3个月就应该离开。

•如果你周围没有任何人，当你有问题时不能很快被人发现，这样的工作环境不好。

•从事接触动物的工作，要注意防止病原菌感染。

•接触患病的人或从事微生物研究等工作时，要注意保护自己。

孕妈妈/孙菲菲

第十六章　孕期检查

169. 孕期常规检查项目

❖ 孕期检查和保健的意义

尽管怀孕是一个正常的生理过程，但在整个孕期，孕妇的身体发生了很大的变化，以保证身体内部的平衡。例如：

• 心脏负担增加，血容量增加40%-50%，即增加血浆2000毫升左右。

• 心率加快，每分钟增加10-15次。

• 肾血流量及肾小球滤过率增加。

• 有些孕妇在怀孕早期肝功能就有轻度异常。

• 有的孕妇在孕早期就感觉呼吸不再那么通畅。

• 还有孕期特有的妊娠期高血压综合征、孕期糖尿病、胆汁淤积综合征、缺铁性贫血、高凝状态等，都需要在孕期保健下减少其发生，一旦发生也能及早发现。

• 如果在孕前就有慢性疾病，如心脏病、肾炎、糖尿病、肝炎等，更要提前做产前检查。

• 有遗传病家族史或生育史，要进行早期干预。

• 孕晚期，可以提前确定分娩方案，如骨盆异常、胎位不正等，可通过孕期检查发现并纠正。

• 早期发现胎儿宫内感染的可能，并给予积极处理。

产前常规检查包括体重、血压、尿检、血液化验等，在每次定期产前检查时几乎都需要做，所以有关问题都分别写在每个月的孕妇问题中了。这里仅就孕妇应该了解的常规检查的一般问题做一些概括。

❖ 孕期体重变化

孕期监测体重的增长情况是很重要的，是医生的重点观察项目。在整个孕期，每个孕妇体重增长的情况都不相同，没有哪个医生能够准确地说出某一孕妇，每周、每月、整个孕期增加体重的标准。但普遍情况下，孕初期增加1500-2000克；孕中期平均每周增加400-500克；孕后期前几个月增长情况和孕中期差不多，但在孕最后1个月，体重增加速度放缓，只增加500-1000克。这样算来，在整个孕期孕妇体重要增加12-15千克。孕妇可不要紧张，胎儿可不会这么大，你的宝宝出生时的体重通常情况下是3000-3500克，其余的重量来自胎盘、子宫、羊水、乳房、血液、体液和组织。如果孕妇在某一阶段出现突然的体重增加，或在某一阶段体重增加不理想，医生都会比较重视，会为你做一些相关的检查。如果孕妇怀的是双胞胎或多胞胎，会增加更多的体重。

❖ 孕期血压变化

孕妇每次产前体检都要测量血压，这看起来像是例行公事，往往被孕妇忽视，事实上血压检查对于孕妇来说是很重要的。如果你的血压突然升高，医生会比较紧张，因为这可能是妊高征的前奏。因此每次你都要认真对待，要按医生或护士的要求，把上衣脱掉，充分暴露你的上肢，使血压测量更加准确，不要应付。如果某一天你感觉到头晕、头痛，尽管没有到规定的检查时间，也必须及时监测血压。

❖ 孕期尿液及血液检查

这也是既简单又重要的孕期检查项目。

需要注意的是：最好留取早晨起床后第一泡尿，放在干净的小瓶中。早晨起床后留取的第一泡尿液浓度高，有问题时，阳性检出率高。另外，早晨空腹留取的尿液不受饮食的影响。注意，如果留取尿液的容器不干净，会影响检验结果。

不是每次产前检查都要做血液检查，但血液检查可以向医生提供很多信息。血型、血色素、红细胞、白细胞、病毒抗体、性病等。这些检查与你的胎宝宝健康关系重大，不要拒绝这些必要的检查。

170. 早期筛查

❖ 甲胎蛋白（AFP）测定

AFP是甲胎蛋白Alpha-Feto Protein的缩写，主要产生于卵黄囊和胎儿的肝脏，经胎儿尿液进入羊水，再经胎盘渗入或经胎血直接进入母体血中。

当你怀孕16周时，医生可能建议做甲胎蛋白（AFP）筛查。甲胎蛋白筛查是一种简单的血样检验，用来测定母体血液中甲胎蛋白的水平。

• 孕妇血、羊水、胎儿血中AFP的测定

孕妇血AFP：孕妇血液中AFP来源于羊水和胎血，但与羊水和胎血变化趋势并不一致。妊娠早期，孕妇血液中AFP浓度最低，随孕龄增加而逐渐升高，妊娠28-32周时达到高峰，以后又下降，妊娠36周后孕妇血液中的AFP含量和羊水中的含量接近。

羊水AFP：羊水中AFP主要来自胎尿，其变化趋势与胎血AFP相似，羊水中的AFP在妊娠中期最高。

胎儿血AFP：妊娠6周胎血AFP值快速升高，至妊娠13周达到高峰，此后随妊娠进展逐渐下降。

• AFP测定临床意义

高水平的AFP，可能是双胞胎；可能是你怀孕的时间比你认为的要长；可能意味着胎儿神经管缺陷。

低水平的AFP，可能是你实际怀孕的时间比你认为的要短；也可能是胎儿患有先天愚型（亦称21－三体综合征）。

胎儿神经管畸形时羊水和孕妇血中的AFP均升高。所以，常把检测孕妇血中的AFP值作为监测胎儿是否有神经管畸形的方法之一。

降低可见于唐氏综合征，怀有先天愚型胎儿的孕妇，其血清AFP水平为正常孕妇的70%，即平均MOM值为0.7-0.8MOM。所以，AFP也作为唐氏综合征的检测手段。

胰岛素依赖型糖尿病，AFP比正常值低10%；孕妇体重高者AFP低；吸烟者AFP比正常值高3%；肝功能异常者AFP增高。

做这项筛查孕妇没有痛苦，对胎儿也没有伤害。但筛查的结果常常引起孕妇极大的担忧和恐惧。如果这项筛查结果异常，孕妇可能面临着双重困境，因为接下来的诊断学检查是损伤性的，孕妇会担心对胎儿有损伤，又会担心流产。但不接受检查，又担心胎儿真的有先天缺陷。

如果筛查结果异常，不要紧张。最好再次复查，因为AFP水平提高的原因很多，对结果的判断应慎重。应有多次的阳性检验结果或其他附加检验结果作佐证。如果你更害怕诊断学检查对胎儿可能会造成损伤和流产，不要强迫自己接受你从心里不想做的检查，让自己安下心来，一切顺其自然。有一点让你宽心，大多数得到异常筛查结果的孕妇生出的宝宝是正常的。

❖ 绒毛膜促性腺激素 (HCG) 测定

怀有先天愚型胎儿的孕妇，血清HCG水平呈强直性升高，平均MoM值为2.3-2.4MOM。

HCG在受精后就进入母血并快速增殖一直到孕期的第8周，然后缓慢降低浓度直到第18-20周，然后保持稳定。

❖18-三体综合征

HCG异常降低，一般≤0.25MOM，作为18-三体的高风险的重要表现。如果单纯此项指标有波动，也不要太在意，它也可能由于怀孕的时间计算不准引起的，实在没必要让自己陷入恐慌。

❖ 雌三醇 (UE3) 测定

雌三醇是胎儿胎盘单位产生的主要雌激素，怀有先天愚型胎儿的母亲血中UE3表现为降低，平均MOM值为0.7。

要确定胎儿是否为唐氏儿现在医学手段只有做羊水穿刺术，进行胎儿细胞染色体核型分析，及酶学检测，从而对胎儿的染色体病和代谢性遗传病作出诊断。

羊水穿刺术：抽取羊水，培养胎儿脱落在羊水中的细胞，成功率可达98%。检验胎儿的21染色体，准确率达100%。

❖ 唐氏筛查

目前唐氏筛查是化验孕妇血液中的甲型胎儿蛋白(AFP)、绒毛膜促性腺激素(HCG)的浓度，并结合孕妇的年龄，运用计算机精密计算出每一位孕妇怀有唐氏症胎儿的危险性。

将甲胎蛋白值、绒毛膜促性腺激素值以及孕妇的年龄、体重、怀孕周数输入电脑，由电脑算出胎儿出现唐氏症的危险性，临界值为1/275（由于方法学的不同，可能此数值有所不同）。大于为高危，小于则为低危。不同医院使用的标准不一样，如果化验结果标明的几率大于正常参考值几率，则为阳性，表示胎儿患病的几率较高，应进一步做羊膜穿刺检查或绒毛检查。

检查血清AFP、HGG、UE3还可筛查出神经管缺损(NTD)、18-三体综合征及13-三体综合征的高危孕妇。对于筛查中21-三体、18-三体的高风险孕妇，医生应在核对孕周等因素后建议再进行羊水胎儿染色体核型分析，以排除染色体异常，对NTD高风险孕妇，应首先用B超诊断排除神经系统发育异常的可能性，并密切观察胎儿发育情况，还可建议孕妇行羊膜腔穿刺后做乙酰胆碱脂酶的检查，以排除闭合性神经管畸形及隐性脊柱裂可能。

唐氏筛查与月经周期、体重、身高、准确孕周、胎龄大小都有关。一般来说，在怀孕的15-20周为唐氏筛查的最佳时期。筛查时，孕妇需要提供较为详细的个人资料，包括出生年月、末次月经、体重、是否胰岛素依赖性糖尿病、双胎、是否吸烟、异常妊娠史等，由于筛查的风险率统计中需要根据上述因素做一定的校正，因此在抽血之前填写化验单的工作也十分重要。通过孕妇血清中AFP、HCG和UE3的含量，结合孕妇的年龄，体重，孕周计算的风险值，可得出"唐氏儿"的危险系数，检出率为80%。

早期筛查的最佳时间是怀孕的第9-14周，错过该时间段则需进入孕中期筛查，无论是早期筛查还是中期筛查，结果为高危都不必惊慌，因为筛查并不是诊断，还要通过做产前诊断方法才能做出诊断，如绒毛活检（早期）或羊水穿刺胎儿染色体检查（中期）。

母体血清血浆蛋白A（PAPP-A）、游离绒毛膜促性腺激素（β-HCG）亚基为早期筛查项目，甲型胎儿蛋白(AFP)和绒毛膜促性腺激素(HCG)和游离雌三醇（UE3）为中期筛查项目。

目前用于孕妇常见的筛查项目有：唐氏筛查，可发现胎儿先天愚型、神经管畸形，尤其是高龄孕妇更应做此项筛查；糖筛，可及时发现妊娠期糖尿病；甲胎蛋白筛查是常用的胎儿畸形监测方法，如无脑畸形、开放性脊柱裂等。

❖ 孕期筛查

孕早期筛查：采集 9-14 孕周孕妇血，测定血清游离 β-HCG 和 PAPP-A，同时B超测定胎儿颈背透明肿物厚度（NT），根据检测结果评价21-三体和18-三体等的风险率。对高风险胎儿，采集绒毛或羊水进行染色体核型分析，确诊后流产。

孕中期筛查：采集 12-22 孕周孕妇血，测定血清游离 β HCG 和 AFP，对开放性神经管缺损 高风险胎儿定期做B超观察，对染色体病风险胎儿做染色体检查，确诊后引产。

孕早、中期筛查的准确性：一般认为，孕早期筛查方案对21－三体和18－三体综合征的检出率约为90%，假阳性率约5%；如果没有B超测定NT厚度，检出率仅为70%左右。孕中期筛查方案对开放性神经管缺损诊断的准确性达98%以上。通过 孕早、

中期检测 孕妇血中 PAPP-A，游离 β-HCG，AFP等，结合B超检查，可将约90%的唐氏综合征检测出来。对高风险胎儿，通过绒毛活检或羊水穿刺或脐血穿刺等技术做染色体核型分析可以确诊。

❖ 有待研发更好的检查方法

甲胎蛋白（AFP）和绒毛膜促性腺激素（HCG）是唐氏综合征和神经管畸形的筛查项目。三倍体检查是AFP的扩展，比AFP更准确，有的高水平医院已经进行了四倍体的检查。美国科学家找到了更好的途径，以期更安全、更可靠、更早地诊断出胎儿染色体异常。他们使用孕妇的一滴血，就可以得出10周胎龄儿的染色体结构。这种既简便又安全的方法解决了传统的羊膜穿刺的危险性和AFP(甲胎蛋白)和HCG的不可靠性。

171. 优生筛查与胎儿宫内感染

❖ 优生筛查

目前临床中常做的有优生四项检查，

孕妇年龄与染色体失调危险频率关系表

孕妇年龄（岁）	唐氏频率	其他染色体失调频率	孕妇年龄（岁）	唐氏频率	其他染色体失调频率
30	1/885	1/385	40	1/109	1/66
31	1/826	★	41	1/85	1/53
32	1/725	★	42	1/67	1/42
33	1/592	★	43	1/53	1/33
34	1/465	★	44	1/41	1/26
35	1/365	1/192	45	1/32	1/21
36	1/287	★	46	1/25	★
37	1/225	★	47	1/20	★
38	1/176	★	48	1/16	★
39	1/139	★	49	1/12	★

包括巨细胞病毒、单纯疱疹病毒、风疹病毒、弓形虫。

优生六项检查，包括巨细胞病毒、单纯疱疹病毒、风疹病毒、弓形虫、人乳头瘤病毒、解脲支原体。

孕妇感染了巨细胞病毒、单纯疱疹病毒、风疹病毒、弓形虫、乙肝病毒、人乳头瘤病毒、解脲支原体、沙眼衣原体、淋球菌、梅毒、艾滋病毒等病原体，就有可能造成胎儿宫内感染。胎儿感染后可能会导致流产、死胎、畸形及一些先天性疾病。对这些病原体的筛查称为优生筛查。

•解读优生筛查报告单

在化验单上，不是一看到有（+）或阳性，就认为会造成胎儿的宫内感染，接种过一些病毒疫苗的妇女会出现IgG抗体阳性，所以，要分清哪个是保护性抗体，哪个是非保护性抗体。目前主要通过对病毒抗体水平的检测进行优生筛查，检测报告单上常常是这样报告的。

抗体IgG阴性：说明没有感染过这类病毒，或感染过，但没有产生抗体，对其缺乏免疫力，应该接种疫苗，待产生免疫抗体后再怀孕。

抗体IgM阴性：说明没有活动性感染，但不排除潜在感染。

抗体IgG阳性：说明孕妇有过这种病毒感染，或接种过疫苗，或许对这种病毒有免疫力了。

抗体IgM阳性：说明孕妇近期有这种病毒的活动性感染。

一般认为，孕妇的活动性感染与胎儿宫内感染有关，所谓的活动性感染就是孕妇体内有病毒复制，处于患病阶段，是相对于单纯的病毒携带而言的。通常情况下，抗体IgG阳性提示既往感染过此类病毒，但现在未处于活动期；抗体IgM阳性提示新近感染了病毒，或过去曾经感染过，现在复发了，处于活动期。

一般认为，孕妇的活动性感染（IgM阳性）与胎儿宫内感染有关，约40%的活动性感染容易引起胎儿的宫内感染。所以，孕前和孕期主要检查孕妇血中的IgM抗体。我国女性中，巨细胞病毒、单纯疱疹病毒、风疹病毒、人乳头瘤病毒的感染率很高，既往感染（IgG阳性）率高达90%。据调查，孕妇中各种病原体的活动性感染在3%-8%，但也有一些IgM抗体不高的孕妇可能有潜在感染，也可能造成胎儿的宫内感染。

所以在化验单上，不要一看到有加号（+）或阳性结果，就认为有胎儿的宫内感染。IgG抗体阳性，仅仅说明既往感染过这种病毒，或许对这种病毒有了免疫力。接种过一些病毒疫苗的妇女，也会出现IgG抗体阳性。如接种过风疹疫苗的妇女会出现风疹病毒IgG抗体阳性；接种过乙肝疫

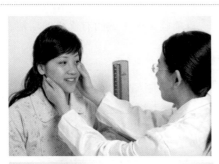

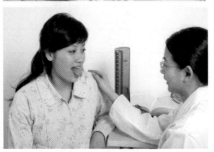

查一查眼睑睑膜是否红润，初步判断孕妇是否有贫血，但最终需要做末梢血液检查。伸舌观察舌苔和舌体颜色，为孕妇做常规健康检查。

模特／任意

苗的妇女会出现乙肝表面抗体阳性。所以，要分清哪个是保护性抗体，哪个是非保护性抗体。

•什么是STORCH筛查？

STORCH是什么？ S是Syphilis（梅毒）的缩写；T是Toxoplasmosis（弓形虫）的缩写；O是Other（其他）的缩写；R是Rubella（风疹）的缩写；C是Cytomegalic Virus（巨细胞病毒）的缩写；H是Herpes Simplex（单纯疱疹）的缩写；若孕妇感染了这些病毒可导致胎儿流产、死胎、畸形、早产等。

孕检时为孕妇做病毒感染检测，当出现阳性结果时，夫妇双方极其恐慌，到目前为止还没有更好的办法阻止病毒对胎儿的感染。常有准备怀孕或已经怀孕的女性询问：检查出上述某种病毒感染的情况该怎么办？怎样知道是否已经感染了胎儿？胎儿是否有畸形的可能？孕前注射什么针可预防孕期感染？怎样才能知道是否有抵抗病毒感染的能力？

尽管一些病毒感染对胎儿会造成伤害，但孕妇的自然感染率还是比较低的，通过提高机体抵抗力，改变生活方式，少去人群聚集的公共场所，是能够减少感染机会的。新生儿感染病毒的途径有两个，一是宫内感染，也就是先天性感染；二是后天感染，经产道感染或出生后吸入带病毒的乳汁、输血、手污染、新生儿接触的物品等途径。

❖ 宫内感染

宫内感染又称先天性感染或母婴传播疾病，是指孕妇在妊娠期间受到感染而引起胎儿在子宫内受感染。引起宫内感染的常见病原菌有六类：

细菌，常见的是淋球菌；

病毒，常见的是巨细胞病毒、风疹病毒、单纯疱疹病毒、乙肝病毒、流感病毒、人乳头瘤病毒、柯萨奇病毒、细小病毒、艾滋病病毒等；

螺旋体，主要是梅毒螺旋体；

原虫，主要是弓形虫；

衣原体，主要是沙眼衣原体；

支原体，主要是解脲支原体。

•宫内感染的主要传播途径

胎盘的垂直传播。

下生殖道感染的上行性扩散。

围生期感染，包括分娩、哺乳、与新生儿直接接触传染。

孕妇担心的常常是胎盘的垂直传播，忽视了其他途径的传播。

•宫内感染对胎儿危害

宫内感染对胎儿的危害程度与宫内感染发生的时间、病原体的种类、母亲的身体状况有关。孕早期感染多造成流产、先天性畸形。孕晚期感染多导致早产、胎膜早破等。

是否孕妇感染了以上病原体，就一定造成胎儿宫内感染呢？并不是说所有感染的孕妇都会造成胎儿宫内感染，但毕竟造成胎儿宫内感染的机会很大。因此，一旦确定有上述病原体感染就应该积极治疗。及时发现和处理孕期的宫内感染是母婴保健工作的重要内容。我们建议：

孕妇要进行早期宫内感染筛查，如果血清IgM抗体检测结果阳性，就要进行重复测定。

对已经确定有感染的孕妇，无论有无宫内感染证据，都要积极治疗。

经治疗未见明显效果者，要做胎儿宫内产前感染诊断，以确定是否有胎儿宫内感染。

确定有宫内感染者，可采取宫内给药治疗或建议终止妊娠。

•不同病原体感染胎儿的不良后果

巨细胞病毒感染对胎儿的危害：可造成多脏器损害。

单纯疱疹病毒感染对胎儿的危害：可造成多脏器损害。

风疹病毒感染对胎儿的危害：可导致先天性风疹综合征，主要表现为耳聋、白内障和先天性心脏病。

弓形虫感染对胎儿的危害：多侵害神经系统。

解脲支原体感染对胎儿的危害：低出生体重儿。

沙眼衣原体感染对胎儿的危害：新生儿眼炎及其他脏器损害。

总之，宫内感染对胎儿的危害最常见的是胎儿宫内发育迟缓和智力发育障碍，尤其可造成先天性畸形，因此，把检查孕妇是否有以上病原体感染叫作优生筛查比较合适。

❖ 孕期感染性疾病的处理原则

怀孕前筛查风疹病毒、巨细胞病毒、单纯疱疹病毒、乙肝病毒、弓形虫感染。特异性抗体阳性的应进行治疗，待抗体转阴后再妊娠。

妊娠早期，如果是对胚胎和胎儿危害严重的病原体感染，医生会建议终止妊娠。

妊娠中期，医生会采取积极的治疗措施，在用药上，尽量规避药物对胎儿的影响。

妊娠晚期，除做治疗外，还要根据感染情况分析，对能通过产道感染新生儿的，会选择剖腹产，并就是否能母乳喂养？产后是否需要继续治疗等问题给出建议。

❖ 终止妊娠的指征

严重的肺结核或伴有其他部位的结核；孕早期病毒性肝炎严重者；孕早期生殖器尖锐湿疣病情严重，病变发展快者；宫颈支原体感染严重者；孕早期感染流行性出血热病毒者；孕妇妊娠后发现艾滋病病毒感染，又正处于孕中期者。

172. 巨细胞、弓形虫、风疹和单纯疱疹病毒感染

❖ 巨细胞病毒感染

胎儿感染了巨细胞病毒（CMV），可引起胎儿发育异常，如宫内发育迟缓、出生缺陷。巨细胞病毒在人群中的感染率很高，但非活动性感染并不引起胎儿感染。决定胎儿宫内巨细胞病毒感染的重要因素是孕妇有巨细胞病毒活动感染。也就是说，孕妇巨细胞病毒的活动性感染是引起胎儿先天性CMV感染的主要原因。血清中CMV-IgM水平是确定CMV活动性感染的指标。

胎儿出生后1~2周内检测到CMV时，即可确定此新生儿为先天性CMV感染。胎儿感染CMV主要是通过胎盘传播的。另外，从精液中也可分离出CMV，因此，通过父亲的传播也是可能感染的。

先天性CMV感染可侵袭胎儿神经系统、心血管系统、肺、脾等器官，造成死胎或流产。成活的新生儿则有肝脾肿大、黄疸、肝炎、血小板减少性紫癜、溶血性贫血及各种先天畸形。在新生儿脐带血中测到特异性CMV-IgM抗体可确诊为先天性感染。

•CMV感染的产前诊断

通过产前诊断，在孕期发现CMV宫内感染是预防先天性CMV感染的有效途径。羊水细胞和胎儿脐带血是进行先天性CMV产前诊断的理想物质。

•婴儿CMV感染的分类

先天性感染：指由CMV感染的母亲所生育的子女于出生后14天内证实有CMV感染，是宫内感染所致。

围产期感染：是指由CMV感染的母亲

母婴传播疾病与分娩方式选择

感染病原体	是否阴道分娩	其他条件
艾滋病HIV	不宜	不宜母乳喂养。
单纯疱疹HSV	不宜	病毒分离阴性可经阴道分娩。
风疹RV	适宜	经治疗后的孕妇。
巨细胞CMV	适宜	
人乳头瘤HPV	适宜	一定要做好消毒隔离。
弓形虫TOXO	适宜	新近感染、急性感染、慢性活动感染，应及时治疗。
支原体感染	适宜	产后子宫内膜炎10%是由支原体引起。
沙眼衣原体CT	适宜	垂直传播率60%，须彻底治疗的孕妇。
解脲衣原体UU	适宜	
柯萨奇B组	适宜	做好消毒隔离。
乙肝HBV	适宜	
淋病	适宜	剖腹产也不能避免胎内感染所致新生儿淋菌性结膜炎。
梅毒	适宜	治疗越早越充分，可使胎儿得到保护。
霉菌	适宜	产后继续治疗。
滴虫	适宜	

所生育的子女于出生后14天内没有CMV感染，而于生后第3~12周内证实CMV感染，是出生过程中或吃母乳感染所致。

生后感染（获得性感染）：指婴儿出生12周后发现CMV感染。

• 血清特异抗体检测临床意义

血清抗CMV-IgG：阳性结果表明CMV感染，6个月以内婴儿需除外胎传抗体；从阴性转为阳性表明原发感染；双份血清抗体滴度呈≥4倍增高表明CMV活动。

血清抗CMV-IgM：阳性表明CMV活动，如同时检测抗CMV-IgG阴性，表明原发感染；新生儿和婴儿产生IgM能力差，因此即使感染了CMV，仍可出现假阴性。

❖ 弓形虫感染

孕妇感染弓形虫后，弓形虫可通过胎盘进入胎儿体内，直接影响胎儿发育，使胎儿发生多种畸形，甚至死亡。

几乎所有的哺乳动物和一些鸟类均可有弓形虫的寄生，并相互传播，形成自然界的循环，其中猫和猫科动物在传播中最为主要。猫是弓形虫的终宿主。弓形虫的卵囊随猫的粪便排出体外污染外界环境而感染人类。

• 传播途径

垂直传播：这是人类主要的传播方式，妊娠期母体的弓形虫感染，可经胎盘或产道感染胎儿，引起先天性弓形虫病。

经口、胃肠道传播：如食用含弓形虫卵的水或肉、蛋以及未洗净的瓜果、蔬菜等。

接触性传播：人或动物的唾液中可检出弓形虫，在精液和孕妇的阴道分泌物及产后恶露中也可找到弓形虫。

医源性传播：输血及器官移植。

•先天性弓形虫感染

孕妇初次感染弓形虫后，通过胎盘感染胎儿，引起胎儿或新生儿全身性疾病。主要影响器官为中枢神经系统和眼。

•孕妇感染弓形虫后的妊娠结局

孕妇得了急性弓形虫感染时，约有30%~46%能传给胎儿。妊娠早期感染，可引起胎儿死亡或流产，或发育缺陷儿，多不能存活，存活者多有智力发育障碍。孕妇在妊娠中期感染，胎儿可发生广泛性病变，引起死胎、早产、出生缺陷儿。在妊娠晚期感染，新生儿可出现急性的弓形虫病表现，如弓形虫肺炎、肝脾肿大、黄疸、心肌炎、出血综合征。有的成为潜在的感染，在出生后数年甚至数十年后出现智力发育不全、听力障碍、白内障及视网膜脉络膜炎等。孕早期胎儿受感染率约17%，孕中期约25%，孕晚期约65%。

•弓形虫感染实验室检测

孕妇：血清弓形虫IgM抗体阳性时，表示近期感染；血清弓形虫IgG抗体阳性时，表示曾经感染过弓形虫。

婴儿：产后5个月内检出IgG抗体，不能说明有先天弓形虫感染；弓形虫IgM抗体阳性时可证明有先天弓形虫感染。

•弓形虫感染的预防

环境卫生，搞好水源、粪便及家禽的管理，养成良好的个人卫生习惯。

不进食生肉或未熟的肉蛋制品。

孕妇家中不要饲养猫、鸟。

新近感染弓形虫应给予治疗，避免在感染期间怀孕。

妊娠早期开始进行弓形虫抗体监测，有新近感染的孕妇应终止妊娠。

对弓形虫抗体阳性孕妇所生的新生儿，

及时进行脐血监测。

对确定先天性弓形虫感染的新生儿，及时采取措施可减轻后遗症。

即使没有任何感染症状，血清学也不能确定是否感染，弓形虫抗体阳性孕妇所生的新生儿，仍要严密观察随访。

•弓形虫的杀灭

弓形虫的各期对温度比较敏感。滋养体在54℃生存10分钟，在3%~5%的石炭酸液、1%来苏水液、1%盐酸溶液中1分钟死亡，卵囊对酸碱的耐受力较强，对温度则很敏感，在70℃存活2分钟，80℃存活1分钟，在4℃以下，37℃以上即失去活性。包囊的抵抗力较强，在4℃可存活68天，56℃时10分钟即可死亡。

❖ 风疹病毒感染（CRS）

风疹病毒可以通过胎盘感染胎儿，导致胎儿患先天性风疹综合征（CRS）。根据宫内感染的程度和时间，表现出不同程度的组织缺损。胎儿受到感染后可出现多组织损害，但不一定在出生后就表现出来，有的要在出生后几周、几个月，甚至几年后才逐渐表现出来。

孕妇感染风疹病毒后，潜伏期无抗体产生，以后渐渐产生抗体，并持续1~2个月。妊娠早期感染风疹病毒，医生会建议终止妊娠；妊娠中晚期则可继续妊娠。

多数育龄女性体内拥有抗风疹病毒抗体，如果抗病毒抗体是阴性的，应尽早接种风疹疫苗，接种后3个月内不宜怀孕。如果孕前未进行特异抗体检查，妊娠后检查却为阴性，可用风疹免疫球蛋白进行被动免疫。

•先天性风疹综合征（CRS）发生率

妊娠第1个月感染风疹病毒，胎儿先天性风疹综合征发生率约50%；妊娠第2个月感染，CRS发生率约30%；妊娠第3个月感染，CRS发生率约20%；妊娠第4个月感染，CRS发生率约5%；妊娠4个月以后再感染，虽然危险性很小，但仍不能完全排除致畸的可能性。

· 风疹疫苗免疫方案

西方国家大多采用麻疹——腮腺炎——风疹三联疫苗进行基础免疫，对所有孩子于出生后1岁到1岁半接种，于12岁再接种一次。我国的风疹免疫虽未列入计划免疫，但已有很多城市开始接种单一或联合的风疹疫苗。

· 冻干风疹活疫苗

人工免疫虽然仅是自然感染者抗体水平的1/4-1/8，但免疫持久性良好。据报道有94%免疫成功者在16年后仍可测到抗体，接种疫苗2周后可以从被接种者的咽部分离到风疹病毒，但时间短暂，尚未发现对周围健康者造成威胁。但是，直接给孕妇注射活疫苗有可能感染胎儿，因此，对孕妇或接种疫苗后2个月内可能怀孕的孕妇应禁忌接种。育龄妇女注射冻干风疹活疫苗后至少应避孕3个月。注射过丙种球蛋白者，接种冻干风疹活疫苗应间隔1个月以上。在使用其他疫苗前后各一个月，不得使用冻干风疹活疫苗，但可与麻疹疫苗和腮腺炎疫苗同时使用。

❖ 生殖器单纯疱疹病毒（HSV）感染

生殖器疱疹是由单纯疱疹病毒（HSV）感染泌尿、生殖器官及肛门周围皮肤黏膜引起的疾病。孕妇感染了HSV，无论是初发还是复发，都有通过胎盘感染胎儿（宫内HSV感染）的可能，并可引起新生儿HSV感染（大多数是分娩中暴露于产道的HSV所致）。孕妇初发的生殖器疱疹对胎儿和新生儿的传播率为20%-50%，复发的为0-8%。

在妊娠早期感染HSV的孕妇所分娩的婴儿常有先天性畸形，如小头畸形、视网膜发育异常；在妊娠晚期感染HSV的孕妇所生的婴儿约有50%会发生新生儿HSV感染。新生儿HSV感染多见于早产儿，出生时多无症状，常于出生后3天，甚至满月后才出现症状。

· 预防新生儿HSV感染(HSV-1)IgM

孕妇进行生殖器疱疹的产前检查和血清学监测。如果HSV血清抗体阴性，但丈夫HSV血清抗体阳性或有生殖器疱疹病史，孕妇也应做产前HSV的监测。妊娠晚期预防HSV感染对预防新生儿HSV感染有重要意义。对于有生殖器疱疹病史或已有生殖

美国CRS诊断标准

确诊CRS：有畸形体征同时有下列三项中1项。 1.风疹病毒分离阳性；2.风疹IgM阳性；3.风疹HI抗体持续存在并高于被动抗体应有水平。
符合CRS：实验室资料不充分，但有A中的2项或A中的1项加B中的1项。 A：先天性白内障或青光眼；先天性心脏病；听力丧失；视网膜色素变性病。 B：紫癜；脾大；黄疸；小头；智力迟钝；脑膜脑炎；骨质疏松。
可疑CRS：有上述A、B中所列体征但达不到符合CRS标准。
风疹先天性感染：缺乏CRS体征，但实验室证明有先天性风疹感染的证据。
排除CRS：凡有下列一条者不能诊断CRS。 ≤2岁婴儿风疹抗体阴性；母亲风疹HI抗体阴性；婴儿风疹HI抗体水平符合被动抗体下降规律。

器疱疹感染的孕妇，应在产前仔细检查有无生殖器疱疹的活动性皮肤黏膜损害。如有可疑皮损或有其他HSV感染现象，应在破膜前4小时行剖腹产，但不能完全防止新生儿HSV感染。出生后仍应对新生儿进行监护。

173. 支原体、衣原体、淋菌、梅毒、链球菌感染

❖ 支原体感染检查

目前，研究人员已从人体中分离出16种支原体，其中肺炎支原体（MP）、人型支原体（MH）、解脲支原体（UU）、生殖支原体（MG）可使人类致病。

从人体泌尿生殖道分离出的8种支原体中，解脲支原体和人型支原体是最常见可分离和引起母婴感染发病的2种支原体。在无症状女性宫颈或阴道分泌物中有40%-80%可检出解脲支原体，21%-35%可检出人型支原体。

解脲支原体和人型支原体可在子宫内或分娩时由孕妇垂直传播给胎儿或新生儿，在新生儿中的传播率为45%-66%，在早产儿中的传播率为58%。解脲支原体的母婴垂直传播不受分娩方式的影响。

胎儿感染支原体可引起孕妇自然流产、低出生体重儿、死胎和新生儿早期死亡等不良妊娠结局。

孕期进行支原体感染筛查，可及时治疗和防止胎儿宫内支原体感染和新生儿支原体感染。

• 支原体感染与新生儿肺炎

孕妇支原体特异性抗体升高与新生儿肺炎有关。首都儿科研究所和北京妇产医院检测160例妊娠晚期孕妇血清支原体特异性抗体IgM，并对其中的阳性孕妇于产后做胎盘支原体分离培养，同时给新生儿做

脐带血支原体抗体检查。结果发现：160例孕妇中，81例血清支原体特异性抗体阳性，81例阳性孕妇中，有65例做了胎盘支原体培养和新生儿脐带血检测，胎盘支原体阳性者6例，脐带血IgM抗体阳性者7例；新生儿肺炎及新生儿发热的发生率均比妊娠期血清IgM阴性的孕妇高。支原体是新生儿感染性疾病的主要病原体。孕期支原体感染还可引起新生儿脑膜炎等中枢神经系统感染，尤其多见于早产儿。

❖ 衣原体

沙眼衣原体感染对母胎危害很大，筛查和治疗都很重要。美国疾病控制中心推荐新的筛查和治疗妊娠期沙眼衣原体感染方案：孕妇必须检查沙眼衣原体、淋球菌、梅毒。我国要求第一次做产前检查和孕晚期检查时对高危者需要做沙眼衣原体检查：年龄小于25岁；有性病史；近3个月内有新性伴侣或多个性伴侣者。

❖ 淋球菌感染检查

妊娠期感染淋病后，对孕妇及胎儿都有很大危害。由淋病引起的胎儿宫内发育迟缓、绒毛膜炎、胎膜早破、早产、产后子宫内膜炎等是无感染孕妇的3-4倍。约有30%未经治疗的淋病孕妇所生的新生儿有会感染上淋菌性眼结膜炎。淋球菌可感染新生儿结膜、咽部、呼吸道及肛管，甚至可发生淋菌性菌血症。

❖ 梅毒感染检查

患有梅毒的孕妇，在妊娠4个月可通过胎盘使胎儿感染，可导致孕妇发生流产、早产和死产，流产多发生于妊娠4-6个月，早产多发生在妊娠6-8个月，死产多发生于足月妊娠，临产或产时胎死腹内。感染梅毒的胎儿存活下来为先天梅毒儿，死亡率及残疾率均较高。新生儿还可通过母亲的产道、哺乳、输血、接触带菌品等途径

感染梅毒。

孕期发生或发现的活动性梅毒或潜伏梅毒称妊娠期梅毒。在妊娠期4个月后，梅毒螺旋体可通过胎盘及脐静脉进入胎儿体内，引起胎儿宫内感染。一旦梅毒螺旋体侵入胎盘后，便发生胎盘内膜炎，导致胎盘组织坏死，胎儿不能获得营养，造成流产、早产、死胎或分娩出先天梅毒儿，只有1/6的机会分娩健康儿。如果一位感染梅毒超过5年以上的女性妊娠，发生胎儿宫内感染可能性就不大了。

孕前应做检查，发现有梅毒感染须及时彻底治疗，在医生允许情况下方可怀孕。对所有孕妇妊娠期和产前都应做梅毒血清学检查。在妊娠20周后，如分娩出死胎的孕妇，均需要再进行梅毒血清学和HIV检查，以防止梅毒和艾滋病病毒由母体传播给贻儿。

❖B组链球菌感染

我国大部分产科在产前检查时筛查产妇是否有B组链球菌感染，对于链球菌携带者给予相应的治疗。B组链球菌感染是足月及早产儿的主要致病原，新生儿的感染是病原菌通过母亲垂直传播而来，这种细菌对青霉素非常敏感。为此，人们提出几种策略，在分娩过程中（产时）治疗母亲的感染。美国妇产科学会推荐的方案是：对于有产时感染危险因素者（发热、延迟破膜或即将发生的早产），或妊娠35~37周筛查时发现的链球菌携带者，在产时静脉给予青霉素(首次用量500万单位，随后每次250万单位，每4小时一次)或氨苄西林(首次2克，随后每次1克，每4小时一次)直至分娩。调查表明，对证实有危险的情况，产时用抗生素治疗使新生儿早期B组链球菌感染降低了65%。用此方案，美国每年可减少200例新生儿死亡。

174. 乙肝、甲肝、丙肝与母婴传播

❖乙型肝炎病毒（HBV）与母婴传播

全世界大约有3亿多HBsAg携带者，其中中国占1亿多。我国人口中HBsAg携带率平均为10%左右，HBV（乙肝病毒）总感染率约为60%。生育年龄段（20~34岁）人群中HBsAg携带者为24%~33%左右。1~4岁儿童中HBsAg携带率与成人平均水平无明显差异，说明我国HBsAg携带者主要来自母婴传播。

阻断母婴HBsAg传播是产科的重要任务之一。人群中约有40%~50%的慢性乙肝病毒携带者是由母婴传播造成的。性传播在乙肝感染中也非常重要。在我国新婚夫妇中，一方带HBV，另一方未感染，未受感染的一方有53%于婚后两年发生HBV感染，其中14%变成HBsAg携带者。所以，婚前检查HBV感染情况是非常必要的。一旦检查出一方被感染，另一方一定要及时做好免疫保护，以便更好地保护自己和下一代的健康。

因为乙肝病毒感染人数巨大，临床和咨询中问题也最多，健康准妈妈和准爸爸被感染的几率极大，所以我用了比较大的篇幅，把这个问题写得比较透彻，让未感染病毒的健康者(易感者)和已经感染病毒的携带者都能通过一定的措施，保护自己，保护配偶，保护胎儿。

•值得注意的两个乙肝问题

有学者发现：HBV-DNA可整合到患者的精子中，提出了经此途径造成先天性乙肝病毒感染的可能性。

有学者观察到：患有乙型肝炎产妇的初乳可检出HBV-DNA和HBV颗粒，提出了乙肝产妇不宜母乳喂养的依据。

乙型肝炎病毒感染的血清学指标：

第一项乙肝表面抗原（HBsAg）。

第二项乙肝病毒表面抗体（抗–HBs）。

第三项乙肝病毒核心抗原（HBcAg）。

第四项乙肝病毒核心抗体（抗–HBc）。

第五项乙肝病毒e抗原（HBeAg）。

第六项乙肝病毒e抗体（抗–HBe）。

第七项乙肝病毒脱氧核糖核酸（HBV–DNA）。

第八项乙肝病毒脱氧核糖核酸聚合酶（HBV DNA–P）。

在外周血中没有游离的HBcAg，所以第三项测不出来。第七项和第八项为HBV的复制指标，不作为常规乙肝检查项目。临床上常规的检查项目是第一、二、四、五、六其五项，也称乙肝五项或两对半血清学检查。

•乙肝各项指标临床意义详细解读

第一项乙肝表面抗原（HBsAg)阳性的临床意义：

急性乙肝的潜伏期、急性期。

慢性乙肝。

无症状HBsAg携带者。

与HBV感染有关的肝硬化和原发性肝癌。

第二项乙肝病毒表面抗体（抗–HBs)阳性的临床意义：

感染HBV后的恢复期，在HBsAg被清除后，抗–HBs出现。

隐性感染的健康人，小量多次接触HBV后自身产生了免疫力。

注射乙肝疫苗或乙肝高效价免疫球蛋白（HBIG）后，产生的主动或被动免疫。

第四项乙肝病毒核心抗体（抗–HBc）阳性的临床意义：

是HBV急性（或近期）感染的重要指标。

慢性活动性乙肝的活动期。

乙肝恢复期。

既往感染乙肝的标志。

抗–HBc IgM(IgM型核心抗体)可作为乙肝患者的预后指标。

第五项乙肝病毒e抗原（HBeAg)阳性的临床意义：

HBeAg阳性者传染性强。

HBeAg阳性母亲的新生儿出生后约90%以上被感染。

可作为急性乙肝辅助诊断和预后的指标。

可用以评价传染性的强弱。

HBeAg阳性表示HBV在体内复制。

第六项乙肝病毒e抗体（抗–HBe）的临床意义：

急性乙肝恢复期。

当抗–HBe阳性，而HBeAg转阴时，其传染力明显降低。

第七项乙肝病毒脱氧核糖核酸（HBV–DNA）：

是HBV复制的指标。

第八项乙肝病毒脱氧核糖核酸聚合酶（HBV DNA–P）：

表示有完整的HBV存在。

活性高表示病毒复制旺盛。

•HBV感染指标

不同剂量乙肝疫苗对新生儿的保护率

疫苗剂量（微克/次）	5–5–5	15–5–5	10–10–10	15–15–15
平均保护率（%）	53.5	69.7	79.3	85
保护率（%）范围	22.5–64	60–70	70–80	83.7–87.6

注：观察对象为HBsAg及HBeAg双阳性妈妈所生的新生儿；重组酵母乙肝疫苗5微克/支。

HBsAg	HBeAg	抗–HBc	抗–HBe	抗–HBs	临床意义
阳性	阳性/阴性	阴性	阴性	阴性	急性乙肝初期
阳性	阴性	阳性	阳性/阴性	阴性	急性乙肝后期或HBsAg携带者
阳性	阳性	阳性	阴性	阴性	HBV感染后的慢性肝病或HBsAg"大三阳"
阴性	阴性	阳性	阳性/阴性	阴性	急性HBV感染恢复期或既往HBV感染
阴性	阴性	阳性	阳性/阴性	阳性	急性乙肝恢复后期或既往感染过HBV
阴性	阴性	阴性	阴性	阳性	注射乙肝疫苗产生自动免疫或注射HBIG
阳性	阴性	阳性	阳性	阴性	慢性HBV感染，被称为"乙肝小三阳"
阴性	阴性	阴性	阴性	阴性	未感染过HBV

HBsAg、抗–HBc、抗–HBe是HBV感染的三项指标，三项指标均为阴性则表示未受过HBV感染，称为乙肝病毒的易感者。

•HBV复制指标

HBeAg、HBV–DNA、HBV DNA–P是乙肝病毒的复制指标，其中任何一项阳性即可表示HBV在体内复制，传染性强。

•携带乙肝病毒的妈妈是如何传播给自己孩子的

乙肝病毒可存在于乙肝患者或HBsAg携带者的血液、精液、阴道分泌物、唾液、羊水、乳汁、月经、泪液、尿液、鼻咽分泌物、汗液、胆汁中。含有病毒的体液直接注入或通过破损的皮肤、黏膜进入接触者体内即可导致感染。

•宫内感染

主要是通过胎盘将HBV传播给胎儿。宫内感染的发生率约占母婴传播感染总数的5%。

人们一直认为胎盘具有屏障作用，可阻断和阻止各种有害物质对胎儿的侵袭，当这种屏障功能被破坏时，胎儿就失去了胎盘屏障的保护。有学者在乙肝病毒携带者孕妇的胎盘中检测到了HBV–DNA，间接说明经胎盘直接感染胎儿的可能性是存在的。有新的研究理论认为：胎盘只是提供胎儿营养和氧气，分泌阻止妈妈月经来潮的激素，保持妈妈持续妊娠状态，分泌发动分娩的激素，并没有屏障作用。但这仅是一种推测。

•围产期感染

如胎盘剥离时微量血液通过脐带进入胎儿体内而受到感染。分娩时，新生儿轻微的皮肤黏膜破损，致使HBV侵入体内；在分娩过程中，胎儿被暴露在妈妈的血液和阴道分泌物中，胎儿经过产道时吸入混有妈妈血液和分泌物的羊水而感染。围产期感染的发生率约占母婴传播感染总数的80%。

·产后感染

有学者发现产妇的初乳中有HBV-DNA和HBV颗粒。母乳喂养除了乳汁本身可能存在有HBV外，母乳喂养的妈妈更密切地接触婴儿。哺乳的妈妈如果有乳头皲裂，婴儿会因吸入皲裂处渗出的血而感染HBV。

·决定婴儿是否被携带肝炎病毒的妈妈感染的因素

孕妇乙肝表面抗原阳性时，婴儿带毒率在40%以上；乙肝表面抗原滴度高时更易造成母婴传播。

孕妇乙肝e抗原阳性、HBV-DNA阳性时，母婴HBV传播的可能性接近100%，且将近85%以上的婴儿将成为病毒携带者；乙肝e抗原阴性，乙肝e抗体阳性，尤其是HBV-DNA阴性时，婴儿带毒率则明显下降。

孕早、中期患急性乙肝的妈妈，婴儿HBV感染率为17%；孕晚期或分娩前患了急性乙肝，其婴儿HBV感染率为69%左右。

男性HBsAg携带率高于女性，是由于男性的性染色体的遗传基因不能识别和清除HBV。所以，男婴更易被HBsAg携带的母亲感染。

当乙肝病毒携带者的孕妇感染了弓形虫、风疹病毒、巨细胞病毒、单纯疱疹病毒等感染时，导致胎盘裂隙形成，胎盘的屏障功能被破坏，可增加乙肝病毒感染胎儿的机会。

·母婴传播的危险性

肝细胞癌：80%的肝癌病例与HBV感染有关；在围产期受HBV感染的婴儿可能在婴儿期或以后发展成肝细胞癌；围产期HBV母婴传播可能增加患肝细胞癌的危险性。"慢性肝炎-肝硬化-肝癌"三步曲发展已形成共识。

HBsAg持续携带者：受HBsAg感染年龄越小，变成HBsAg持续携带者的几率越高；围产期感染HBV的新生儿，有90%将变成HBsAg持续携带者；幼儿期感染HBV，约有30%会变成HBsAg持续携带者；成年人感染HBV，约有5%成为持续携带者。婴幼儿期感染HBV，绝大部分是由妈妈传播给孩子的。

HBsAg家庭聚集性的成因：妈妈是HBsAg家庭聚集性的主体；妈妈HBsAg阳性，尤其是伴有HBeAg阳性，兄弟姐妹之间有显著的HBsAg聚集性；妈妈对孩子HBsAg感染作用是强烈而稳定的；预防乙肝的母婴传播对控制乙肝有决定性意义。

·孕妇感染乙肝与妊娠结局

妊娠早期患了乙肝，会使妊娠反应加重，增加流产机会；妊娠晚期患了乙肝，会引起早产、产后出血和感染。

·与乙肝有关的基本概念

肝炎病毒：迄今为止被命名、且被人们所熟悉的肝炎病毒包括：甲型肝炎病毒（HAV）、乙型肝炎病毒（HBV）、丙型肝炎病毒（HCV）、丁型肝炎病毒（HDV）、戊型肝炎病毒（HEV）和庚型肝炎病毒(HFV)等。

肠道传播的病毒性肝炎：甲型肝炎、

孕妈妈 / 孙菲菲

戊型肝炎，主要经粪——口途径传播，有季节性，可引起爆发流行，不转成慢性。

血液传播的病毒性肝炎：乙型肝炎、丙型肝炎、丁型肝炎，无季节性，部分乙型肝炎和丙型肝炎可发展成慢性，少数可演变成肝硬化和原发性肝癌。

母婴传播和性传播的病毒性肝炎：主要是乙型肝炎。

高效价乙肝免疫球蛋白（HBIG）是由含抗–HBs的人血清提取纯化而制成的专门用于预防乙肝的免疫球蛋白，其成分就是抗–HBs。注射HBIG后，只能在体液中，不能进入肝细胞。因此，只能中和体液中的乙肝病毒，不能中和肝细胞内的病毒。乙肝病毒侵入人体后主要是在肝细胞内繁殖。所以，用于阻断母婴垂直传播时，必须在新生儿出生后12小时注射，才能把分娩时由母体进入婴儿体内的病毒在进入肝细胞前被中和掉。如果在出生后48小时注射，其预防作用明显减小。当乙肝病毒侵入肝细胞，即使大量注射HBIG也无济于事。

HBIG主要用于对乙肝病毒的紧急预防，如阻断母婴传播、阻断意外损伤后的医原性传播、紧急预防性传播和接触传播。

在哺乳和喂养过程中，母亲与婴儿的密切接触，通过唾液、月经血污染等将HBV传染给婴儿。经乳汁传播的意见尚不一致，但通过乳房皲裂渗出的血液可能经哺乳而使婴儿受到感染。所以，大三阳或双阳的母亲最好不要母乳喂养，以减少母婴传播的机会。

•HBsAg阳性母亲所生婴儿的最佳免疫方案

有两种免疫方案，第一：对HBsAg及HBeAg双阳性产妇的新生儿，出生后6小时内先注射一针HBIG，然后按0、1、6月

龄程序接种15微克（5微克/支重组酵母乙肝疫苗）乙肝疫苗三针，第一针在生后24小时内注射于另一侧上臂三角肌，其保护率为93%。第二，在出生后6小时以内和满1个月时各注射一针HBIG，在2、3、6月龄时各注射一针10微克的乙肝疫苗，则保护率可高达97%，除了宫内感染的婴儿，几乎全部得到了保护。因此，将后一种方案（HBIG×2+10微克乙肝疫苗×3）定为阻断母婴传播的最佳免疫方案。但由于人们对血液制品的安全性持怀疑态度，HBIG与乙肝疫苗联合的最佳免疫方案难以实现。所以，目前对于HBsAg及HBeAg双阳性产妇的新生儿采用的免疫方案是三针15微克，0、1、6月的免疫程序。

•新生儿接种乙肝疫苗后，免疫力能持续多久

HBsAg阴性妈妈的婴儿：

免疫后4–6年，抗–HBs阳性率仍可保持在75%以上。

免疫后5–10年，有效抗体降至50%左右，但保护效果仍在80%以上。

HBsAg阳性妈妈的婴儿：

免疫后如果未产生足够保护性抗体（抗–HBs滴度大于10 U/ml），则再感染或产生HBsAg血症的相对危险性比HBsAg阴性妈妈的婴儿高10倍。

应在宝宝1周岁和6周岁时做乙肝两对半血清检查，如果抗–HBs阴性或滴度小于10U/ml，应及时进行加强免疫。采用免疫调节剂（分支杆菌多糖，MPS-A和MPS-B）与乙肝疫苗（15微克-15微克-15微克三针，0、1、2月程序）联合加强免疫，抗–HBs可100%转阳，1年后仍可保持在90%以上。

典型案例

男方是乙肝病毒携带可以要孩子吗？

我是乙肝病毒携带者。HBsAg阳性、HBsAb

筛查情况	乙肝疫苗接种
未做HBsAg筛查妈妈的所有新生儿	5微克三针免疫接种
HBsAg阳性妈妈的新生儿	第一针15微克，第二、三针5微克
HBsAg及HBeAg双阳性妈妈的新生儿	HBIG加5微克三针或单纯15微克三针免疫接种
HBsAg 阴性妈妈的新生儿	5微克三针免疫接种

注：重组酵母乙肝疫苗5微克/支

阴性、HBeAg 阳性、HBeAb 阴性、HbcAb 阳性。肝功能正常。妻子身体健康。

不影响要孩子。但目前暂时不宜要孩子，需要做的有：

到传染病院肝科做进一步检查，确定是否有病毒复制。

你妻子应检查乙肝病毒标志物，确定是否已经被感染。如果没有异常，则进行全程乙肝免疫接种，半年后再受孕。如果女方曾经接种过乙肝疫苗并产生了抗体，现在就可以要宝宝。

孕期注意预防隔离。夫妇双方最好实行分餐制，同房时使用安全套。新生儿出生后及时进行乙肝疫苗接种。

如果丈夫服用药物，需要了解是什么类型的药，应向医生了解其副作用，是否对精子有不良影响。如果准备受孕，应该向医生说明，让医生决定是否继续用药或更换药物。

典型案例

乙肝病毒携带者是否影响胎儿？

我已经结婚多年，非常想生个健康的宝宝。我是乙肝大三阳，从来没有发过病，而且每年定期做检查。我丈夫没有这种病，而且已打了疫苗。我想知道如果我现在怀孕是否影响我的孩子。

检查HBV-DNA或HBV DNA-P，了解是否有乙肝病毒复制。

要根据检验的结果分析，来判断对胎儿的影响，并采取必要的保护措施。

采取各种防护措施阻断母婴垂直传播。在这方面，我国已经有比较完善的一系列措施。你不必担心，到所在地医院，产科医生会为你做必要的检查，并给予防护措施。孩子出生后，也要根据母亲的情况做相应的防护，如注射高效价乙肝免疫球蛋白、乙肝疫苗等。要在区县级以上，最好在市级以上医院做产前保健和分娩。

接种了乙肝疫苗并不意味着已经产生抗体。如果你丈夫乙肝抗体仍为阴性，还需要接种全程乙肝疫苗。乙肝疫苗对精子没有不良影响。

如果你没有乙肝病毒复制，你们夫妇双方也做了孕前检查，没有怀孕禁忌症，就可准备怀孕了。

❖ **甲型肝炎病毒（HAV）与母婴传播**

甲型肝炎病毒一般不通过胎盘传给胎儿，垂直传播的可能性很小。母体产生的抗体对胎儿有保护作用。但是分娩时胎儿可在产道中因吸入羊水及出生后与妈妈的密切接触而感染。

❖ **丙型肝炎病毒（HCV）与母婴传播**

丙型肝炎也存在着母婴传播，其传播可发生于子宫内，也可能发生于分娩和产后母乳喂养时。艾滋病病毒感染会增加丙肝病毒的感染机会。经血和血制品传播是丙肝的主要传播途径，唾液、精液和阴道分泌物也是传播的重要途径，也存在着母婴、性、家庭内接触和医原性传播，但总体来说传播率要低于乙肝。

第2节　产前诊断

175. 产前诊断的必要性和方法

❖ 诊断学检查和筛查的区别

当医生或妈妈担心胎宝宝有问题时，医生会做一些诊断性的检查，还有一些产前筛查，帮助妈妈预测胎宝宝可能出现的问题，以进行早期干预和治疗，把胎儿和妈妈的风险降到最低。

准妈妈感冒、泌尿系感染、烫发染发、X射线检查、吃药，准爸爸抽烟喝酒等等，都会让准父母烦恼万分，不知胎儿发育是否正常，总希望有可靠的检查，来预知胎儿的健康。但准爸爸妈妈们一般并不了解不同的检查手段，解决的是什么问题。

诊断学检查是比较准确的结果，医生通过诊断学检查结果做出判断。有一些医疗方案要在诊断学检查的基础上确定。筛查会告诉你可能发生的问题，或发生问题的风险性，但并不是肯定或否定的。最终的确定需要诊断学检查。

那是否可以省略筛查，直接做诊断学检查，岂不更简单？不是这样的，筛查方法多比较简单，诊断学检查多比较繁琐，且有些诊断学检查是损伤性的。所以，医生建议先做筛查，出现阳性结果再做诊断学检查是最好的。筛查也有不好的一面，有时会给孕妇带来压力和烦恼。所以，我要告诉孕妇，当筛查结果阳性时，不要过分担心。阳性结果并不意味着你的胎宝宝一定会有问题，只是出现问题的几率大些。

随着生育年龄，尤其是初孕年龄的不断增大，防止染色体和先天遗传性疾病胎儿的出生，越来越受到重视。医疗水平高的医院开展的优生筛查项目多些，结果的可靠性大些，医疗水平不是很高的医院，开展的项目少，有时结果不够准确，有的医生对结果的分析不够全面，也会给孕妇带来烦恼。

产前诊断是在遗传咨询的基础上，通过遗传学检测和影像学检查，对高风险胎儿进行明确诊断。产前诊断对某些孕妇非常重要，可及早发现胚胎的异常，及时终止妊娠，避免畸形儿的出生。有下列情况的孕妇应做产前检查：

• 高龄孕妇。孕妇年龄大于35岁，胎儿染色体异常风险率为1%~2%。孕妇若年龄大于40岁，其胎儿染色体异常风险率上升为8%。故对大于35岁的高龄孕妇需做产前诊断监护。

• 高龄准爸爸。父亲年龄超过55岁，出生21-三体综合征患儿的风险率将增加2

孕妈妈／罗月暖

倍。故父亲高龄也为产前诊断的指征。

•已分娩过1例染色体异常婴儿（如21-三体综合征）的孕妇。再次妊娠时，需做产前诊断，因同胞再现的风险率为1%。

•双亲一方为异常染色体携带者，子代患染色体异常风险率显著增加。夫妇一方或双方检查出是异常染色体携带者，应做胎儿产前诊断。

•曾经流产过染色体异常胎儿，或有过两次孕早期自发流产的孕妇，应做胎儿产前诊断。

•孕妇为严重X染色体连锁隐性遗传性疾病基因携带者。若产前不能做出疾病诊断者，应测胎儿性别。因为，X染色体连锁隐性遗传病主要是母传子，所以，最好选择生女孩。

•曾生育过遗传性代谢缺陷病儿的妈妈，再次妊娠时，应进行孕前染色体检查和孕后胎儿产前诊断。

❖ 产前诊断方法

有创伤性和非创伤性两种，创伤性包括羊膜腔穿刺、绒毛取样、脐血取样、胎儿镜和胚胎活检等。目前产前诊断中仍以创伤性方法为主，以羊膜腔穿刺和绒毛取样两种最常用。非创伤性产前诊断包括超声波检查、母体外周血清标志物测定和胎儿细胞检测等。

绒毛取样，羊膜穿刺术及脐带穿刺术的时机。绒毛取样的合适时机是妊娠10-12周；羊膜穿刺术是16-22周，最好为16-18周；脐带穿刺术则从20周开始，直到妊娠后期都可以进行。至于采用哪一种方法合适，由医生根据患者具体情况和医生本人的操作水平而定。

产前诊断结果的准确性：产前诊断因受各种实验条件的影响，一般有1%左右的误诊率。取样时如因母体细胞的污染，会严重影响诊断结果的准确性。在B超导引下，增加了手术的安全性，但仍有引发流产的风险。绒毛取样的流产风险大约是0.6%，羊膜穿刺和脐带穿刺的流产风险大约为0.5%。

•羊膜穿刺

羊膜穿刺是羊膜腔穿刺术的简称，用来检查胎儿排到羊水中的细胞，大约在孕16周进行这一检查。用一根细长的针，穿过孕妇腹部，抽出羊水，然后在实验室中培养细胞，大约需一个月的时间才能出结果。该试验结果对判断染色体是否畸形具有较高的准确度。

做羊膜穿刺时，孕妇没有什么身体反应，也没有什么不适的感觉。仅用于检查胎儿有无遗传性疾病，或评估孕后期胎儿的肺是否发育成熟。

什么情况需要羊膜穿刺检查？准爸爸妈妈的一方家族中有先天性或遗传性疾病的病史，或曾经有过流产、死胎、死产史，可以预知胎儿是否有神经管缺陷、某些遗传性代谢疾病。

一般来讲，羊膜穿刺术是安全的。但也能够引发痉挛、羊水渗漏及阴道出血，

孕妈妈／罗月暖

还会使流产发生率升高。

•绒毛膜细胞检查

绒毛膜取样试验在孕10-12周进行，用于检查的遗传性疾病与羊膜穿刺术相同。将导管或针插入子宫，抽出一些绒毛膜（一种细胞，存在于胎盘组织中）。该绒毛膜所含的染色体与胎儿的染色体相同。

绒毛膜细胞检查是近年发展起来的一项新的产前诊断技术。目前它主要用于了解胎儿的性别和染色体有无异常，其准确性很高，绒毛膜细胞检查比羊膜穿刺的最佳时间（第16-20周）要早得多（怀孕40-70天），能够较早对异常胎儿做出诊断。有性染色体和常染色体异常的胎儿，准妈妈在怀孕期间，可能会有妊娠早期阴道出血，也可能没有任何不适。如果家族中有遗传病史，或高度怀疑胎儿存在染色体异常时，有必要做绒毛膜细胞检查。

绒毛膜细胞检查不是常规的检查项目。尽管其操作是相对安全的，但造成流产的可能性比羊膜穿刺术大得多。有人担心这种操作很可能与胎儿肢体畸形有关，但许多遗传学家认为，于孕10-12周期间进行绒毛膜取样试验，不会使胎儿肢体畸形的发病率增高。从近几年的应用情况来看，对孕妇无不良影响，对出生的新生儿及其日后的随访观察，也未发现有任何异常。

176. 关于B超检查的诸多问题

B超是需要专业解读的影像，也是最常用的对孕妇和胎儿进行检查的方法。B超能够直观地显示胎儿在宫内发育的全过程。自停经第5周直到分娩，均可做出有效诊断。几乎每个孕妇都曾经历过B超检查。

有的孕妇会把超声检查时拍下的胎儿照片保存下来，放在宝宝成长手册的第一页。这真是现代医学带来的好处，在妈妈的子宫中就可以看到宝宝的大体模样。当然它不像真正的照片那样可以清晰地看到宝宝的五官。在不久的将来准妈妈的这一愿望可能实现。

胎儿超声照片：把一个超声探头，放在准妈妈的腹壁上，对着胎儿给一个波峰（超声声波），声波被胎儿反弹回去，就形成了照片。

❖学术界对B超安全性的研究

B超对胎儿到底有无伤害，在医学领域中尚没有权威性定论，可谓众说纷纭。大多数学者认为B超检查对胎儿没有肯定的伤害。从B超原理上分析，B超是超声传导，不存在电离辐射和电磁辐射，是一种声波传导，这种声波对人体组织没有什么伤害。至今尚没有B超检查引起胎儿畸形的报道。据临床观察发现，经过B超检查和未经B超检查出生的新生儿，两者在孕龄、头围、出生体重、身长、先天畸形、新生儿感染、生长发育等各方面均无差别。目前，各医院在产科领域中使用的B超检查对胎儿是安全的。

如果声波密集在某一固定地方，又聚集很长时间的话，就会有热效应，这种热效应达到一定程度时，可能会对人体组织产生不良的影响，影响细胞内的物质，包括染色体。理论上高强度的超声波可通过它的高温及对组织的强化作用，对组织产生伤害。但事实上，医学使用的B超是低强度的，低于94毫瓦/立方厘米，对胎儿是没有危害的。

但是，这并不意味着在整个妊娠期可以随意地做B超检查，而没有时间和次数的限制。

曾经有学者做过这样的实验，对11-12周的胎儿眼睛的晶状体和角膜进行B超照射，发现没有照射过的，没有任何影响；

照射5分钟的，角膜或晶状体有轻度水肿；照射10分钟的，水肿程度较重，停止照射后可恢复正常。如果照射时间超过了20分钟，改变就不可逆了。所以，有学者建议，一次B超的时间不要超过5分钟。

还有科学家研究发现，超声检查至少对妊娠3个月内的胎儿是有害的。1994年，加拿大医学家对大量语言发育障碍的儿童进行研究后发现，儿童的语音发育迟钝与产前B超有关。1997年德国医学家研究认为，怀孕3个月的胎儿的骨骼对高温更敏感，此时应用超声进行产前检查会造成胎儿骨骼受损。如果孕妇高热时进行超声检查，危害更大。

瑞典科学家称，有证据表明，孕期内进行B超检查，可能影响胎儿的大脑发育。他们的结论是基于：接受过超声波照射的男婴，出左撇子的比例偏高。他们认为，男婴的中枢神经系统很可能在超声波透视过程中受到影响。然而，斯德哥尔摩的卡洛林斯卡研究院的一位教授希望孕妇不要因为研究报告而拒绝接受超声波检查。他说，至今没有证据证明B超使婴儿大脑受到损害。

世界卫生组织提出，在必要时才运用超声检查，如无充分的理由，胎儿不应该受到照射。美国超声机构提出：不把B超作为早孕诊断手段。

❖ B超检查的功效

• 监测胎儿生长发育：人们比较熟悉的是测量胎儿的各部位发育指标。如测定胎头至胎臀的长度，常用于推算胎儿的孕周；测定胎头的双顶径、头围、腹围及股骨的长度，来判断胎儿的生长发育是否正常。

• 观察胎儿的生理活动：获得胎心、胎动的资料早于其他检查。不仅是确诊妊娠的依据，还能鉴别胚胎是否存活。产科医生从腹壁外通过触诊的方法，来感觉胎儿的大小及胎位；凭借听诊器来听到胎儿的心跳；利用胎心监护仪记录胎心率的变化。以上观察胎儿的生理现象是不直观的。B超能够直观地看到胎儿在母体内的活动状况，如呼吸情况、身体运动、肢体运动、吞咽动作、张力是否良好等。当胎儿在宫内缺氧受到损害时，这些活动就会明显地减少或消失。

• 测量羊水量：B超可以测量羊水量。羊水过多或过少，都可能预示有胎儿畸形，在每一张超声报告单中，医生都会记录羊水量的数值。

• 了解胎盘情况：胎盘的结构、位置、成熟情况、与子宫壁之间有无出血、有无血管瘤的存在，可以明确地诊断出前置胎盘，胎盘早期剥离等危险情况。彩色多普勒超声可通过检测胎儿脐动脉、肾动脉、脑动脉等大血管的血流参数评估胎盘的功能及胎儿是否有宫内缺氧、窒息等。

• 发现胎儿畸形：孕18-20周胎儿的各个器官已发育成形，此时可看出胎儿是否有畸形，如胎儿肢体畸形、内脏畸形、神经管畸形、无脑儿、脊柱裂、小头畸形等。使用分辨清晰的B超仪，更可诊断出胎儿的肢体畸形、唇腭裂畸形等。在此期间发现胎儿畸形，容易终止妊娠。

做损伤性检查时的辅助手段：介入超声的发展，使孕早期绒毛的吸取、脐带和羊水的穿刺定位更为安全可靠。

❖ 什么情况下应该做B超

• 孕初期有阴道出血。排除是否有宫外孕，是否有先兆流产，是否有葡萄胎。

• 妊娠周数与腹部大小不符。了解胎儿发育情况，是否有胎停育。

• 了解是否有胎儿畸形，应该在妊娠18-20周做。

• 了解胎儿生长发育，是否有胎儿宫内发育迟缓，多在妊娠中晚期。

• 临产前估算胎儿大小，确定是否能够经阴道分娩。

• 当检查怀疑胎位不正，又不能确定时，通过B超检查帮助诊断。

• 妊娠超过预产期，要通过B超了解胎儿、羊水、胎盘情况。

孕期做多少次B超合适

孕期做多少次B超合适？目前多数国家主张正常的孕期B超检查做1～2次为宜。

第一次B超：最好在妊娠18～20周做。在这一时期胎儿的各个脏器已发育完全，仔细的B超检查，可看到每一个重要的脏器有无异常。

第二次B超：妊娠最后几周做。估计胎儿的大小，了解胎盘的位置及羊水量的多少，为产科医生制订分娩计划提供充分的参考依据。

有异常情况的孕妇，做B超次数要依据具体情况而定。如果没有必要，不要频繁做B超。

疑有胎儿生长迟缓，需通过数次B超检查才可以测定治疗的效果；妊娠晚期如果羊水减少，也需要多次B超检查。因为羊水量越少，胎儿发生缺氧，出生时发生窒息的可能性就越大。

不要用B超来鉴别胎儿性别，因为，鉴别胎儿性别需要比较长的时间照射胎儿一个部位，可能会由于B超的热效应，给胎儿带来伤害。从法律上讲，如果没有医学指征，通过B超来做胎儿性别的鉴定并且人为地选择胎儿的性别是违法的。

177. 其他检查方法

胎儿镜检查

胎儿镜可以直接观察到胎儿的外形、性别，判断有无畸形；进行皮肤活检；从胎盘表面的静脉抽取胎儿血标本，对胎儿的某些遗传性代谢疾病、血液病进行产前诊断；给胎儿注射药物，进行胎儿期疾病治疗；还能对胎儿进行外科手术。

您的胎宝宝是否需要做胎儿镜检查，要由医生做出严格的判断。因为，胎儿镜检查是一项技术性较强的产前诊断项目。需要一定的医疗诊断水平的医院和医生来完成。胎儿镜检查造成的胎儿流产率达5%，由操作引起的胎儿死亡率达4.7%。因此，准父母要慎重选择此项检查。

脐静脉穿刺

脐静脉穿刺，就是通过孕妇腹壁从脐带抽取胎儿血样品进行检验。通过脐静脉穿刺检查，可以诊断出胎儿是否患有贫血症，是否感染了一些病毒或其他病原菌，如风疹、弓形虫、单纯疱疹病毒、巨细胞病毒等。通过对胎儿血液酸碱度、氧含量、二氧化碳含量和碳酸氢盐含量的测定，了解胎儿是否有宫内发育迟缓，还可以通过对白细胞的分析提供染色体数目。此项检查也不是常规的，孕3个月后方可做此检查。

没有损伤性的高科技诊断方法——胎儿DNA诊断

最近，美国科学家找到了对胎儿和母

孕妈妈 / 张欣

亲都没有伤害的办法，就是用母亲的一滴血，来诠释一个10周胎龄儿染色体结构，以此预测胎儿的健康状况，这就是胎儿DNA诊断。源于胎儿白细胞的淋巴细胞，可在母体血液中活跃数十年，所以可以通过母体的血液来研究胎儿的DNA。这是最新的，对胎儿和妈妈都没有伤害的高科技产前诊断方法。但科学家们正在研究和实验阶段，已经取得了可喜的进展，会在不久的将来普遍应用于临床中。

❖ 面对新的检查项目怎么办

孕期检查领域不断扩大，方法越来越多，一些传统的检查方法逐渐被新的、先进的检查手段所代替。面对新的检查项目，不但准父母知之甚少，有些医生也并非都全面掌握，对一些检查结果的判断，也确实没有更多的临床经验，缺乏有效的经验积累和病例总结。当准父母读到这本书时，可能又有一些新的检查方法问世，面对一些非常规检查项目，尤其是具有损伤性的产前检查项目，准父母还是要谨慎对待。最好向有权威的专家和机构咨询，详细了解检查的目的、临床运用情况、操作人员资格、适用性等等。有一点是肯定的，不要盲目做检查，孕期检查并不是多多益善，每个孕妇具体情况不同，对有些孕妇来说是必需的检查，对其他孕妇来说也许没有必要。

❖ 是否接受检查的医生忠告

准爸爸妈妈们，当怀疑您的胎儿可能有某种异常时，采取一些检查方法对胎儿进行产前诊断，判断胎儿是否健康，是优生的一项重要措施。检查本身可能发生的问题与生出一个异常儿的风险相比，就显得微不足道了。准父母应正确认识这些检查技术。听从医生的劝告，接受必要的检查，不要失去产前诊断的最佳时机，避免遗恨终生的事情发生。

第十七章　妊娠期的异常情况

- 宫外孕、流产、早产
- 疾病与妊娠
- 胎儿疾病
- 孕期用药的安全等级
- 关于疫苗的使用
- 补品、营养保健品

如果你在妊娠期没有发现任何异常情况，无须看这一章，以免给你带来心理上的负担。如果出现了某些异常情况，也不要在这一章中"对号入座"，这样会给你带来压力，也会延误病情。如果你有异常情况，要在第一时间去看医生。如果医生说没什么问题，你就可以放心了。如果医生说你可能有什么问题，你很想自己搞清楚医生所说的问题，但因为时间关系，医生不能做更多的解释，你可以在这一节中和后面的相关专题中寻找你所遇到的问题。

切莫稍有一点不适就担心自己患了病。不要对着书本给自己诊病，有不适看医生，如果医生告诉你没有病，一定不要背包袱。如果你患了某种病，看一看书上说的，你就会明白，从而积极配合医生的治疗和进行科学的家庭护理。看书的目的就是为了了解更多的知识，医生可能没有时间很全面地给你详细讲解，不能解除你所有的疑虑。在书中你可能会找到在医生那里得不到的解释。我之所以要写这些病，是要提请孕妇注意，对于没有病的孕妇，其目的是增加孕妇的防病知识和孕期护理，而不是增加孕妇的心理负担。书是帮助你解决问题的，是帮助你防患于未然的，不是给你添烦恼的。如果你有疑虑和烦扰，可以任何方式与我联系，我会耐心向你解释，你也可以找一位你信赖的医生咨询。总之，无论如何，你都不要因为某种不适或疑虑影响你孕期的情绪。

第1节 宫外孕、流产、早产

178. 宫外孕

宫外孕顾名思义，就是发生在子宫以外的妊娠，绝大多数宫外孕发生在输卵管，故也常把宫外孕称为输卵管妊娠。发生子宫外孕的几率很小，所以，如果你没有任何异常状况，不要为此担心。一旦你怀疑自己有发生宫外孕的可能，也无需担心，及时看医生，医生会有办法帮助你排除或确定的。

❖ 可能发生宫外孕的危险因素

•性传播疾病，如衣原体和支原体感染。

•有过宫外孕既往史。

•做过盆腔手术特别是做过输卵管手术。

•吸烟。

•年龄在40岁以上。

•接受诱导排卵治疗。

•带宫内节育器妊娠或服用单纯孕激素避孕药妊娠。如果有过宫外孕史，想很快要孩子，请不要放宫内节育器，不要服用单纯孕激素避孕药。

❖ 发生宫外孕的预警信号

•疼痛：输卵管破裂之前，主要是下腹部一侧持续隐痛或剧烈疼痛；总是有少量出血，血色发黑，可保守治疗。输卵管破裂之后，腹部疼痛剧烈，极度痛苦，面色苍白，心跳加快，血压下降，需紧急住院手术治疗。

•出血：宫外孕可导致少量或大量出血。有一半以上孕妇在怀孕过程中曾经有过阴道出血，绝大多数情况下都不是异常妊娠，照例生出健康的宝宝，只有极少数是异常妊娠。所以，不要见血就慌乱紧张。

但要向医生询问，必要时去看医生。

•曾经发生过宫外孕，此次怀孕再次出现宫外孕症状，请立即看医生。

❖ 葡萄胎的诊断依据

葡萄胎的诊断主要靠B超，无胎心及羊水，出现密集的中、低小波；尿或血HCG的测定。一经确诊即应住院治疗。有过葡萄胎妊娠的女性最担心的是能否再怀孕生育一个正常的孩子。这需要连续二三年去医院接受医生的检查和治疗。确诊为葡萄胎，刮宫后应密切观察，及早发现恶变给予化疗。定期随访，半年内每月复查一次，半年后每3个月复查一次，1年后每5个月复查一次，一直随访2年。没有医生允许，一定要做好避孕，万万不可怀孕，那样是很危险的。

发生葡萄胎的原因并不十分清楚。有科学家认为，引发葡萄胎的原因可能是不正常的基因组合，正常的胚胎是由两套染色体的基因组成，一套来自父亲一套来自母亲。葡萄胎除了线粒体外，胚胎的两套基因全都遗传自父方，也就是说葡萄胎有两套来自父方的基因。

179. 早期流产

刚刚植入到子宫内膜，生活不久的早期胚胎与妈妈的连接还不是很稳定，一旦受到外界干扰，就有发生流产的可能。尤其当妈妈还不知道怀孕的时候，可能会做些剧烈的运动，或搬举较重的物品，或性生活等，都可能引起流产。

注意了这些人为的因素，即使发生了流产，爸爸妈妈也不必感到内疚。因为在孕早期大约有15%~20%的孕卵发生自然流产，大多不是人为的外界因素造成的，而是胚胎本身的问题。所以，如果发生了不可逆转的流产，爸爸妈妈也不要太难过，

人类繁衍遵循优胜劣汰的自然规律。更不要相互指责，伤了夫妻感情。

❖ 导致自然流产的可能原因

•由于染色体的数目或结构异常所致的胚胎发育不良，是流产最常见的原因，在自然流产中，遗传因素可占60%～70%，流产儿染色体异常占50%～60%，夫妇一方或双方有染色体异常的约占10%。由此可见，遗传因素是自然流产的最主要的元凶，尤其是怀孕头3个月内的流产。

•大量吸烟（包括被动吸烟）、饮酒、接触化学性毒物、严重的噪音和震动、情绪异常激动、高温环境等一切可导致胎盘和胎儿损伤的因素都可造成流产。

•母体患任何不利于胎儿生长发育的疾病都可造成流产。大约有15%的男性精液中含有一定数量的细菌，可影响孕妇使胎儿流产。

•多次做人工流产可增加自然流产的几率，流产后子宫恢复不好或短时间内再次受孕，也增加流产的几率。

❖ 怎样减少流产的发生

•发生流产后半年以内要避孕，待半年以后再次怀孕，可减少流产的发生。

孕妈妈～罗月暖

• 夫妇双方应做全面的体格检查，特别是遗传学检查。

• 做血型鉴定包括 Rh 血型鉴定。

• 针对黄体功能不全治疗的药物，使用时间要超过上次流产的妊娠期限。如上次是在孕 3 个月流产，则治疗时间不能短于妊娠 3 月。

• 有甲状腺功能低下或亢进，要保证甲状腺功能正常后再怀孕，孕期要监测甲状腺功能，发现问题随时治疗。

• 注意休息，避免房事（尤其是在上次流产的妊娠期内），情绪稳定，生活规律。

• 男方要做生殖系统的检查，有菌精症的要彻底治愈。

• 避免接触有毒物质和放射性物质。

• 如果反复发生自然流产，一定要寻找引起自然流产的原因，接受治疗，做好孕期保胎。

❖ 最早的流产征兆

• 持续阴道出血，一般血的颜色发黑，出血不多，慢慢地排除物的量大了，血的颜色也越来越红，出血量也越来越大。

• 少有的下腹部或肚脐周围疼痛，有点像来月经时的腹部绞痛，一抽一抽地疼，有下坠感。

孕妈妈／任玲

• 恶心、呕吐、乳房发胀等妊娠反应消失，但是正常情况下妊娠反应也会在妊娠 3 个月以后消失的。

• 如果已经有胎动，胎动突然消失或在该有胎动时没有胎动也是很重要的信号。

不要等到上面症状都出现了才去看医生，最好出现一种症状时就去看医生。

妊娠期出血不一定是流产的先兆，大约有四分之一的妊娠早期有出血发生，出血妊娠中有大约一半能正常妊娠到分娩。一旦确定胚胎死亡，很难通过医疗手段阻止流产发生，顺其自然会减少缺陷儿的出生率。

❖ 多次流产

多次流产，特别是没有过一次成功的妊娠，需要做全面的检查，包括：

• 子宫造影术，寻找纤维瘤、粘连、子宫畸形、子宫发育不良或子宫扩张。

• 夫妇双方查染色体排列，排除染色体不正常。

• 感染检查，检查排卵时的宫颈黏液，血清检查支原体、衣原体等生殖感染。

• 激素检查，体温曲线和激素水平。

• 子宫内膜活检，全身检查、免疫检查，精子图等。

❖ 不幸中的幸运

自然流产是孕妇的不幸，但从某种意义上讲，自然流产是人类不断优化自身的一种方式，也是对孕育着的新生命进行自然选择。胎儿早期流产会减少畸形儿的出生，因此，在保胎前应尽可能查明原因，有充分的依据，不要盲目保胎。

❖ 早期流产（孕 12 周以前）特点

在妊娠 12 周内发生流产的孕妇，阴道出血大都出现在腹痛前。这是因为：发生流产时，绒毛和蜕膜分离（好像树根和泥土分离），血窦开放，即开始出血。当胚胎全部剥离排出，子宫强力收缩，出现腹痛，血窦关闭，出血停止。早期流产的全过程均伴有阴道出血。早期流产出现阴道出血后，宫腔内存有血液，特别是血块，刺激子宫收缩，呈阵发性下腹疼痛，故阴道出血出现在腹痛前。

❖ 晚期流产特点（孕 12 周以后）

在妊娠12周以后发生流产的孕妇，则先有阵发性子宫收缩，然后胎盘剥离，故晚期流产阴道出血出现在腹痛后。

❖ 输卵管妊娠（宫外孕）特点

输卵管妊娠发生流产和破裂前多没有任何症状，有的孕妇在下腹一侧有隐痛或酸坠感。输卵管妊娠最早的表现常是腹痛，同时伴有或不伴有阴道不规则出血。腹痛伴有阴道出血，常为胚胎受损的征象，只有腹痛而无阴道出血，多为胚胎继续存活，有发生输卵管破裂的可能。

总结以上3种情况：早期流产，阴道出血在前，腹痛在后；晚期流产，腹痛在前，阴道出血在后；输卵管妊娠，腹痛伴有或不伴有阴道出血。

❖ 先兆流产

阴道出血最常见的原因是流产，包括先兆流产、难免流产、不全流产、完全流产、过期流产、习惯性流产。另外，还可见于葡萄胎和宫外孕。因此，孕后有阴道出血提示有异常，应及时到医院就诊，不应在家中盲目等待。

正常月经和流产是有一定区别的。先兆流产时，阴道有小量不规则流血伴轻微腹痛；难免流产出血量多，腹痛明显；不全流产多在妊娠10周以后，流血多；完全流产虽然完全流出，但也有腹痛。

❖ 自然流产不全是坏事

自然流产的真正原因很难确定，据研究资料表明，流产的发生率约占全部妊娠的15%~20%。引起自然流产的病因可分为遗传病因和非遗传病因两大类。

近20余年来，遗传学家对大量流产儿进行了与遗传有关的细胞核内染色体的研究。发现有50%~60%的流产儿具有异常染色体，这种染色体异常，包括数目异常和结构异常。正由于这些染色体异常而导致了胚胎发育的障碍，胎儿停止发育，造成妊娠中断。

导致胎儿染色体异常的原因主要有两种：

一种是环境中的致畸胎因素，如放射线、病毒和某些药物等。各种致畸胎因素作用于生殖细胞和处于早期发育的胚胎，导致胎儿染色体异常。

另一种是胎儿父母的一方或双方染色体异常。这些染色体异常的父母，往往从外表上看是正常的，并没有发育上的缺陷，而细胞内的遗传物质却发生了变化。他们孕育的胚胎很大一部分为染色体异常的胎儿。

染色体异常的携带者相当多，大约每250对夫妇中就有1个。胚胎死亡、自然流产正是对孕育着的新生命进行选择，祛除了疾病胎儿，保证了健康胎儿的出生。

非遗传病因是指母亲受到感染，或受某些药物、放射性物质的影响，或患有慢性消耗性疾病、内分泌失调、生殖器异常，或在怀孕期进行了盆腔手术等。单纯坐火车不会导致流产，劳累则可导致流产。孕早期每周在电脑前的净工作时间超过20小时，可增加流产的发生率。引起自然流产的原因还有遗传因素和父亲因素。流产后半年再怀孕比较合适。目前你要注意休息，要精神愉快，加强营养，防止过度疲劳，保证充足的睡眠，预防生殖道感染。

180. 早产

早产的定义：妊娠满28周，但不足37周分娩时称为早产。绝大多数孕妇都会足月分娩，孕妇不必过分忧心。妊娠后期会出现宫缩现象，孕妇可能担心是否要早产。孕妇如何自我判断呢？通常情况下，妊娠后期的正常宫缩发生频率低，不规律，强度小，有时孕妇只感觉腹部收紧了一下，很快就过去了。发生早产的宫缩则比较规律，一次宫缩时间比较长，可能会达1分钟；发生频率高，可能会几分钟发生一次；强度也比较大，通常会影响孕妇正常生活，当宫缩发生时，孕妇不得不停止手头工作，扶着肚子等待宫

缩过去。如果出现早产的征兆，请抓紧时间去医院看医生。以下几点建议有助预防早产：

•定期做产前检查，工作再忙也要腾出时间去做产前检查，不要错过规定的检查时间。

•一定要戒烟忌酒，也要避开吸烟的环境。

•注意休息，保证充足的睡眠和合理的膳食结构，不要熬夜，不要加班加点工作，精神要放松，不能时刻处于紧张状态。

•不要搬动重物或做剧烈运动。

•患有发热等疾病要及时看医生，服用任何药物都要听从医生的指导。

第2节　产时和产后异常情况

181. 难产

❖ 怎样理解难产

难产一词是最令孕妇和正在分娩的产妇畏惧的，听到这个词，孕妇周围的亲人也非常紧张。关于难产，孕妇和医生的认识不尽相同，对于医生来说，难产就意味着产妇或胎儿面临着危险，如果不能在短时间内处理，就要紧急施行剖腹产。而对于孕妇和周围的亲人朋友来说，他们不知道难产的医学指征。如果产妇很长时间都不能把孩子生出来，就会认为难产；如果产妇疼痛得很厉害，常常用死去活来形容，也会认为是难产；有的产妇对假临产表现异常敏感，还没有进入临产，就开始紧张，甚至开始折腾，结果把分娩的过程拉得很长，这也会让产妇和周围的亲人认为是难产；有的产妇对分娩认识不足，精神异常紧张，使本来可顺利分娩的过程难以进行，

也进入难产的行列。

❖ 产前预知的难产

产科医学的进步已经使分娩变得相当安全，大多数可能出现的难产都已经能提前预知，在产妇还没有进入分娩状态时，就告知产妇和亲属。当产妇和亲属听到这样的消息时，多不会坚持自然分娩。他们不敢冒这样的风险，他们不但怕失去孩子，也怕孩子伤残，尤其是难产后可能带来的智力伤害。所以，他们别无选择，会痛痛快快地剖腹产。这就是医生认为的难产，是具有严格的医学指征的。医学意义上的难产，产科医生会帮助你妥善解决，即使产前没有预知，在分娩过程出现的诸如胎头旋转异常、宫缩乏力、宫缩过强以及胎儿异常等导致产中难产的情况，医生都能很好地处理，这些产妇都不必担心。

❖ 孕妇及亲属"导致"的难产

孕妇认为的难产却不同。有些孕妇对自然分娩带来的疼痛有一种本能的恐惧，在剖腹产手术很容易实施的今天，虽然从内心和潜意识里崇尚自然分娩，但却更信服在她们看来"安全系数高"的剖腹产，从理智上愿意剖腹产。有这样认识的产妇，即使选择了自然分娩，一旦真正启动分娩，强烈的宫缩引起的阵痛刚一来临，就开始慌乱紧张，对前面的路望而却步，强烈要求剖腹产。产妇会大呼小叫，亲属也不能保持冷静，不能配合医生和助产士的要求。由此使得决定分娩顺利进行的四要素（产道、宫缩、胎儿、产妇状态）不能很好地协调配合，最终导致人为的难产发生。这是最让医生头痛的，因为医生难以预料产妇分娩时是否能保持良好的精神和心理状态，如果进入第二产程出现这种情况，就更让医生棘手，因为这时胎儿可能已经进入产道，给剖腹产带来困难。

导致人为难产的另一个重要因素是丈夫。产妇是否能够顺利度过分娩，丈夫的作用不容忽视。当孕妇处于分娩的"痛苦"中时，守候在身旁的丈夫常常比妻子更加焦虑。从蜜月走向怀孕分娩的这段时间，丈夫对妻子一直是疼爱有加，在整个孕期对其全方位的呵护，就连公婆父母也是百般照顾。在幸福中度过的孕妇，尽管对即将来临的分娩痛有所准备，但一旦真的降临，常常让产妇始料不及。痛苦、哭喊、挣扎，把分娩带来的不适和疼痛扩大化。这时，守候在身旁的丈夫可谓是焦急万分，丈夫不但心疼妻子，更担心母婴的安危，错误地认为剖腹产是解除妻子疼痛，保证母子平安的好办法。所以，当产妇宫缩变得强烈，离胎儿的娩出越来越近的紧要关头，在妻子最需要丈夫鼓励的时候，丈夫却全线崩溃了，只要能不让妻子难受，

孕妈妈 / 宋美萍

孩子快快出来，做什么都可以，比妻子有更强烈的选择剖腹产愿望，而丈夫又是能在手术协议上签字的人，结果自然顺娩宣告"失败"。现在这种"难产"越来越多，这也是剖腹产率居高不下的原因之一。

典型案例

萍萍是爸爸的掌上明珠，生孩子时年方23岁。产前检查一切正常，具备自然分娩的条件。可当宫口开到五六指时，一阵紧似一阵的宫缩，使萍萍再也无法在亲人面前保持镇静，当爸爸来到面前时，她哭着对爸爸说"爸爸，我要死了，我不要生孩子。"老岳父开始训斥姑爷："怎么还不去找大夫，非要等到出人命啊！赶快剖腹产。"已经很担心的丈夫马上下定决心，强烈要求剖腹产。大夫说产程进展很顺利，顺产没问题。"我们就是要剖！"丈夫在手术协议上签了字。

处于宫缩阵痛中的产妇需要周围人的鼓励和支持。当产妇喊着要剖腹产、不能忍受了、痛得要死的时候，都是不由自主的，并非是理智的判断。有医生在为她的安全把关，如果有难产情况，医生会比任何人都着急。周围的亲人，尤其是丈夫和父母公婆，面对分娩中的产妇一定要保持镇静，给予产妇关怀和支持，不要代医生

决定是否要剖腹产，更不能因为产妇喊着要剖腹产就认为一定需要这样做。有的人并不忌讳"死"这个词，平时也会说"气死我了"、"累死我了"，不会引起人们的注意，人们也不会真的认为说话的人会死。可处在分娩中的产妇却不同了，"疼死我了"，一个死字会让周围的亲人异常害怕。丈夫和周围的亲人一定要清楚，判断分娩情况的既不是产妇本人，也不是你们，而是医生和助产士。如果医生需要你们做决定的时候，你们再做也不迟。

❖ 关于"干生"

有的产妇对早破水（胎膜早破）的理解有误，认为只要没上产床前破水了，就是早破水。并认为早破水会给分娩带来困难和过度疼痛，是"干生"。

所谓早破水是指在分娩开始前发生破水。一旦分娩开始发动，无论是在哪一期破水，都不能诊断为胎膜早破，不会因为破水而使分娩更困难。

❖ 生产过程中的难产

在分娩过程中可能会出现异常情况，但就现代的产科技术而言，大多能得到很

宝宝／王炫
我是快乐的小美女！

好的处理，引起不良后果的可能性已经降得很低了。为了避免分娩中异常情况的出现，产妇在分娩过程中的身体和心理状态也是非常关键的。等待分娩的孕妇，最好不要过多考虑异常问题。

可以预知的难产，在产前医生都会给予积极的处理，制定安全的分娩计划。所以，分娩中的难产发生率是很低的。不可预知的难产主要是在分娩过程中发生的，但产妇也不要担心，医生会密切观察产程的进展，加上对胎儿和产妇的监护，能够及时发现异常情况，发生危险的几率非常小。如果你在分娩中听到下面这些专业名词，不要紧张，医生会尽力帮助你，给予母婴最大的安全保障。

我本不想写这些异常，怕引起孕妇的担心，但又一想，我即使不写，孕妇也会在其他书籍中看到或听周围人说起，或生产过程中在自己身上发生，孕妇会非常不安。所以，我还是把它们写出来，或许能够帮助孕妇明白是怎么回事。记住，就现在的医疗水平和产科技术，很多在过去看来难以解决的难产，已经不成问题了。医生会提前和你及你的丈夫说明，会征求你们的意见，并拿出医生的看法或决定，你自己不必过分担心这些问题。

❖ 宫缩乏力

当分娩发动后，子宫收缩推出胎儿的力量很微弱时称为宫缩乏力。宫缩乏力可发生在分娩的不同阶段，有的是从一开始宫缩就微弱；有的是在分娩过程中变弱。在分娩过程中变弱的，多是由于产程过长或用力方法不得当，导致产妇疲劳。出现这种情形，医生多会使用促进宫缩增强的药物，如催产素。

如果宫缩不是太弱，医生会给产妇打一针睡觉的药，让产妇休息一段时间，解

除疲劳后再分娩。如果不能使宫缩恢复或有其他情况，医生认为比较严重时，会采用剖腹产。所有这些处理和决定，都不需要你来担心，更不要紧张害怕，你的担心和害怕不但对恢复正常的宫缩没有帮助，还会导致其他问题。这时，最好的选择是安心地休息，相信医生和助产士会妥善处理出现的问题。

❖ 宫缩过强

子宫收缩过强也不行。引起子宫收缩过强的原因有不恰当使用促进子宫收缩的药物、早破水等。

当子宫收缩过强时，产妇大都不能很好地承受，因为过强的宫缩会引发剧烈的疼痛。如果产妇能够承受过强的宫缩，产道和胎儿又没有异常，多能急速分娩，急速分娩可能会发生产道裂伤或产后出血，胎儿头部也可能会受到伤害。所以，如果宫缩过强，腹痛过于强烈时，要及时告诉医生。

❖ 软产道坚韧

软产道坚韧大多发生在高龄孕妇，医生会使用子宫颈软化的药物，使产道变得柔软易于胎儿娩出。实际上，高龄孕妇并不是剖腹产的指征，除非是年龄过高（大于40岁）。现在人从生理上，普遍比过去年轻，在40岁以下的孕妇，即使是初产，顺利分娩的可能性也是很大的。只要没有顺产的禁忌情况，不要轻易放弃自然分娩的机会。

典型案例

潘女士生女儿时38岁，38岁的初产妇自然选择了剖腹产。可是，不巧的是，在她动产的那天，事先预约好的产科医生出国考察去了。就在丈夫重新为妻子确定手术医生的时候，潘女士已经发动分娩，宫缩一阵紧似一阵，宫口缓慢打开，看起来产程进展相当顺利。最重要的是，面对宫缩带

来的腹痛，潘女士完全能够忍受，似乎没有产前想象的那样，会痛的死去活来。产科医生把产程顺利的消息告诉了潘女士，征求夫妇意见，是否愿意尝试顺产？听到医生这么问，潘女士喜出望外，因为她心里已经这么想了，要自己把孩子生下来！几个小时后，女儿顺利降生，母女平安。后来，潘女士成了自然分娩的强烈拥护者和倡导者。

❖ 胎头旋转异常

胎儿通过产道时，为了适应产道的曲线，会不断转换方向，这些都是自然进行的，一般无须助产士协助。但有时会发生胎头旋转异常，给胎儿的顺利娩出带来麻烦。遇到这种情况，医生或助产士可能会协助胎儿改变不正常的位置。这些都不需要产妇操心，产妇要做的是配合医生，让医生把更多的精力用在解决问题上，而不是把更多的精力和时间用在疏导产妇的情绪上。镇静面对，相信医生，配合医生，调动内在力量，协调孩子、医生和你三方力量，共同努力顺利分娩，这种心理状态对顺利分娩具有神奇的力量。如果你提前做好了这样的准备，相信在你遇到分娩困境时，一定能够做得更好。很多时候，人不是被事情难倒，而是被为难情绪打倒，要相信精神的力量。

❖ 胎盘早剥

正常情况下，胎盘是在胎儿娩出后才开始剥离娩出的。当胎儿还没有娩出的时候，胎盘就开始剥离，会发生阴道出血现象。遇到这种情况，医生会立即施行剖腹产的。

❖ 子宫颈管裂伤

急产或产力比较大，可能会发生子宫颈管裂伤。有经验和负责的助产士或医生会在产妇娩出胎儿后，对产妇的产道和宫颈进行检查，如果发现有裂伤，会及时缝合。但有时并不能及时发现。如果产后宫

缩很好，阴道和外阴也没有伤口，但却有鲜血流出，这时医生会考虑是否有宫颈裂伤的可能，如果是，马上就会进行缝合术。

典型案例

曾经有位产妇，是急产，但整个分娩过程都很顺利，于分娩后第 2 天就出院了。可回到家后，有很多的鲜血流出，她并未认识到是异常情况，既没到医院看医生，也没向医生咨询。一直认为是恶露，持续了 40 多天。在产后 42 天的产后检查时，才发现宫颈有三处裂伤。这时再做缝合已经晚了，如果要缝合就需要做新的创口。产前血色素 110 克 / 升，产后 42 天血素是 69 克 / 升，发生了失血性贫血。记住：产后发现阴道鲜血流出，必须立即就医。

❖ **胎盘滞留**

随着胎儿的娩出，胎盘也就随之娩出，如果胎盘长时间没有娩出，就称为胎盘滞留。如果你在产床上听到这个词，可不要害怕，更不要着急，医生和助产士会有办法让滞留的胎盘娩出来的。

❖ **产后出血**

产后出血问题是医生很重视的，也是医生对产妇进行观察和监护的重要项目。产后出血几乎都发生在医院，所以，你不要担心，一旦发生产后出血医生会立即进行处理的。

❖ **缘何瓜熟蒂不落——过期产**

妈妈妊娠 42 周以后才出生的胎儿称为过期产儿，为什么瓜熟蒂不落呢？

妈妈的月经周期不准确，按照末次月经计算的预产期当然也不那么可靠了，尽管到了"预产期"可还没到瓜熟的时候。

妈妈没有清晰地记住末次月经来潮的确切时间，经 B 超评估的胎龄，这"预产期"就打了折扣。

什么都正常，可怀孕的那个月，恰好卵子的排出时间向后推迟了，受精卵的诞生晚了半拍，胎儿在子宫内生活时间还没满期。

不知是什么原因，不能启动分娩，是真的过期了，这时胎盘可能会老化，胎儿不能得到充足的氧气和营养素，再待在子宫中只有坏处了。所以，医生会想办法发动分娩。孕妇不能一味抱着"瓜熟蒂落"的观念不放，到了预产期不动产应该看医生。

182. 产后防病

❖ **产褥热**

当产妇出现发热时，不要以为感冒而忽略，首先要想到产褥感染的可能。一旦发生产褥感染，一定要及时、彻底地进行治疗，以防炎症扩大蔓延和留下后遗症，甚至危及生命。产妇发热，一定要及时看医生。

为防止产褥感染，分娩时，尽量多吃新鲜水果，多饮水，充分休息。产后 42 天内避免性生活、盆浴。平时应注意合理饮食，早下床活动，及时小便，以避免膀胱内尿液潴留，影响子宫的收缩及恶露的排出。注意产后会阴部的清洁卫生，最好使用消毒过的卫生纸和卫生棉。哺乳的妈妈，如果因为健康原因需要服药，一定要告诉医生开不影响妈妈哺乳的药物。

• 防止产褥热的医生忠告

室内空气流通，室温不要过高，保持在 24℃左右。

春季气候干燥，室内放置加湿器，室内湿度保持在 45%–50%。

有恶露时不要同房。

不要盆浴，用流动水冲洗外阴。

合理饮食，早下床活动，及时小便。

使用消毒过的卫生纸和卫生棉。

• 产褥热讯号

发热：产妇发热时，不要简单地认为是受凉感冒，首先要想到产褥感染的可能。

出汗过多：如果产妇出汗突然过多，感到不适，也要想到产褥热的可能。

恶露异常改变时，要想到产褥热的可能。

小腹、阴道、骶尾部出现疼痛。

❖ 产后泌尿系感染

导尿或留置导尿管，可造成尿道和膀胱黏膜的损伤，增加了尿路感染的危险。统计资料显示：分娩前常规导尿，产褥期发生尿路感染者占9%；留置尿管72小时以上，几乎全部病例发生菌尿，细菌沿尿道与导尿管之间的黏膜上升而进入膀胱，引起膀胱炎，甚至肾盂肾炎。产后注意会阴局部清洁，处理好分泌物，不要憋尿，多饮水可预防泌尿系感染的发生。一旦出现尿频、尿急、尿痛、排尿不畅、腰痛等症状要及时看医生。

有的产妇会出现排尿不尽感，主要是因为，分娩后阴道壁松弛，甚至有膨出，造成压力性尿失禁。要注意锻炼，如仰卧起坐、跳绳、盆底肌锻炼。如果有较严重的阴道壁松弛或膨出，可考虑手术治疗。另外，还应排除无症状性菌尿造成的排尿不尽感，可做尿沉渣检查和尿培养。

❖ 孕期感染性疾病产后转归

患淋病的产妇，淋球菌上行性感染可引起产褥热，严重时可导致败血症。

分娩前有霉菌性阴道炎，产后会加重，要积极治疗。

阴道带有B组链球菌的产妇，产后B组链球菌可通过阴道上行，引起子宫内膜炎。

沙眼衣原体感染的孕妇，产后也可发生子宫内膜感染。

❖ 产后抑郁症

怀孕期间，体内激素水平会发生比较大的改变，雌激素水平要比平时高出1000倍，随着分娩的结束，激素水平急速下降，势必要影响产妇的身体和心境。所以，产妇常常很敏感，一点点小的刺激都可能引起大的情绪波动，焦躁不安，稍有不如意的事情，就会陷入郁闷之中。乳汁的分泌受产妇情绪影响，本来已经下奶了，乳汁也比较充足，但只要产妇心情不佳，乳汁就会减少，真是立竿见影。所以，在月子里，周围的人都怕惹着产妇，丈夫、父母和公婆都小心翼翼的。即使这样，有些产妇可能还是动不动就流泪。周围的人理解产妇的特殊情况，产妇也要自己劝慰自己，宽容待人。

生育宝宝是父母共同的责任，上天把繁衍下一代的重任交给母亲，由母亲承担十月怀胎，一定有他的道理，你应该为能肩负起这样的重任而骄傲。父亲没有孕育胎儿的机会，而你却拥有，你提前品尝到了做母亲的滋味，胎儿的每一次运动，都会引起你母性的爱。这是何等的幸福。经过十月的孕育，宝宝出生了，你真正实现了做母亲的愿望。还有什么比这更令你激动的呢？没有做过母亲的女人不是完美的女人，做了母亲，会使你变得更加宽厚。想到这些，即使有一些身体上的不适，你

宝宝 /LUNA

也应淡化它，而不是无限地放大。你不应该把自己看做是最大的功臣，而应该把自己看做是世界上最幸福的人。因为你有了最可爱的宝宝，你做了母亲，你有的应该是感动。如果你能这么想，你就少了许多烦恼，在产后的日子里，家里就会充满着温馨和快乐。因为你这时是全家的中心，你的情绪影响着周围人的心境。你高兴，大家都会高兴；你难过，大家都会紧张。当人们紧张得不知如何是好时，你会更加生气，以为他们不心疼你。其实，你不高兴，你周围的人哪还敢高兴。产后抑郁是有因可寻的，有生理问题，也有心理问题。但如果你能用健康的心理去对待它，就不会患严重的产后抑郁症了。

❖ 产后高血压

妊娠期高血压的产妇，产后大多会遗留一段时间的高血压和蛋白尿，有一部分在产后不同时期得到治愈，还有一小部分可能会持续遗留高血压。我曾因担任《妊高征产后血压变化及相关因素探讨》和《围产期干预对妊高征血压转归远期观察》两项科研课题的主研人，查阅了大量关于妊娠高血压的资料。

过去普遍认为妊高征因妊娠而出现，随分娩而消失，是与生育有关的高血压，故名妊高征。人们极少考虑到妊高征与女性，尤其是年轻女性高血压发病的关系。我们对2116例被诊断为妊高征的产妇进行随机筛查和抗高血压对照治疗。得出的结论是：

首先，在有妊高征史的年轻女性中，高血压的发病率高达36%。

其次，在抗高血压对照试验中，未接受治疗组，妊高征产后一年遗留高血压达30%；在治疗组，一年后遗留高血压为6%。

年轻女性高血压发病与妊高征相关。

妊高征的重要病理改变是一种急性血管病变，使血管痉挛，如果这种痉挛持续数周得不到缓解，血管长期处于缺血缺氧状态，就会造成永久性病变，遗留持久高血压。当然，这种理论上的解释还有待于进一步研究证实。

❖ 妊高征产妇处于空白点

产科非常重视妊高征，内科也很重视高血压，但为什么并发妊高征的产妇得不到及时治疗，而遗留高血压呢？这不难理解，妊高征产后遗留高血压问题正好处于产科和内科的边缘地带，容易被遗漏。

妊高征是产科危重症，是导致母婴死亡的重要原因之一，在孕产妇中发病率高达10%左右，近年来有上升趋势。分娩后2周以内的妊高征产妇多还在医院住院期间，仍然接受着抗高血压治疗。出院后，有90%的产妇血压基本维持在正常范围。所以，人们普遍认为妊高征随分娩而消失，高血压自然也就不治而愈了。但是，当这些产妇出院后停止服用抗高血压药后，有一部分产妇血压会有再次升高的可能。产妇出院后面临抚养新生宝宝的喜悦和忙乱，往往无暇顾及监控自己的血压状况。产后高血压的遗留问题同时也成了产科和内科医生忽视的空白点。

•易患妊高征的高危人群

母亲有妊高征史。

父母一方或双方有高血压史。

孕妇小于20岁或大于35岁。

孕前患有慢性高血压、糖尿病、慢性肾病。

双胎和多胎。

水肿明显、血脂异常、钙异常、尿蛋白阳性、体重异常。

•妊高征的干预措施

限盐。

孕中晚期采取左侧卧位。

多吃新鲜水果蔬菜。

避免精神紧张。

按需要控制血糖。

控制体重。

由保健医、医生或营养师指导饮食。

补充维生素和钙剂。

产后高血压治疗。

产后定期随访，密切监测血压。

第3节　妊娠期并发疾病

183. 妊娠并发泌尿系统感染

女性泌尿系感染发病率比较高，妊娠期更容易合并泌尿系感染。尿中有脓细胞，腰痛，不能排除尿路感染，如有发热要排除急性肾盂肾炎。孕期合并尿路感染应积极治疗，以防发展成肾盂肾炎。孕期并不是所有的药物都不能使用，要权衡利弊，当疾病所造成的损害大于药物副作用时就应选择药物治疗。你可使用青霉素或先锋5号。同时要注意休息，多饮水。多饮水对肾脏没有负担。发展成肾盂肾炎，胎儿就要受疾病和药物的双重影响。所以，预防泌尿系感染是很有必要的。

❖ 孕妇如何预防泌尿系感染

•保持肛门、外阴、尿道口清洁。这一点对于大多数孕妇来说，似乎并不重要，孕妇们已经非常注意卫生了。常遇到孕妇有这样的疑问：我已经非常讲究卫生了，怎么还会患泌尿系感染呢？是的，医学上所讲的卫生并非完全像你所理解的那样，天天洗并不一定达到了医学清洁卫生的要求。

•每天清洗外阴。但有的孕妇洗的方法不对，一般来说，清洗的先后顺序是：尿道口、阴道口、小阴唇与大阴唇的缝隙、大阴唇、两腹股沟、会阴、肛门口、肛门周围。而且洗过的地方不要再重复洗。不

能想洗哪儿就洗哪儿，那样的话，会导致互相污染。

•每天更换和清洗暴晒内裤。孕妇每天都更换内裤，可却把内裤放在卫生间或阴湿处，忽视了阳光是最好的杀毒剂，在阳光下暴晒是最天然的消毒措施。

•不要乱用女性外阴洗液。有的孕妇从始至终都使用某种洗液，而大多数是从商店自行购买的，并不清楚其成分和作用。其实，用清水清洗是最好的，它不会改变外阴局部的酸碱度，而外阴局部的酸碱度是自我保护不受病原菌侵袭的适宜环境。因此，没有医学指征和医学指导，不要轻易使用有药物成分和有医疗功效的洗液。酸碱度标注中性，但含有药物成分或具有医疗功效的洗液，也要在专业人士指导下使用。

•坚持便前洗手和便后清洗。人们都知道饭前便后要洗手，但便后清洗肛门也是非常重要的，尿道、阴道、肛门挨得非常近，尿道、阴道内是无菌的，而肠道内有众多的菌，尽管在肠道内属非致病菌，但到了阴道、尿道就可能成了致病菌。所以，肛门局部的清洁是非常重要的，便后及时清洗就显得很重要了。

•多饮水。饮水是预防泌尿系统感染的好方法。多饮水就能多排尿，清澈的尿液

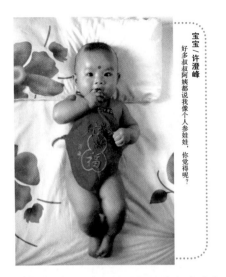

宝宝/许澄峰

好多叔叔阿姨都说我像个人参娃娃，你觉得呢？

不但不会刺激尿道口，还对尿道有清洁作用，就如同管道一样，经常冲刷清洗才能保持洁净。

•减少对输尿管的压迫。无论是白天还是黑夜，无论是坐着还是躺着，都要注意减少子宫对输尿管的压迫。当仰卧位或靠在倾斜度很大的椅子或沙发上时，增大的子宫会对输尿管产生压迫，使尿液循环不畅，导致肾盂积水，增加尿路感染机会。

•减少尿酸，加快排泄。因为孕妇要增加营养，比平时多进食蛋白质和脂类食品，尤其海产品和瘦肉。所以，会增加尿酸的浓度，过多尿酸经肾脏排泄时会刺激尿道，增加感染的机会。多饮水可起到稀释尿液的作用。

•尿糖对感染的影响。糖是细菌，尤其是霉菌最好的培养基，有些孕妇到了孕中晚期血糖会增高，尿糖浓度也相应增高，增加患泌尿系感染的机会。因此，孕期监测糖代谢不但可及时发现孕期糖尿病，还对预防尿路感染有益。

•情绪对孕妇的身体健康起着非常重要的作用。保持良好的心情，是预防各种疾病的良药。低落、紧张、恐惧等情绪都是

疾病的诱发因素。

❖ <u>孕期合并泌尿系统感染时孕妇需要了解和注意什么</u>

孕妇一旦被确诊患了泌尿系统感染，应积极配合医生采取应对措施。

医生会为你选择对细菌敏感，且对胎儿相对安全，副作用小的抗菌素，不要拒绝治疗。

注意休息，多饮水。

如被确诊为肾盂肾炎，需静脉途径给药，并卧床休息；

如有发热需物理降温和药物降温相结合。

不能顾此失彼，更不能避重就轻，当患有泌尿系统感染，尤其是肾盂肾炎时，疾病本身对孕妇和胎儿的影响要远远大于药物的影响了。

❖ <u>育龄女性何以易发肾盂肾炎</u>

肾盂肾炎好发于育龄期女性，妊娠期也容易合并肾盂肾炎。这是因为：妊娠期雌激素和孕激素分泌增加，使尿路平滑肌松弛，输尿管的蠕动减弱；妊娠期间增大的子宫压迫盆腔内输尿管，形成机械性尿路梗阻，加之子宫右旋，使右侧输尿管受压更明显，致使肾盂扩张、扭曲；随着子宫增大，盆腔淤血；不断增大的胎头将妈妈的膀胱向上推移变位，造成排尿不畅和尿潴留；孕期尿液中的葡萄糖和氨基酸以及一些水溶性维生素增多，细菌易于繁殖。

❖ <u>患肾盂肾炎的典型症状</u>

急性肾盂肾炎最典型的症状就是尿频、尿急、尿痛和发热，还可有周身乏力、腰痛、发冷、恶心、腹胀、腹泻等。尿液外观发浑，镜检可见红细胞、白细胞和脓球。

❖ <u>肾盂肾炎对胎儿和准妈妈的危害</u>

如果准妈妈有高热，可引起胎儿流产、早产或胎停育。如果在孕早期出现高热，可

导致胎儿神经管发育障碍。妊娠期女性患此病较之未妊娠女性更易出现肾功能障碍。

❖ 妊娠对肾盂肾炎转归的影响

由于妊娠期引起泌尿系统生理上的变化，使肾盂肾炎的发病率增高。妊娠前如果有无症状菌尿，妊娠后则多发生尿路感染，分娩后尿路感染发生率也增加，如果不及时治疗，可发展为慢性肾盂肾炎。

❖ 妊娠期肾盂肾炎的治疗

卧床休息应采取侧卧位，以缓解子宫对输尿管的压迫，使尿液引流通畅。

多饮水是减轻症状最好的方法，如果每天尿量保持在2000毫升以上可使症状明显减轻。有的患者因排尿时疼痛不敢喝水，这是非常错误的做法，越是不喝水，排出的尿液越浓，有炎症的尿液更刺激膀胱和尿道。多饮水可缓解排尿痛，还能使病情减轻，加快疾病痊愈。如果实在喝不进去，或喝了就恶心呕吐，也可静脉输液，但最好自己喝。

❖ 患肾盂肾炎时抗菌素的使用

本病的抗菌素治疗是非常关键的。许多治疗失败的原因都是因为抗菌素的使用不当。

一定要选对药物。引起尿路感染的细菌多是革兰阴性杆菌，所以没有做尿培养条件的，应首选抗革兰阴性菌的抗菌素，如氨苄青霉素、头孢菌素。

一定要用够疗程。这一点最容易被忽视。大多数患者，一旦症状消失，尿常规正常就停药。实际上，尿中还有一定数量的细菌（无症状菌尿），一旦停药，细菌就可能繁殖再次引起尿路感染。所以，至少要用4周的抗菌素。停药前应做24小时或12小时尿沉渣检查，有条件的最好做尿细菌培养。

慎重选用的抗菌素：氨基糖甙类（如庆大霉素）、呋喃坦啶及磺胺类抗生素对胎儿有不同程度的伤害，病情特别需要时慎重选用。

禁忌选用的抗菌素：四环素、氯霉素对胎儿的伤害很大，禁止使用。

184. 孕期并发生殖系统疾病

❖ 霉菌性阴道炎

霉菌性阴道炎是常见的阴道感染性疾病，也是妊娠妇女的常见并发症。霉菌是机会菌，当机体抵抗力降低、服用广谱抗生素时间较长、患有糖尿病时都可引起此病。

•霉菌性阴道炎的传播途径

传播途径有直接传播（如性传播）和间接传播（如公共浴池、游泳池、卫生间、器械传播，本人或丈夫有脚癣或手癣，内裤未经太阳晒、放置在潮湿地方或时间过长，使用不合格的卫生巾和卫生护垫等）。

•霉菌性阴道炎的治疗

为了避免感染新生儿，孕期合并霉菌性阴道炎应给予治疗，不能等到分娩后再治疗。主要是局部治疗，可用苏打水冲洗外阴，阴道放抗霉菌栓剂。一般1个疗程（2周左右）即可使霉菌检查转阴，但易复发，应监测至妊娠8个月。

•药物与疾病利弊比

治疗用的药物与疾病本身相比，是利大于弊，应该使用，口服抗霉菌药妊娠期间是禁用的，局部用药副作用相对较小。孕期患霉菌性阴道炎的不少，没有因为使用抗霉菌的外用药而影响胎儿健康的案例。

•霉菌性阴道炎的预防

霉菌性阴道炎是由于霉菌感染阴道所致，霉菌是机会菌，可通过多种渠道感染，要注意内裤卫生，内裤要在阳光下暴晒，用开水烫，爱人也如此，以避免交叉感染，放置时间长的内裤不要穿。卫生巾和卫生护垫有可能是感染霉菌的途径，要购买合格的卫生产品。洗浴也是感染霉菌的途径。总之，你所有使用的与外阴有关的用具都要注意预防霉菌感染。

•霉菌性阴道炎对妊娠的影响

除急性期外，一般不影响妊娠，较轻的霉菌性阴道炎可无任何临床症状。主要症状是阴道瘙痒，分泌物成白色豆腐渣样。

在妊娠期，雌激素水平升高，阴道内糖原的合成增加，这种高雌激素、高糖环境，加之妊娠本身的免疫抑制作用，有利于霉菌的侵入。

185. 妊娠高血压综合征

妊娠高血压综合征的典型临床表现有高血压（大于90/140毫米汞柱）、蛋白尿（大于3克/升）和水肿，约1/4的患者可找到原因如肾脏疾病，但大部分病例原因不明。妊娠并发妊娠高血压综合征时，胎盘和子宫血流减少，可导致胎儿流产、生长迟缓、宫内缺氧、羊水胎粪污染或发生智力不全、脑性瘫痪等。所以，在每次的体检中，医生都会为你测量血压，观察水肿情况，定期化验尿蛋白。有的医院开展了妊高征预测，给予早期干预，早期治疗。如果有下列症状之一，应向医生反映，及时发现妊高征的早期征兆。

❖ 妊娠高血压综合征的征兆

•你常常感觉有头晕目眩，感觉一阵阵头胀大，睡眠也不好，觉得身体不舒服，有些倦怠。

•当你起床时，或从坐位变为站立时，或转身转头时，感觉眼冒金星，看东西也不那么清晰了。

•尽管你喝水不少，但尿却不多，手足好像有些发胀、发硬，可能体内积存了较多的液体。

•体重增加比较快，但你并没有猛吃猛喝，也找不到其他导致你体重快速增长的原因。

•妊娠反应早就消失了，可近来又时常感觉恶心，胃不舒服。

❖ 妊娠高血压综合征预防措施

•到了孕中晚期尽量采取左侧卧位。

•尽量多进食蔬菜和水果，少吃刺激性和油腻食物。

•少盐，高蛋白饮食。

•保证充足的睡眠时间，能卧位尽量卧位，不要仰靠在沙发或椅子上。

•多吃富含维生素C和胡萝卜素的食物。

•注意补充维生素C和钙剂。

•定期进行孕期保健，听取医生的建议。

186. 孕期糖尿病筛查

正常妊娠而无高危因素者一般在孕24-28周进行采血化验筛查，而高危因素人群首诊时就应接受筛查。高危因素包括：高龄，孕妇年龄超过35岁；孕前体重超重；妊娠体重增长过多；有糖尿病家族史；有吸烟史；妊高征或有既往不良妊娠史等。高危因素孕妇如第一次筛查正常，应在孕32周复查。

孕24周需要做妊娠期糖尿病筛查了。孕期进行糖尿病筛查已经成了孕检的一项常规项目。由于生活方式的改变，体重指数大、营养过剩的孕妇越来越多，妊娠期糖尿病的发生率也逐渐增加。进行孕期糖尿病筛查具有非常重要的临床意义。当有下列情况时需要做糖尿病筛查：

年龄大于35岁；超重或肥胖；患有高血压；家族中有糖尿病病史，尤其是父母和兄弟姐妹；曾分娩过巨大儿；孕前或孕早期曾有过血糖偏高或尿糖阳性；曾有胎停育史。

筛查方法：孕24周，口服50克葡萄糖，2小时后采血测定血糖，如果大于7.8mmol/L为异常。不限制孕妇最后进餐时间，可在任何时间进行糖筛试验。

如果筛查结果是阳性，你也不要着急，在阳性结果中，有85%的人通过糖尿病诊断学检查被证实没有合并妊娠期糖尿病。但是，你也不能因此而心存侥幸，毕竟有15%患病的可能。如果你被证实为妊娠期糖尿病，早期干预治疗对你和胎儿都是非常重要的。

如果筛查结果阳性，医生会继续让你做妊娠期糖尿病诊断性检查，确定是否患有妊娠期糖尿病，一旦确诊，医生就会给予抗糖尿病治疗。

一旦确定有妊娠期糖尿病，就需要积极干预。首先是饮食干预，孕期不能通过严格控制饮食来控制血糖，如果采取糖尿病饮食，会因为饮食摄入不足，导致营养缺乏，影响胎儿生长发育。所以，妊娠期糖尿病的治疗主要采取胰岛素治疗和适当饮食控制的方法。具体治疗措施，医生会根据孕妇具体情况，结合化验检查制定合理的治疗方案，孕妇不要担心，只要在不影响胎儿生长发育基础上，把血糖控制在正常范围内，妊娠期糖尿病对你和胎儿就不会有任何不良影响，按照医生的医嘱去做就好了。

值得提醒的是，如果确诊了妊娠期糖尿病，家族直系亲属，主要是父母双亲和兄弟姐妹中，有患II型糖尿病的人，产后一定要继续监测血糖变化，以免由妊娠期糖尿病发展成II型糖尿病。

187. 妊娠期糖尿病

妊娠期糖尿病发病原因是多方面的，肥胖、膳食结构不合理是主要的原因，因此，

孕期要注意饮食搭配合理，适当控制体重增长，按时进行妊娠期糖尿病筛查，及早干预治疗。

❖ **对母婴的危害**

•增加孕期合并症。糖尿病孕妇合并妊高征者占25%–32%。感染增多，如肾盂肾炎、无症状菌尿、皮肤疖肿、产褥热感染、乳腺炎等。

•羊水过多，比非糖尿病孕妇高10倍，可造成胎膜早破和早产。

•产程延长，可出现产程停滞和产后出血等。

•剖腹产率增加。

•巨大儿发生率增加，使难产、产伤和胎儿死亡发生率增加。

•胎儿畸形率增加，畸形类型涉及全身所有器官系统，多见于骨骼、心血管及中枢神经系统。

•胎儿宫内发育迟缓，引起胎儿宫内窘迫，使窒息率增加，严重时发生缺血缺氧性脑病，遗留神经系统后遗症。

•增加胎儿死亡率，糖尿病孕妇胎儿死亡率在10%–15%。主要是由于缺血缺氧导

宝宝：李曦冉
夕希三个月和妈妈。

致胎儿死亡。

• 发生新生儿低血糖。发生率可达50%-70%，低血糖可造成新生儿脑细胞不可逆的损害。

• 可造成低钙血症、呼吸窘迫综合征、高胆红素血症、红细胞增多症、静脉血栓形成、心肌病，还可造成后期影响，如可使智力低下发生率增高。

❖ 困扰孕妇的常见问题

• 尿糖阳性

尿液是产前检查的常规项目，如果尿糖阳性了，孕妇当然要着急，可有时阳性尿糖并非是异常。

有的孕妇尿中有果糖、乳糖、戊糖，可使尿糖出现阳性反应；有的孕妇服用了过多的维生素C，或诸如水杨酸类药物（一些解热镇痛药，预防妊高征的阿司匹林等）、青霉素等药物，都可使尿糖出现假阳性。

鉴别方法：葡萄糖氧化酶法试剂特异性高。

有的孕妇肾小管回吸收葡萄糖功能出了点问题，不能正常地把葡萄糖回吸收入血，结果尿糖阳性，而孕妇血糖是正常的。

鉴别方法：血糖和葡萄糖耐量试验正常。

有的孕妇可能有甲状腺功能过强或亢进，如果是在食后1小时以内，可能会出现尿糖阳性。

宝宝／李曦冉

鉴别方法：换一个时间复查尿糖、血糖，做葡萄糖耐量试验。

• 血糖高

孕妇到医院做常规产前检查，刚好需要抽静脉血化验，其中包括血糖，恰恰因为一些因素使血糖略高，如果尿糖再阳性，就更让孕妇放心不下，尽管排除了糖尿病，孕妇也困扰着：没病为什么化验不正常？

有的孕妇受到强烈的刺激，如在到医院做产前检查途中险遇车祸，或摔了一跤，可能会使血糖一过性增高。

前面说的甲状腺问题，不但尿糖会出现阳性，血糖可能也高，但并不是糖尿病。

鉴别方法：复查尿糖、血糖，必要时做葡萄糖耐量试验和胰岛素C－肽测定。

以上所说的几种情况会给孕妇带来烦恼，当然有经验的医生会给你正确的答案。

❖ 妊娠期糖尿病的治疗

非孕期糖尿病的饮食、运动等非药物疗法极其重要，而对于孕妇来说，尽管也需要饮食和运动等非药物疗法，但不能做为主要的治疗手段，如果严格实施饮食疗法，会影响胎儿的正常生长发育。在药物治疗方面孕期糖尿病主要是选用胰岛素，且首选单组分人胰岛素。孕妇低血糖时对胎儿的危害甚至大于高血糖时，所以不能把血糖降得过低。一般情况下，空腹血糖在5.5-5.9毫摩尔/升，餐后2小时血糖在6.6-7.8毫摩尔/升。

❖ 几种情况说明

妊娠前即有糖尿病：应把血糖持续控制在正常水平达3个月以上，且糖化血红蛋白在正常范围内，这时母体内的缺氧状态才被解除，卵细胞才能正常发育。

不宜妊娠：妊娠前已患有糖尿病，且已达糖尿病F级（合并了糖尿病肾病）或R级（增生性视网膜病变），或同时患有冠心病、高血压等影响妊娠结局的疾病。如果怀孕了，应终止妊娠。

患有妊娠期糖尿病的孕妇，应在高危门诊做产前检查和保健，因为妊娠期糖尿病对你和孩子存在很大的威胁。如果你认真地做孕期检查，并听取医生的意见和嘱咐，胎儿受到的威胁会降到最低，你也会得到最大的保护。医生还会为你做很多事情。我在这里不能都详细地写出来，因为每个孕妇都有其特殊性，都需要个体化检查和治疗。

❖ 妊娠期糖尿病的饮食原则

热量：30-35千卡/公斤体重，孕期每增加1周，在原有热量的基础上再增加3%-8%。

种类：碳水化合物30%-45%，蛋白质20%-25%，脂肪30%-40%。

进餐方式：每日四餐法，早、中、晚、睡前，比例分配为10%、30%、30%、10%。在四餐之间，各加餐一次，比例分配为5%、10%、5%。可通过营养药或保健品补充维生素和矿物质。多吃优质蛋白。(妊娠期糖尿病筛查请参阅第七章《孕6月》)

188. 妊娠期胆汁淤积症

妊娠期胆汁淤积症（ICP）也称妊娠期特发黄疸，属妊娠期合并症，表现为皮肤瘙痒及黄疸。少数患者还有食欲减退或轻度恶心、呕吐、腹泻、轻度肝脏肿大等。皮肤瘙痒多发生于妊娠22周以后，但也可早至12周。瘙痒主要发生在腹部和四肢皮肤，夜间和清晨起床后比较严重。单纯瘙痒的约占80%，瘙痒伴黄疸者占20%左右。

化验血清胆酸增高，可为正常值的10-100倍。病情越重，胆酸值越高，轻度时胆酸小于5微摩尔/升，中度为5-10微摩尔/升，重度大于10微摩尔/升，产后5-8周恢复正常。

血清总胆红素升高，平均34微摩尔/升，一般不超过85.5微摩尔/升，肝功能中的谷丙转氨酶（ALT）和谷草转氨酶（AST）正常或轻度升高。血清碱性磷酸酶（AKP）增高，产后1-3周恢复正常。

ICP导致产后出血的发生率约为19%-22%，早产、流产的发生率为22%-36%，胎膜早破的发生率为22%，还可导致胎儿宫内窘迫、羊水粪染、低出生体重儿等。因此，合并有ICP的孕妇，坚持到孕37周时即终止妊娠。

一旦被确诊合并了ICP，即应在产科高危门诊随访，做好胎儿监护，如果医生要求你住院治疗，应积极配合。

189. 围产期心肌病

围产期心肌病是由妊娠引起的心脏疾病，在妊娠前没有任何心脏疾病，于妊娠最后3个月至产后6个月内发生左心衰竭的一组综合征候群。妊娠期发病的只占10%，产后发病者占90%。为什么会发生围产期心肌病？目前对其发病原因和机理并不十分清楚。高龄经产妇、高血压、双胎妊娠、肥胖、营养不良、内分泌失调、先兆子痫、病毒感染等是发生围产期心肌病的高危因素。本病不易早期发现，多在出现心功能不全，甚至严重心衰时被诊断出来。

❖ 围产期心肌病可疑症状

围产期心肌病缺乏特异表现，给诊断带来一定的困难。有下列情况时，应引起孕产妇警惕。

•妊娠最后3个月或产后6个月内出现心脏异常症状和体征，如心悸、气短、心率过速等。

•出现心脏不适症状，而且既往没有心脏病史，也没有心血管疾病，如妊高征合并心力衰竭、高血压性心脏病、风湿性心脏病、肺原性心脏病、病毒性心肌炎、贫血性心脏病、冠心病等。

❖ **应该注意的问题**

• 一旦医生怀疑你有此病，必须留院观察。

• 如果你还没有分娩，就要按照医生的嘱咐，安心静养，接受必要的治疗和检查。

• 如果医生认为你的心脏不能承受阴道分娩的劳累，建议你行剖腹产或其他方式分娩，这对你和胎儿的健康都很重要，如果你坚持经阴道有痛分娩，可能会因为你已经发病的心脏承受不住，最终发生心力衰竭，这不但对你有危险，对胎儿也有危险。所以，你最好听取医生的建议。

• 如果你已经分娩，要暂时把孩子交给丈夫或家人，尽量卧床休息，暂时停止母乳喂养，这样的决定你可能难以接受。如果你不顾及自己的身体，一旦病情加重，就会给治疗带来很大困难，你可能会失去健康，严重的会因此失去生命，所以要正视现实，有病不怕，积极配合医生治疗。

• 发生过围产期心肌病的女性不宜再次妊娠，如果医生确诊你合并了围产期心肌病，再次妊娠健康就会受到很大威胁，胎宝宝也不会平安无事。

❖ **围产期心肌病的治疗**

围产期心肌病缺乏特异性治疗措施，主要是保护心功能，控制心衰，增加心肌营养等综合措施，必须住院接受治疗。所幸围产期心肌病发生率不高，约占同期产妇的0.33%。

第**4**节 原发性疾病与妊娠

190. 原发性高血压与妊娠

❖ **高血压发生率呈上升趋势**

高血压病已经成了世界范围内的流行病症，发病年龄越来越年轻化。在育龄女性中，由于工作强度大、睡眠少、熬夜、压力大、精神紧张、工作与家庭双重压力、不健康的生活方式、不合理的饮食结构、过多摄入食盐等因素都会引起高血压。高血压发病率并不像人们认为的那样低，怀孕前即有高血压病的女性大约占妊娠女性的2%。统计资料表明：患有高血压病的女性，初次妊娠的平均年龄为28岁，第二次以上妊娠的平均年龄为35岁。

❖ **高血压的发生因素**

高血压分为原发性高血压（也称高血压病）和继发性高血压（也称症状性高血压）。原发性高血压占高血压总发病率的95%左右，其发病的真正原因至今尚未得知。由于高血压病因不甚清楚，给预防和治疗带来困难，根据流行病学调查，提示高血压病与以下因素有关。

• 遗传因素：父母均为血压正常者，子女患高血压病的几率是3%；父母均为高血压病者，子女患高血压几率是45%。

• 膳食因素：食盐摄入量与高血压的发生密切相关。还有高脂饮食、酒精等也与高血压的发生有关。

• 肥胖：超重和肥胖与血压成正相关。

• 职业与环境：注意力高度集中、精神过度紧张、脑力劳动过度、对视听觉过度刺激的工作环境等。

❖ **高血压病合并妊娠与妊娠高血压综**

合征是一回事吗

高血压病合并妊娠与妊娠高血压综合征不是一回事，高血压合并妊娠是在妊娠前即有高血压病，就是说一位患有高血压病的女性怀孕了。妊娠高血压综合征是由于妊娠引发的以高血压为主要症状的一组征候群，就是说一位没有高血压病的女性怀孕后并发了高血压。

❖ 高血压病合并妊娠的诊断标准

孕前已知有高血压或孕20周前血压正常，孕20周后血压超过140/90毫米汞柱以上，并排除各种原因引起的症状高血压。

❖ 几种情况的说明

•高血压女性妊娠初期血压不但不高，可能还会偏低，在妊娠中期，血压甚至达到正常范围，但到孕晚期血压多再度升高。如果在妊娠前不知道自己有高血压，这种情况很容易被误诊为妊娠高血压综合征。

•有的孕妇在妊娠的某个时期会出现不同程度的血压升高，短期后血压恢复正常，这种情况属于短暂性良性高血压。经过动态观察，与高血压病合并妊娠和妊高征不难区别。

•整个孕期血压均正常，在产程中或产后短时间内出现血压升高，不需治疗短时间血压恢复正常。这种情况多见于在产程中使用过催产素，但没有使用催产素的产妇也可出现这种情况，我们把这种情况也称为短暂性良性高血压。

❖ 妊娠与高血压之间的相互影响

患有高血压的孕妇，在妊娠期间子宫胎盘循环的有效血流量减少，可影响胎儿的生长发育。如果在孕期能很好地控制血压，没有其他并发症，胎儿则能正常发育。患有高血压病的孕妇发生妊高征的机会约为无高血压病孕妇的5倍。因此，患有高血压的女性，在怀孕前，一定要接受正规

的抗高血压治疗，并选择对胎儿无害的抗高血压药物。

❖ 高血压病合并妊娠与妊高征的相互影响

高血压病合并妊娠的女性发生妊高征的机会约为血压正常孕妇的5倍，且发生妊高征的时间早，程度比较重，胎儿受到的危害大，可能有更差的妊娠结局。所以，有高血压病的孕妇更应做好孕期保健，及早发现妊高征。

❖ 高血压合并妊娠的妊娠结局

主要决定于高血压的程度、合并症、靶器官损害。

当血压低于160/100毫米汞柱时，孕妇预后较好；高于此值时，孕妇预后较差；当收缩压大于200毫米汞柱或舒张压大于120毫米汞柱时，围产儿死亡率可高达50%。可见控制高血压程度是很重要的。

高血压病合并妊娠的孕妇，如果再并发妊高征的话，孕妇的预后较差。所以，一定要密切注意血压的变化，如果血压比基础血压上升了30/15毫米汞柱，应高度警惕是否合并了妊高征；如果水肿明显也要想到合并妊高征的可能；一旦出现蛋白尿，就要按照妊高征给予积极处理，必要时可终止妊娠。

有眼底、脑血管、肾脏、心脏等靶器官损害时，要听取医生的劝告，如果需要终止妊娠，不要犹豫，一旦出现眼底出血、脑出血、心肾功能衰竭，不但胎儿存活的机会很小，对孕妇的危害也很大。

❖ 高血压孕妇非药物治疗和孕期护理

保证充足的睡眠，每天至少要睡8个小时；适当增加卧床时间，中午要有1个小时以上的休息；晚上不要睡得太晚，最晚不要超过10点上床睡觉；早晨起床不要过急，先起身靠在床头半卧一会，再把两腿

放在床下，坐在床旁静一会，然后再起来缓慢走动；在太阳没有出来时，不要到户外活动；以取左侧卧位为佳，但也不能一直采取这样的姿势，会使你感到疲劳，也可更换体位，以自己感觉舒服的体位为好；一般情况下，到了孕中晚期取仰卧位会使你感觉呼吸不畅，所以，最好不取仰卧位；改变体位时，如从坐位改为站立，从卧位改为坐位或站立时，动作要缓慢，一定不能突然改变体位。

情绪平稳很重要，如果动辄就生气发火，会使你的血压升高；保持乐观态度，悲伤忧愁不利于血压的控制；不要过度担心胎儿，如果医生告诉你，胎儿发育很好，就你目前情况不会影响胎儿的生长发育，你就把心放下来。

怀孕了，你和丈夫一定很注意烟酒的问题，但如果你工作的房间中有人吸烟，你就是被动吸烟者，这对你本来就有问题的血管是雪上加霜。除了吸烟问题外，家中烹饪时的油烟也不能小视，对你的血管也同样不利，所以，你不要在厨房中陪伴你的家人做饭，如果你必须做饭，最好不要煎炒烹炸，以水煮、蒸为好，能使用电时，就不要使用燃气，最好不用电磁炉或电微波烤箱，因为这些东西对胎儿是否有不良影响还没有权威定论，还是不用为好。

减少食盐的摄入量，如果你平时就爱吃清淡的，不需要再额外限制食盐的摄入了。如果你平时口味比较重，减少食盐会使你食欲降低，你可以通过改变饭菜的色泽，让饭菜看上去并不是淡而无味的样子，就不会因为减少食盐的摄入量而降低你的食欲。比如试试有色低盐酱油。

如果医生告诫你要严格限制食盐的摄入量，不要忘记碘的补充。因为我们现在主要是靠含碘盐来补充食物和水中碘不足

的问题，孕妇本来就需要更多的碘，所以，你要多吃含碘食品。但许多含碘多的食品，如海带、虾皮等海产品中含盐量也不低。如果你不能摄入足够的低盐含碘食品，应该在医生指导下适当补充药物碘。

多吃新鲜蔬菜和水果是不错的选择，因为新鲜蔬菜和水果中含有丰富的维生素，对你的血管有好处。

如果你的体重增长过快，要在医生指导下适当控制体重，最好由医生给你制定一个饮食计划，既不影响胎儿的生长发育也不会影响你的健康，又不过度增加体重，因为超重可使你的血压升高。

有妊娠并发症时，应适当限制运动，但有的书上却告诉高血压合并妊娠的孕妇要增加活动，这可能会引起你的疑虑。因为根据我们日常的生活习惯，普遍缺乏运动，尤其是体重超重的人，本身就不爱运动，怀孕的女性也是如此，有了合并症就更不运动了，针对这种情况，医生会提倡适当增加运动。具体到每个人，要根据本人情况和血压程度，由医生帮助制定合理的运动项目和运动强度。孕期保健更加重要，每次的产前检查都要把医生的医嘱，身体的反应，及其他想问的都仔细地向医生询问。为了没有遗漏和忘记，最好都写在本子上。

❖ **高血压孕妇药物选择的特殊性**

医生给孕妇选择药物时，要想到药物对胎儿的影响，所以，会从最小剂量开始。这样可能不会使你的血压很快下降，但你不要因为着急，而要求医生加大药物剂量，甚至自行增加药量。这样做的结果，会增加药物对胎儿的损害。

每种降压药对胎儿都有不同程度的副作用。所以，治疗上就不能按照常规选择降压药物，也不能按照常规增加药量。如

果服用某种降压药不能使血压降到理想数值，医生会更换另一种药物，而不是增加原来药物的剂量；医生也可能会小剂量联合使用两种药物，以便规避因药量过大对胎儿造成不良影响。

对孕妇来说，短效降压药不如长效降压药。长效降压药没有一天三次吃药的麻烦，还能保持24小时平稳降压，这对胎儿来说非常重要，如果妈妈的血压忽高忽低，会影响胎盘的血液供应，胎盘的血液供应是维系胎儿生长发育所必需的。一般情况下，长效降压药要比短效的贵，为了胎儿健康，你应该承担。

一般认为血压大于170/110毫米汞柱时，应开始药物治疗，如果你在孕前一直服用某种降压药物，且这种降压药对胎儿没有损害，可继续服用。

对胎儿有危害的抗高血压药物：ACE抑制剂和血管紧张素Ⅱ受体拮抗剂类降压药可引起胎儿生长迟缓、羊水过少、新生儿肾功能不全和胎儿异常形态，不能在孕期使用。利尿剂可减少已显不足的血浆容量，从而影响胎盘血液供应，也不提倡使用，尤其是在孕中晚期。β－阻滞剂中的阿替洛尔长期用于整个孕期，可伴有胎儿生长迟缓，尤其是孕早期不宜使用。

广泛用于妊娠期高血压的药物是肼苯哒嗪、哌唑嗪、甲基多巴、硝苯地平、依拉地平、拉贝洛尔。

❖ 高血压孕妇住院与分娩的问题

有高血压的孕妇原则上应提前住院，提前分娩。如果血压过高，对胎儿和孕妇已构成危险，应随时住院治疗。如果血压控制比较理想，也不能等到预产期再住院分娩，至少应提前2-4周住院，当妊娠持续到36周时，如果血压没有降至正常，医生可能会采取措施，让你提前分娩，如果医生这样决定了，你可不要为了保证胎儿足月而拒绝医生的建议。医生让你提前分娩，一定有医学指征。

如果合并了妊高征，或出现高血压危象，医生会随时劝你放弃继续妊娠，如果这时你怀孕的月份还不足以让离开母体的胎儿存活下来，你、丈夫及亲人往往不能接受这样的事实，不相信你会有什么危险。这时你很难下决心，医生会把最坏的结局告诉你，你可不要认为医生在吓唬你。听取医生的建议是非常必要的。

有高血压的孕妇最好在高危门诊进行产前保健。产检的次数要比正常孕妇频繁，一般情况下，孕24周后应每两周检查一次，孕30周后，应每一周检查一次。在孕12周前应做一次24小时尿蛋白定量和血肌酐测定。孕34周后，开始定期做胎儿监护，以便及时发现胎儿异常。如果孕妇血压持续高于150/110毫米汞柱，或胎儿有异常，或合并了妊高征，在允许的情况下，可于孕满35周终止妊娠，胎儿有存活的希望。坚持到孕满38周终止妊娠，胎儿存活的希望明显提高。

有高血压的孕妇，千万不要紧张，就现在的医疗水平，医生有能力保护你和你的孩子健康。

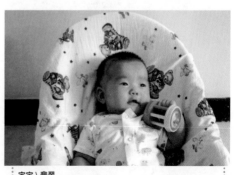

宝宝＼翡翠
我能够握住玩具啦！

333

一位 45 岁孕妇，孕前患有高血压病史 8 年左右。孕前间断服用降压药，血压控制不理想，波动在 140-160 毫米汞柱／100-120 毫米汞柱，有时可高达 180/130 毫米汞柱，但并没有头晕、头痛等高血压症状。她的第一个孩子已经 18 岁，孕第一胎时，当时没有水肿，孩子是足月出生，但直到孩子上学后方被确定孩子是智障儿，无法接受正规的教育。直到 18 岁，智力仍然不及小学一年级的小学生，所以她才下定决心再生一胎，希望这个孩子智力正常。

第二胎孕 4 个月时，产检发现血压高达 220/140 毫米汞柱，遂来我当时所在的医院就诊。我当时测量她的血压是 210/150 毫米汞柱，除了血压高，没有发现任何异常体征，足踝部都没有水肿，尿蛋白阴性，尿蛋白定量正常，肾功能检查正常，心电图和心脏超声心动未报告异常。胎儿符合孕龄，B超未发现异常。选择了硝苯地平和拉贝洛尔（当时肼苯哒嗪、哌唑嗪和甲基多巴均没有货源）。血压控制在 160/110 毫米汞柱左右，最高到过 170/120 毫米汞柱，最低到过 130/105 毫米汞柱。监测尿蛋白和血肌酐、尿素氮及眼底变化，均未发现异常，直到分娩，孕妇也没有明显的水肿和不适症状。

孕妇尽管是高龄孕妇，没有思想负

宝宝／张枝著

担，每次检查都是乐呵呵的，从未见过她叹气或皱眉头，真不敢相信，她家里还有一个智障的孩子，怀孕后又有如此严重的高血压，她的乐观情绪，让我都少了几分担忧。我把可能发生的不良妊娠结局告诉了她。通常情况下，遇到这样的孕妇，我们都是开导和劝慰，不敢把可能的结局直截了当地告诉孕妇本人，怕加重孕妇的心理负担。这位 45 岁高龄的孕妇非常淳朴地相信医生会给予她最好的治疗和照顾，她和孩子会平安。孕 38 周，产科医生为她做了剖腹产，3050 克的男婴，没有发现发育异常，产妇也没有产后出血、围产期心肌病等产后并发症，直到剖腹产也没有合并妊高征，真可谓是个奇迹。有高血压的孕妇，保持开朗乐观的情绪并配合医生的治疗，完全能顺利度过孕期并分娩一个健康的宝宝。

191. 糖尿病与妊娠

糖尿病患病率在迅速上升。为了引起公众的广泛重视，WHO 将每年 11 月 14 日定为世界糖尿病日。女性在妊娠前患有糖尿病的，称为糖尿病合并妊娠。妊娠本身也可引发糖尿病，被称为妊娠期糖尿病，发生率为 0.2%-0.8%，威胁着胎儿和孕妇的健康。

孕妇患糖尿病对胎儿和新生儿的影响：

• 胎儿常常是巨大儿，易造成难产和产伤。

• 新生儿易发生低血糖。

• 肺不成熟，肺透明膜病的发生率高出 6 倍。

• 妊娠早期糖尿病未得到控制，新生儿先天性畸形发生率高。

• 妊娠晚期胎儿易发生宫内死亡。

❖ 妊娠期糖尿病和糖尿病合并妊娠是

一回事吗

妊娠期糖尿病是仅限于妊娠期发生的糖尿病，多发生在孕3月后，分娩后大部分人能恢复正常，只有小部分于产后数年发展成真性糖尿病。糖尿病合并妊娠是指妊娠前已经患有糖尿病，或原有糖尿病未被发现，妊娠后进展为糖尿病。

192. 癫痫病与妊娠

患癫痫的孕妇其胎儿先天性畸形的发生率比正常孕妇约高2.5倍，可能和治癫痫的药物苯妥英钠有关，尤以唇裂腭裂、先天性心脏病发病较高。苯妥英钠可对抗叶酸和维生素K依赖凝血因子，因此巨细胞贫血和新生儿出血症发生率也增高。此外，苯巴比妥还可使新生儿出生后不久出现兴奋过度、惊厥和吸吮能力减退等症。癫痫虽不是母乳喂养的禁忌症，但要注意喂奶时母亲癫痫发作时会伤害到婴儿。

妊娠期癫痫可分两类：孕前已有癫痫；妊娠期才出现癫痫，又称妊娠癫痫。

癫痫患者妊娠并发症和分娩并发症较无癫痫者增加2倍，常见的并发症有阴道出血、流产、妊高征、早产、羊膜炎、疱疹病毒感染等。

❖ 癫痫对胎儿的影响

低出生体重儿增加，新生儿窒息发生率高，先天畸形儿、新生儿出血症发生率均增高。

❖ 癫痫的遗传性

父母一方为原发性癫痫的患者，其子女癫痫发生率为2%~5%，比普通人患病率高10倍左右。若有一个子女发生癫痫，则再生子女癫痫的发生率增至20%。如父母均有癫痫，则子女癫痫的发病率增至20%。服用抗癫痫药物对新生儿和婴儿也有不良影响。

193. 甲状腺疾病与妊娠

❖ 甲状腺功能亢进

甲状腺功能亢进症（简称甲亢）好发于育龄女性，所以妊娠合并甲亢并不少见。

❖ 妊娠与甲亢之间的相互影响

妊娠后垂体生理性肥大，体内对甲状腺激素需要增加，可出现单纯性甲状腺肥大。孕期可出现高代谢征候群，如心悸、怕热、多汗、食欲亢进等表现，与甲亢很相似。

孕前有甲亢症状的患者，怀孕后由于雌激素的增加，甲亢症状反而会得到自然减轻。已经治愈的甲亢患者，怀孕后一般不易复发。

孕前即因甲亢而使心脏功能降低，怀孕后由于心脏负荷加重，易出现心衰。合并妊高征发生率增高，可达15%~77%，尤其需要服用抗甲亢药物时更易发生。患甲亢者易发生钙代谢障碍，分娩时血钙降低，易发生宫缩无力及产后出血。如果甲亢未得到控制，产后可激发甲状腺危象。

❖ 甲亢对胎儿的影响

流产、早产、死产、胎儿宫内窘迫、宫内发育迟缓发生率高，与甲亢的程度有关。另外还可引起新生儿甲亢，于出生后3~4周，随着长效甲状腺刺激素逐渐自血中消失，新生儿甲亢可自行消退。如果孕妇服用大量抗甲亢药物，可抑制胎儿甲状腺功能，而发生先天性甲状腺减退、呆小症、隐睾、甲状腺肿、头颅骨缺损等。

❖ 甲亢与怀孕

孕前确诊患有甲亢，正在服用抗甲亢的药物时，不宜怀孕，应待病情稳定后1年方可考虑怀孕。

怀孕后甲亢复发或在孕期患了甲亢，应该进行抗甲亢治疗。

用药原则：小剂量，宁可孕妇有轻度

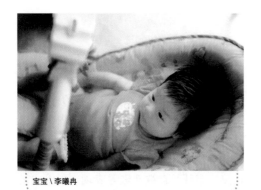

宝宝 \ 李曦冉

甲亢；不要过度治疗，以免胎儿出生后患有呆小症；用药期间要定期查甲状腺功能，及时发现甲减。

❖ 甲亢及治疗药物对胎儿的影响

经临床观察，合理使用抗甲状腺药物，对胎儿生长发育、智力无不良影响。妊娠合并甲亢分娩后有学者主张不宜母乳喂养，因为药物通过乳汁可影响婴儿。

孕期合并甲亢的孕妇应在产科高危门诊进行产前检查。孕36周就应住院接受内科医生和产科医生治疗。分娩时间、方式需要根据孕妇具体情况决定。分娩后应立即检测新生儿脐血T3、T4、TSH，对新生儿甲状腺功能进行评估，至少让新生儿留院观察10天，出现问题及时由新生儿医生处理。

❖ 甲状腺功能减退与妊娠

甲状腺功能减退症简称甲减。妊娠合并甲减主要见于以下3种情况：第一种甲减原发于幼年或青春期，经治疗后妊娠。第二种甲减原发于成年期，经治疗后妊娠。第三种甲亢、甲状腺腺瘤经放射治疗或手术后继发了甲减，经治疗妊娠。患有甲减的女性怀孕的几率不是很高，约1%的甲减女性经治疗后可怀孕。

典型案例

怀孕期间能否使用治疗桥本氏甲状腺炎的药物？

我患有桥本氏甲状腺炎 (30 岁)，从 1998 年 5 月起至今一直用药，想请教专家怀孕期间能否用药，用国产药和进口药有何区别？现用上海产的"甲状腺片"。

甲状腺制剂基本不能透过胎盘，不影响胎儿的甲状腺功能，也不会引起胎儿畸形，因此，怀孕后的甲减妇女仍可继续服用甲状腺制剂。相反，如果自行停用补充治疗，妊娠后容易发生流产，而且可影响胚胎发育，但要定期检查，调整用量，避免甲减或甲亢对胎儿的影响。

194. 心脏疾病与妊娠

❖ 心律失常与妊娠

心律失常可以发生在正常人身上，还可见于甲亢、贫血、感染、休克、胃肠道疾病、胆道疾病、电解质紊乱、药物中毒等病人。

24小时动态心电图观察显示，有60%的健康人可以出现各种过早搏动，称为生理性早搏。当情绪激动、紧张、吸烟、饮酒、过度饮茶、睡眠剥夺、过度劳累以及神经功能紊乱时均可引起心律紊乱。

妊娠期间的女性比平时更易出现过早搏动，往往引起孕妇本人和家人的紧张。其实大多数的早搏都是生理性的，不需要治疗。一般情况下，早搏的次数每分钟少于6次，或早搏的次数每分钟大于6次，但在安静状态下早搏频繁，而活动后早搏减少，多是生理性的。到底是生理性的，还是病理性的，需要医生来判断。医生找不到引起早搏的器质性疾病，多不给予治疗，因为治疗心律失常的药物大多对胎儿有不良影响。如果医生不能确定你的早搏是生理性，还是病理性的，可能会建议你用药试一试，最好不要接

郑玉巧育儿经·胎儿卷

受这样的治疗，应该到其他医院或再换一位医生帮助你诊断。

❖ **妊娠期窦性心动过速**

窦性心动过速是妊娠期比较常见的现象，一般不需要治疗。如果有原发疾病，则应积极治疗原发病，如贫血、甲亢、心脏病、发热等。虽然没有原发病，但心率过快，影响孕妇的生活，也需要治疗。

❖ **心脏手术与妊娠**

如果有需要手术的心脏病，如先天性心脏病、心脏瓣膜病、冠状动脉疾病等，应该在妊娠前做手术。因为谁也不能确定，怀孕后，原本有病的心脏是否能够最终承受妊娠负担，即使在妊娠前一切都正常，没有任何不适症状，心功能也完全正常，也不能保证妊娠后不会引发改变。所以，如果能够通过手术使心脏恢复正常，一定在妊娠前做手术。

❖ **心脏手术后与妊娠**

心脏手术后能否妊娠，关键是手术后的心功能。如果手术后心脏功能为I–II级(VI级分法)，可以放心地妊娠和分娩，如果手术后心脏功能为III–IV级(VI级分法)，也可以妊娠，但有一定的风险，可能会有5%–6%的死亡率。这个数字可不算低，有心脏病的女性应该争取在心功能没有受到影响时，要不失时机做手术，术后保护心功能。

❖ **心脏手术后的孕期监护**

•定期到心脏专科或内科就诊，听取心脏科或内科医生的指导。

•定期在高危产科门诊做产前检查和保健。

•在预产期前2周住院。

•监护胎儿宫内发育情况。

•预防流产发生。

•判断胎儿成熟度，选择最佳时机计划分娩。

•做好产前胎儿诊断，及时发现胎儿异常。

心脏手术后与妊娠结局

术后心功能	妊娠	孕产妇死亡率
I–II级	可以	0
III–IV级	慎重	5%–6%

心脏手术后妊娠条件

瓣膜置换术		房、室缺修补、动脉导管结扎术	
观察项目	妊娠指标	观察项目	妊娠指标
术后和孕前心功能	I–II级	术后妊娠时机	术后2–3年妊娠
术后心胸比例	小于0.65	修补术后	无缺失
置换瓣膜	功能良好	结扎术后	无再通
置换左房室瓣	口径大于25号	术后心功能	I–II级
生物瓣膜	换瓣3–4年内妊娠	术后心功能	III–IV级不宜妊娠
机械瓣膜	换瓣2–3年内妊娠	左房室瓣分离术	术后1年内妊娠

•进行术后抗凝治疗时，要监护凝血时间。

•听从医生建议，做必要的检查，监护胎儿缺氧和胎盘功能情况。

❖ 心脏手术后分娩和哺育方式

•心功能Ⅰ级，无合并症，可经阴道分娩。

•心功能Ⅱ级，或Ⅱ级以上，或有合并症时，以选择剖腹产为宜。

•最好不母乳喂养，对产妇康复，预防产后心衰有帮助。

195. 血型不合溶血病

❖ABO 血型不合溶血病

临床所见ABO血型不合，系因母体血液内含有免疫性抗A或B抗体作用于胎儿红细胞而引起溶血。其中以母为O型，子为A型者多见，母为O型，子为B型者次之。母为A型或B型，子为B型或A型或AB型者少见。但是，并非有母子血型不合者都发生溶血病，据统计，ABO血型不合者，仅约2.5%患溶血病。临床表现轻重不一，有的很轻，就如同生理性黄疸一样，未经过任何治疗，黄疸几天就自行消退了。有的比较重，出生后即有明显贫血，并迅速出现黄疸，需经过一系列治疗措施。但总体来说，ABO血型不合溶血病均比Rh血型不合溶血病轻。

❖Rh 血型不合溶血病

母亲与胎儿发生Rh血型不合时，可引起胎儿血液中的红细胞破坏，出现胎儿溶血病。

亚洲黄种人最常见的是ABO溶血病，大家都比较熟悉，对Rh血型不合造成的胎儿溶血病较为陌生。虽然Rh溶血病发生率低，但是，一旦发生，后果严重，可遗留永久的后遗症，甚至危及胎儿的生命。

Rh血型分为Rh阴性和Rh阳性，我国人群大多数是Rh阳性，Rh阴性只占1%，汉族人群中则低于0.5%。白种人群可占15%左右。

Rh血型不合发生在母亲是Rh阴性，而胎儿是Rh阳性的母子之间。

Rh血型不合溶血反应多发生在第二胎以后，约占99%。而初孕时溶血反应较轻。当再次妊娠时，如果胎儿仍是Rh阳性，则母体内已有的抗体和新产生的抗体，使胎儿红细胞接二连三地被破坏，胎儿可因重症贫血而死于宫内。存活者可出现重症黄疸，造成核黄疸，影响脑及其他重要器官的发育，而引起智力障碍。

❖Rh 溶血病的预防措施

在什么情况下需要给Rh阴性的女性注射Rh(D)IgG。

•第一次分娩Rh阳性婴儿后，于产后72小时内应用Rh(D)IgG。

•若未产生抗体，则应再次注射Rh(D)IgG。

•自然流产和人工流产后均应注射Rh(D)IgG。

•做羊膜腔穿刺后应注射Rh(D)IgG。

•发生宫外孕后应注射Rh(D)IgG。

•产前预防性注射Rh(D)IgG。

•输入Rh阳性血后应注射Rh(D)IgG。

❖Rh 溶血病的产前诊断

Rh阴性的孕妇，要检查丈夫是否为Rh阳性。

测抗体：从妊娠16周至妊娠38周，共7次。当抗体达1:32时，则进一步检查羊水，测定磷脂酰胆碱与鞘磷脂比值，比值为2时可考虑提前分娩。若比值小于2，可反复给予血浆置换。若胎儿血色素大于80克/升，可输新鲜血液(Rh阴性，且ABO血型与胎儿相同)，严重者考虑换血治疗。

196. 胎儿宫内窘迫与宫内发育迟缓

❖ 胎儿宫内窘迫

胎儿宫内窘迫分慢性和急性两种类型，慢性胎儿宫内窘迫多是由于孕妇合并有妊高征、慢性高血压、糖尿病、贫血等疾病，胎儿宫内感染、畸形、过期妊娠等原因引起。急性胎儿宫内窘迫多是由于在分娩过程中出现脐带、胎盘并发症，以及难产和胎儿自身疾病，如脐带脱垂、打结、缠绕、过短，胎盘早剥、前置胎盘等原因所致。一旦得知你的宝宝患了胎儿宫内窘迫，要遵照医生的嘱咐去做。

❖ 胎儿宫内发育迟缓

如果医生告诉你，宝宝患了胎儿宫内发育迟缓（IUGR），你一定会非常紧张的。从字面上你就能想象到，宝宝的发育出了问题。

为什么会这样呢？胎儿的正常发育与父母双方遗传，孕妇的营养、健康状况，维系胎儿生长的子宫、胎盘、脐带血流量、促胎儿生长激素、胎儿自身等诸多因素有关。因此导致胎儿宫内发育迟缓的原因有很多。

胎儿之间出生体重的差异，40%来自双亲遗传因素。孕妇营养是胎儿营养的基本来源，如果孕妇摄入的蛋白质、热量等营养素不足，必定会影响胎儿的生长，所占比率可达50%-60%。孕妇有妊娠合并症，如妊高征、慢性高血压史、慢性肾炎、糖尿病、贫血等都会影响胎盘功能，而使胎儿发生缺氧和营养不良。孕妇吸烟饮酒也是引起IUGR原因之一。胎儿自身发育缺陷，如胎儿宫内感染、遗传性疾病、先天畸形、接受了放射线照射等都可引起IUGR。一旦发生了IUGR，孕妇千万不要紧张，应该积极配合医生治疗。

第5节　孕期用药的安全性

197. 药物对孕妇的安全等级与影响因素

美国食品和药物管理局（FDA）根据药物对动物和人类所具有不同程度的致畸危险，将药物分为A、B、C、D、X 5个等级，称为药物的妊娠分类（Pregnancy Categories）。下面是具体的等级分类：

A级：已在人体上进行过病例对照研究，证明对胎儿无危害。

B级：动物实验有不良作用，但在人类尚缺乏很好的对照研究。

C级：尚无很好的动物实验及对人类的研究，或已发现对动物有不良作用，但对人类尚无资料。

D级：对胎儿有危险，但孕期因利大于弊而需使用的药物。

X级：已证明对胎儿的危险弊大于利，可致畸形或产生严重的不良作用。药品说明书中都明确标识。

被划分到A级里的药物是被证明对胎儿无危害的，因此，是妊娠期患者的首选药物，但由于被划分到A级里的药物并不能治疗所有的疾病，为了治疗某种疾病，不得不选用B级药物，另一方面，即使是A级药物，由于不同的剂量，不同的给药途径和时间，孕妇处于不同的妊娠时期，其安全性也并非是一成不变的，孕妇也不能放心大胆地自行使用。

药物对胎儿的影响并不仅仅决定于药物本身，还与很多外界因素有关，因此，即使是非处方药，孕妇也不能自己到药店购买药物进行"自疗"。

❖ 药物对胎儿影响因素

药物对胎儿的影响，除与药物的种类有关外，还与怀孕时间、药物剂量、药物在胎盘的通透性等因素密切相关。

❖ 怀孕时间

药物对胎儿的影响，与胎龄有关，胚胎期(孕2~8周)对药物最敏感，也就是说在孕早期，服用药物应倍加小心，最好不使用任何药物，除非有以下3种情况：

• 孕妇有显著的病症。

• 孕妇所患疾病对胎儿的影响大于药物的影响。

• 疾病已严重影响了孕妇的健康。

此时选择药物的种类就显得异常重要了，选择既治病副作用又小的药物，需要医生谨慎选择，而不是拿起笔来就开药方。

❖ 药物剂量

使用药物的剂量越大，对胎儿的影响

宝宝 / 张桉若和张恩若
姐姐和妹妹一起出镜。

就越大，这一点很好理解，但并不是所有药物的副作用都是如此。有些药物即使用比较小的剂量，对胎儿也会造成大的影响，如抗肿瘤药。所以，为孕妇选择药物时一定要经过慎重考虑，需要医生有高度的责任心和过硬的技术。

现在并不是所有的医生都懂得药理性质，有些新药，只是看看说明书就给患者使用，是很不负责任的，如果孕妇需要服用药物，应该向产科医生，或这方面的专家咨询，全面辨证地考虑孕妇、胎儿、疾病、药物四方面的关系，才能有效地避免不正确使用药物的现象。

❖ 胎盘对药物的通透性

胎盘对药物的通透性越大，这种药物对胎儿的危险性也就越大。另外，对孕妇没有副作用的药物，并不意味着对胎儿也没有影响，药物对胎儿几乎全部都是不安全的，即使是A级药物，在妊娠8周以内最好也不要服用，除非必须服用时，而且一定要在医生指导下使用。

❖ 关于非处方药

现在药店和商场有许多非处方药出售，任何人都可以自行购买和服用。绝大多数人认为非处方药都是安全的，这种认识对孕妇不适合。有些非处方药是不适合孕妇服用的，虽然对孕妇本人无害，却不能保证对胎儿是安全的。所以，即使是非处方药，也要在医生指导下使用。

❖ 关于外用药

外用药和内服药一样，也会被吸收到血液中，而且有些药物更易透过皮肤或黏膜吸收。所以，孕妇在使用外用药时，也要考虑对胎儿的安全性，必须征得医生同意后再使用。

怀孕后免疫力会有所下降，尤其在怀孕的初期，孕妇可能比平时爱生病，到了孕后期，可能会出现一些不适的感觉，为此孕妇常常吃一些药物。

在怀孕期间大多数孕妇不敢自行用药，多是向医生咨询，或到医院看医生后开些药物，尽管医生告诉你开给你的药是安全的，药品说明书上也没有标明孕妇禁忌，但只要是药物，都多多少少有副作用，如果能不吃，最好不吃。比如说感冒，属于自限性疾病，没有可靠的特异治疗药，不是很重的感冒，通过休息、多饮水，几天就会自然好转，真的没有必要吃很多的药。

国外曾经有过报道，孕妇在孕期服用过药物的占70%~80%；在新生儿出生缺陷中，可能有2%~3%是由于药物引起的；还有一半以上原因不明的出生缺陷儿中，可能与药物和疾病的相互作用有关。但也不能矫枉过正，真的有病了，该吃药时也不能一味地认为药物对胎儿有影响而不治疗疾病。

孕期用药的原则：使用药物时要权衡利弊，有病不要自行吃药，要及时看医生，得到妥善解决。必须使用药物时，要选择副作用最小、治疗效果最显著的；一种药物能够解决问题时就不要选用两种。

❖ 准妈妈应该怎么做

绝大多数准妈妈是知道药物对胎儿有不良影响的，尤其是标明对胎儿有害的药物，准妈妈宁愿自己硬挺着，也不情愿吃药。只要是不利于胎宝宝的事情，准妈妈会想尽一切办法回避的，这一点没有人怀疑。然而，当问题发生时，受到谴责的总是准妈妈，医生会责备，亲人会抱怨，朋友会送些"后悔药"，最要紧的是准妈妈自己发自内心的懊恼，这对准妈妈实在是有失公平。

如果我们科普做得好，孕前准备充分，

孕期保健跟得紧，有很多问题是可以避免的，就像照X射线这样的问题本不该发生，可在大量的咨询中，类似的事件时常发生。服用药物的问题也很普遍，而在服用药物的孕妇中，绝大多数的准妈妈是在不知道怀孕的情况下服用的。还有些孕妇是因为错把孕初期不适或轻微的妊娠反应当做感冒或胃病，无意中服用很多药物。

发生这种情况还有另一层原因，就是我们民众对药物的毒副作用认识不足，没有充分认识到，药物在治疗疾病的同时，也会发生不良反应。这也是传统的消费观念造成的，对有形服务比较认可，比如说医生开了药方，患者花钱拿到了药物，就是有形的东西，可以看到钱花到哪里了，而对于医生口头上的健康处方却常常不以为然。其实，医生的口头健康处方对患者的康复是至关重要的。现在有越来越多的人开始重视医生的健康处方了。孕妇更应该重视健康处方，少用药物，顺势疗法和食疗法是很适合孕妇的，可最大限度地避免药物带来的不良影响。

❖ 医生应该担负的责任

当孕妇在不知怀孕的情况下，服用了某种药物，就会忧心忡忡，寄希望于医生，向医生寻求帮助，但有时并不能得到满意的答复。因为一些药物对胎儿的影响并不十分清楚，医生很难给出肯定的答复。即使是对胎儿有伤害的药物，其伤害程度、发生几率也很难判定。理论上没有伤害的药物并非对所有的胎儿都是安全的，最终的决定还得自己拿。遇到这种情况时，就会真正影响孕妇的情绪。所以，结婚的夫妇，无论是否有生育的计划，如果没有采取有效的避孕措施，一定要想到随时有怀孕的可能，在接受对生殖细胞和胎儿有影响的药物时，首先要想是否已经怀孕。

药物对胎儿的影响到底有多大？一旦服用了某种药物，是否就一定意味着胎儿有问题？就必须终止妊娠？几乎没有哪位医生会给出百分之百的答复，这是可以理解的。但如果医生能够原则上确定孕妇所服用的药物对胎儿不会有什么影响，能够全心全意站在孕妇的立场上考虑，也甘愿背负责任，就应该给孕妇拿主意。因为，此时医生的话如同"圣旨"，一个不经意的词，都会让孕妇大喜或大忧，给孕妇更多的鼓励是非常重要的。

典型案例

曾经有位孕妇，在不知怀孕的情况下服用了药物，所用之药的说明书上明确写着孕妇慎用，这位女士一连续去了几家医院，看了几个医生，结果差不多，都建议她终止妊娠，并抱怨说为什么不注意呢。这位孕妇非常难过，又急又恨。她向我咨询，我和这位准妈妈共同坐下来，仔细计算了她可能的受孕时间和服用药物的时间，又把她所服用的药物做了详细的分析，对她的疑虑和担忧一一做了详细的解答，最终得出结论：可以继续妊娠，宝宝会健康成长。第一次咨询就这样快乐地结束了。可没过两天，这位孕妇又来找我，咨询的仍然是第一次的问题。我非常理解这位准妈妈，是啊，一对夫妇就生这么一个孩子，哪个妈妈不希望自己的孩子聪明健康，何况她曾经见过的那几位大夫建议她终止妊娠，她怎能轻易接受我的建议？尽管这一建议符合她的心愿，她的内心也会七上八下的，担心腹中的宝宝是否能够健康成长起来。几乎没有哪个准妈妈能够承受：在宝宝还没有出生前，就被医学判定有出生缺陷的可能，这对准妈妈来说是再难受不过的了。没有妈妈愿意接受这样残酷的现实。

我不厌其烦地和这位准妈妈讲，和她共同探讨胎儿的健康到底受到多大来自药物的威胁，先假设她所服用的药物对胎儿有害，再分析有什么危害，我们是否能够接受这样的事实，再以医

学理论和实践一步步证明她所服用的药物对胎儿没有不良影响，至少不会因为所服用的药物导致宝宝出生缺陷——这是底线。最终我们又达成了一致意见，继续妊娠，后来我们又在电话中谈了几次，这位准妈妈终于平静下来，那时她已经是妊娠2个多月的孕妇了。

后来，宝宝终于顺利降生了，很健康，现在已经会咯咯地笑出声来，是个聪明又健壮的机灵宝贝。

198. 常用药物在孕期的使用

❖ 常用药物适用范围及警示

•青霉素类：较安全，包括广谱青霉素哌拉西林。口服、肌肉注射、静脉滴注均可用于孕妇。

警示：按推荐剂量使用，不可超量！

•红霉素类：同类药还有利菌沙、罗红霉素、阿奇霉素等，分子量大，不易透过胎盘到达胎儿，青霉素过敏者可使用。衣原体、支原体感染首选药。

警示：对胃肠道有刺激作用，长时间或大量使用可使肝功能受损！

•先锋霉素：目前资料无致畸作用记录。

警示：不是所有先锋类的抗菌素都可应用于孕妇，比较适合的是先锋霉素V！

•甲硝唑：杀虫剂，治疗滴虫感染，主张早孕期不用。

警示：除非有绝对的适应症，否则不要选用！

•螺旋霉素：治疗弓形体感染，对胎儿无不良作用。

警示：不能长期和超量使用！

•驱虫药：对动物有致畸作用，应慎用。

警示：除非临床有绝对的适应症，非用不可，否则不宜使用！

•地高辛：强心药，易透过胎盘，对胎儿无明显不良作用，心衰孕妇可使用。

警示：强心药是一匹难以驾驭的烈马，有效剂量和中毒剂量非常接近！

•β–受体阻断剂：有引起胎儿生长发育迟缓的报道。

警示：医生可能会为患有妊娠高血压的孕妇使用，需要密切观察胎儿的生长发育情况！

•降压药：有明确致畸作用，孕妇禁用的是血管紧张素转换酶抑制剂，如卡托普利；血管紧张素Ⅱ受体拮抗剂，如氯沙坦；其他种类降压药，如钙离子拮抗剂，代表药心痛定，可引起子宫血流减少。

警示：合并妊娠高血压的孕妇需服用降压药，一定不能选用有明显致畸作用的药物！

•利尿药：接近足月的孕妇服用利尿药，可引起新生儿血小板减少。乙酰唑胺动物实验有致肢体畸形作用，孕妇忌用。

警示：妊娠期高度水肿，重度妊娠高血压，需要使用利尿药，急救需要以孕妇为重！

•治疗哮喘的药物：茶碱、肾上腺素、色苷酸钠、强的松等均无致畸作用。

警示：激素类药物不能常规使用！

•抗抽搐药物：孕期服用抗抽搐药者胎儿先天畸形发生率为未服用者的2–3倍。常用的有苯妥英钠、卡马西平、三甲双酮、丙戊酸等。

警示：患有癫痫病的女性生育是大问题，要权衡再三！

•抗精神病药均有致畸作用。

警示：孕前就获知有精神系统疾病，最好的选择是不孕！

•镇静药物：如安定、舒乐安定，个别有致畸作用！

警示：孕期出现睡眠障碍，最好不要依赖镇静药！

宝宝／张桉若

•解热镇痛药：扑热息痛可产生肝脏毒性；阿司匹林可伴有羊水过少，胎儿动脉导管过早关闭；布洛芬、奈普生、吲哚美辛可引起胎儿动脉导管收缩，导致肺动脉高压及羊水过少；妊娠34周后使用消炎痛，可引起胎儿脑室内出血、肺支气管发育不良及坏死性小肠结肠炎等不良作用。

在我国，尤其是女性，应用解热镇痛药（也称非类固醇类消炎药，英文缩写为NSAID）是比较普遍的，所以，即使由于解热镇痛药造成胎儿出生缺陷的发生率并不是很高，但也会对人类健康带来严重的影响。

警示：习惯服用这类药物的女性，在孕前要想方设法改变。很多感冒药中含有解热止痛类消炎成份，故应慎重服用感冒药！

•止吐药物：未见致畸报道。

警示：治疗妊娠呕吐的药物对胎儿并不都是安全的！

•抗肿瘤药物：有明确致畸作用。

警示：患了肿瘤，很少会继续妊娠！

•免疫抑制剂：硫唑嘌呤、环孢霉素对孕妇和胎儿有明显毒性。

警示：几乎不会用于孕妇！

•维生素A：大量使用维生素A可致出生缺陷，最小的人类致畸量为25000–

50000国际单位。

警示：维生素被视为营养药，可见营养药也不是越多越好！

•维生素A异构体：治疗皮肤病，在胚胎发生期使用异维甲酸可使胎儿产生各种畸形。

警示：不只是异维甲酸，治疗皮肤病，尤其是治疗牛皮癣的药，对孕妇的安全性很差！

•依曲替酯(芳香维甲酸)：用于治疗牛皮癣，半衰期极长，停药大于2年血浆中仍有药物测出，故至少停药2年以上才可受孕。

警示：还有一些药物需要停药一定时间后才能受孕！

•性激素类：达那唑、乙烯雌酚，均不宜孕妇使用，一些口服避孕药有致畸作用。

警示：服用避孕药避孕失败，大多是没有按照要求去服用，如果您计划怀孕，就要提前停用避孕药，服用避孕药要遵守规则！

❖ 危险抗生素报告单

•四环素：可致牙齿黄棕色色素沉着，或贮存于胎儿骨骼，还可致孕妇急性脂肪肝及肾功能不全。

•庆大霉素、卡那霉素、小诺霉素等可引起胎儿听神经及肾脏受损。

•氯霉素：引起灰婴综合征。

•复方新诺明、增效联磺片，可引起新生儿黄疸，还可拮抗叶酸。

•呋喃坦叮：妇女患泌尿系感染时常选用，因可引起溶血，应慎用。

•万古霉素：虽然对胎儿危险尚无报道，但对孕妇有肾毒、耳毒作用。

•环丙沙星、氟哌酸、奥复星：在狗实验中有不可逆关节炎发生。

•抗结核药：使用时考虑利弊大小。

•抗霉菌药：克霉唑、制霉菌素、灰黄霉素，孕妇最好不用。

•抗病毒药：病毒唑、利巴韦林、阿昔洛韦等，孕妇最好不用。

199. 不同类别的中草药对孕妇的安全性不同

❖ 中草药、中成药的安全系数有多高

当孕妇需要吃药时，有些孕妇会认为中草药比西药安全，因为中草药是天然或种植的，而非化学合成。这是真的吗？

事实并非如此，有些中草药是孕妇禁忌服用的，还有些中草药，其中所含的成分并不都清楚，没有经过加工的草药可能还含有一些污染物；即使是经过加工的中草药，有些因缺乏安全实验，不能证明对胎儿是安全的。所以，孕妇在服用中药，食用具有药物功效的食物以及天然补品时，也需要向医生咨询。

❖ 清热解毒、泻火祛湿类中草药

具有清热解毒、泻火、祛湿等功效的中草药和中成药，在孕早期服用可能引发胎儿畸形；孕后期服用易致儿童智力低下等后果，如六神丸。含有牛黄等成分的中成药，因其攻下、泻下之力较强易致孕妇流产，如牛黄解毒丸。

❖ 祛风湿痹症类中草药

以祛风、散寒、除湿止痛为主要功效的中草药和中成药，如虎骨木瓜丸，其中的牛膝有损胎儿。大活络丸、天麻丸、华佗再造丸、风湿止痛膏等也属孕妇忌用药。抗栓再造丸有攻下、破血之功，孕妇禁用。

❖ 消导类中草药

有消食、导滞、化积作用的中草药，如槟榔四消丸、清胃中和丸、九制大黄丸、香砂养胃丸、大山楂丸等，都具有活血行气、攻下之效，孕妇应慎用。

❖ 泻下类中草药

有通导大便、排除肠胃积滞，或攻逐水饮、润肠通便等作用的成药，如十枣丸、舟车丸、麻仁丸、润肠丸等，因其攻下之力甚强，有损胎气，孕妇应不宜服用。

❖ 理气类中草药

具有疏畅气机、降气行气之功效的中草药，如木香顺气丸、十香止痛丸、气滞胃痛冲剂等，因其多下气破气、行气解郁力强而被列为孕妇的禁忌药。

❖ 理血类中草药

即有活血祛瘀、理气通络、止血功能的成药，如七厘散、小金丹、虎杖片、脑血栓片、云南白药、三七片等，祛瘀活血过强，易致流产。

❖ 开窍类中草药

具有开窍醒脑功效，如冠心苏合丸、苏冰滴丸、安宫牛黄丸等，因为内含麝香，辛香走窜，易损伤胎儿之气，孕妇用之可致堕胎。

❖ 驱虫类中草药

具有驱虫、消炎、止痛功能，能够驱除肠道寄生虫的中成药，为攻伐有毒之品，易致流产、畸形等，如囊虫丸、驱虫片、化虫丸等。

❖ 祛湿类中草药

凡治疗水肿、泄泻、痰饮、黄疸、淋浊、湿滞等中成药，如利胆排石片、胆石通、结石通等，皆具有化湿利水、通淋泄浊之功效，故孕妇不宜服用。

❖ 疮疡剂中草药

以解毒消肿、排脓、生肌为主要功能的中草药，如祛腐生肌散、疮疡膏、败毒膏等，所含大黄、红花、当归为活血通经之品，而百灵膏、消膏、百降丹因含有毒成分，对孕妇不利，均为孕妇禁忌服用的药物。

200. 接种疫苗

❖ 乙肝疫苗

世界上对乙肝疫苗的研制始于1970年，研制主要来自美国和法国，起初是采用含有乙肝病毒的人血浆，经过灭活制成疫苗，这类疫苗统称为血源灭活乙肝疫苗，简称血源疫苗。1982年正式应用于乙肝免疫。我国乙肝疫苗的研制开始于1973年，我国研制的血源疫苗是从HBsAg携带者血浆中提取HBsAg，经胃酶消化、尿素处理和甲醛处理3个减毒步骤制成的，1985年在我国投产使用。但是，由于血源灭活乙肝疫苗用HBsAg携带者血浆作原料，原料来源不足，生产受到限制，不能满足需求。此后，开展了基因工程乙肝疫苗的研制，我国生产的重组酵母乙肝疫苗，于1995年投入使用。现在我们使用的均是这种乙肝疫苗。

关于乙肝的母婴传播问题在前面的章节中有比较详细的讲解，这里主要谈一谈准备怀孕的女性接种乙肝疫苗的问题。

在婚前检查和孕前检查中，都常规检查乙肝病毒标志物五项，对于五项全阴的女性，我们建议接种乙肝疫苗。但由于乙肝疫苗全程接种时间是6个月，而在妊娠期间不提倡接种各类疫苗，这就给在孕前检查的女性造成了麻烦，因为，大多数孕前检查都是在准备怀孕前的3个月左右进行的，如果乙肝标志物五项均阴性，希望接种乙肝疫苗时，就需要把怀孕计划向后推迟，至少要在半年后才能完成全程接种。所以，育龄女性应该在例行的健康检查中，常规查乙肝标志物五项，而不是仅仅查乙肝表面抗原一项。如果五项均为阴性，就开始接种乙肝疫苗，以免计划怀孕时给你带来麻烦。

❖ 风疹疫苗

风疹是可以预防的传染病，1969年风

疹活疫苗在美国问世，我国在20世纪80年代初，北京生物制品研究所获得免疫原性良好的减毒株，反应轻微，无传播性，达到了疫苗减毒标准。

风疹活疫苗的免疫方案曾经有3种：一种是以美国为代表的，给1~2岁男女儿童普遍接种，其目的是想通过对大量易感儿的接种，提高人群整体免疫力，以控制风疹病毒的传播。第二种是以英国为代表的，只给11~14岁女童接种，目的是想在育龄前期给几年后可能怀孕的女性免疫，以期有效地保护胎儿免受风疹病毒感染。第三种方法是以发展中国家为代表，在婚前测定风疹病毒抗体，阴性者接种风疹疫苗。现在大多数西方国家采用从基础免疫开始，用麻、腮、风三联疫苗（MMR）对所有孩子于12~18个月龄给予基础免疫，然后于12岁左右再接种一针，简称MMR基免二针法。这种方法将对阻止母婴风疹病毒的传播起到积极的作用。我国尚无统一的方案，MMR三联疫苗已经在一些地方开始自选免疫，对孕前女性常规做风疹病毒抗体测定，积极干预风疹病毒感染，但对风疹病毒阴性的女性，还没有普遍接种风疹疫苗。

接种风疹病毒减毒活疫苗2~3周后，可以从被接种者的咽部分离到风疹病毒，但时间短暂，尚未发现对周围健康者造成威胁。但是，如果直接给孕妇注射活疫苗有可能感染胎儿，因此，对孕妇或接种疫苗后2个月内可能怀孕的女性应禁止接种风疹病毒减毒活疫苗。

❖ **流感疫苗**

流感疫苗是预防流感最有效的措施，但流感病毒具有很强的易变性，每年引起流感的流感菌株可能都会有变异。世界卫生组织为了更好地预防流感，建立了全球性监测网，密切注视流感病毒的变异动态。根据全球监测情况，提出下一年度的推荐疫苗组分，以保证疫苗的有效性。

我国当前上市的流感疫苗均为三价纯化疫苗，包含了经常流行的A1、A3及B三种成分。生产过程中经过多种步骤，去掉了可能引起反应的成分，提高了流感疫苗的安全性。

但是，接种了流感疫苗是否就一劳永逸，不会再得流感了呢？当然不是的，流感疫苗的保护率在80%左右，所以，即使已经接种过流感疫苗了，在流感流行期间，也有患流感的危险，仍应注意预防。

❖ **接种流感疫苗的适宜人群**

•14岁以下的儿童和60岁以上的老人。

•老人、慢性心肺疾病患者、糖尿病患者及免疫功能低下者。

❖ **不宜接种流感疫苗的人群**

•吃鸡蛋过敏者，因为疫苗的毒株是经过鸡胚培养的。

•发热或身体不适时，暂时不要接种，待病情稳定后方可注射。

•晚期癌症患者、心肺功能衰竭和严重过敏体质者。

•6个月以下的婴儿和孕妇。

❖ **流感疫苗的接种时机**

接种流感疫苗后，1周即可出现抗体，2周免疫抗体可达最高水平，一般可保护1年。因此，每年要在流感高发期（秋冬季）到来之前进行接种。

附录一 根据身高体重估算体形对照表

身高（米）	体重（公斤）		
	偏瘦	中等	偏胖
1.47	46—49	50—54	55—60
1.5	47—50	51—55	56—61
1.52	47—51	52—56	57—62
1.55	48—52	53—57	58—64
1.57	49—54	55—58	59—65
1.6	50—55	56—60	61—67
1.63	52—56	57—61	62—69
1.65	53—58	59—62	63—70
1.67	55—59	60—64	65—72
1.70	56—60	61—65	66—74
1.72	57—62	63—66	67—76
1.75	58—63	64—68	69—77
1.78	60—65	66—69	70—79
1.80	61—66	67—70	71—80
1.83	63—67	68—72	73—81

附
录

附录二 不同孕周时的体重增加明细表（g）

明　　细	孕	周		
	10　周	20　周	30　周	40　周
胎　　儿	5	300	1500	3400
胎　　盘	20	170	430	650
羊　　水	30	250	750	800
子　　宫	140	326	600	970
乳　　房	45	180	360	405
血　　液	100	600	1300	1256
组织间液	0	30	80	1680
脂　　肪	326	2050	3480	3345
体重增加总计	660	3900	8500	12500

附录三　不同孕周胎儿体重预测

孕龄(周)	头围(cm)			腹围(cm)			股骨长径(cm)			头围／腹围			预测体重(kg)		
	下限	标准值	上限	下限	标准值	上限	下限	标准值	上限	下限	标准值	上限	下限10%	中位数	上限90%
12	5.1	7.0	8.9	3.1	5.6	8.1	0.2	0.8	1.4	1.12	1.22	1.31	—	—	—
13	6.5	8.9	10.3	4.4	6.9	9.4	0.5	1.1	1.7	1.11	1.21	1.30	—	—	—
14	7.9	9.8	11.7	5.6	8.1	10.6	0.9	1.5	2.1	1.11	1.20	1.30	—	—	—
15	9.2	11.1	13.0	6.8	9.8	11.8	1.2	1.8	2.4	1.10	1.19	1.29	—	—	—
16	10.5	12.4	14.3	8.0	10.5	13.0	1.5	2.1	2.7	1.09	1.18	1.28	—	—	—
17	11.8	13.7	15.6	9.2	11.7	14.2	1.8	2.4	3.0	1.08	1.18	1.27	—	—	—
18	13.1	15.0	16.9	10.4	12.9	15.4	2.1	2.7	3.3	1.07	1.17	1.26	—	—	—
19	14.4	16.3	18.2	11.6	14.1	16.6	2.3	3.0	3.6	1.06	1.16	1.25	—	—	—
20	15.6	17.5	19.4	12.7	15.2	17.7	2.7	3.3	3.9	1.06	1.15	1.24	—	—	—
21	16.8	18.7	20.6	13.9	16.4	18.9	3.0	3.6	4.2	1.05	1.14	1.24	0.28	0.41	0.86
22	18.0	19.9	21.8	15.0	17.5	20.0	3.3	3.9	4.5	1.04	1.13	1.23	0.32	0.48	0.92
23	19.1	21.0	22.9	16.1	18.6	21.1	3.6	4.2	4.8	1.03	1.12	1.22	0.37	0.55	0.99
24	20.2	22.1	24.0	17.2	19.7	22.0	3.8	4.4	5.0	1.02	1.12	1.21	0.42	0.64	1.08
25	21.3	23.2	25.1	18.3	20.8	23.3	4.1	4.7	5.3	1.01	1.11	1.20	0.49	0.74	1.18
26	22.3	24.2	26.1	19.4	21.9	24.4	4.3	4.9	5.5	1.00	1.10	1.19	0.57	0.86	1.32
27	23.3	25.2	27.1	20.4	22.9	25.4	4.6	5.2	5.8	1.00	1.09	1.18	0.66	1.99	1.47
28	24.3	26.2	28.1	21.5	24.0	26.5	4.8	5.4	6.0	0.99	1.08	1.18	0.77	1.15	1.66
29	25.2	27.1	29.0	22.5	25.0	27.5	5.0	5.6	6.2	0.98	1.07	1.17	0.89	1.31	1.89
30	26.1	28.0	29.9	23.5	26.0	28.5	5.2	5.8	6.4	0.97	1.07	1.16	1.03	1.46	2.10
31	27.0	28.9	30.8	24.5	27.0	29.5	5.5	6.1	6.7	0.96	1.06	1.15	1.18	1.63	2.29
32	27.8	29.7	31.6	25.5	28.0	30.5	5.7	6.3	6.9	0.95	1.05	1.14	1.31	1.81	2.50
33	28.5	30.4	32.3	26.5	29.0	31.5	5.9	6.5	7.1	0.95	1.04	1.13	1.48	2.01	2.69
34	29.3	31.2	33.1	27.5	30.0	32.5	6.0	6.6	7.2	0.94	1.03	1.13	1.67	2.22	2.88
35	29.9	31.8	33.7	28.4	30.9	33.4	6.2	6.8	7.4	0.93	1.02	1.12	1.87	2.43	3.09
36	30.6	32.5	34.4	29.3	31.8	34.3	6.4	7.0	7.6	0.92	1.01	1.11	2.19	2.65	3.29
37	31.1	33.0	34.9	30.2	32.7	35.2	6.6	7.2	7.8	0.91	1.01	1.10	2.31	2.87	3.47
38	31.9	33.6	35.5	31.1	33.6	36.1	6.7	7.3	7.9	0.90	1.00	1.09	2.51	3.03	3.61
39	32.2	34.1	36.0	32.0	34.5	37.0	6.9	7.5	8.1	0.89	0.99	1.08	2.68	3.17	3.75
40	32.6	34.5	36.4	32.9	35.4	37.9	7.0	7.6	8.2	0.89	0.98	1.08	2.75	3.28	3.87

附录四 胎儿心率和胎动记录

孕龄		胎心率		胎动		备注
周数W	月数M	次/分	时间	次/小时	时间	
举例						
23W	5M+3W	142	07:50	5	08:00—09:00	自行测量，未发现异常
		138	12:05	6	12:30—13:30	医生测量，在正常范围
		148	18:40	8	19:00—20:00	自行测量，感觉胎动弱
20W	5M					
21W	5M+1W					
22W	5M+2W					
23W	5M+3W					
24W	6M					
25W	6M+1W					
26W	6M+2W					
27W	6M+3W					
28W	7M					
29W	7M+1W					
30W	7M+2W					
31W	7M+3W					
32W	8M					
33W	8M+1W					
34W	8M+2W					
35W	8M+3W					
36W	9M					
37W	9M+1W					
38W	9M+2W					
39W	9M+3W					
40W	10M					

附录五 预产期速查表

1	10	2	11	3	12		4	1	5	2	6	3	7	4	8	5	9	6	10	7	11	8	12	9
				Y1		Y2																		
1	8	1	8	1	6		1	6	1	5	1	8	1	7	1	8	1	8	1	8	1	8	1	7
2	9	2	9	2	7		2	7	2	6	2	9	2	8	2	9	2	9	2	9	2	9	2	8
3	10	3	10	3	8		3	8	3	7	3	10	3	9	3	10	3	10	3	10	3	10	3	9
4	11	4	11	4	9		4	9	4	8	4	11	4	10	4	11	4	11	4	11	4	11	4	10
5	12	5	12	5	10		5	10	5	9	5	12	5	11	5	12	5	12	5	12	5	12	5	11
6	13	6	13	6	11		6	11	6	10	6	13	6	12	6	13	6	13	6	13	6	13	6	12
7	14	7	14	7	12		7	12	7	11	7	14	7	13	7	14	7	14	7	14	7	14	7	13
8	15	8	15	8	13		8	13	8	12	8	15	8	14	8	15	8	15	8	15	8	15	8	14
9	16	9	16	9	14		9	14	9	13	9	16	9	15	9	16	9	16	9	16	9	16	9	15
10	17	10	17	10	15		10	15	10	14	10	17	10	16	10	17	10	17	10	17	10	17	10	16
				O1		O2																		
11	18	11	18	11	16		11	16	11	15	11	18	11	17	11	18	11	18	11	18	11	18	11	17
12	19	12	19	12	17		12	17	12	16	12	19	12	18	12	19	12	19	12	19	12	19	12	18
13	20	13	20	13	18		13	18	13	17	13	20	13	19	13	20	13	20	13	20	13	20	13	19
14	21	14	21	14	19		14	19	14	18	14	21	14	20	14	21	14	21	14	21	14	21	14	20
15	22	15	22	15	20		15	20	15	19	15	22	15	21	15	22	15	22	15	22	15	22	15	21
16	23	16	23	16	21		16	21	16	20	16	23	16	22	16	23	16	23	16	23	16	23	16	22
17	24	17	24	17	22		17	22	17	21	17	24	17	23	17	24	17	24	17	24	17	24	17	23
18	25	18	25	18	23		18	23	18	22	18	25	18	24	18	25	18	25	18	25	18	25	18	24
19	26	19	26	19	24		19	24	19	23	19	26	19	25	19	26	19	26	19	26	19	26	19	25
20	27	20	27	20	25		20	25	20	24	20	27	20	26	20	27	20	27	20	27	20	27	20	26
21	28	21	28	21	26		21	26	21	25	21	28	21	27	21	28	21	28	21	28	21	28	21	27
22	29	22	29	22	27		22	27	22	26	22	29	22	28	22	29	22	29	22	29	22	29	22	28
23	30	23	30	23	28		23	28	23	27	23	30	23	29	23	30	23	30	23	30	23	30	23	29
24	31	24	1	24	29		24	29	24	28	24	31	24	30	24	31	24	1	24	31	24	31	24	30
25	1	25	2	25	30		25	30	25	1	25	1	25	1	25	1	25	2	25	1	25	1	25	1
26	2	26	3	26	31		26	31	26	2	26	2	26	2	26	2	26	3	26	2	26	2	26	2
27	3	27	4	27	1		27	1	27	3	27	3	27	3	27	3	27	4	27	3	27	3	27	3
28	4	28	5	28	2		28	2	28	4	28	4	28	4	28	4	28	5	28	4	28	4	28	4
29	5			29	3		29	3	29	5	29	5	29	5	29	5	29	6	29	5	29	5	29	5
30	6			30	4		30	4	30	6	30	6	30	6	30	6	30	7	30	6	30	6	30	6
31	7			31	5				31	7			31	7	31	7			31	7			31	7
1	11	2	12	3	1		4	2	5	3	6	4	7	5	8	6	9	7	10	8	11	9	12	10

注：1.无底色的为末次月经来潮第一天日期。
2.有底色的为预产期时间，第一行和最后一行为月份。
3.一列中，一个月的日期排满后，如10月29、30、31，从1开始就是11月份的日期了。
举例：末次月经对应的点O1点（X1与Y1的交叉点）为3月10日、预产期对应的点O2点（X2与Y2的交叉点）为12月15日。

附录

附录六 孕期检查记录表

孕妈妈姓名_____ 末次月经____年__月__日 预产期____年__月__日

计划分娩医院_____ 孕检医院_____

孕检日期____年__月__日 星期____ 孕检第____次 孕检医生_____

一般检查项目					
	体重(kg)	血压(mmHg)	宫高(cm)	腹围(cm)	胖肿(+或−)
数　值					
结　论					
建　议					

血、尿检查项目					
尿　检	蛋　白	尿　糖	胆红素	红细胞	白细胞
结　果					
结　论					
建　议					
血常规	白细胞	红细胞	血色素	血小板	白细胞分类
结　果					
结　论					
建　议					

特殊检查项目					
	血　糖	血　脂	胆汁酸	谷丙转氨酶	血浆蛋白
结　果					
结　论					
建　议					

B超检查					
	双顶径	股骨长径	胎心率	羊水平段	胎龄估算
结　果					
结　论					
建　议					

其它检查项目					

参考文献

1 《Human Embryology》
   William J.Larsen著　人民卫生出版社　2002年10月出版
2 《组织学与胚胎学》
   高英茂主编　人民卫生出版社　2001年8月出版
3 《实用妇产科学》
   王淑贞主编　人民卫生出版社　1987年12月出版
4 《中国优生科学》
   吴刚、伦玉兰主编　科学技术文献出版社　2000年11月出版
5 《妊娠与内科系统疾病》
   孙希志等主编　山东科学技术出版社　2000年5月出版
6 《中国遗传学咨询》
   余元勋等主编　安徽科学技术出版社　2003年6月出版
7 《妊娠期哺乳期用药》
   蒋式时编著　人民卫生出版社　2000年6月出版
8 《医学环境地球化学》
   林年丰著　吉林科学技术出版社　1991年6月出版
9 《现代毒理学概论》
   顾祖维主编　化学工业出版社　2005年6月出版
10《胎儿电子监护学》
   程志厚、宋树良主编　人民卫生出版社　2001年4月出版
11《孕产超声诊断学》
   冯麟增主编　北京科学技术出版社　1994年1月出版
12《实验诊断临床指南》
   徐勉忠主编　科学出版社　2001年2月出版
13《现代遗传学》
   贺竹梅编著　中山大学出版社　2002年3月出版
14《超声诊断临床指南》
   张青萍主著　科学出版社　1999年5月出版
15《体内小访客》
   大卫·班布里基著　汕头大学出版社　2003年10月出版

后 记

■郑玉巧

《郑玉巧育儿经》胎儿卷、婴儿卷、幼儿卷首次出版于2004年。2010年，我开始着手修订这套育儿经，经过2年的努力，终于要和读者见面了，心情澎湃，久久难以平静。

8年过去了，这套三卷本育儿书，获得了众多父母和宝宝看护人的认可，我因此也受到读者们的拥戴，让我有种做明星的感觉。与此同时，也受到了同道们的支持和谅解，感激之情溢于言表。但我从未敢停歇下来，从未有过一丝的骄傲和自满。读者给我的越多，我越感到肩上的担子重，为此，我在继续做一线临床医生的同时，抓紧时间学习儿童保健知识，研修儿童健康管理体系，希望能给爸爸妈妈和宝宝的看护人传播更多、更好、更实用的育儿知识。为此，我少了娱乐休闲时间，少了与家人团聚的时间，但我无怨无悔，比起我所获得的，付出显得那样的少。

想到8年前等待出版时的忐忑不安，想起曾经帮助我、支持我、爱护我的所有亲朋好友和众多的养育孩子的父母们，一切的艰辛付出都是那样的值得。在第二版即将出版之际，我仍怀揣感激，感谢一路陪伴我走来给我力量的朋友们，让我有信心写一本中国人自己的育儿经。我深知，我做的还很不够，还有很长的一段路要走，我会继续努力。

感谢我尊敬的前辈，妇产科专家刘玉兰老师，她是新中国培养的第一批妇产科医生，也是我所在医院的第一任院长。"做一个让患者信任的好医生不是件容易的事，需要你终身为之奋斗！"正是这句话，让我从一个刚刚走出校门的医科学生，怀揣着梦想走上从医之路，那年我22岁……30年过去了，老院长的话仍牢记心中，激励着我做个好医生，永远不敢有一丝的懈怠。

感谢儿科专家张春瑞和张孝萱老师，他们是我走向儿科临床的第一任老师，他们把丰富的临床经验毫无保留地传授给我。时至今日，他们那兢兢业业、一丝不苟、认真负责的职业操守仍是我学习的榜样。还有许许多多我的前辈，他们广博的专业知识、精湛的医术、出色的人品，都给予我极大的帮助和影响，使我成长为一个值得信赖的好医生，还能为医学科普写作作点贡献，我把这当做对他们的回报。

感谢我所在医院的第三任院长陈妍华女士，我所取得的许多业绩都离不开她的关怀与支持。她鼓励我在做好临床诊治的同时，从事临床科学研究，承担科研课题，是她让我知道不但要重视临床经验的积累，还要学会用科学的方法分析和研究临床难题。是她让我进一步认识到科普写作服务于大众意义之重大。她不但是我的院长，更是我的知心朋友。

感谢为本书提供照片的所有爸爸妈妈，是他们无私地把自己孩子可爱的照片奉献出来，为这本书增添了一道靓丽的风景线。没有这些照片，就不能生动地反映出中国宝宝成长发育的真实情景。还要感谢潘晓敏、王丽、杜洋、丫丫、刘宣宇等众多朋友对我的帮助。在这里，我特别要感谢李巍、罗月暖夫妇，他们为了让读者看到更好、更实用的照片，不惜购买价格昂贵的摄影器材，在家中搭设影棚，给他们的孩子和其他小朋友拍照……我真的好感动。

感谢弟弟郑成武先生，他是位资深媒体人，有着哲学家的头脑和演说家的口才，有敏锐的洞察力和卓越的领导力。他一贯以培养人才为目的地对待他的属下，从来都是毫无保留地把他所学所知所悟传授给他的属下和朋友。在我的科普写作和成长过程中，一直给予我极大的支持和帮助，可以说，我的科普生涯与弟弟休戚相关。同时还要特别感谢弟妹张云杰女士，她是杂志资深主编，有极好的文字编辑能力，衷心感谢她所做的文字统筹。

感谢蒋涛和王亮夫妇，他们曾为育儿经的推广做出了很大的努力。还要感谢贺燕霞、王慧子、任意女士，感谢周海东、赵旭、张瑶先生为本书出版所做的工作。

感谢二十一世纪出版社张秋林社长慧眼识书，感谢责任编辑林云和杨华女士兢兢业业的辛勤工作，为这本中国人自己的育儿经出版所做的努力。感谢用心编辑这本书的所有编辑，是你们给读者呈现一本实用而又时尚的经典育儿著作。

感谢所有为《郑玉巧育儿经》、《郑玉巧教妈妈喂养》和《郑玉巧给宝宝看病》的出版做出贡献的人们。《郑玉巧育儿经》能够出版，是无数知名和不知名的人们倾注了对中国的妈妈和宝宝的爱的结果。作为作者，总有一股暖流在心中，在这部书出版之际，唯有献上我深深的感激。

感谢我的丈夫王德宪先生，他是位从事化学专业的优秀工程师。我钦佩他掌握多门外语，而这正是我的欠缺。尽管他的工作很忙，却总是挤出时间，从国外专业网站和国外原版专业书籍中为我查询、翻译或购买有关的最新医学资料。没有他的帮助，我就不能更多地掌握国际医学进展。他的不善言辞时常让人误解，但我知道，他是用心爱家，爱妻子，爱女儿。

感谢我的女儿王进，她的健康成长让我有勇气撰写这套育儿丛书。想想我当年挺着硕大的肚子，坚持在临床第一线，直到顺利的自然分娩；想起下班后，尤其是夜班后，女儿急着要妈妈喂奶的可爱表情；想到女儿18个月时，跟她商量能否不再吃妈妈的奶，女儿含着泪点头，尽管两个月后才真正想通了……二十几年过去了，仍难以忘怀。女儿健康的身心和优良的品德，是妈妈永远的骄傲。

最后，请允许我深深地感激生我养我的父母，是他们给了我生命，培养我长大成人。九泉之下的老父亲安息吧，女儿没有辜负您的期望——老老实实做人，踏踏实实做事。希望健康豁达年过八旬的老母，还像8年前那样，一字一句读我的书，找出几个令我汗颜的错别字，那将是我最幸福的时刻。

2011年8月于北京